U0343078

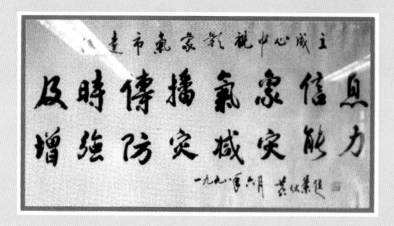

1998年6月，清远市人民政府副市长黄伙荣题词"及时传播气象信息，增强防灾减灾能力"，庆祝清远市气象影视中心成立

领导关怀及题词

Qingyuan

1998年6月15日，广东省气象局局长李明经（左四）到清远市气象局指导精神文明建设工作

　　1998年9月，中国气象局名誉局长邹竞蒙（右一）在省气象局原局长谢国涛（左四）陪同下视察清远市气象局，挥毫题词"充分发挥气象现代化效益，为清远经济腾飞做出新贡献"

1999年1月29日，清远市副市长黄伙荣（右二）在全市气象局局长会议上做指示

　　2006年5月16日，清远市委副书记陈茂辉（右三）到市气象台查看强台风"珍珠"动向，向预报值班人员了解天气形势和预报情况

　　2008年7月21日，广东省气象局局长余勇（右三）、清远市人民政府副市长曾贤林（左三）到清城（东城）实地考察气象综合探测基地建设项目

　　2009年9月17日，清远市市长徐萍华（左三）在副市长曾贤林（右二）的陪同下，率农口各单位负责人到清远市气象局调研开展火箭人工增雨作业抗旱的工作情况，并对一线气象工作人员表示慰问

　　2010年7月23日，清远市委书记陈家记（右四）率市委办、建设局、国土局、规划局等相关部门负责人，到在建的清远市气象综合探测基地现场调研办公，指导项目建设工作

　　2011年2月18日，清远市副市长许国（右三）在清远市气象局局长刘日光（右四）的陪同下视察清远市气象综合探测基地的建设情况

　　2011年11月27日，清远市市长葛长伟（右一）在清远市气象局局长刘日光（左一）的陪同下视察清远市气象综合探测基地的建设情况

2012年2月14日，广东省副省长许瑞生（左五）在清远市市委书记葛长伟（右二）的陪同下视察清远市气象综合探测基地，听取关于省职教示范基地筹建情况和清远教育发展情况汇报

2012年7月5日，广东省气象局局长许永锞（左）与清远市市委书记葛长伟（右）会谈清远市气象现代化建设工作

　　2012年8月6日，广东省副省长陈云贤（右二）在清远市市长江凌（右一）的陪同下视察清远市气象综合探测基地，调研省级职业技术教育示范基地建设情况

　　2012年8月7日，中国气象局副局长许小峰（右一）在广东省气象局局长许永锞（左三）和清远市副市长谢杰斌（右二）的陪同下到清远市气象局调研气象现代化建设情况

　　2012年12月23日，中国气象局副局长矫梅燕（右四）在广东省气象局局长许永锞（右五）的陪同下到清远市气象局调研基层气象机构改革和气象服务工作

　　2013年4月24日，清远市副市长谢杰斌（左三）到清远市气象局调研汛期气象服务工作

　　2013年7月1日，广东省气象局领导班子成员许永锞（右二）、邹建军（右一）、刘作挺（右三）、梁建茵（左二）、林献民（左四）调研连州雷达清远信息处理中心建设情况

建于1956年的清远县气象站（1962年拍摄）

台站史迹与新貌
Qingyuan

1974年竣工的清远县气象站办公楼

1994年和1996年在小市20号区先后竣工的清远市气象局宿舍楼、办公楼

1995年，在小市20号区建成的地面观测场

2009年，在清城区东城建成的地面观测场

建于2004年的清远市气象台

2007年9月投入使用的省—市—县视频会商系统

2013年12月建成的清远市气象局大楼

2013年12月建成的清远市气象局大院

2013年12月投入使用的清远市气象台

2013年12月投入使用的天气预报影视制作中心

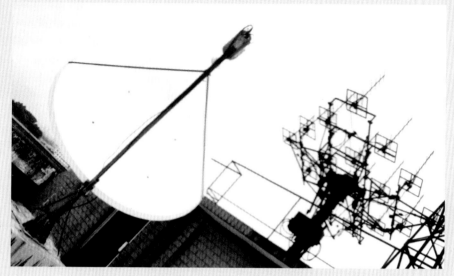

卫星数据接收器（左）和701C型探空雷达（右）

气象探测设备

Qingyuan

架设在阳山广东第一峰（石坑崆）的区域自动气象站

2010年1月1日投入使用的L波段雷达探测系统

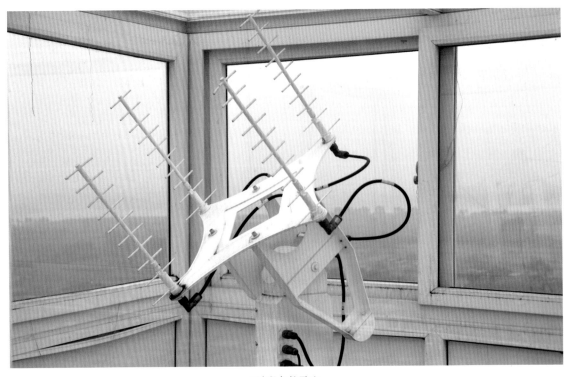

L波段备份雷达

风廓线雷达

新一代卫星数据接收天线（风云二号静止卫星接收天线）

闪电定位仪

蓝天观测仪

激光雷达测云仪

红外测云仪

能见度仪

天气现象仪

超声波风向风速仪

清远国家环境气象观测站

回南天自动监测仪

连州多普勒雷达站（效果图）

气象业务工作

Qingyuan

高空气象探测人员正在施放探空气球

地面气象观测人员在观测和记录天气现象

天气预报人员在分析天气变化

气象信息发布人员在制作电视天气预报节目

防雷检测人员对加油站的防雷装置进行检测

1996年3月13日，召开全市气象局长会议，清远市气象局局长梁华兴（左一）对1995年度工作进行总结，并对受表彰的先进集体和个人进行颁奖

2005年4月20日，召开清远市防雷减灾工作会议

气象服务工作

Qingyuan

2006年5月22日，清远市气象局局长刘日光主持召开全市业务技术体制改革暨突发气象灾害预警信号发布规定实施工作会议

2007年8月，清远市人民政府副市长曾贤林（中排左六）到清远市气象局指导人工增雨作业

火箭人工增雨作业现场

2008年4月2日，清远市人民政府副市长曾贤林在市政府会议中心主持召开全市气象工作会议

2008年9月26日，举办"全市气象新闻宣传暨公文处理培训班"

2010年5月28日，市气象局联合省气象局人影办举办清远市人工影响天气作业人员岗位培训班

2012年7月5日，广东省气象局局长许永锞（前排左一）与清远市市长江凌（前排右一）签署加快清远气象现代化试点市建设合作协议，清远市市委书记葛长伟（后排左四）出席

　　2012年9月24日，广东省气象局局长许永锞（左五）和清远市市长江凌（右五）在市政府会议中心主持召开全市气象工作会议

2014年1月19—20日，2014年广东全省气象局长会议在清远市气象局召开

交流合作
Qingyuan

1996年11月，美国VCAR项目负责人Emmanuel（左四）到清远市气象局考察气象工作

2002年12月，市局科研人员与美国科研人员正在进行"农田温室气体通量观测及对比分析"科研项目的气象观测

2007年3月25—27日，举办北江流域气象合作年会

气象科普宣传

Qingyuan

1992年2月28日，召开清远市气象学会成立大会

气象工作者对青少年进行气象科学知识普及教育

"3·23"世界气象日在城区开展气象科普宣传

气象观测员向市民讲解如何进行气象观测

精神文明建设
Qingyuan

1998年3月，清远市气象局团支部开展为民便民利民服务

2003年6月29日，清远市气象局组织中共党员到黄埔军校参观，进行爱国教育

　　2005年2月21日，清远市气象系统进行"理想、责任、能力、形象"及"爱国、守法、诚信、知礼"教育演讲比赛

　　2006年8月1日，市气象局到因受强热带风暴"碧利斯"袭击受灾的"十百千万"驻点帮扶村（英德市连江口镇三井村）指导生产自救工作，并向村民赠送大米和食用油

2007年6月3日，市局团支部组织"与爱同行"慰问小组到清远市清新县石潭镇白湾阳光儿童新村慰问

2007年12月11日，英德市连江口镇三井村委向市气象局赠送"'十百千万'驻队好 扶持三井创致富"锦旗，以此感谢市气象局的大力帮扶

2009年10月16日，承办广东省气象部门庆祝新中国成立60周年"歌唱祖国"北片区歌咏比赛

2010年11月19日，组织北江流域气象合作网清远"北江杯"篮球赛

1982年5月，洪水围困清远，群众转移到北江堤坝上生活

气象灾情

Qingyuan

1997年7月，暴雨袭击清远，清城平安街受浸

2004年10月，清远市出现严重干旱，连州农田干涸

2005年3月28日，受雷雨大风
影响，连州钢架广告牌遭破坏

2005年6月20日，佛冈烟岭镇龙岗村出现强降水，引致山体滑坡掩埋农房

2008年1月中旬至2月初，清远市遭遇历史罕见的低温雨雪冰冻灾害，连州供电塔因输电线路覆冰过重而折倒

省部级以上的荣誉
Qingyuan

中国气象局重大气象服务

先进集体

中国气象局
一九九七年十二月

文明单位

中共广东省委
广东省人民政府
一九九九年九月

文明单位

中共广东省委
广东省人民政府
二〇〇一年九月

1996-2000年全省法制宣传教育

先进集体

中共广东省委
广东省人民政府
二〇〇一年七月

全国创建文明行业工作

先进单位

中央精神文明建设指导委员会
二〇〇二年十月

国家二级
科技事业单位档案管理
单位名称 清远市气象局　　编号SE44180010
国家档案局

文明单位

中共广东省委
广东省人民政府
二〇〇三年十二月

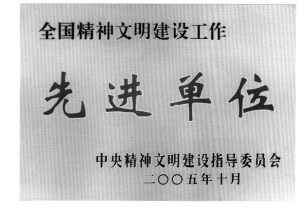

全国精神文明建设工作

先进单位

中央精神文明建设指导委员会
二〇〇五年十月

广东省抗洪救灾

模范集体

中共广东省委
广东省人民政府
二〇〇六年九月

全国气象工作

先进集体

人力资源和社会保障部　中国气象局
2014年1月

编委会合影
Qingyuan

2013年12月，召开编纂《清远市气象志》研讨会

2013年12月，《清远市气象志》编纂委员（市局编委）合影
前排左起：蒋国华　戴　润　刘日光　姚科勇　杨伟民
后排左起：张广存　侯　瑛　廖初亮　涂宏兰　何镜林
　　　　　石天辉　王天龙　胡海平　罗　律　黎振辉

清远市气象志

《清远市气象志》编纂委员会　编

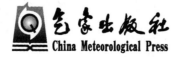

气象出版社
China Meteorological Press

内容简介

本书详细介绍了清远市的天气气候特征及常见灾害性天气的特点,为合理利用清远市的气候资源和更好地做好气象防灾减灾工作提供了宝贵的科学依据。同时,全面介绍了清远市气象事业发展的历程,既为后人留下宝贵的历史经验,又对清远市气象事业未来的发展提供有益借鉴。

本书可供党政部门领导和各行各业人士阅读参考,特别是对从事气象业务和服务人员、农业气象业务以及环境气象研究的人员有一定的参考使用价值。

图书在版编目(CIP)数据

清远市气象志/《清远市气象志》编纂委员会编. —北京:
气象出版社,2014.8
ISBN 978-7-5029-5986-9

Ⅰ.①清… Ⅱ.①清… Ⅲ.①气象-工作概况-清远市
Ⅳ.①P468.265.3

中国版本图书馆 CIP 数据核字(2014)第 193454 号

出版发行:气象出版社	
地　　址:北京市海淀区中关村南大街 46 号	邮政编码:100081
总 编 室:010-68407112	发 行 部:010-68409198
网　　址:http://www.cmp.cma.gov.cn	E-mail:qxcbs@cma.gov.cn
责任编辑:吴晓鹏　杨柳妮	终　　审:赵同进
封面设计:燕彤设计	责任技编:吴庭芳
印　　刷:北京中新伟业印刷有限公司	
开　　本:787 mm×1092 mm　1/16	印　　张:18.5
字　　数:491 千字	彩　　插:22
版　　次:2014 年 9 月第 1 版	印　　次:2014 年 9 月第 1 次印刷
定　　价:110.00 元	

《清远市气象志》编纂委员会

主　　任：刘日光

副 主 任：姚科勇　蒋国华　李国毅　戴　润　杨伟民

委　　员：(按姓氏笔画排列)

王天龙　石天辉　刘子刚　许兵甲　何镜林

张新龙　张广存　杨国雄　杨少英　罗雪花

罗　律　胡海平　胡方平　侯　瑛　段吟红

涂宏兰　莫汉峰　梁正科　温建荣　廖初亮

黎振辉

《清远市气象志》编辑部

主　　编：罗　律　何镜林

校　　审：姚科勇

编写人员：刘子刚　何　迪　王天龙　许兵甲　李翠华

杨永生　宋艳华　梁钟清　邹记成　莫秀清

许沛林　李书桂　莫荣耀　张润仙

图　　片：何镜林　刘　瑜　胡小妮

编务人员：孙晓文　刘荣彦　韦小琼

《清远市气象志》审查单位及人员

审查单位：清远市史志办公室

审查人员：高常立　孟淑芹　陈文军　梁　欣

序

　　天气气候与人类息息相关,人类文明的发展无不关乎气候系统及生态环境异常变化。历史上对于天气气候的描述,主要来源于各种历史文献,而且大多数记载的是关于极端气候事件的。据《清远县志》(1995年版)所述,清远历代所编的史志最早记载到洪水灾害为宋建炎二年(1128年),距今已有885年的历史。

　　对于天气气候规律认识的飞跃,实际上开启于19世纪中叶的仪器观测时代,到今天也只有140年的历史。清远的气象事业在广东地区起步较迟,虽然早在20世纪20—30年代已在英德、连县、清远(清城)建起雨量站,但因时局动荡,气象工作一直处于时断时续、停滞不前的状态。中华人民共和国成立后,1952年至1962年,相继建立连县、阳山、佛冈、清远、连山、英德、连南气象站,按照国家气象技术规范开展大气探测及气象预报和服务工作。至此,清远气象事业才得到稳步发展。"文化大革命"期间,气象部门的业务管理受到削弱,给气象事业的发展造成较大的影响。党的十一届三中全会后,气象部门各项工作取得重大进展,依托现代科技,面向经济建设,服务社会,开创气象事业的新局面。1989年3月,成立清远市气象局和清远市气象台,清远气象事业在市委、市政府和上级业务部门的领导和关怀下,得到迅速发展,逐步形成由大气探测、气象通信、天气预报警报、气象资料加工、气象科研以及气象服务组成的现代化业务技术体系,气象工作的总体效益得到提高。

　　这次编写的《清远市气象志》填补清远气象专业志的空白。《清远市气象志》是清远市第一部气象专业志书,它以实事求是的科学态度,客观地叙述清远市的气候特征、气候要素和主要灾害天气出现的规律,记述50多年来清远市气象事业的发展史。

　　气象事业是科技型、基础性社会公益事业。随着经济社会的发展、人民生活水平逐渐提高,气象与各行各业和人们生活的关系越来越密切,了解清远市的气候特点,掌握和利用清远独特的自然气候资源,更好更快发展清远市的经济已经成为广大清远人民的共识。相信《清远市气象志》的出版,有助于人们更进一步了解气象、认识气象、利用气象,更好地为清远国民经济和社会发展服务。

在此,谨向为编纂《清远市气象志》而付出艰辛劳动的全体编纂人员,表示衷心的感谢!

在本志付梓之前,忝作此序。

广东省气象局局长 许永锞

2013 年 12 月

凡 例

一、本志是记述清远市气象及气象事业历史和现状的专业志,它以马克思列宁主义、毛泽东思想、邓小平理论、"三个代表"重要思想和科学发展观为指导,坚持辩证唯物主义与历史唯物主义,存真求实地记述清远气象事业的历史与现状,为社会主义三个文明建设服务。

二、记事断限:上限为1957年,下限至2008年止,但根据清远市气象事业的实际情况及气象资料的完整性,一些章节(图片)下限延至2013年止。

三、记事地限:清远市所属行政区划。历史事件则为清远撤县建市前事件发生时的行政区范围。

四、本志第一、二、三章中的清远、佛冈、英德、阳山、连州、连南和连山为气象观测站所在地简称。年度的划分是指7月至次年6月,如2001—2002年度是指2001年7月至2002年6月。

五、除特别说明外,气象观测数据统计年限为:清远市为1962—2008年,清远为1957—2008年,佛冈为1957—2008年,英德为1960—2008年,阳山为1957—2008年,连州为1953—2008年,连南为1962—2008年,连山为1962—2008年。部分气象资料统计下延至2009年6月止。另外,因清新县没有设立地面气象观测站,该地区没有气象观测数据。

六、本志采用现代汉语文体,由概述、大事记、专志和附录四个部分组成,专志为主体部分,横排竖写,分章、节、目的结构层次,以文为主,辅以图表。

七、本志使用的文字、标点符号、数字、计量单位均按国家规定的统一标准书写,海拔高度、水位按珠江基面计算,事物称谓均按当年的规范或习惯用语记述,科技术语一律采用中文名称。

八、行文中有时使用一些简称和略语,其中:建市前(后)特指清远市建立前(后);省委、市委、县委特指中国共产党的省委、市委、县委;省政府、市政府、县政府特指广东省行政区内的各级人民政府;北部地区特指阳山县、连州市、连南瑶族自治县和连山壮族瑶族自治县,南部地区特指清城区、清新县、英德市和佛冈县。

九、本志史料来自档案、文件、志书和口碑,除个别地方外,文中一般不注出处。

目　录

概　述

一

　　清远市位于广东省的中北部、北江中游、南岭山脉南侧与珠江三角洲的结合带上。全境位于北纬 23°26′56″～25°11′40″，东经 111°55′17″～113°55′34″，南连广州和佛山市，北接湖南省和广西壮族自治区，东及东北部和韶关市交界，西及西南部与肇庆市为邻，乃"三省通衢"之地。全市南北相距约 190 km，东西相隔约 230 km，边界线长 1200 km，土地面积 19152.90 km²，占全省总面积的 1/10，是广东省面积最大、地域最辽阔的地级市。下辖清城区、英德市、连州市、佛冈县、清新县、连山壮族瑶族自治县、连南瑶族自治县和阳山县。

　　清远市境内地域辽阔，地貌复杂，地质大部分是华厦活化陆台的湘粤褶皱带，只有市区南部和阳山南部地区处于华厦活化陆台的粤西地块。其主要由石灰岩、红色砂砾岩、石英砂岩、花岗岩四大系列岩构成。整个地势西北高、东南低，兼有平原、丘陵、山地和喀斯特地形的多样性地貌。全市山地面积约占总面积的 42.2%，丘陵占 28.2%，平原占 9.6%，阶地占 12.4%，台地占 7.6%。北部多为海拔 800～1400 m 以上的山区，海拔在 1000 m 以上的山峰有 198 座。位于阳山县北端湘粤交界处的石坑崆山海拔 1902 m，为广东省"屋脊"。东南部是地势较低的丘陵、平原。丘陵以英德市碧落岩为典型；平原以清新县清西平原为例，高程约 8 m。从清新县的北部到阳山县、连南瑶族自治县、连州市、英德市大部分和连山壮族瑶族自治县的一部分广布石灰岩，由于长期水流的侵袭、溶蚀，形成奇异的喀斯特地貌。

　　清远市域内水系丰富，分属多个二级流域分区，有属长江水系的洞庭湖区和属于珠江水系的桂贺江区、珠江三角洲区及北江区共四个二级水资源区。其中，属北江区的面积最大，占全市面积的 94.7%；洞庭湖区面积最小，仅占 0.5% 左右；珠江三角洲区占 0.65%；桂贺江区占 4.15%。清远市河流除连山部分地区属长江流域湘江水系外，大部分属珠江流域北江水系和西江水系。以北江为干流两侧密布大小支流，西侧多于东侧，呈羽状汇入北江。全市集雨面积 100 km² 以上的河流有 74 条，其中集雨面积 1000 km² 的河流有北江、滃江、烟岭河、连江、青莲水、滨江和滨江等 7 条。

　　清远市境，春秋战国时属百越（粤）之地；汉置桂阳、中宿等 5 县；南北朝时期，市境设置有 1 州 4 郡 13 县；民国 4 年（1915 年），设清远等 6 县。抗日战争时期，广东省政府曾北迁连县，今清远市各县（市、区）均属广东省第二行政督察区管辖。民国 35 年（1946 年），置连南县统辖瑶区。

　　1949 年 10 月至 1950 年 5 月，相继成立英德、佛冈、清远、连县、连山、阳山、连南县人民政府。新中国成立后至 1983 年 6 月，佛冈县先后归韶关、广州、佛山管辖，英德、阳山、连

1

县、连南、连山、清远县先后由北江临时行政委员会、韶关专区、韶关地区管辖。1983 年 7 月,韶关实行市管县新体制,清远、佛冈两县从韶关地区划归广州市管辖。

1988 年 1 月 7 日,国务院批准撤销清远县,设立地区级清远市,原清远县分为清城、清郊两个市辖区(1992 年清郊区改称清新县),并划广州市属的佛冈县和韶关市属的英德县、阳山县、连县、连南瑶族自治县、连山壮族瑶族自治县为清远市所辖。

1994 年,英德、连县改为县级市(连县称连州市)。2008 年,清远市下辖清城区、清新县、佛冈县、阳山县、连南瑶族自治县、连山壮族瑶族自治县及代管英德市、连州市。

二

清远市位于北回归线北侧,地处南岭山脉与珠江平原交界,属亚热带季风气候。其中北部的"三连一阳"(连州、连南、连山、阳山)地区紧靠南岭,属中亚热带;南部的市区、清新县、佛冈县和英德市与珠江三角洲相邻,属南亚热带。

清远受季风影响明显,气候资源丰富,光照充足,雨量充沛,四季分明。清远年太阳总辐射 100 kcal/cm²,各地年日照时数在 1404.4~1720.1 h,年平均气温在 18.9~21.8℃,平均年降水量在 1601.1~2172.4 mm。良好的气候资源,是清远市经济发展和建设广州后花园的主要环境资源。气象学上通常以公历 3—5 月为春季,6—8 月为夏季,9—11 月为秋季,12 月至次年 2 月为冬季。

春季冷空气开始减弱,天气回暖,冷暖交替频繁。因此春季多受弱变性冷高压脊、静止锋和低槽天气系统控制,天气多变,民间有"春天孩儿面,一日三时变"的谚语来形容春季天气的多变。其主要气候特征有:①阴雨天多,日照少。雨日占全年总降水日数的 34%,日照时数为全年总日照的 15%,降水量明显增多。4 月前多连续性小雨,4 月进入前汛期后,降水量大幅度增加,尤其是 5 月的降水量为全年各月之首。②气温总体处于上升的趋势,但在回暖过程中常出现"乍冷乍热"天气。③天气极不稳定,容易出现短时强降水、雷雨大风、强雷暴、冰雹等强对流天气。

夏季西南季风盛行,副热带高压逐渐强盛,天气炎热,常出现气温在 35℃ 以上的高温天气。其主要气候特征有:①降水及暴雨日数多,平均降水量为 716.9 mm,占全年雨量的 39%。其中 6 月降水量为 318.9 mm,是全年降水量第二多的月份。各地平均暴雨日数为 2~4.3 d,占年暴雨总数的 40%~46%。②太阳辐射多,以高温晴热天气为主,平均日照时数除连山为 468 h 外,其余各地均在 530 h 以上,各地历年极端最高气温为 38.7~41.6℃,属典型的亚热带炎热夏季。③常受热带气旋(俗称台风)影响。夏季是热带气旋活动的盛期,登陆广东的热带气旋每年平均有 1.3 个,并以 7 月为最多。登陆的热带气旋中有 30% 对清远产生影响,主要是热带气旋前的高温炎热天气和热带气旋带来的大风、强降水天气。

秋季是夏、冬季过渡季节,高层南亚高压迅速撤离,冷高压南下,汛期(雨季)结束。其主要气候特征有:①晴天少雨,气温总体处于下降的趋势,日平均气温大多在 19~27℃,空气湿度小,秋高气爽。②仍有热带气旋影响。当热带气旋在广东登陆并与北方南下的冷空气相遇时,会在清远境内产生强风骤雨天气。③因年际变化和季节变化大,无雨或少雨持续时间长的干旱天气及寒露节气前后较强冷空气入侵形成的寒露风天气会在秋季发生。

冬季副热带高压明显减弱,主体东移,东亚大槽加深稳定,北方冷空气强盛,清远地区常受冷高压控制。其主要气候特征有:①降水稀少,日照减少,以干冷天气为主。冬季平均降水量只有 198 mm,占全年降水量的 10%。日照逐月减少,到次年 2 月日照时数降至 70 h 左右。②常出现低温霜冻天气,若寒潮强盛,会有冰冻及降雪天气出现。其中最冷为 1 月,北部"三连"地区月平均气温在 9℃ 左右。冬季 5℃ 以下的低温天气北部平均每年为 30 d 左右,南部为 10 d 左右。低温霜冻、冰冻和降雪天气是冬季的主要灾害。

　　由于清远市季风气候显著,季风进退交替和强烈变化以及清远地形复杂(清远为山脉与平原的交汇处),所以气象灾害较多且出现频繁。主要气象灾害有:暴雨洪涝、干旱、寒害、热带气旋、雷雨大风等。在上述气象灾害中,对清远地区影响最严重的是洪涝灾害。1982 年 5 月 9 日至 14 日,清远市各地先后出现暴雨和局部特大暴雨,5 月 12 日清城降水量达 640.6 mm,这次特大暴雨导致大范围崩山,山洪大暴发,洪水大暴涨,13 日 20 时,北江(清城)水位为 15.88 m,清远县境内不少村庄田野被淹浸,全县主要堤围崩决 36 条,小堤围崩决 40 条,决口 398 处,有 40 万亩* 早稻受浸,失收 29 万亩,有 98 个村被全部毁掉,倒塌损坏房屋 3.17 万间,死 206 人,伤 17700 人,群众财物损失达 9045 万元,全县工农业生产及公私财物损失总值约 2.92 亿元。清远市各地年雨量充沛,但由于各季节降水不均,干旱也是清远市较严重的气象灾害之一,清远市的干旱多出现在秋季,有时也有秋冬连旱或冬春连旱,并有北多南少的特点。如 1991 年 6 月下旬至年末,全市持续雨水稀少,导致夏、秋、冬连旱的大旱天气,部分山区出现人畜饮水困难,农作物受损,其中连县受灾最为严重,早、晚稻及其他农作物受旱面积达 12.8 万亩,失收面积 1.31 万亩。

　　除洪涝、干旱外,寒害、雷暴、大风、冰雹等气象灾害亦时有发生。如 2008 年 1 月 11 日至 2 月 12 日,清远市出现低温雨雪冰冻天气过程,北部地区 1 月 14 日至 2 月 2 日日平均气温一直在 5℃ 以下,持续出现冻雨、雨凇及雪凇。根据清远市三防办 2008 年 2 月 12 日资料显示,这次低温雨雪冰冻天气造成 1044766 人受灾,因灾伤病人口 1879 人,饮水困难人口 10353 人;倒塌房屋 1364 间,损坏房屋 2579 间;因灾死亡大牲畜 15907 头(只);农作物受灾面积 40737 hm²,失收面积 11590 hm²。全市直接经济损失 166714.4 万元,农作物直接经济损失 66290.4 万元。

　　2001 年政府间气候变化专门委员会(IPCC)发表的《第三次评估报告》指出,地球平均表面温度在 20 世纪大约升高 0.6℃。进入 21 世纪以后,全球气候持续偏暖,天气变化趋向激烈。气候的异常变化和极端天气的出现对全市生态环境及经济社会的发展造成不良影响。

三

　　记录有关广东气象情况的史料,最早在东汉永初元年(107 年)。唐贞观三年(629 年)建广州怀圣寺的怀圣塔时,在其塔顶装双脚金鸡风向器(又说建于北宋开宝四年,约 971 年),这是广东进行风向测定的最早仪器。清道光四年(1824 年),李明彻(青来)在广州河南五凤村漱珠冈建纯阳观,设朝斗台观测天象,所著《圜天图说》内有九说涉及气象变化的观察体会和解释,这是广东最早较系统讨论气象问题的著作。据《清远县志》(1995 年版)

---

　　* 1 亩≈666.67 m²,下同。

记载,清远有气象灾害记载的史料最早见于宋建炎二年(1128年):"闰四月清城大水"。

清远市气象事业的雏期始于民国7年(1918年),据《广东省志·气象志》记载:"1918年在英德设置雨量站,进行雨量观测和统计报表并刊印"。这是清远市最早设立的气象观测点。民国10年(1921年)和民国21年(1932年),又先后在连县、清远清城增设雨量站。这些雨量站归属经常变化,无统一的规范、仪器和设备,所取得的资料也残缺不全。

中华人民共和国成立后,清远气象事业得到全面发展。1952年7月至1962年1月,相继成立连县、阳山、佛冈、清远、连山、英德、连南气象站。1981年,各县气象站改称气象局(站),实行局站合一。1988年1月国务院批准清远撤县建立地级市。1989年3月成立清远市气象局,为正处级机构。连县、阳山、英德、连南、连山县气象局由韶关市气象局移交清远市气象局管辖,佛冈县气象局从广州市气象局移交清远市气象局管辖。1994年3月至6月,英德县、连县先后撤县建市(县级市),英德县气象局改称为英德市气象局,连县气象局改称为连州市气象局。

在领导管理体制方面,全市各气象台站经历军队及地方建制、气象台站建制下放、气象部门建制和双重领导建制的各个时期。

1952年7月至1953年12月,各级气象组织属军队建制,并由中南军区司令部气象处管理;1954年1月至9月,气象部门从军事系统建制领导转入政府系统建制领导;1954年10月至1958年8月,受广东省气象局和县人民委员会双重领导;1958年9月至1962年8月,体制下放给当地政府部门建制领导;1962年8月至1968年12月,由县人民委员会建制改为广东省气象局建制;1969年1月至1970年12月,归属县革命委员会领导;1971年1月至1973年8月由县武装部与县革命委员会双重领导,以县武装部领导为主;1973年9月至1980年4月,由广东省气象局与县革命委员会双重领导,以地方领导为主;1980年5月以后,双重领导管理体制以广东省气象局领导为主。

四

军事系统建制时期,清远气象主要为军事提供气象情报,开展气象服务。1954年建制转归地方后,气象服务逐步转到经济建设和国民生产以及人民防灾减灾上来。特别是1956年取消气象情报的保密规定后,气象才能公开为各行各业服务。

气象站建站初期,各站从当地农业生产需要出发,在收听省气象台天气形势预报的基础上,结合当地气象资料和天物象反映、老农经验等,做出补充订正天气预报,同时根据农作物的生长情况制作旬、月预报开展气象服务。1958年起,各县在农科所、公社农技站、广播站等安装常规气象仪器,陆续办起公社气象哨。公社气象哨的建立,为中小尺度气象资料的积累和农业气候规划以及天气预报服务提供科学依据。到20世纪60年代初期,县站补充天气预报迅速发展,各站普遍开展长、中、短期天气预报,并建立各种天气预报模式,预报准确率得到提高,为地方政府在指挥生产和组织防灾方面起到"气象参谋"作用。1966年至1976年"文化大革命"期间,气象工作受到极大冲击,业务管理受到削弱,规章制度有所放松,部分业务技术人员被下放到"五七"干校接受再教育,给气象事业发展带来严重后果。但是广大气象工作者怀着强烈的事业心和责任感,克服各种困难和干扰,确保气象观测记录的完整和各类天气预报的发布。党的十一届三中全会以后,气象部门在改革开放政策的指导下,各项工作有很大发展,1982年起,气象部门实行"积极推进气象科学技术现代化,提高灾害性天气的监测预报能力,准确及时地为经济建设和国防建设服务,以农业服务为重点,不断提高服务的经济效益"新时期的气象工作方针,至1989年清远市气象局成立时,各县气象局(站)已配置传真收片机,甚高频无线电话,夏普袖珍计算机,并建起无线广播气象预报警报服务系统。通信和计算机技术的发展,为建立现代天气预报和气象服务体系,提高气象工作的总体效益起到重要作用。

　　1989年3月清远市气象局成立后,清远气象事业进入迅速发展时期,1992年清远市气象台开通与省气象台联网的气象信息微机终端;1994年实现市、县计算机联网;1996年建成清远高空探测站;1997年完成国家"气象卫星综合应用业务系统(国家9210工程)建设;1997年起开始自动气象站建设;1998年建成X.25分组数据交换网;2002年开通省—市10M宽带网;2005年建成省—市视频天气会商系统;2007年实现省—市—县视频天气会商。同时,气象服务也有很大发展,从1998年6月始,全市各级台站先后建成多媒体电视天气预报制作系统,自行制作天气预报节目,与电信部门联合开通"121"(后升位为"12121")天气预报自动答询电话;2002年2月起通过移动公司向公众提供气象信息手机短信服务,同年7月在清远市人民政府行政服务中心设立气象窗口,开展防雷装置及施放气球等行政审批工作;2003年12月成立清远市防雷减灾管理办公室,开展防雷工作监督管理及行政执法等防雷减灾工作;从2003年开始,根据天气和农业生产、人民生活所需,在全市范围开展火箭人工影响天气作业。

　　清远市气象局在抓好气象业务、气象服务和现代化建设的同时,十分重视气象科研、人才队伍建设和气象文化建设。气象科研共承担中国气象局科研子课题1项,省级科研项目7项,自主科研项目3项,并获得省人民政府农业技术成果推广应用奖5次,获得市科技进步奖4次。从1996年起,加大吸收大专以上学历的毕业生来局工作力度,并鼓励在职人员参加更高层次的学历教育,同时搞好专业进修和培训,努力提高职工素质。至2008年,大专以上学历人数达80人(为职工总人数的81.6%)。气象文化建设以社会主义精神文明建设为载体,广泛开展创建文明单位和文明行业活动。至2007年,全市气象部门各单位(市、县气象局)均获得地级以上"文明单位"或"文明窗口"称号。1999年起,清远市气象局三次被评为省级"文明单位"。2002年和2005年,清远市气象局先后被中央精神文明建设指导委员会授予"全国创建文明行业先进单位"和"全国精神文明建设工作先进单位"称号。

　　在台站基本建设方面,清远市气象局成立后加大投资。1990年在局旧址(清城松岗路5号)兴建1栋4层宿舍楼,总面积为800 m²;1995年1月市局从清城松岗路搬迁到小市20号区,占地面积为13498 m²,主体建筑有1栋总面积为1100 m²、5层高的办公楼,1栋面积为1138 m²、4层高的综合楼,另有3栋(分别为4层、5层、6层高)面积共3445 m²的宿舍楼。从1994年起,各县(市)气象局均新建起业务办公楼和职工宿舍楼;2008年12月,全市气象部门各台站均启用新建的地面观测站进行观测。2008年底,清远市气象局占地面积13980 m²,业务办公建筑面积2108 m²;佛冈县气象局占地面积6261 m²,业务办公建筑面积1355 m²;英德市气象局占地面积8283.9 m²,业务办公建筑面积1392 m²;阳山县气象局占地面积10000 m²,业务办公建筑面积962 m²;连州市气象局占地面积2952 m²,业务办公建筑面积1032 m²;连南瑶族自治县气象局占地面积2361 m²,业务办公建筑面积2578.6 m²;

连山壮族瑶族自治县气象局占地面积 866.7 m²，业务办公建筑面积 840.7 m²。

气象事业是科技型、基础性社会公益事业。改革开放以来特别是 1989 年清远市气象局成立以后，清远气象事业取得长足发展，初步建立天气、气候业务和科研体系，提高气象监测、预报、预测和服务水平，在防灾减灾、经济建设和社会发展中发挥重要作用。气象科学与人们的生活息息相关，大到防灾减灾、工农业生产、交通运输、城市规划、工程建设，小到居家生活、出外旅行，都需要气象科学。随着清远经济社会的发展，人们生活水平的逐渐提高，全球气候变化及不断出现的极端天气的新趋势，必将对气象工作提出更高的要求，为迎接新的挑战，清远市气象部门确立"公共气象、安全气象、资源气象"的发展战略，按照一流装备、一流技术、一流人才、一流台站的要求，深化各项改革，加强气象现代化建设，强化观测基础，不断提高天气预报和气象服务水平，提升气象事业对经济社会发展和人民生命财产安全与保障的支撑能力，为实现人与自然的和谐贡献力量。

大 事 记

1956 年

11 月,清远气候站建立,站址位于龙塘新庄乡。

1957 年

3 月,按广东省气象局要求,开展农作物物候观测。

1958 年

9 月,按省人委决定,清远县气候站体制下放县建制、领导。

12 月,根据广东省气象局要求,清远气候站由龙塘迁到县城(清城镇北郊清远中学西侧),更名清远县气象站。

1959 年

3 月,广东省气象局下发《关于全省地面气象观测站调整修正方案》,清远站被划为中心气象站。

1960 年

3 月,据 1959 年全国气象会议决定,清远县气象站改称清远县气象服务站。

1961 年

清远县气象服务站配备气压计、气压表,增加气压观测任务。

1962 年

8 月,根据广东省人民委员会《关于改变全省气象工作管理体制的通知》规定,清远县气象服务站由县人民委员会建制改为由省气象局建制,改称广东省清远县气象服务站,其编制、经费、业务均为省气象局负责管理。

1963 年

9 月 18 日,广东省气象局《颁发全省台站区站号的函》规定:清远站区号为"59",站号为"280"。

1964 年

10 月 25 日,增加 OBSAV 广州预约航空危险天气报告任务。

1965 年

4 月,广东省气象局下拨资金 3000 元建气象业务工作室(60 m²)。

1966 年

3 月,增加民航预约拍发航空危险天气报告任务。

1967 年

1 月,停止曲管地温观测。

1968 年

11 月 3 日,省革委会生产组《批转省气象局革命领导小组〈关于气象台、站体制下放的报告〉》。

1969 年

1 月,清远站下放清远县革命委员会建制、领导,更名为清远县气象水文服务站。

1970 年

11 月,清远县革命委员会、县武装部向各公社(场)革命委员会下发《关于建立公社气象哨的通知》。

1971 年

1 月起,体制由清远县武装部与清远县革命委员会双重领导,以清远县武装部领导为主,改称广东省清远县气象站。

全县 24 个公社(场)有 20 个公社(场)办起气象哨。

1972 年

清远县气象站派出预报技术人员到广西崇左、湖南平江站学习用剖面图进行天气预报的经验。

1973 年

9 月,根据广东省革命委员会和广东省军区《关于调整气象部门体制的通知》要求,清远气象部门改由清远县革命委员会与省气象局双重领导。党政工作由同级党委实施一元化领导,业务工作以省气象局领导为主。

1974 年

6 月,广东省气象局下达 1974 年度基本建设计划,拨款 1 万元用于办公用房建设。

11 月,根据广东省气象局《调整全省航危报任务的通知》规定,清远站固定航危报为 AV 广州(全年 00—24 时发报),MH 广州(4 月 1 日至 9 月 30 日 05—21 时发报)。

1975 年

10 月,清远县气象站组织公社(场)气象哨人员(10 人)到南海西樵气象哨参观学习。

11 月,清远县气象站会同韶关地区气象局人员到江口、三坑、源潭等公社气象哨开展农村气象工作调查。

是年,清远县气象站建造业务楼房 1 幢(两层),总面积为 219 m²。

1976 年

3 月 10 日,成立中共清远县气象站党支部,杨际通任支部书记。

10 月,清远县气象站派出 6 人组成 3 个调查组,对清远北部地区 9 个公社进行气候调查。

1977 年

10 月,何镜林随广东省气象局代表团到北京参加全国气象站预报技术交流会。

12 月,清远县气象站被评为韶关地区气象系统"双学"先进单位。

1978 年

3 月,广东省气象局下发《布置一九七八年暴雨实验研究任务的通知》,清远被划分为重点实验区。

5月,清远县气象站领导和预报技术人员到龙须带水电工程开展"抢险渡汛"现场气象服务。

1979 年

清远县气象站建造职工宿舍楼 1 幢(两层),建筑总面积为 376 m^2。

1980 年

5月,根据广东省人民政府批转广东省气象局《关于我省气象部门管理体制恢复以省局领导为主的报告》,清远气象站恢复以省气象局领导为主的双重领导管理体制。

12月,广东省编制委员会、广东省气象局联合发文下达清远县气象局人员编制数 18 人,其中领导职数 2 人。

1981 年

7月20日,韶关地区气象局任命杨际通为清远县气象局(站)副局(站)长。

是月,广东省清远县气象局成立。

8月19日,清远县人民政府下发《关于成立县气象局的通知》。

1982 年

5月12日,特大暴雨袭击清远,引起山洪暴发,黄坑围北大堤溃,气象局受浸,13日观测场水深达 3.86 m。

清远县委、县政府,韶关地区气象局,广东省委、省政府先后授予清远县气象局"抗洪救灾先进集体"称号。

1983 年

5月,清远县气象局被国家气象局评为 1982 年度重大灾害性关键性天气预报服务受奖单位。

6月14日,广东省气象局党组发文任命陈文章为清远县气象局(站)局(站)长。

1984 年

1月1日,清远县气象局(站)由韶关地区气象局划归广州市气象管理处领导管理。

4月6—7日,清远县气象局派员参加在清远县召开的全省气象水文工作会议,这次会议主要内容是研究汛期联防和做好气象水文服务等。

9月18日,中共清远县直属机关委员会批准同意陈文章任中共清远县气象局党支部书记。

10月18日,广州市气象管理处发文任命陈文章为清远县气象局(站)局(站)长,杨际通为副局(站)长。

1985 年

6月25日,清远县气象局党支部被县直属机关委员会评为先进党支部。

8月22日,清远县人民政府向有关单位批转县气象局《关于气象工作开展有偿专业服务的报告》。

是年,清远县气象站获"广东省气象系统气象服务工作二等奖"称号。

1986 年

清远县气象局配备甚高频电话机。

1987 年

1 月 19 日,清远县人民政府下发《关于保护气象观测环境的通知》。

4 月 28 日,清远县气象局被评为广东省气象系统"一九八六年度双文明建设先进集体"。

6 月 18 日,广州市气象管理处发文任命陈水秀为清远县气象局(站)副局(站)长,免去杨际通副局(站)长职务。

7 月 23 日,清远县直属机关委员会批复同意改选清远县气象局党支部,由陈文章任党支部书记,杨际通任支部组织及纪检委员,陈水秀任支部委员。

是年,建成清远县气象警报网(气象警报发射塔安装在县气象局办公楼顶层),全县安装警报接收机 10 台。

1988 年

5 月 10 日,广东省气象局党组决定成立清远市气象局(台)筹备组,由梁华兴、陈文章、吴武威组成。

6 月 13 日,广东省气象局决定将清远县气象站改称清远市气象台,并由清远市气象局筹备组负责领导。

9 月 9 日,广东省气象局通知,清远市气象台担负的航空危险天气报告任务,从 10 月 1 日起调整为广州每天固定 05—22 时,并从 1989 年 1 月 1 日起原担负每天 4 次气候观测的任务改为每天 3 次气候观测任务,白天守班、夜间不守班。

1989 年

2 月 13 日,广东省气象局决定成立清远市气象局(台),为正处级机构,实行局台合一,一套人马、两个牌子。

3 月 1 日,广东省气象局批复同意清远市气象局(台)下设办公室、预报服务科和业务科三个科级机构(不含观测站),配备 6～7 名科级干部职数。

广东省气象局任命梁华兴、吴武威为清远市气象局(台)副局(台)长。

3 月 31 日,广东省气象局副局长张佳、清远市副市长丘诗忠及市农委主任李巧荣出席清远市气象局(台)成立挂牌仪式。

5 月 4 日,清远市气象局(台)设立办公室、预报服务科、业务科、观测站,并任命各科室(站)领导。

6 月 17 日,市直机关工委同意清远市气象局改选党支部委员会,梁华兴任支部书记(原任书记陈文章已调出清远市气象局)。

10 月 19 日,经市编制委员会同意,成立清远市防雷设施检测所。

成立清远市气象局初级专业技术职务评审委员会,吴武威任主任委员。

1990 年

1 月 16 日,清远市气象局机关职工宿舍楼(院内西侧)基建工程动工,同年 8 月 18 日落成。

11 月 20—22 日,清远市气象局召开全市气象局局长会议,研讨部门内部结构调整和"八五"规划的草拟问题。

1991 年

1 月 30 日,广东省气象局同意清远市气象局增设人事科、服务科。

3月20日,市编委同意清远市气象局成立清远市山区气候研究所,为正科级全民所有制事业单位。

7月15—18日,市、县气象局领导到阳山县参加由中国农业学会气象研究会主办召开的"全国农业气候资源开发利用与保护"学术交流会。

1992 年

2月28日,清远市气象学会成立。

4月7日,广州区域气象中心至清远市气象局微机(型号Ⅱ386/25、Ⅱ386S×20)联网开通并投入业务运行。

9月15日,广东省气象局党组任命梁华兴为清远市气象局(台)局(台)长,吴武威为副局(台)长。

11月21—23日,全省农业气象及气候工作研讨会在清远召开。国家气象局气候司处长田同舟、省气象局副局长肖凯书及副市长杨瑞先分别在会上发言。与会代表在会上作学术交流。这次会议,总结广东省近年农业气象和气候工作的经验,研讨这项工作如何适应新形势发展的需要,更好地为发展优质高产高效农业服务的问题。

1993 年

10月,吴武威当选清远市第二届政协委员。

12月,清远市气象局《农业气候区域成果在发展山区蚕桑水果上的应用推广》被评为广东省农业技术成果推广奖二等奖。

1994 年

1月12日,清远市气象局党组成立,梁华兴任党组书记,吴武威、姚科勇任党组成员。

3月28日,英德县气象局改名为英德市气象局。

6月30日,连县气象局改名为连州市气象局。

8月28日,清远市委、市政府联合召开"94·6抗洪抢险,生产救灾"总结表彰大会,清远市气象局被授予"抗洪抢险,生产救灾先进单位"称号。

12月18日至次年1月1日,清远市气象局由旧城松岗路5号搬往新市区半环北路,气象地面观测及各项工作于1月1日起在新址进行。

1995 年

3月18日,全市数传计算机组网工作完成。

7月1日,清远市气象局党支部被市直机关工作委员会评为先进党支部。

8月5日,清远市气象局办公大楼破土动工,同时新建清远探空站。

8月16日,广东省气象局党组任命刘日光为清远市气象局(台)副局(台)长、党组成员。

10月25日,广东省气象局党组决定免去吴武威清远市气象局(台)副局(台)长、党组成员职务,调任汕尾市气象局(台)局(台)长、党组书记。

1996 年

1月1日,清远探空站正式开展工作并首次记录探空资料。广东省气象局局长谢国涛到清远探空站指导工作。

4月21—23日,中国气象局法规司司长江彦文、副司长梁景华、处长张昌同、天气司处长方维模、副处长梅连学一行在广东省气象局副局长胡光骏、办公室主任袁亦康陪同下到市气象局检查、验收 1993—1995 年的结构调整工作。

9 月 6 日,广东省气象局党组任命刘日光为清远市气象局(台)副局(台)长、党组书记;姚科勇为副局(台)长、党组成员;许永稞为副局(台)长。

11 月 12 日,广东省气象局科教处处长黄增明、研究所副所长彭涛涌与中国气象局国家气候中心副主任王守荣、计算机室主任李骥及美方代表 VCAR 项目办公室副主任 Emmanuel 到市气象局考察。中、美双方进行学术交流。

12 月 6 日,《清远市气象部门机构编制方案》经广东省气象局审核批准,并经清远市人民政府同意由清远市机构编制委员会转发。清远市气象局与清远市气象台实行局台合一,为正处级机构。

1997 年

5 月 20 日,气象卫星综合应用业务系统("9210"工程)的 TES、PES 系统建成。

6 月 30 日,经清远市气象局党支部改选和市农委机关党委批准,姚科勇继任支部书记,梁玉婵、杨伟民任支部委员。

12 月 30 日,清远市人民政府向各县(市)、市辖区人民政府及市直有关单位发出《关于进一步加强气象工作的通知》。

是月,清远市气象台被中国气象局授予"重大气象服务先进集体"称号。

1998 年

3 月 23 日,是世界气象日,副市长黄伙荣代表市委、市政府在电视上做题为《发展气象事业,服务清远人民》的讲话。

4 月 13—17 日,市人大农村委、市政府办公室、市农委、市法制局、清远报社及市气象局领导组成气象执法工作小组,对全市贯彻实施气象法规情况进行检查。

5 月 4 日,广东省气象局党组任命刘日光为清远市气象局(台)局(台)长。

7 月 1 日,清远市气象台影视制作系统投入使用,自制《天气预报》节目经清远电视台播出。

9 月 10 日,中国气象局名誉局长邹竞蒙在广东省气象局原局长、省政协委员谢国涛的陪同下到清远市气象局视察,对清远市气象局业务工作及现代化建设给予肯定,同时挥毫写下"充分发挥气象现代化效益,为清远经济腾飞做出新贡献"的题词。

是月,刘日光当选中共清远市第三届党代会代表。

11 月 27 日,X.25 分组网开通,通过分组网成功获取省气象台资料。

是月,许永稞调回广东省气象局工作。

1999 年

3 月 31 日,连州、阳山、英德、佛冈四个县(市)气象局正式开通"121"气象信息服务电话;连州气象局正式使用 X.25 接收气象报。

4 月,经省局党组研究决定任命杨宁为清远市气象局局长助理(正科级)、党组成员,分管业务和服务工作。

5 月 21 日,市局综合档案管理工作评定为省一级。

5 月 31 日,市局完成"9210"单收站安装并投入业务使用。

9 月 10 日,省委、省政府授予清远市气象局"广东省文明单位"称号。

9月17—23日,各县(市)局完成"9210"单收站安装、调试工作。

11月10—11日,省委宣传部副部长、省文明办主任蓝红,省气象局副局长余勇一行,对清远市气象系统两个文明建设的情况进行考察。

12月24日,清远市气象局被市委、市政府授予"清远市文明行业"称号。

2000年

2月29日—3月1日,中国气象局文明办主任李士斌及省局局长李明经、副局长余勇到清远市气象局指导精神文明创建工作。

4月4日,"121"气象信息服务系统开通使用。

8月,广东省气象局党组任命杨宁为清远市气象局副局长。

12月11—15日,市人大、政府办、法制局、农委、财政局、清远报社以及清远气象局组成气象执法小组,对全市贯彻和实施《中华人民共和国气象法》情况进行执法检查。

12月29日,市政府下发关于《印发清远市自动气象站网建设实施方案的通知》。内容包括:自动气象站网的布点规划,自动气象站网建设进度,自动站网建设的资金来源和经费预算。

2001年

1月19日,经市局党支部选举和上级党委批准,产生新一届支部委员。姚科勇任支部书记,何镜林任支部副书记,杨伟民、涂宏兰、陈德花任支部委员。

3月,清远市气象局被省人事厅、省气象局授予"广东省气象系统先进集体"称号。

7月,广东省委、省政府授予清远市气象局"1996—2000年全省法制宣传教育先进集体"称号。

9月22—24日,中国气象局高空气象业务检查组到清远市气象局检查探空业务工作,经检查和综合评定,清远探空站为优良单位。

是月,广东省委、省政府授予清远市气象局"广东省文明单位"称号。

10月,清远市委、市政府授予清远市气象系统"清远市文明行业"称号。

2002年

1月,共青团市直机关工委授予清远市气象局"2001年度团工作先进单位"称号。

2月6日,清远市机构编制委员会转发《广东省气象局关于印发〈清远市国家气象系统机构改革方案〉的通知》。

是月,广东省气象局授予清远市防雷设施检测所"2001年广东省防雷减灾工作先进集体"称号。

7月16日,市局综合楼(五号楼)通过竣工验收。经有关部门综合评定,该工程为"质量优良"工程。

7月25日,市政府行政服务中心气象窗口设立并开展工作。

10月,清远市气象系统被中央精神文明建设指导委员会授予"全国创建文明行业工作先进单位"称号。

2003年

1月16—20日,清新县鱼坝、新洲、石坎、三坑、南冲镇自动气象站安装完毕。

是月,市直工委授予清远市气象局党支部"2001—2002年五好党支部"称号。

3月,清远市防雷设施检测所被市委、市政府授予"清远市五十佳文明示范窗口"称号。

4月14—15日,省局"新型台站"验收小组对市气象局、连州气象局、英德气象局的新型台站创建工作进行验收,三个单位均为创建工作先进单位。

9月,清远市气象台的装修改造完成。该工程对机房设备和计算机网络进行升级改造。

11月4日,清远市委、市政府召开精神文明表彰大会,清远市气象系统获"清远市文明行业"称号。

12月16—22日,开展全市气象部门科技档案管理达标升级验收工作。清远市局以及英德、连州、连南县局被国家档案局评定为国家二级档案单位;佛冈、阳山、连山县局被评定为省级档案先进单位。

12月26日,清远市防雷减灾管理办公室成立。

是月,清远市气象局被广东省委、省政府授予"广东省文明单位"称号。

2004 年

2月24日—3月11日,市局协助省气候中心为清新县石潭镇招商引资项目开展环境气候评价工作。

是月,共青团市工委授予清远市气象局"2003年度团工作先进单位"称号。

3月9日零时40分左右,市局办公大楼五楼(气象台)因电器短路发生火灾,01时35分将大火扑灭,失火面积约200 m²。这次火灾,气象台大部分设备被烧毁。经市消防局鉴定直接损失23万元。

4月23日,召开全体干部职工大会。省局纪检组组长邹建军宣布干部职务任免决定,姚科勇任清远市气象局党组纪检组组长、党组成员,免去其清远市气象局副局长职务。

6月29日,经清远市局党支部选举和市直工委批准,新一届党支委由姚科勇(支书)、廖初亮(副支书)、杨伟民、秦传耀、刘瑜(委员)组成。

7月30日,市局办公楼(气象台)修复工作全面完工。

11月13日,市局组织6个人工增雨作业组在全市范围开展人工增雨作业。

12月13—18日,安装建立"市、县宽带网"。

12月23日,清远市人工增雨减灾工作领导小组成立,刘日光任副组长,杨宁任领导小组办公室主任。该领导小组主要负责对全市人工增雨作业进行统一领导、指挥、决策和组织。办公室设在清远市气象局。

2005 年

1月20日,清远市人民政府行政服务中心授予气象窗口2004年"文明窗口"称号。

1月21日,清远市直机关工委授予清远市气象局党支部2003—2004年度"五好"党支部称号。

2月,清远市总工会授予清远市气象局"清远市工会女职工工作先进集体"称号。

4月26—27日,省人大执法检查组到清远检查贯彻实施《中华人民共和国气象法》和《广东省气象管理规定》的情况。

9月5日,清远市委、市政府授予清远市气象局"清远市抗洪抢险救灾先进集体"称号。

9月30日,中共广东省气象局党组决定:李国毅任清远市气象局副局长、党组成员;蒋国华任清远市气象局局长助理(正科级)、党组成员。

10月,中央精神文明建设指导委员会授予清远市气象局"全国精神文明建设工作先进单位"称号。

12月8日,连州市气象局张燕燕获2005年全省地面气象测报技术比武一等奖。

2006 年

1月12日,阳山县气象局被市委、市政府授予"清远市精神文明建设先进集体"称号;佛冈县气象局被授予"清远市五十佳文明示范窗口"称号。

4月,《清远市国民经济和社会发展第十一个五年规划纲要》提出,要"发挥气象在生产和防灾减灾中的作用"和"加强气象监测设施建设"。市气象综合探测系统工程、气象信息网络系统工程、气象灾害预警与人工影响天气工程及市气象台站基础建设工程被列入"十一五"规划建设重点项目。

5月17日,清远市人民政府转发《广东省突发气象灾害预警信号发布规定》。

8月3日,清远市委、市政府授予清远市气象局"四五普法先进集体"称号。

9月4日,省委、省政府授予清远市气象局"抗洪救灾模范集体"称号。

9月6日,清远市人民政府下发《关于贯彻落实省府办公厅转发国务院办公厅〈关于进一步做好防雷减灾工作的通知〉的通知》。

9月9日,中国气象局监测网络司地面观测处处长时建华和技术专家宋世平到清远市,对连州国家气候观象台新站址进行实地勘察。

是月,成立清远市气象局党支部委员会,姚科勇任书记,并设立清远市气象局机关党支部和老干部党支部。

12月10日,中国气象局701雷达-400兆电子探空仪系统技术培训班在市局开班。来自全国各地的30多名探空、业务技术人员参加培训。

2007 年

1月25—27日,中国气象局派出技术人员对清远、连州气象局闪电定位电磁环境进行测试。

3月26日,2007年北江流域气象合作年会在清远市气象局召开。广东省气象局、郴州市气象局、赣州市气象局、韶关市气象局、清远市气象局和市三防办共30多位代表出席会议。

是月,清远市气象局党支部被市直机关工委授予"2005—2006年度五好党支部"称号。

7月3日,省局局长余勇、副局长许永锞一行到清远督导清远气象综合探测基地征地工作,并与副市长曾贤林赴基地选址现场视察,研究落实征地事宜。

8月1日,召开人工增雨抗旱工作动员大会。副市长曾贤林、市三防办主任汤锦贤参加会议并对实施人工增雨作业进行指导。

9月14日,清远市政府下发《关于加快清远气象事业发展的实施意见》。

9月23日,市—县天气预报视频会商系统安装完毕并投入业务运行。

11月17日,清远市政府发出通告,规定在清远市范围内禁止施放以氢气为充灌气体的气球。

是月,在"首届广东省气象行业天气预报技能竞赛"中,清远市气象局派出的参赛组获团体第四名。

12月4日,成立施放气球资质评审委员会。

是月,清远市防雷设施检测所被市委、市政府授予"清远市五十佳文明示范窗口"称号。

2008 年

1月11日,清远市委、市政府召开清远市 2006—2007 年度精神文明建设先进集体和先进个人表彰大会,清远市气象局获"清远市文明行业"称号;授予连州市气象局"清远市文明单位"称号;授予市行政服务中心气象窗口"清远市五十佳文明示范窗口"称号。

1月17日,清远市人民政府办公室下发《清远市防御气象灾害规定》。

4月2日,清远市政府在市国际会展中心召开全市气象工作会议。省气象局副局长林献民、清远市副市长曾贤林等领导到会并讲话。

5月4日,清远市气象局被市委、市政府授予"实施农业农村经济发展八个五工程先进单位"称号。

5月5日,市委、市政府授予清远市气象局"抗灾救灾、重建复产先进集体"称号。

7月22日,省气象局局长余勇、副局长林献民在清远市副市长曾贤林的陪同下赴清远气象综合探测基地选址现场进行实地考察,就如何加快征地进度和规划建设事宜进行研究。下午,清远市市长徐萍华会见余勇一行,并表示市政府将全力支持项目的建设。

7月25日,市政协提案委员会主任王俊、法制与文史委员会主任梁刚毅一行到市气象局,对市政协委员罗晓丹提交的《关于进一步加强保护我市气象探测环境的建议》及如何更好地保护好气象探测环境的问题与市局领导交换意见。

12月12日,在全体干部职工大会上省局人事处长余伟泉宣读《关于蒋国华同志职务任免的通知》,任命蒋国华为中共清远市气象局党组成员、清远市气象局副局长。

12月19日,清远市局召开"清远市突发公共事件预警信息发布系统建设启动"新闻发布会。

第一章　气候特征

第一节　气候特点

清远市属亚热带季风气候,主要特点是:热量丰富,光照充足,雨量充沛,雨热同季,地形复杂,立体气候显著,灾害频繁。

清远市年平均气温为 20.3℃,其中北部地区为 19.6℃、南部地区为 21.2℃,全年气候温和,温度变幅小,年较差为 18.7℃;全年 10℃ 以上的平均积温为 6715.5℃,其中北部地区为 6302.3℃、南部地区为 7252.8℃;最热月是 7 月,月平均气温为 28.4℃,最冷月是 1 月,月平均气温为 10.5℃;无霜期平均为 326 d,其中北部地区为 314 d,南部地区为 343 d。

清远市年日照时数为 1584.4 h,占可照时数 36%,其中北部地区为 1492.8 h、南部地区为 1706.4 h,分别占可照时数 39% 和 34%。

清远市除冬季受干冷的大陆气团控制降水较少外,其余时间受海洋暖湿气流影响,雨量充沛,雨热同季,平均年降水量为 1857.9 mm,地域分布自南向北减少,南部清远和佛冈年平均降水量在 2100 mm 以上,最北的连州只有 1601.1 mm。全年主要降水量出现在 4—9 月,称为汛期,平均降水量为 1394.5 mm,占全年降水量的 75%。其中 4—6 月为前汛期,这一时期暖湿的偏南气流旺盛,当北方冷空气入侵时,冷暖气流交汇,使空气对流激烈,容易产生强降水和强对流天气,降水量急剧增多;7—9 月为后汛期,主要受西太平洋和南海的热带气旋为主的热带天气系统影响。

清远市境内地形复杂,山地丘陵交错,清新县南部、清城区和佛冈县处于珠江三角洲平原与南岭山脉南麓的交界处,受地形的抬升作用,降水增多,是广东省三大降水中心之一。

清远市气象灾害频繁,主要气象灾害有:暴雨洪涝、低温霜冻、干旱、低温阴雨、热带气旋、寒露风、雷雨大风、高温、大雾等。

第二节　四季气候

以地球与太阳的相对位置(天文学角度)划分四季:3—5 月为春季;6—8 月为夏季;9—11 月为秋季;12 月至翌年 2 月为冬季。

一、春季(3—5 月)

春季是冬、夏季的过渡季节,白昼渐长,太阳高度角逐渐增大,地面接收的太阳辐射总量也开始增多。此时,影响清远市的冷空气势力开始减弱,来自海洋的暖湿气流势力逐渐加强,冷暖气团常在华南地区交绥,形成春季气温回升、降水增多、日照较少、天气多变的特点。

春季天气明显回暖，气温上升显著，旬平均气温从 3 月上旬的 14.2℃升至 5 月下旬的 25.5℃。但由于冷暖空气交替频繁，常出现"乍冷乍暖"天气，清远民间有"春天一日三时变"的谚语来形容春季天气的多变，有时候还会出现长时间的阴雨天气或低温阴雨、倒春寒天气，在个别冷空气势力强的年份还会出现寒潮，对早稻秧苗生长和交通运输十分不利。

春季降水明显增多，多雨雾、寡日照。清远市 3—5 月降水量呈大幅度递增关系，其中 5 月平均降水量为 327.9 mm，居全年各月之首，占整个春季降水量的 46%，是冬季降水量的 3.6 倍。春季平均降水量为 716.8 mm，占全年降水量的 39%；各地年平均暴雨（日降水量≥50.0 mm）日数为 4.5～9.7 d，其中春季为 2～4.2 d，占暴雨总数的 39%～44%。春季以阴雨迷蒙天气为主，清远市春季平均雨日（日降水量≥0.1 mm）为 58 d，占全年雨日的 34%。春季也是全年雾天气最多的时段，各地平均雾日为 3～8.1 d。雨雾天气多，使得春季是全年日照最少的季节，全市平均日照时数为 239.4 h，仅占全年日照时间的 15%，特别是 3 月，月平均日照时数只有 59.2 h，是全年日照最少的月份，仅占可照时数的 16%，平均每天日照只有 1.9 h。另外，在冷空气影响减弱后，暖湿气流迅速北上，致使气温回升，空气湿度加大，易出现"回南天"现象，常伴有大雾。

春季中小尺度天气系统活跃，常出现雷雨大风、强雷暴、冰雹、龙卷风等强对流天气，各地平均雷暴日数为 21.9～27.4 d，占年雷暴日数 30%～37%。

二、夏季（6—8 月）

夏季，冷空气势力很弱，很少到达华南地区，锋面常在长江流域减弱并趋于静止。随着南支西风急流的逐渐北撤，6 月后前汛期降水结束。西北太平洋和南海多热带气旋活动，是热带气旋影响或袭击的盛期。夏季在副热带高压的稳定控制下，常出现炎热天气，是极端最高气温出现的主要时期。有些年份降水量多，易出现连续性强降水天气，降水量相对集中，从而造成洪涝灾害。

夏季是一年之中最炎热的季节，特别是 7 月，是全年天气最炎热的月份，月平均气温为 28.4℃，比最冷的 1 月（平均气温为 10.5℃）高 17.9℃。8 月的平均气温也有 28.1℃，比 1 月高 17.6℃。在副热带高压的控制下，经常出现晴天少云的酷热天气，此时若有热带气旋，受热带气旋外围下沉气流影响，天气更是闷热难受。清远市最高气温为 41.6℃，出现在连州 2003 年 7 月 23 日。夏季各地平均高温（日最高气温≥35℃）日数为 7.9～26.7 d，分别占年高温日数的 85%～89%。

清远市夏季平均日照时数为 532.6 h，占年日照时数 34%，是日照最多的季节。各地平均日照时数除连山为 468 h 外，其余均在 530 h 以上，分别占年日照时数的 31%～36%。其中 7 月是清远市日照时数最多的月份，平均为 205.8 h，占年日照时数的 13%。

夏季不但气温高，也是一年之中降水量最多的季节。清远市 6—8 月平均降水量为 716.9 mm，占全年降水量的 39%。其中 6 月降水量为 318.9 mm，是全年降水量第二多的月份。

夏季不仅降水多，而且还经常出现暴雨和雷暴、雷雨大风等强对流天气。各地夏季平均暴雨日数为 2～4.3 d，占年暴雨数的 40%～46%；各地平均雷暴日数为 29.8～50 d，占年雷暴日数的 50%～56%。另外，由于下垫面受热不均和地形作用等原因，夏天的雷阵雨天气具有局地性强、界线分明的特点,因而有"夏雨隔牛背"之说法。夏季降水大体分两种系统,其中6月多为锋面低槽降水,7~8月主要是热带气旋降水。

夏季是热带气旋活动频繁的季节。每年6—10月,是热带气旋影响清远市的主要季节,其中夏季影响的热带气旋,占全年总数的64%。特别是7—8月,更是热带气旋活动的高峰期,这两个月出现的热带气旋,占全年总数的57%,这也是夏季降水多的一个重要原因。但在个别年份若影响清远市的热带气旋数目少时,又将导致降水量少而可能出现夏旱。

三、秋季(9—11月)

秋季是夏、冬季的过渡季节,副热带高压迅速撤离,冷空气活动逐渐加强,地面上锋面的候平均位置已过南岭,冷高压迅速南下并控制清远,气温逐月下降。9月后雨季基本结束,但秋季热带气旋影响仍较大。

清远市的秋季天晴少雨、蒸发量大。清远市秋季平均降水量为226.3 mm,只占年降水量的12%,且降水量呈逐月递减,9月平均降水量为105.3 mm,10月降至72.8 mm,11月降水量只有48.2 mm,仅为9月降水量的46%;而清远市秋季的蒸发量为436.9 mm,蒸发量比降水量多近一倍,因此常有秋旱出现。

清远市秋季平均日照时数为509.9 h,占年日照时数的32%。北部"三连"地区平均日照时数小于500 h,其余在500 h以上,分别占年日照时数的31%~34%。

秋季气温开始逐月下降,9月平均气温为26.1℃;10月为22.2℃,下降3.9℃;11月,平均气温降至17.1℃,比10月下降5.1℃。另外,由于冷气团逐渐取代暖湿气团,天气转趋干爽,平均水汽压由9月的25.9 hPa降至11月的14.1 hPa,平均相对湿度则由9月的78%下降至11月的72%。天气干爽、人体感觉舒适,因此,人们常常用"秋高气爽"来形容秋季的天气。

秋季昼夜温差开始逐渐增大,9月气温平均日较差为8.4℃,10月为9.1℃,11月增大到9.5℃。但在个别年份,9月中下旬甚至10月初的天气仍然比较炎热,甚至出现日最高气温在35.0℃以上的高温,这种在秋季出现的酷热天气就是人们俗称的"秋老虎"。

当某些年份冷空气势力较强时,清远市气温明显下降,出现俗称的"寒露风"(日平均气温≤23℃,持续3 d或以上)天气,更有甚者,在10月下旬北部"三连"地区就有可能出现寒潮天气。

秋季热带气旋活动逐渐趋于结束。初秋季节,热带气旋还很活跃,9月出现的热带气旋占全年总数的22%。10月出现的热带气旋数量大幅度减少,占全年总数的9%。11月,热带气旋少之又少,只占2%。

四、冬季(12月至翌年2月)

冬季是北方蒙古高压的鼎盛时期,冬季风势力强大。地面上锋面位置迅速南移,清远地区常受强冷高压脊控制,经常处于干冷气流的控制之下,气温达全年最低,降水稀少。

冬季是清远市一年之中气温最低的季节。清远市12月的平均气温为12.3℃,比11月下降4.8℃;1月的平均气温降至10.5℃,是全年月平均气温最低的月份;2月气温缓慢回

19

升到 12.0℃。冬季日最低气温≤5℃的低温天气常有出现,各地平均日数为 7.6～37.4 d,占总低温日数的 87%～97%。在冷空气势力强的年份,易出现寒潮天气,霜冻和冰冻也时有出现,尤其是北部地区,还会出现降雪、积雪和雨凇等现象。

受太阳高度角变化的影响,冬季白昼渐短,日照时间随之减少。清远市冬季平均日照时数为 302.4 h,比秋季减少了 200 多小时,占年日照时数的 19%。北部"三连一阳"地区平均日照时数小于 300 h,其余在 300 h 以上,分别占年日照时数的 17%～21%。

在冷高压脊的控制下,清远市冬季降水量较少,平均降水量只有 198 mm,仅占年总降水量的 10%,但月降水量呈递增趋势,12 月降水量只有 39.1 mm,1 月为 65.9 mm,2 月增至 93 mm,是 12 月的 2.4 倍。而且,冬季降水量的年际变化十分大,有的年份降水量十分少,如 1998 年 12 月至 1999 年 2 月,降水量只有 87.3 mm,占年总降水量不到 5%。由于冬季降水量少,加上年际变化大,所以容易出现干旱。

第二章 气候要素

第一节 温度

一、气温

气温是表示空气冷热程度的物理量,以摄氏度(℃)为单位,取一位小数。

(一)平均气温

1. 年平均气温

清远市年平均气温为 20.3℃,各地年平均气温为 18.9～21.8℃,基本呈纬向分布,由南向北递减,但由于连山海拔高,年平均气温为全市最低,仅有 18.9℃。清远市最高年平均气温为 21.2℃(1998 年和 2007 年),最低年平均气温为 19.3℃(1984 年),年际变幅为 1.9℃,前后两年最大变幅为 0.9℃(1987—1988 年);各地最高年平均气温出现在清远为 22.7℃(2007 年),最低年平均气温出现在连山为 17.8℃(1984 年),各地年际变幅为 1.8～2.2℃,前后两年最大变幅除清远为 0.9℃外,其余均为 1.0℃(如图 2-1-1 和表 2-1-1 所示)。

清远市气候变暖趋势明显,20 世纪 60 年代至 80 年代平均气温为 20.1～20.2℃,低于历年平均值,为气温略偏低时期。90 年代,气温开始上升,平均气温为 20.5℃,高于历年平均值,比 80 年代上升 0.4℃。2000 年后,气温继续上升,平均气温为 20.9℃,比历年平均值高 0.6℃,比 20 世纪 90 年代上升 0.4℃(如表 2-1-2 所示)。

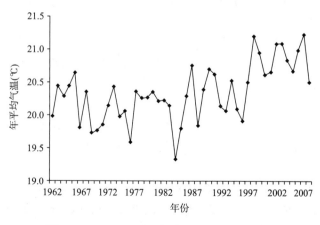

图 2-1-1 1962—2008 年清远市年平均气温图

表 2-1-1　清远市年平均气温表　　　　　　　　　（单位：℃）

项目 \ 地区	清远	佛冈	英德	阳山	连州	连南	连山	全市
年平均气温	21.8	20.9	21.0	20.4	19.7	19.6	18.9	20.3
最高年平均气温	22.7	21.9	22.1	21.3	20.8	20.6	19.7	21.2
出现年份	2007	1998	2007	1998 2007	2007	2007	1998	1998 2007
最低年平均气温	20.9	20.1	20.1	19.3	18.6	18.5	17.8	19.3
出现年份	1984	1984	1984 1976	1984	1984	1984	1984	1984
年际变幅	1.8	1.8	2.0	2.0	2.2	2.1	1.9	1.8

表 2-1-2　清远市年代平均气温表　　　　　　　　　（单位：℃）

年代 \ 地区	清远	佛冈	英德	阳山	连州	连南	连山	全市
1960—1969（全市、连南和连山从 1962 年开始）	21.7	20.8	20.8	20.3	19.6	19.6	18.7	20.2
1970—1979	21.5	20.7	20.6	20.1	19.5	19.4	18.8	20.1
1980—1989	21.6	20.7	20.9	20.2	19.4	19.4	18.7	20.1
1990—1999	21.9	21.1	21.3	20.5	19.8	19.7	19.0	20.5
2000—2008	22.3	21.5	21.7	20.9	20.3	20.1	19.1	20.9

2. 月平均气温

清远市月平均气温以 1 月为最低，为 10.5℃，随后气温逐月上升，4 月升温幅度最大为 5.0℃，7 月达到最高，为 28.4℃，以后气温逐月下降，11 月降温幅度最大为 5.1℃；月平均气温最高和最低相差 17.9℃。各地月平均气温变化与全市月平均气温变化一致，1 月最低，为 9.0～12.8℃，7 月最高，为 26.9～29.0℃；各地月平均气温最高和最低相差 16.0～19.6℃（见表 2-1-3）。

每一年的月最高气温不一定都出现在 7 月，1962—2008 年中，有 14 年出现在 8 月，2002 年出现在 6 月，分别占 30% 和 2%。月最低气温也不全出现在 1 月，47 年中有 9 年出现在 2 月，7 年出现在 12 月，分别占 19% 和 15%。

清远市月平均气温在冬半年变幅大，夏半年变幅小，最大变幅出现在 2 月，达 8.6℃，最小变幅出现在 8 月，只有 2.4℃。各地月平均气温最大变幅也出现在 2 月，为 8.4～9.5℃，但最小变幅清远、连山出现在 6 月，阳山出现在 6 月和 8 月，其余地区出现在 8 月，为 2.2～3.0℃（见表 2-1-4）。

清远市各月平均气温总体呈升温趋势，除 12 月的最高年代平均气温出现在 20 世纪 90 年代外，其余月份都出现在 2000 年后；各月最低年代平均气温分布较散，20 世纪 60 年代到 90 年代都有出现（见表 2-1-5）。

表 2-1-3　清远市月平均气温表　　　　　　　　　　　　　　（单位：℃）

月份＼地区	清远	佛冈	英德	阳山	连州	连南	连山	全市
1 月	12.8	11.8	11.3	10.2	9.0	9.1	9.0	10.5
2 月	13.9	13.1	12.8	11.6	10.7	10.7	10.6	12.0
3 月	17.3	16.7	16.2	15.3	14.6	14.4	14.5	15.5
4 月	21.8	21.3	21.0	20.4	19.9	19.8	19.5	20.5
5 月	25.5	24.9	25.1	24.6	24.1	24.1	23.3	24.6
6 月	27.5	26.9	27.4	27.1	26.8	26.7	25.6	26.9
7 月	28.8	28.2	29.0	28.7	28.6	28.5	26.9	28.4
8 月	28.6	27.9	28.6	28.4	28.2	28.1	26.4	28.1
9 月	27.2	26.3	26.8	26.4	25.7	25.6	24.6	26.1
10 月	23.9	22.7	23.1	22.3	21.3	21.3	20.3	22.2
11 月	19.2	18.0	17.9	17.2	15.9	16.0	15.1	17.1
12 月	14.8	13.5	13.1	12.4	10.9	11.0	10.6	12.3
月际变幅	16.0	16.4	17.7	18.5	19.6	19.4	17.9	17.9

表 2-1-4　清远市月最高、最低平均气温和变幅表　　　　　　（单位：℃）

月份	项目＼地区	清远	佛冈	英德	阳山	连州	连南	连山	全市
1 月	最高平均气温	15.4	14.2	13.9	12.9	11.9	11.9	11.5	13.0
	出现年份	1982	2006	1987	1982 1987	1987	1987	1987	1987
	最低平均气温	9.4	8.3	7.7	5.9	5.0	5.0	4.8	6.6
	出现年份	1977	1977	1977	1977	1977	1977	1977	1977
	年际变幅	6.0	5.9	6.2	7.0	6.9	6.9	6.7	6.4
2 月	最高平均气温	17.9	17.6	16.9	16.0	15.5	15.6	15.5	16.2
	出现年份	1973	1973	2007	2007	2007	2007	1973	1973
	最低平均气温	9.2	8.4	8.5	6.8	6.2	6.1	6.2	7.6
	出现年份	1957	1968	1968	1957	1957	1969	1968	1968
	年际变幅	8.7	9.2	8.4	9.2	9.3	9.5	9.3	8.6
3 月	最高平均气温	19.9	19.6	19.5	18.5	17.5	17.4	17.0	18.4
	出现年份	1960 2002	1960	2002	2002	1977	1977	2002	2002
	最低平均气温	13.3	12.6	12.2	11.3	10.9	10.7	10.8	11.7
	出现年份	1970	1970	1970	1970	1970 1985	1970	1970 1988	1970
	年际变幅	6.6	7.0	7.3	7.2	6.6	6.7	6.2	6.7

续表

月份	项目	清远	佛冈	英德	阳山	连州	连南	连山	全市
4月	最高平均气温	24.2	23.8	23.6	23.1	22.7	22.8	21.9	23.1
	出现年份	1998	1964	1998	1998	1998	1998	1998	1998
	最低平均气温	19.2	18.8	18.7	18.0	17.6	17.6	17.0	18.2
	出现年份	1996	1996	1976	1996	1953 1972 1976 1996	1976	1996	1996
	年际变幅	5.0	5.0	4.9	5.1	5.1	5.2	4.9	4.9
5月	最高平均气温	27.6	27.4	27.7	26.8	26.5	26.3	25.2	26.7
	出现年份	1963	1963	1963	1963	2005	1963 2005	2005	1963
	最低平均气温	23.7	23.1	23.0	22.4	21.9	22.4	21.7	22.9
	出现年份	1981	1981	1960	1960	1960	1981	1981	1981
	年际变幅	3.9	4.3	4.7	4.4	4.6	3.9	3.5	3.8
6月	最高平均气温	28.9	28.4	29.1	28.7	28.5	28.3	26.6	28.3
	出现年份	1999	1999	1999	1988 1999	2002	1999	2002	1999
	最低平均气温	26.1	25.6	25.8	25.7	25.3	25.3	24.4	25.5
	出现年份	1966	1966	1966	1966	1966	1966	1966	1966
	年际变幅	2.8	2.8	3.3	3.0	3.2	3.0	2.2	2.8
7月	最高平均气温	30.6	30.0	31.2	30.3	30.9	30.5	28.2	30.2
	出现年份	1997	1997	1997	1997	1997	1997	1997	1997
	最低平均气温	27.7	27.2	27.4	26.8	26.8	26.9	25.7	26.9
	出现年份	2003	2003	2003	2003 2007	2007	2007	1979 1983	2003
	年际变幅	2.9	2.8	3.8	3.5	4.1	3.6	2.5	3.3
8月	最高平均气温	30.5	29.3	30.2	30.3	30.0	29.9	27.7	29.5
	出现年份	1990	1990	1990	1990	1998	1998	1998	1990
	最低平均气温	27.4	27.0	27.6	27.3	27.2	27.1	25.4	27.1
	出现年份	1958	1995	1961 1994	1971 2002	1955 1961 1971 2002	2002	2002	1971
	年际变幅	3.1	2.3	2.6	3.0	2.8	2.8	2.3	2.4
9月	最高平均气温	28.6	27.8	28.5	28.2	27.8	28.0	25.9	27.8
	出现年份	1963 2008	1963	2008	1963	1963 2008	1963	1963	1963
	最低平均气温	25.4	24.6	25.1	24.1	23.2	23.4	22.1	24.0
	出现年份	1997	1997	1997	1997	1997	1997	1997	1997
	年际变幅	3.2	3.2	3.4	4.1	4.6	4.6	3.8	3.8

续表

月份	项目	清远	佛冈	英德	阳山	连州	连南	连山	全市
10月	最高平均气温	26.1	25.0	25.6	24.9	24.4	23.9	22.4	24.6
	出现年份	2006	2006	2006	2006	2006	2006	2006	2006
	最低平均气温	21.5	20.4	21.2	20.4	18.9	19.1	18.3	20.2
	出现年份	1957	1979	1971	1971	1971	1971	1971 1993	1971
	年际变幅	4.6	4.6	4.4	4.5	5.5	4.8	4.1	4.4
11月	最高平均气温	21.3	20.4	20.1	19.3	18.6	18.5	17.1	19.3
	出现年份	2005	2005	1998 2005	1980 2005	2005	2005	2005	2005
	最低平均气温	16.1	15.0	14.7	14.0	12.9	12.9	12.2	14.0
	出现年份	1976	1976	1976	1976	1976	1976	1976	1976
	年际变幅	5.2	5.4	5.4	5.3	5.7	5.6	4.9	5.3
12月	最高平均气温	18.8	17.6	17.4	16.9	15.7	15.7	15.5	16.8
	出现年份	1968	1968	1968	1968	1968	1968	1968	1968
	最低平均气温	11.5	10.1	9.5	8.9	7.0	7.5	7.1	8.9
	出现年份	1967	1967	1975	1975	1954	1975	1975	1975
	年际变幅	7.3	7.5	7.9	8.0	8.7	8.2	8.4	7.9

表 2-1-5　清远市年代月平均气温表

（单位：℃）

月份 年代	1962—1969	1970—1979	1980—1989	1990—1999	2000—2008
1月	10.5	9.8	10.6	10.7	10.9
2月	10.8	12.5	11.1	12.3	13.0
3月	15.9	15.4	15.0	15.1	16.4
4月	20.2	20.3	20.2	20.8	21.2
5月	25.1	24.4	24.2	24.3	25.1
6月	26.3	26.7	27.0	27.0	27.2
7月	28.5	28.3	28.4	28.2	28.8
8月	28.1	27.6	28.1	28.2	28.3
9月	26.2	25.9	25.9	26.1	26.3
10月	21.9	21.6	22.4	22.2	22.9
11月	17.0	16.0	17.1	17.6	17.7
12月	12.0	12.2	11.6	13.1	12.5

(二)极端气温

1. 极端最高气温

清远市最高年最高气温为 41.6℃,出现在连州 2003 年 7 月 23 日;最低年最高气温为 36.5℃,出现在阳山 1973 年。各地最高年最高气温为 39.0～41.6℃,清远出现在 2008 年

7月28日,连山在2007年8月8日,其余地区在2003年7月23日;最低年最高气温为35.0～36.5℃,清远、佛冈出现在1968年,英德、连山在1966年,阳山在1973年,连州在1967年,连南在1975年(见图2-1-2和表2-1-6)。

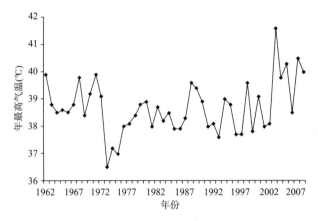

图 2-1-2 1962—2008 年清远市年最高气温图

表 2-1-6 清远市极端最高气温及出现时间表 （单位:℃）

项目 \ 地区	清远	佛冈	英德	阳山	连州	连南	连山	全市
最高年最高气温	39.0	39.8	40.1	41.0	41.6	40.6	39.4	41.6
出现时间	2008.7.28	2003.7.23	2003.7.23	2003.7.23	2003.7.23	2003.7.23	2007.8.8	2003.7.23
最低年最高气温	35.0	35.2	35.4	36.5	35.9	36.2	35.1	36.5
出现年份	1968	1968	1966	1973	1967	1975	1966	1973

清远市年最高气温在6—9月都有可能出现,但多数年份出现在7月,占总年数的66%,8月次之,占23%。清远市年最高气温最多出现在阳山,占总年数的55%,其次是连州,占23%。

清远市各月最高气温为29.3～41.6℃,除1月最高气温低于30℃外,其余各月最高气温均≥30℃,且4—10月≥35℃。月最高气温的年内变化与月平均气温的年内变化趋势相同,都是1月最低而7月最高(见表2-1-7)。

表 2-1-7 清远市月最高气温及出现年份表 （单位:℃）

月份	项目 \ 地区	清远	佛冈	英德	阳山	连州	连南	连山	全市
1月	最高气温	28.6	29.2	27.7	29.3	28.1	28.5	27.2	29.3
	出现年份	2008	1965	1965 1966	1966	1969	1966 1969	1999	1966
2月	最高气温	29.0	29.3	29.8	30.8	32.6	33.1	31.0	33.1
	出现年份	1979	1973	2003	2003	1979	1979	1979	1979
3月	最高气温	33.4	33.2	32.9	33.9	33.6	33.1	33.0	33.9
	出现年份	2000	2000	2000	2000	1988	1988	2000	2000

续表

月份	项目	清远	佛冈	英德	阳山	连州	连南	连山	全市
4月	最高气温	33.5	33.6	34.0	34.8	35.2	34.8	33.2	35.2
	出现年份	2002 2004	2002	2004	2004	1993	2004	1993	1993
5月	最高气温	35.9	36.3	36.4	37.4	37.0	36.8	35.6	37.4
	出现年份	1963	1976	1976	1976	1953	2004	2001	1976
6月	最高气温	38.1	38.4	37.9	38.1	39.4	39.8	38.1	39.8
	出现年份	2004	2004	2004	2004	2004	2004	2008	2004
7月	最高气温	39.0	39.8	40.1	41.0	41.6	40.6	39.2	41.6
	出现年份	2008	2003	2003	2003	2003	2003	2003	2003
8月	最高气温	38.7	38.0	39.6	40.0	40.5	40.2	39.4	40.5
	出现年份	1967	2004	2003	2008	2007	2003	2007	2007
9月	最高气温	38.2	38.8	38.4	38.8	39.0	38.4	37.2	39.0
	出现年份	1990	1963	2008	2008	2008	2008	1990	2008
10月	最高气温	36.4	36.5	36.4	36.8	37.3	36.8	35.9	37.3
	出现年份	2005	2005	2005	2005	2005	2005	2005	2005
11月	最高气温	33.2	34.1	33.6	34.3	34.0	34.0	32.4	34.3
	出现年份	1996	1996	1996	2005	2005	2005	2005	2005
12月	最高气温	29.1	30.0	30.0	30.7	30.2	30.2	28.5	30.7
	出现年份	1968	1968	1968	1968	1968	1968	1968	1968

2. 极端最低气温

清远市最低年最低气温为－6.9℃,出现在连州1955年1月12日,最高年最低气温为1.0℃,出现在连山1998年。各地最低年最低气温为－0.6～－6.9℃,清远、阳山出现在1957年2月11日,佛冈在1963年1月16日,英德在1961年1月19日,连州在1955年1月12日,连南在1963年1月15日,连山在1999年12月23日;最高年最低气温为1.0～5.7℃,清远、阳山和连南出现在1988年,佛冈、连山在1998年,英德在2007年,连州在1988和1998年(见图2-1-3和表2-1-8)。

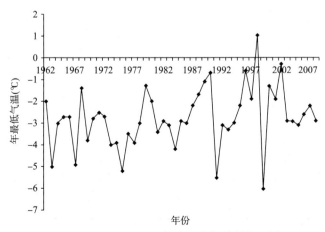

图 2-1-3　1962—2008 年清远市年最低气温图

表 2-1-8 清远市极端最低气温及出现时间表 （单位：℃）

项目 \ 地区	清远	佛冈	英德	阳山	连州	连南	连山	全市
最低年最低气温	−0.6	−4.2	−3.6	−3.2	−6.9	−4.8	−6.0	−6.9
出现时间	1957.2.11	1963.1.16	1961.1.19	1957.2.11	1955.1.12	1963.1.15	1999.12.23	1955.1.12
最高年最低气温	5.7	3.8	4.4	3.2	1.6	2.5	1.0	1.0
出现年份	1988	1998	2007	1988	1988 1998	1988	1998	1998

清远市年最低气温在 1、2 月和 12 月都有可能出现，但多数年份出现在 1 月，占总年数 60％；12 月次之，占 28％；2 月占 12％。清远市年最低气温基本都出现在连山，占总年数的 96％，连州和连南各有 1 年出现全市最低气温。

清远市各月最低气温为 −6.9～16.7℃，其中 1—3 月和 11—12 月的最低气温低于 0℃，6—9 月最低气温≥10℃，其余月份最低气温在 0～10℃。月最低气温的年内变化与月平均气温的年内变化趋势相同，都是 1 月最低而 7 月最高（见表 2-1-9）。

表 2-1-9 清远市月最低气温及出现年份表 （单位：℃）

月份	项目	清远	佛冈	英德	阳山	连州	连南	连山	全市
1 月	最低气温	0.0	−4.2	−3.6	−2.7	−6.9	−4.8	−4.9	−6.9
	出现年份	1963	1963	1961	1963	1955	1963	1967	1955
2 月	最低气温	−0.6	−1.3	−1.4	−3.2	−3.5	−3.3	−3.8	−3.8
	出现年份	1957	1957	1960 1961	1957	1957	1969	1969	1969
3 月	最低气温	2.8	0.6	1.0	0.9	−0.6	−0.6	−2.1	−2.1
	出现年份	1984	1986	1968	1986	1968	1968	1986	1986
4 月	最低气温	7.6	6.2	5.4	6.0	4.4	4.8	2.5	2.5
	出现年份	1969	1969	1969	1969	1969	1969	1969	1969
5 月	最低气温	13.9	12.1	13.0	11.5	11.1	11.0	8.6	8.6
	出现年份	1990	1984	1961	1965	1990	1990	1965	1965
6 月	最低气温	18.3	15.1	15.5	13.2	14.1	13.0	11.8	11.8
	出现年份	1964	1988	1964	1964	1964	1964	1964	1964
7 月	最低气温	21.4	20.5	20.3	20.2	19.1	19.6	16.7	16.7
	出现年份	1974	1992	1972	1989	1989	1989	1989	1989
8 月	最低气温	19.9	19.8	20.0	19.3	18.7	19.1	16.6	16.6
	出现年份	1974	1966	1966	1966	1966	1966	1965	1965
9 月	最低气温	14.2	12.2	12.7	14.0	12.2	13.2	10.0	10.0
	出现年份	1942	1966	1966	1959	1966	1966	1966	1966
10 月	最低气温	8.5	7.7	7.0	5.1	3.7	4.9	2.5	2.5
	出现年份	1978	1958	1978	1978	1978	1978	1978	1978

续表

月份	项目\\地区	清远	佛冈	英德	阳山	连州	连南	连山	全市
11月	最低气温	3.2	1.8	1.4	1.6	−0.8	−0.3	−1.6	−1.6
	出现年份	1975	1975	1975	1975	1956	1975	1975	1975
12月	最低气温	1.0	−2.4	−2.6	−2.1	−3.4	−3.8	−6.0	−6.0
	出现年份	1973	1973	1973	1991	1999	1991	1999	1999

(三)气温日较差和年较差

1. 气温日较差

气温日较差指一日之中最高气温与最低气温的差值,其大小依季节的不同而异,还与天气状况有关,日较差晴天大于阴天。

清远市年平均气温日较差为8.0℃,各地年平均气温日较差为7.4~8.5℃;各月中,清远市平均气温日较差最大是12月,为9.6℃,最小是4月,为6.6℃;各地气温最大平均日较差出现在11月或12月,最小出现在3月或4月(见表2-1-10)。

清远市气温日较差极端最大值为26.2℃,出现在连山1993年12月26日,极端最小值为0.4℃,出现在连山1967年2月2日。各地气温日较差极端最大值为19.9~26.2℃,极端最小值为0.4~0.8℃(见表2-1-11和表2-1-12)。

表 2-1-10　清远市气温日较差表　　　　　　　　　　　　　　　　(单位:℃)

月份\\地区	清远	佛冈	英德	阳山	连州	连南	连山	全市
1月	7.8	9.0	8.2	8.4	7.8	8.9	8.0	8.3
2月	6.5	7.7	7.1	7.3	6.5	7.6	6.8	7.1
3月	6.1	7.2	6.7	6.9	6.1	7.1	6.5	6.7
4月	5.9	6.9	6.7	7.1	6.0	6.9	6.6	6.6
5月	6.6	7.3	7.2	7.7	6.7	7.3	7.2	7.1
6月	6.6	7.2	7.2	7.6	6.7	7.2	7.2	7.1
7月	7.5	8.3	8.2	9.0	7.6	8.2	8.2	8.1
8月	7.6	8.4	8.4	9.1	7.7	8.4	8.3	8.3
9月	7.7	8.7	8.4	9.1	7.9	8.8	8.4	8.4
10月	8.3	9.6	8.9	9.9	8.4	9.5	8.9	9.1
11月	9.0	10.0	9.2	10.1	9.0	9.9	9.2	9.5
12月	9.0	10.2	9.4	10.0	9.0	10.1	9.2	9.6
年	7.4	8.4	8.0	8.5	7.4	8.3	7.9	8.0

表 2-1-11　清远市气温最大日较差表　　　　　　　（单位:℃）

月份＼地区	清远	佛冈	英德	阳山	连州	连南	连山	全市
1月	19.8	24.4	22.8	22.8	24.4	23.3	25.6	25.6
2月	17.5	22.2	23.1	21.5	23.5	22.2	23.7	23.7
3月	19.4	22.3	25.5	21.9	23.2	22.4	24.5	25.5
4月	17.0	20.2	20.4	21.8	21.8	21.1	23.4	23.4
5月	14.7	16.6	16.3	17.3	18.3	18.2	20.6	20.6
6月	14.9	20.2	18.1	16.7	17.6	16.8	19.8	20.2
7月	12.5	14.8	13.5	16.4	17.1	15.5	17.6	17.6
8月	13.2	15.1	14.5	15.4	15.7	15.2	18.5	18.5
9月	17.6	19.4	19.3	19.1	19.9	18.1	21.8	21.8
10月	17.1	20.7	21.0	22.1	22.0	20.2	23.3	23.3
11月	19.6	22.5	22.1	23.5	23.8	21.3	24.3	24.3
12月	19.9	24.3	22.4	22.7	23.3	23.9	26.2	26.2
年	19.9	24.4	25.5	23.5	24.4	23.9	26.2	26.2

表 2-1-12　清远市气温最小日较差表　　　　　　　（单位:℃）

月份＼地区	清远	佛冈	英德	阳山	连州	连南	连山	全市
1月	1.0	0.8	1.0	1.0	0.7	0.9	0.9	0.7
2月	0.8	1.1	0.7	0.8	1.1	0.9	0.4	0.4
3月	1.1	1.0	0.8	1.0	0.8	0.7	0.8	0.7
4月	1.1	1.2	0.7	1.0	1.1	1.0	1.3	0.7
5月	1.4	1.6	0.9	1.4	1.3	1.1	1.6	0.9
6月	1.2	1.6	1.0	1.5	1.7	1.4	1.6	1.0
7月	1.7	1.9	1.6	1.4	1.9	1.1	1.6	1.1
8月	1.5	1.2	1.7	1.8	1.5	1.3	1.4	1.2
9月	1.6	1.3	1.2	1.2	1.3	1.4	1.3	1.2
10月	1.2	1.5	1.2	1.4	1.1	1.2	1.1	1.1
11月	1.6	1.3	1.2	1.3	1.3	1.1	1.4	1.1
12月	1.2	1.1	1.2	1.4	1.2	0.7	1.2	0.7
年	0.8	0.8	0.7	0.8	0.7	0.7	0.4	0.4

2. 气温年较差

气温年较差就是最热月和最冷月平均气温之差,用来表示一个地方冬冷夏热的程度。

清远市平均气温年较差为 18.7℃,各地平均气温年较差为 16.8～20.3℃。气温年较差最大为 21.7℃,出现在 1977 年,气温年较差最小为 15.9℃,出现在 1994 年和 2002 年;各地气温年较差最大为 19.9～23.5℃,气温年较差最小为 14.1～17.3℃,北部山区气温年较差大于南部丘陵地区(见表 2-1-13)。

表 2-1-13　清远市气温年较差表　　　　　　　　　　　　　　　（单位：℃）

项目＼地区	清远	佛冈	英德	阳山	连州	连南	连山	全市
平均年较差	16.8	17.1	18.4	19.3	20.3	20.2	18.6	18.7
最大年较差	19.9	20.0	21.4	22.8	23.5	23.3	22.2	21.7
最小年较差	14.2	14.1	15.5	16.0	17.3	17.1	15.6	15.9

(四)日平均气温稳定通过10℃的初终期、日数及积温

日平均气温稳定维持在10℃以上的时期是喜温作物的正常生长期。清远市各地日平均气温≥10℃的平均初日为2月10日至3月11日，平均终日为12月6日至次年1月10日。

清远市作物生长期平均为296 d,各地为272～336 d。清远市最长作物生长期出现在1973年达329 d,最短生长期出现在1976年只有249 d;各地最长生长期为316～391 d,清远出现在2001年,佛冈和英德在2003年,阳山在1991年,连州和连南在2004年,连山在1973年;各地最短生长期为233～297 d,除清远出现在1959年外,其余地区出现在1976年。

清远市生长期内的平均积温为6715.5℃,各地为5969.6～7623.4℃。清远市生长期内积温最高的年份达7216.5℃(2003年),最低的年份为5764.6℃(1976年),各地生长期内最高积温为6683.9～8510.9℃,清远出现在2007年,佛冈和英德在2003年,阳山在1977年,连州和连南在2004年,连山在1973年;最低为5222.5～6909.4℃,除清远出现在1982年外,其余地区出现在1976年(见表2-1-14)。

表 2-1-14　清远市日平均气温稳定通过10℃的初终期、日数及积温表

项目＼地区	清远	佛冈	英德	阳山	连州	连南	连山	全市
平均初日	2.10	2.18	2.21	3.6	3.11	3.10	3.11	
平均终日	1.10(次年)	12.29	12.28	12.18	12.10	12.11	12.6	
平均生长期(d)	336	314	308	289	276	277	272	296
最长生长期(d)	391	375	373	327	316	316	319	329
最短生长期(d)	297	236	236	235	234	235	233	249
平均积温(℃)	7623.4	7073.7	7061.3	6642.9	6299.6	6297.1	5969.6	6715.5
最高积温(℃)	8510.9	8112.1	8172.0	7259.5	7021.6	7029.5	6683.9	7216.5
最低积温(℃)	6909.4	5686.2	5702.6	5608.3	5478.0	5457.0	5222.5	5764.6

二、地面温度

地面温度是指裸露土壤表面的温度,以摄氏度(℃)为单位,取一位小数。

(一)平均地面温度

清远市年平均地面温度为22.8℃,比年平均气温偏高2.5℃,各地年平均地面温度为

21.4～24.0℃,比年平均气温偏高 2～2.7℃。清远市最高年平均地面温度出现在 1966 年,为 23.9℃,最低年平均地面温度出现在 1984 年,为 21.9℃。各地最高年平均地面温度为 22.2～25.2℃,清远和佛冈出现在 1966 年,英德和连州在 2003 年,阳山在 2007 年,连南在 1963 年,连山在 1998 年和 2003 年;最低年平均地面温度为 20.3～22.8℃,清远出现在 1995 年,佛冈在 1984 年和 1993 年,英德在 1976 年,阳山和连南在 1984 年,连州和连山在 1969 年。

清远市地面温度的月份分布趋势与气温一致,最冷月为 1 月,平均地面温度为 11.9℃,最热月为 7 月,平均地面温度为 32.3℃,各月平均地面温度与平均气温差为 1.2～3.9℃,最小差值出现在 3 月,最大差值出现在 7 月(见表 2-1-15 和表 2-1-16)。

表 2-1-15　清远市平均地面温度表　　　　　　　　　　　　　　　　（单位:℃）

月份＼地区	清远	佛冈	英德	阳山	连州	连南	连山	全市	与气温差值
1 月	14.4	13.7	12.6	11.5	10.7	10.0	10.5	11.9	1.4
2 月	15.3	14.8	14.0	13.1	12.2	11.6	12.1	13.3	1.3
3 月	18.4	18.0	17.3	16.4	15.9	15.4	15.7	16.7	1.2
4 月	23.0	22.7	22.5	21.8	21.4	20.8	20.8	21.9	1.4
5 月	27.6	27.4	27.6	26.9	26.8	25.9	25.8	26.9	2.3
6 月	30.0	29.7	30.4	30.4	30.3	29.2	28.5	29.8	2.9
7 月	31.9	32.1	32.9	33.3	33.2	32.1	30.7	32.3	3.9
8 月	31.6	31.8	32.7	32.8	32.5	31.5	30.3	31.9	3.8
9 月	30.4	30.1	30.7	30.7	30.0	29.3	28.4	29.9	3.8
10 月	27.0	26.5	26.5	26.1	24.9	24.5	23.9	25.6	3.4
11 月	21.4	20.8	20.2	19.6	18.5	17.7	17.7	19.4	2.3
12 月	16.5	15.7	14.8	14.1	13.0	12.0	12.5	14.1	1.8
全年	24.0	23.6	23.5	23.1	22.4	21.6	21.4	22.8	2.5

表 2-1-16　清远市最高、最低年平均地面温度及出现年份表　　　　　（单位:℃）

项目＼地区	清远	佛冈	英德	阳山	连州	连南	连山	全市
最高年平均地温	25.2	24.8	25.1	24.3	23.9	22.2	22.4	23.9
出现年份	1966	1966	2003	2007	2003	1963	1998 2003	1966
最低年平均地温	22.7	22.8	22.2	21.9	20.9	20.7	20.3	21.9
出现年份	1995	1984 1993	1976	1984	1969	1984	1969	1984

(二)极端地面温度

清远市最高地面温度为 73.3℃,出现在连州 2003 年 7 月 3 日,各地最高地面温度为 68.7～73.3℃。

清远市年最高地面温度从 6 月到 9 月都有可能出现,但最多出现在 7 月,占总年数

38%；8月次之，占36%；6月占17%；9月占9%。清远市年最高地面温度最多出现在连州市，占总年数36%；其次是阳山县，占30%；英德第三，占17%。

清远市各月最高地面温度为50.1～73.3℃，其中7—8月最高地面温度均≥65℃。月最高地面温度的年内变化与月平均地面温度的年内变化趋势相同，都是1月最低而7月最高。

清远市最低地面温度为－11.0℃，出现在阳山1961年1月18日，各地最低地面温度为－3.4～－11.0℃。

清远市年最低地面温度在1、2月和12月都有可能出现，但多数年份出现在1月，占总年数53%；12月次之，占32%；2月占15%。清远市年最低地面温度最多出现在连山，占总年数达70%；其次是连州，占23%。

清远市各月最低地面温度为－11.0～17.1℃，其中4—9月最低地面温度均在0℃以上，且7—8月≥15℃。月最低地面温度的年内变化与月平均地面温度的年内变化趋势相同，都是1月最低而7月最高（见表2-1-17至表2-1-19）。

表2-1-17 清远市最高、最低地面温度及出现时间表 （单位：℃）

项目＼地区	清远	佛冈	英德	阳山	连州	连南	连山	全市
最高地温	69.8	70.2	73.1	72.8	73.3	69.1	68.7	73.3
出现时间	1964.7.29	1962.7.25	2007.8.5	2007.8.6	2003.7.31	2007.7.25	1966.2.9	2003.7.31
最低地温	－3.4	－7.4	－6.9	－11.0	－9.0	－5.0	－9.8	－11.0
出现时间	1963.1.15	1963.1.16	1961.1.18	1961.1.18	1955.11.1	1975.1.15	1991.12.29 1975.12.15	1955.11.1

表2-1-18 清远市月最高地面温度表 （单位：℃）

月份＼地区	清远	佛冈	英德	阳山	连州	连南	连山	全市
1月	49.9	50.1	48.0	43.2	45.9	42.5	43.1	50.1
2月	49.8	49.8	53.5	51.4	51.5	52.0	48.1	53.5
3月	54.8	54.8	55.9	54.6	59.1	50.5	53.1	59.1
4月	65.0	64.0	60.1	60.3	58.9	55.1	57.3	65.0
5月	67.7	67.5	66.7	66.6	67.6	65.8	61.9	67.7
6月	65.9	68.7	68.4	69.4	70.8	66.2	64.4	70.8
7月	69.8	70.2	71.5	71.8	73.3	69.1	67.2	73.3
8月	67.5	68.6	73.1	72.8	71.3	68.8	67.2	73.1
9月	64.6	67.0	65.4	68.7	68.0	63.5	68.7	68.7
10月	62.5	61.9	61.1	62.0	63.0	61.3	61.4	63.0
11月	54.0	55.9	55.5	55.0	54.4	52.5	56.4	56.4
12月	49.3	49.5	47.3	47.8	50.2	41.4	44.6	50.2

表 2-1-19　清远市月最低地面温度表　　　　　　　（单位：℃）

月份＼地区	清远	佛冈	英德	阳山	连州	连南	连山	全市
1 月	−3.4	−7.4	−6.9	−11.0	−9.0	−4.5	−8.0	−11.0
2 月	−2.5	−2.6	−5.0	−3.8	−5.6	−3.3	−7.0	−7.0
3 月	0.3	−0.5	−1.2	−1.7	−1.4	−1.8	−2.8	−2.8
4 月	4.4	4.8	2.2	4.6	2.8	3.5	1.7	1.7
5 月	12.4	10.9	10.7	9.0	9.0	8.2	9.0	8.2
6 月	16.0	14.9	15.0	15.4	14.4	13.5	13.1	13.1
7 月	22.0	19.9	19.2	19.0	18.1	18.5	17.1	17.1
8 月	20.5	19.0	16.6	20.5	18.1	18.1	17.2	16.6
9 月	12.9	12.9	11.6	14.0	10.6	14.0	11.6	10.6
10 月	6.0	6.6	6.0	3.7	2.6	3.3	−1.4	−1.4
11 月	1.1	−0.5	−1.6	−1.4	−2.3	−1.8	−3.6	−3.6
12 月	−2.2	−3.6	−5.2	−7.5	−8.0	−5.0	−9.8	−9.8

第二节　气压

　　气压是作用在单位面积上的大气压力。即等于单位面积上向上延伸到大气上界的垂直空气柱质量，以百帕（hPa）为单位，取一位小数。

一、气压的年际变化

　　清远市年平均气压为 1002.1 hPa，各地年平均气压为 979.6～1011.4 hPa。清远市年平均气压变幅不大，最高年平均气压出现在 1995 年，为 1003.2 hPa，最低年平均气压出现在 1985 年，为 1001.4 hPa，年际变幅为 1.8 hPa。各地最高年平均气压出现在清远 1995 年为 1012.7 hPa，最低年平均气压出现在连山 1974 年，为 978.3 hPa（见表 2-2-1）。

表 2-2-1　清远市年平均气压表　　　　　　　（单位：hPa）

项目＼地区	清远	佛冈	英德	阳山	连州	连南	连山	全市
年平均气压	1011.4	1005.6	1008.5	1005.9	1002.8	1000.8	979.6	1002.1
最高年平均气压	1012.7	1006.6	1009.5	1006.8	1004.2	1001.9	980.6	1003.2
出现年份	1995	1993	1995	1995	1995	1995 1993	1995	1995
最低年平均气压	1010.6	1004.2	1007.8	1005	1001.9	999.3	978.3	1001.4
出现年份	1962 1985 2000 2007	1961	1966 1974 2007	1962	1961	1988 1989	1974	1985

二、气压的月变化

清远市平均气压夏季较低、冬季较高。月平均气压以 12 月最高,为 1010.7 hPa,从 1 月开始逐渐下降,5 月下降最大,降压值为 4.0 hPa,7 月达到最低,为 993.3 hPa,8 月开始逐渐回升,10 月上升最大,升压值为 5.8 hPa,至 12 月达最高。各地最高月平均气压为 987.5～1019.7 hPa,均出现在 12 月;最低月平均气压为 971.5～1003.0 hPa,均出现在 7 月(见表 2-2-2)。

表 2-2-2　清远市月平均气压表　　　　　　　　　　　　(单位:hPa)

月份＼地区	清远	佛冈	英德	阳山	连州	连南	连山	全市
1 月	1019.4	1013.6	1016.8	1014.4	1011.7	1009.4	986.8	1010.3
2 月	1017.8	1011.8	1015.1	1012.6	1009.4	1007.3	985.0	1008.4
3 月	1014.5	1008.6	1011.7	1009.0	1005.9	1003.8	981.9	1005.1
4 月	1010.9	1005.1	1007.9	1005.0	1001.7	999.8	978.6	1001.3
5 月	1006.9	1001.2	1003.8	1000.9	997.7	995.8	975.1	997.3
6 月	1003.7	998.0	1000.5	997.5	994.1	992.2	972.0	994.0
7 月	1003.0	997.3	999.8	996.7	993.3	991.4	971.5	993.3
8 月	1003.1	997.3	999.9	997.1	993.9	991.9	971.9	993.6
9 月	1007.5	1001.6	1004.6	1002.0	999.0	997.2	976.7	998.4
10 月	1013.1	1007.4	1010.4	1008.0	1005.3	1003.2	982.0	1004.2
11 月	1017.1	1011.4	1014.6	1012.2	1009.5	1007.4	985.0	1008.4
12 月	1019.7	1013.8	1017.2	1014.8	1011.9	1009.9	987.5	1010.7

三、气压的日变化和极端气压

一天中,受气温的 24 h 周期和大气潮汐的 12 h 周期影响,气压就有两个高值和两个低值。显著的高、低值分别出现在 08—10 时、13—17 时,次高、次低值分别出现在 22—24 时、02—04 时。受冷空气影响时,气压的日变化规律常被打破。

清远市最高气压出现在清远 1999 年 12 月 22 日,为 1034.1 hPa,此时正值强冷空气袭击清远市,冷高压南下,造成气压极高。各地最高气压为 1004.8～1034.1 hPa,清远、英德、阳山和连州出现在 1999 年 12 月 22 日,佛冈在 1983 年 1 月 22 日,连南在 1996 年 2 月 20 日,连山在 1967 年 12 月 11 日(见表 2-2-3)。

清远市最低气压出现在连山 1964 年 8 月 9 日,为 955.5 hPa,此时正值 6412 号台风 "IDA" 在澳门登陆后,向西北方向移动移过江门、云浮进入广西,该风中心附近最低气压为 972 hPa。其余各地最低气压为 973.5～981.1 hPa,均出现在 1969 年 7 月 29 日,此时正值 6907 号超强台风 "VIOLA" 在汕尾登陆后,向西北方向移动移过惠州、广州、肇庆进入广西,该台风中心附近最低气压为 925 hPa(见表 2-2-4)。

表 2-2-3　清远市月最高气压及出现时间表　（单位:hPa）

月份	项目	清远	佛冈	英德	阳山	连州	连南	连山
1月	最高气压	1033.7	1028.1	1031.6	1029.8	1027.5	1024.1	1002.6
	出现时间	1983.1.22	1983.1.22	1983.1.22	1983.1.22	1955.1.10	2000.1.30	1970.1.5
2月	最高气压	1033.7	1027.2	1031.2	1029.6	1027.0	1025.4	1000.9
	出现时间	1996.2.22	1996.2.22	1996.2.20	1996.2.20	1996.2.20	1996.2.20	1996.2.20
3月	最高气压	1033.6	1027.0	1030.9	1027.4	1026.1	1022.5	1000.6
	出现时间	2005.3.5	2005.3.5	1986.3.1	2005.3.5	1986.3.1	1986.3.1	1977.3.24
4月	最高气压	1030.2	1021.7	1028.5	1025.3	1023.2	1020.6	1001.5
	出现时间	1969.4.5	1991.4.1	1969.4.5	1969.4.5	1969.4.5	1969.4.4	1969.4.5
5月	最高气压	1019.6	1014.8	1017.6	1015.8	1013.0	1010.8	989.1
	出现时间	1981.5.4	1981.5.4	1981.5.4	1981.5.4	1981.5.4	1981.5.4	1981.5.4
6月	最高气压	1014.3	1009.0	1012.6	1009.7	1006.5	1004.8	983.4
	出现时间	1980.6.3	1980.6.3	1980.6.3	1980.6.3	1980.6.3	1980.6.3	1968.6.1
7月	最高气压	1012.0	1006.6	1009.7	1006.1	1002.8	1001.4	985.0
	出现时间	1975.7.18 1975.7.19 1992.7.14	2004.7.22	1971.7.14 1975.7.19	2004.7.22	2004.7.22	2004.7.22	1971.7.14
8月	最高气压	1014.4	1007.8	1011.7	1007.8	1005.3	1003.3	985.8
	出现时间	1969.8.13	1969.8.13	1969.8.13	1993.8.31	1993.8.31	1993.8.31	1969.8.18
9月	最高气压	1018.6	1012.4	1017.5	1014.6	1012.0	1010.0	991.5
	出现时间	1997.9.28	1997.9.28	1970.9.30	1997.9.27	1970.9.30	1970.9.30	1970.9.30
10月	最高气压	1026.6	1022.1	1024.5	1023.3	1019.9	1018.4	996.2
	出现时间	1981.10.23	1981.10.23	1981.10.23	1981.10.23	1993.10.30	1981.10.23	1970.10.29
11月	最高气压	1031.6	1026.5	1029.8	1027.3	1025.3	1024.2	1001.5
	出现时间	1989.11.29	1989.11.29	1975.11.23	1992.11.9	1992.11.9	1992.11.9	1971.11.29
12月	最高气压	1034.1	1027.9	1032.4	1029.9	1027.6	1025.3	1004.8
	出现时间	1999.12.22	1967.12.11	1999.12.22	1999.12.22	1999.12.22	1999.12.22	1967.12.11
年	最高气压	1034.1	1028.1	1032.4	1029.9	1027.6	1025.4	1004.8
	出现时间	1999.12.22	1983.1.22	1999.12.22	1999.12.22	1999.12.22	1996.2.20	1967.12.11

表 2-2-4　清远市月最低气压及出现时间表　（单位:hPa）

月份	项目	清远	佛冈	英德	阳山	连州	连南	连山
1月	最低气压	1000.3	994.9	998.1	994.2	990.3	989.4	967.4
	出现时间	1980.1.28	1980.1.28	1980.1.28	1980.1.28	1980.1.28	1980.1.28	1980.1.28
2月	最低气压	1001.0	994.5	996.5	992.5	987.2	985.5	965.9
	出现时间	1979.2.21	1979.2.21	1979.2.21	1979.2.21	1979.2.21	1979.2.21	1979.2.21

续表

月份	项目 地区	清远	佛冈	英德	阳山	连州	连南	连山
3月	最低气压	999.6	993.5	995.6	991.6	987.1	984.7	965.4
	出现时间	1996.3.31 1999.3.18	1999.3.6	1999.3.6	1999.3.6	1996.3.16	1996.3.16	1996.3.16
4月	最低气压	997.5	992.1	995.3	991.8	987.1	984.2	965.2
	出现时间	2001.4.20	1990.4.21	1990.4.21	1990.4.21 2001.4.20	1990.4.21	1989.4.3	2001.4.20
5月	最低气压	993.6	988.0	991.6	987.8	984.6	983.0	963.3
	出现时间	1964.5.28	1976.5.26	1985.5.27	1976.5.26	1976.5.26	1976.5.26	1985.5.27
6月	最低气压	987.5	981.5	984.4	984.2	981.7	980.1	960.6
	出现时间	1985.6.24	1985.6.24	1985.6.24	1985.6.24	1961.6.28	1985.6.24	1985.6.24
7月	最低气压	981.1	974.8	979.6	977.5	974.8	973.5	955.8
	出现时间	1969.7.29	1969.7.29	1969.7.29	1969.7.29	1969.7.29	1969.7.29	2001.7.6
8月	最低气压	983.1	977.6	982.5	981.9	979.2	977.7	955.5
	出现时间	1968.8.22	1997.8.3	1997.8.3	1964.8.9	1964.8.9	2007.8.11	1964.8.9
9月	最低气压	988.0	982.7	989.4	987.1	985.2	983.1	963.5
	出现时间	1962.9.1	1962.9.1	1984.9.1	1962.9.1	1984.9.1	1984.9.1	1984.9.1 1992.9.6
10月	最低气压	997.8	991.2	994.2	993.6	991.3	989.5	968.7
	出现时间	1975.10.6	1964.10.13	1975.10.6	2007.10.6	1976.10.22	2007.10.6	2007.10.6
11月	最低气压	1004.0	995.1	1000.2	996.8	993.3	991.3	971.7
	出现时间	1997.11.25	1974.11.8	1997.11.25	1972.11.9	1997.11.25	1997.11.25	1997.11.25
12月	最低气压	1004.5	998.6	1003.5	1000.3	997.3	995.1	974.3
	出现时间	1974.12.2	1974.12.2	1974.12.2	1994.12.10	1968.12.29 1994.12.10	1994.12.10	1994.12.10
年	最低气压	981.1	974.8	979.6	977.5	974.8	973.5	955.5
	出现时间	1969.7.29	1969.7.29	1969.7.29	1969.7.29	1969.7.29	1969.7.29	1964.8.9

第三节 日照

日照是指太阳的光照,是太阳辐射的主要表征因子,是地球表面热量的主要源泉,是大气层温度场和气压场分布和变化的主导要素。太阳在一地实际照射地面的时间称为日照时数,以小时(h)为单位,取一位小数。(日照时间/可照时间)×100%称为日照百分率。

一、日照的年变化

清远市日照时间比较长,光照充足。年平均日照时数为 1584.4 h,占可照时数(平年 4421.1 h,闰年 4432.5 h)的 36%,日均日照时数为 4.3 h。各地日照时数自东向西递减的趋势,各地年平均日照时数为 1404.4～1720.1 h,分别占可照时数的 32%～39%,日均日照时数分别为3.8～4.7 h。

日照的年际变化比较大。清远市年日照时数最多是1963年,为1954.1 h,占可照时数的44%,日均日照时数达5.4 h;年日照时数最少是1997年,只有1276.0(仅为1963年的65%,相差678.1 h),占可照时数的29%,日均日照时数只有3.5。各地年最多日照时数为1735.0～2264.2 h,分别占可照时数的39%～51%,日均日照时数分别为4.8～6.2 h;最少年日照时数为971.3～1387.1 h,分别占可照时数的22%～31%,日均日照时数分别为2.7～3.8 h;日照时数最大年际差异出现在连州,达964.2 h(见表2-3-1)。

日照的年变化还有一个特点,在20世纪随着年代的增加,日照时数逐渐减少,但进入21世纪后,年均日照时数显著增加。20世纪60年代,清远市年平均日照时数为1702.3 h;70年代,年均日照时数为1569.9 h,比60年代少132.4 h;80年代,年日照时数为1561.9 h,比70年代减少8.0 h;90年代,年均日照时数为1486.1 h,比80年代减少75.8 h,日均日照时数只有4.1 h;2000年后,年均日照时数显著增加到1644.3 h,比20世纪90年代增加158.2 h。英德、连州和连南日照时数年代变化与清远市一致,其余则略有不同(见表2-3-2)。

表 2-3-1　清远市年平均、最多、最少日照时数表　(单位:h)

项目 \ 地区	清远	佛冈	英德	阳山	连州	连南	连山	全市
年平均日照时数	1688.3	1710.9	1720.1	1568.3	1513.0	1485.6	1404.4	1584.4
可照率	38%	39%	39%	35%	34%	34%	32%	36%
日均时数	4.6	4.7	4.7	4.3	4.1	4.1	3.8	4.3
年最多日照时数	2053.3	2181.7	2264.2	1920.5	2107.0	1735.0	1754.1	1954.1
出现年份	2004	1963	2004	1963	1963	2007	1986	1963
可照率	46%	49%	51%	43%	48%	39%	40%	44%
日均时数	5.6	6.0	6.2	5.3	5.8	4.8	4.8	5.4
年最少日照时数	1340.8	1387.1	1357.6	1154.5	1142.8	1062.5	971.3	1276.0
出现年份	1997	1961	1961	1961	1997	1993	1997	1997
可照率	30%	31%	31%	26%	26%	24%	22%	29%
日均时数	3.7	3.8	3.7	3.2	3.1	2.9	2.7	3.5

表 2-3-2　清远市年代平均日照时数表　(单位:h)

年代 \ 地区	清远	佛冈	英德	阳山	连州	连南	连山	全市
1960—1969（全市、连南和连山从1962年起）	1722.4	1773.5	1763.9	1559.8	1736.6	1567.6	1513.8	1702.3
1970—1979	1678.0	1647.2	1634.4	1636.3	1454.1	1521.6	1417.9	1569.9
1980—1989	1694.4	1658.0	1618.1	1578.1	1409.1	1457.9	1517.6	1561.9
1990—1999	1596.4	1726.7	1613.2	1488.3	1367.5	1370.9	1240.0	1486.1
2000—2008	1789.9	1738.7	1998.9	1629.3	1464.3	1539.7	1349.3	1644.3

二、日照的月变化

清远市各月日照时数差异很大,年内以 2—4 月日照时数较小,其中 3 月只有 59.2 h 为全年最少,占可照时数的 16%,日均日照时数只有 1.9 h;7—8 月日照时数较大,其中 7 月是日照高峰,月照时数达 205.8 h,占可照时数的 50%,日均日照时数有 6.6 h。7 月是一年中日照时数升幅最大的月份,平均升幅达 74.8 h,降幅最大的是 1 月,平均降幅 42.8 h。各地月最少日照时数为 51.6～67.3 h,除连山出现在 2 月外,其余均出现在 3 月;月最多日照时数为 183.0～216.7 h,均出现在 7 月。各地月最小可照时数百分率为 14%～18%,均出现在 3 月;月最大可照时数百分率为 44%～56%,清远、英德出现在 10 月,阳山、连州和连山在 7 月,连南在 8 月,佛冈在 10 月和 11 月(见表 2-3-3)。

清远市最多月日照时数出现在英德 2003 年 7 月,为 329.2 h,占可照时数达 79%;最少月日照时数为 0 h,整月没见阳光,出现在阳山 2005 年 2 月。各地最多月日照时数为 253.4～329.2 h,最少月日照时数为 0.0～10.4 h(见表 2-3-4)。

表 2-3-3　清远市月平均日照时数及占可照时数的百分率表　　　(单位:h)

月份	项目	清远	佛冈	英德	阳山	连州	连南	连山	全市
1 月	日照时数	113.5	120.0	113.5	92.0	82.3	80.3	81.9	97.6
	百分率	34%	36%	34%	27%	25%	24%	24%	29%
2 月	日照时数	71.2	76.5	73.7	61.0	57.2	53.8	57.2	64.4
	百分率	22%	24%	23%	19%	18%	17%	18%	20%
3 月	日照时数	60.2	67.3	66.1	56.3	55.4	51.6	57.6	59.2
	百分率	16%	18%	18%	15%	15%	14%	16%	16%
4 月	日照时数	65.0	73.6	74.0	68.8	70.7	66.8	68.9	69.7
	百分率	17%	19%	19%	18%	19%	18%	18%	18%
5 月	日照时数	108.4	114.8	117.7	109.7	109.7	109.8	103.6	110.5
	百分率	26%	28%	29%	27%	27%	27%	25%	27%
6 月	日照时数	131.8	131.9	140.6	133.4	133.5	130.5	115.5	131.0
	百分率	32%	32%	35%	33%	33%	32%	28%	32%
7 月	日照时数	204.6	207.3	216.7	209.4	215.6	203.8	183.0	205.8
	百分率	49%	50%	52%	50%	52%	49%	44%	50%
8 月	日照时数	198.4	199.3	206.7	197.7	199.5	199.6	169.5	195.8
	百分率	50%	50%	52%	49%	50%	50%	42%	49%
9 月	日照时数	196.6	186.9	194.2	180.8	172.0	174.9	156.5	180.3
	百分率	54%	51%	53%	49%	47%	48%	43%	49%
10 月	日照时数	198.7	192.0	192.3	171.2	159.3	154.3	151.5	174.2
	百分率	56%	54%	54%	48%	45%	44%	43%	49%
11 月	日照时数	178.4	177.9	169.9	152.1	136.4	137.7	135.6	155.4
	百分率	54%	54%	52%	46%	42%	42%	41%	47%
12 月	日照时数	161.3	163.5	154.8	135.8	121.4	122.5	123.8	140.4
	百分率	49%	50%	47%	41%	37%	37%	38%	43%

表 2-3-4　清远市最多、最少月日照时数及出现时间表　（单位：h）

地区 \ 项目	最多月日照时数	出现时间	最少月日照时数	出现时间
清远	289.0	2004.10	7.4	1978.3
佛冈	301.2	2003.7	7.0	1984.4
英德	329.2	2003.7	10.4	1984.3
阳山	283.1	2003.7	0.0	2005.2
连州	290.4	1962.7	1.1	1981.2
连南	283.7	2003.7	0.3	1990.2
连山	253.4	1979.10	9.4	1984.2
全市	329.2	2003.7	0.0	2005.2

第四节　蒸发量

蒸发量是指一定口径的蒸发器中的水因蒸发而降低的深度,以毫米(mm)为单位,取一位小数。

自然条件下的蒸发量,包括自然水面、土壤和植物表面的综合蒸发量是难以测定的,因此需要通过特定口径的专用蒸发器去测得,所测得的蒸发量比稻田蒸发量要小,而比大塘、水库等水面的蒸发量要大,这是由于热容量的差异和热量交换快慢所致。

蒸发量的测量器具有两种型号,一种是小型蒸发器,一种是大型蒸发器。由于两种蒸发器型号不同,造成蒸发量明显不同,但其反映的蒸发量变化趋势是基本一致的。清远、英德、阳山、连南和连山一直都采用小型蒸发器,佛冈、连州1997年起根据上级业务部门要求,改用大型蒸发器测量蒸发,其中1997—2001年两种型号并用,2001年后只采用大型蒸发器。本书中佛冈、连州的蒸发量数据在其建站至2001年采用小型蒸发器数据,2001—2008年采用大型蒸发器数据。

一、蒸发量的年际变化

清远市1964—2001年年平均蒸发量为1492.4 mm。年平均蒸发量最大是1977年,达到1748.0 mm;最小是1997年,年平均蒸发量只有1245.7 mm。清远市蒸发量自南向北减少,清远、佛冈和英德年平均蒸发量在1600 mm以上,阳山年平均蒸发量为1528.6 mm,"三连"地区则不到1400 mm。

清远市最大年蒸发量出现在英德1977年,达2207.2 mm;最小年蒸发量出现在连州1968年,只有940.7 mm(见表2-4-1)。

表 2-4-1　清远市年平均、最大、最小蒸发量及出现年份表　　　（单位：mm）

项目	地区	清远	佛冈	英德	阳山	连州	连南	连山	全市
小型	平均蒸发量	1653.5	1662.6	1637.6	1528.6	1360.5	1246.9	1341.2	1492.4
	最大蒸发量	1890.0	1982.9	2207.2	1781.2	1602.2	1505.2	1578.8	1748.0
	出现年份	1977	1963	1977	1977	1963	1974	1979	1977
	最小蒸发量	1296.0	1383.9	1268.3	1238.6	940.7	1000.3	1129.6	1245.7
	出现年份	1994	1997	1997	1997	1968	1997	1997	1997
大型	平均蒸发量	—	1034.4	—	—	936.3	—	—	—
	最大蒸发量	—	1122.7	—	—	1036.6	—	—	—
	出现年份	—	2003	—	—	2007	—	—	—
	最小蒸发量	—	970.7	—	—	806.5	—	—	—
	出现年份	—	2006	—	—	2002	—	—	—

注：表中"—"代表缺省值，下同。

二、蒸发量的月变化

蒸发量的大小与气温的高低、日照的长短、风速的大小有直接关系，气温高、日照时数长、风速较大的月份，月蒸发量就较大。

清远市月平均蒸发量最大是 7 月，达 194.6 mm；最小是 2 月，只有 64.9 mm。各地的月平均蒸发量也是以 7 月为最大，2 月为最小，最大月平均蒸发量出现在英德，为 210.5 mm，最小月平均蒸发量出现在连南，为 47.3 mm。

清远市最大月蒸发量出现在英德 1978 年 7 月，达 311.5 mm；最小月蒸发量出现在连州 1957 年 2 月，只有 25.7 mm（见表 2-4-2）。

表 2-4-2　清远市月蒸发量及出现年份表（小型蒸发器）　　　（单位：mm）

地区	项目	1月	2月	3月	4月	5月	6月	7月	8月	9月	10月	11月	12月
清远	平均蒸发量	91.6	75.0	79.8	98.0	138.0	156.1	200.6	192.6	190.4	180.2	141.5	112.7
	最大蒸发量	134.3	129.4	156.2	134.1	187.1	204.3	254.2	257.1	254.7	239.3	187.0	155.5
	出现年份	1962	1960	1972	1974	1966	1988	1984	1990	1966	1967	1977	1973
	最小蒸发量	45.7	44.5	27.8	57.3	98.2	110.4	154.4	135.7	150.6	128.1	90.9	67.4
	出现年份	1969	1957	1992	1993	1978	1966	1994	1994	1993	1965	1987	1994
佛冈	平均蒸发量	99.4	80.5	91.6	106.2	140.6	151.6	194.3	185.2	177.9	175.3	144.4	120.0
	最大蒸发量	158.9	145.9	164.9	148.2	239.1	222.1	244.6	233.9	251.2	239.9	204.6	165.8
	出现年份	1963	1960	1977	1977	1963	1967	1964	1990	1966	1992	1977	1980
	最小蒸发量	55.1	49.9	46.5	73.1	101.9	107.4	129.9	139.1	118.5	125.1	87.4	75.5
	出现年份	1989	1998	1970	1993	1960	1974	1997	1994	1961	1975	1987	1997

续表

地区	项目	1月	2月	3月	4月	5月	6月	7月	8月	9月	10月	11月	12月
英德	平均蒸发量	86.0	73.4	82.0	98.9	143.4	163.1	210.5	196.3	182.9	170.8	130.2	103.7
	最大蒸发量	136.8	146.0	193.0	141.0	199.2	253.6	311.5	266.0	255.4	247.2	211.4	158.2
	出现年份	1981	1977	1977	1978	1980	1988	1978	1992	1977	1992	1977	1981
	最小蒸发量	46.6	38.8	43.2	61.8	87.4	93.3	148.7	141.4	119.2	115.6	71.0	59.2
	出现年份	1969	2005	1970	2001	1975	1998	2002	1967	1961	2002	1963	2002
阳山	平均蒸发量	71.8	62.9	74.1	93.4	132.4	148.3	204.5	195.3	179.8	159.0	116.8	90.5
	最大蒸发量	118.0	128.4	152.5	130.4	194.8	201.9	274.5	282.2	273.4	210.6	159.5	132.9
	出现年份	1963	1960	1977	2004	1963	2000	2003	1990	1966	2005	1977	1973
	最小蒸发量	37.8	30.1	35.2	48.5	97.5	93.5	113.1	134.4	134.2	111.2	59.6	48.7
	出现年份	1989	2005	1970	1993	1988	1998	1997	1996	1997	1995	1987	1997
连州	平均蒸发量	60.9	57.4	73.0	93.3	125.7	139.9	194.9	180.5	151.4	128.6	94.7	72.5
	最大蒸发量	115.1	101.8	138.2	137.2	192.9	195.0	253.3	260.4	193.1	164.2	134.4	103.6
	出现年份	1971	1962	1972	1958	1963	1988	1978	1998	1966	1954	1979	1981
	最小蒸发量	30.4	25.7	40.2	48.4	79.6	94.3	126.6	130.3	113.7	96.2	59.8	44.9
	出现年份	1953	1957	1992	1953	1953	1994	1997	1999	1993	1976	1987	1997
连南	平均蒸发量	50.8	47.3	58.2	78.2	112.5	125.0	179.3	172.3	146.2	122.0	90.0	65.2
	最大蒸发量	84.4	85.3	125.8	118.4	161	184.5	248.8	253.7	195.9	180.0	132.8	100.7
	出现年份	1976	1977	1977	1974	1980	1988	1978	1990	1986	1979	1979	1981
	最小蒸发量	28.4	27.7	26.7	45.4	72.3	82.9	96.5	114.7	107.1	76.0	53.1	34.8
	出现年份	2005	1988	1992	2001	1973	1998	1997	1999	1997	2000	1987	1997
连山	平均蒸发量	60.0	57.4	73.3	94.1	126.5	135.1	177.9	165.3	147.8	131.5	96.8	75.4
	最大蒸发量	88.0	93.8	142.4	126.9	170.1	196.7	244.3	226.6	195.7	204.3	153.1	104.8
	出现年份	1971	1974	1972	1974	1966	1972	1979	1990	1966	1979	1979	1987
	最小蒸发量	34.7	31.0	39.2	61.5	88.4	98.0	103.6	118	104.2	91.3	58.2	45.1
	出现年份	1977	1984	1970	2001	1975	1998	1997	1999	1997	1981	1981	1997
全市	平均蒸发量	74.4	64.9	76.0	94.6	131.3	145.6	194.6	183.9	168.1	152.5	116.3	91.4

表 2-4-3　清远市月蒸发量及出现年份表（大型蒸发器）　　　　　（单位：mm）

地区	项目	1月	2月	3月	4月	5月	6月	7月	8月	9月	10月	11月	12月
佛冈	平均蒸发量	68.6	51.3	54.2	60.7	81.2	78.4	115.6	109.9	110.3	117.2	100.6	86.5
	最大蒸发量	79.1	58.5	69.7	84.0	110.6	108.9	148.8	125.5	124.8	135.2	126.2	104.3
	出现年份	2007	2006	2002	2002	2002	2004	2003	2003	2004	2004	2007	2005
	最小蒸发量	60.9	36.2	39.6	43.3	57.9	50.4	93.5	100.0	99.0	85.8	89.7	70.1
	出现年份	2002	2005	2007	2008	2008	2008	2002	2002	2005	2002	2002	2002

续表

地区	月份\项目	1月	2月	3月	4月	5月	6月	7月	8月	9月	10月	11月	12月
连州	平均蒸发量	38.7	33.1	36.5	55.1	77.5	91.5	137.4	124.1	115.0	105.0	69.8	52.4
	最大蒸发量	48.1	38.4	42.1	71.0	92.1	117.2	181.0	137.6	132.3	119.0	83.5	58.8
	出现年份	2008	2007	2004	2004	2002	2004	2007	2007	2008	2007	2007	2008
	最小蒸发量	28.6	23.0	27.0	43.7	65.1	68.5	95.9	96.8	98.6	71.0	52.7	34.1
	出现年份	2005	2005	2007	2007	2008	2008	2002	2002	2002	2002	2002	2002

第五节　湿度

湿度是表示空气中的水汽含量和潮湿程度的物理量,是衡量大气水汽含量的常用指标,它与人类的生产、生活及动物、植物的生长都有密切的关系。

一、相对湿度

相对湿度是空气中水汽压与饱和水汽压的百分比,它反映空气潮湿程度。相对湿度越大,空气越潮湿。相对湿度的分布一般早晨大于午后,阴天大于晴天,山区大于平原。相对湿度的日变化幅度是夏季大于冬季,晴天大于雨天。

清远市年平均相对湿度为78%,年平均相对湿度的年际变化幅度相对较小,变幅为9%。年平均相对湿度最大是1970、1973年和1975年,为81%,最小是2007年,只有72%。各地年平均相对湿度为77%～82%,年平均相对湿度的年际变化幅度为6%～14%,最大年平均相对湿度出现在连山1970、1994、2002年和2006年,达84%,最小出现在清远2007年,只有67%(见表2-5-1)。

年平均相对湿度在进入21世纪后有减小的趋势,2000年以前只出现5年低于历史平均值,占总数的13%,而2001—2008年中有5年低于历史平均值,其中2007年出现历史最低值为72%。

表2-5-1　清远市年平均、最大、最小相对湿度及出现年份表　　　　　　　（单位:%）

项目\地区	清远	佛冈	英德	阳山	连州	连南	连山	全市
年平均相对湿度	77	78	77	77	79	79	82	78
最大年平均相对湿度	81	81	82	80	83	82	84	81
出现年份	1957	1975	1975	1957 1970 1973 1975 1994	1961	1973	1970 1994 2002 2006	1970 1973 1975
最小年平均相对湿度	67	72	70	71	73	73	78	72
出现年份	2007	2005	2007	2007	2005	2007	2007	2007
年际变幅	14	9	12	9	10	9	6	9

清远市月平均相对湿度以3—6月较大,其中4—6月均为83%;10—12月较小,其中11月和12月均为72%。各地最大月平均相对湿度为82%~85%,清远、佛冈和连山出现在6月,英德4月,阳山4月和6月,连南3月和4月,连州3—6月;最小月平均相对湿度为82%~85%,佛冈、英德和连山出现在12月,连南11月,清远、阳山11月和12月,连州10—12月(见表2-5-2)。

最小相对湿度可以反映一地区某时期的干燥程度。清远市最小相对湿度为8%,出现在佛冈1984年3月2日,英德2008年3月24日,连山1983年1月24日、1995年12月30日、2007年2月2日和2008年11月28日。另外,连州、连南最小相对湿度为9%,分别出现在2008年3月1日和2007年2月2日;阳山最小相对湿度为11%,出现在2007年2月2日;清远最小相对湿度为12%,出现在2007年2月2日、2007年11月29日和2008年3月2日(见表2-5-3)。

表2-5-2　清远市月平均相对湿度表　　　　　　　　　　　　　（单位:%）

月份＼地区	清远	佛冈	英德	阳山	连州	连南	连山	全市
1月	72	71	73	74	76	78	79	75
2月	77	77	77	78	79	80	82	79
3月	82	81	82	82	82	83	84	82
4月	83	83	83	83	82	83	84	83
5月	83	83	82	82	82	82	84	83
6月	84	84	82	83	82	82	85	83
7月	81	81	78	79	78	77	82	79
8月	80	82	79	79	79	78	84	80
9月	76	79	77	75	78	77	82	78
10月	71	73	73	72	75	75	79	74
11月	68	69	71	70	75	73	78	72
12月	68	68	70	70	75	74	77	72

表2-5-3　清远市最小相对湿度及出现时间表　　　　　　　　　（单位:%）

月份	项目＼地区	清远	佛冈	英德	阳山	连州	连南	连山
1月	最小相对湿度	13	9	12	12	13	14	8
	出现时间	1971.1.5 2007.1.29 2008.1.3	1967.1.16	1981.1.2	1963.1.14	1987.1.27	2008.1.2	1983.1.24
2月	最小相对湿度	12	11	13	11	13	9	8
	出现时间	2007.2.2	1999.2.3 2007.2.2	1977.2.23	2007.2.2	2007.2.2	2007.2.2	2007.2.2

续表

月份	项目 地区	清远	佛冈	英德	阳山	连州	连南	连山
3月	最小相对湿度	12	8	8	12	9	11	9
	出现时间	2008.3.2	1984.3.2	2008.3.24	2008.3.1	2008.3.1	2008.3.1	2000.3.28
4月	最小相对湿度	20	17	18	16	15	18	15
	出现时间	2007.4.18	1999.4.7	1982.4.15	1988.4.23	2005.4.14	1988.4.24 1980.4.15	1985.4.28
5月	最小相对湿度	16	13	16	19	16	15	12
	出现时间	2007.5.7	2007.5.7	2007.5.7	1990.5.5	2008.5.12	2008.5.12	2007.5.1
6月	最小相对湿度	20	20	14	23	20	25	18
	出现时间	1988.6.4	1988.6.2 1988.6.3	1988.6.3	1988.6.3	1988.6.3	1988.6.3 2008.6.4	1988.6.2
7月	最小相对湿度	27	31	28	29	24	23	28
	出现时间	2008.7.28	2005.7.19	1968.7.24	2003.7.23 2008.7.25	2005.7.17	2007.7.25	2007.7.27 2008.7.26
8月	最小相对湿度	31	30	28	17	24	24	23
	出现时间	2006.8.21	2006.8.20	1983.8.27	2006.8.20	2006.8.20	2006.8.20	1990.8.23
9月	最小相对湿度	22	18	15	20	21	19	20
	出现时间	2007.9.19	1966.9.24 1966.9.25 1966.9.27	1966.9.26	1966.9.25	1966.9.25 2007.9.19	2007.9.19	2004.9.26
10月	最小相对湿度	18	12	16	13	14	14	15
	出现时间	1991.10.28 1979.10.22	1991.10.30	2004.10.5	1958.10.29 1958.10.31	1956.10.19	1992.10.31	1992.10.19
11月	最小相对湿度	12	13	10	14	13	12	8
	出现时间	2007.11.29	1992.11.13 1995.11.24 2006.11.4	2007.11.29	1979.11.19 2006.11.4 2007.11.28	2007.11.27	2007.11.27 2008.11.28	2008.11.28
12月	最小相对湿度	13	9	12	12	13	11	8
	出现时间	1987.12.23 2005.12.16 2008.12.17	2005.12.23	1993.12.24	1999.12.23 2008.12.9	1982.12.28	2006.12.24	1995.12.30
年	最小相对湿度	12	8	8	11	9	9	8
	出现时间	2007.2.2 2008.3.2 2007.11.29	1984.3.2	2008.3.24	2007.2.2	2008.3.1	2007.2.2	1983.1.24 2007.2.2 2008.11.28 1995.12.30

二、水汽压

空气是含有水汽的混合气体,由水汽所引起的那一部分压强,称为水汽压。以百帕(hPa)为单位,取一位小数。空气中的水汽含量愈多,水汽压就愈大。

清远市年平均水汽压为 20.0 hPa,年平均水汽压的年际变化幅度比较小,变幅为 1.7 hPa;年平均水汽压最大是 1998 年和 2002 年,为 20.9 hPa,最小是 1984 年,为 19.2 hPa。各地年平均水汽压为 19.0～21.4 hPa,年平均水汽压的年际变化幅度为 1.7～3.1 hPa;最大年平均水汽压出现在清远 1998 年和 2002 年为 22.3 hPa,最小出现在连山 1976、1984 年和 1988 年为 18.2 hPa(见表 2-5-4)。

表 2-5-4　清远市年平均、最大、最小水汽压及出现年份表　(单位:hPa)

项目 \ 地区	清远	佛冈	英德	阳山	连州	连南	连山	全市
年平均水汽压	21.4	20.6	20.6	19.9	19.4	19.3	19.0	20.0
最大年平均水汽压	22.3	21.6	21.7	20.8	20.6	20.3	19.9	20.9
出现年份	1998 2002	1998	2002	2002	1961	1998 2002	2002 2006	1998 2002
最小年平均水汽压	19.2	19.7	19.7	19.0	18.5	18.4	18.2	19.2
出现年份	2008	1992	1984 2007	1984	2005	1984	1976 1984 1988	1984
变幅	3.1	1.9	2.0	1.8	2.1	1.9	1.7	1.7

清远市月平均水汽压以 12、1 月和 2 月较小,其中 1 月最小,只有 9.7 hPa;6—8 月较大,其中 7 月最大,为 30.1 hPa。各地最大月平均水汽压为 28.6～31.6 hPa,均出现在 7月;最小月平均水汽压为 9.0～10.9 hPa,均出现在 1 月(见表 2-5-5)。清远市最大月平均水汽压为 33.0 hPa,出现在清远 1991 年 8 月;最小月平均水汽压为 5.4 hPa,出现在佛冈1963 年 1 月(见表 2-5-6)。

清远市最大水汽压为 42.5 hPa,出现在连州 1961 年 7 月 14 日;最小水汽压为 1.0 hPa,出现在佛冈 1967 年 1 月 16 日(见表 2-5-7 和表 2-5-8)。

表 2-5-5　清远市月平均水汽压表　(单位:hPa)

月份 \ 地区	清远	佛冈	英德	阳山	连州	连南	连山	全市
1 月	10.9	10.1	10.0	9.4	9.0	9.1	9.3	9.7
2 月	12.7	12.0	11.8	10.9	10.5	10.6	10.8	11.3
3 月	16.5	15.8	15.4	14.5	13.9	13.9	14.0	14.9
4 月	22.0	21.2	20.9	20.1	19.3	19.3	19.2	20.3
5 月	26.9	26.0	26.0	25.2	24.5	24.4	23.9	25.3
6 月	30.5	29.5	29.6	29.3	28.7	28.5	27.5	29.1
7 月	31.6	30.5	30.8	30.3	29.8	29.4	28.6	30.1

续表

月份＼地区	清远	佛冈	英德	阳山	连州	连南	连山	全市
8 月	31.2	30.3	30.6	29.7	29.6	29.0	28.4	29.8
9 月	27.3	26.6	26.8	25.6	25.5	25.1	24.5	25.9
10 月	20.9	20.0	20.4	19.2	19.0	19.0	18.7	19.6
11 月	15.3	14.4	14.7	13.8	13.6	13.4	13.4	14.1
12 月	11.6	10.7	10.7	10.2	9.9	9.8	9.9	10.4
年	21.4	20.6	20.6	19.9	19.4	19.3	19.0	20.0

表 2-5-6　清远市最大、最小月平均水汽压及出现年份表　　　　（单位：hPa）

地区	项目＼月份	1月	2月	3月	4月	5月	6月	7月	8月	9月	10月	11月	12月
清远	最大平均水汽压	13.7	17.6	20.3	25.8	30.1	32.0	32.8	33.0	29.9	24.9	18.9	17.7
	出现年份	1966	1973	1960	1981	1967	2005	1979	1991	1963	2006	1965	1968
	最小平均水汽压	6.7	8.1	13.5	18.0	23.6	28.0	28.1	27.9	22.1	15.9	10.7	8.8
	出现年份	1963	2008	1970 1985	1996	2007	2008	2008	2008	1966	1992	2007	1981 1999
佛冈	最大平均水汽压	12.6	16.7	19.3	24.5	28.6	30.7	31.6	32.0	29.2	23.6	18.1	16.0
	出现年份	1969	1973	1960	1981	1967	1986	1962 1993	1981	1963	1983	1965	1968
	最小平均水汽压	5.4	8.3	12.9	17.6	23.5	28.0	28.1	28.2	20.2	14.7	10.9	7.7
	出现年份	1963	1968	1970	1996	1966	1982	2005	1958	1966	1992	1976 1979	1967
英德	最大平均水汽压	12.2	16.1	19.0	24.2	28.9	31.2	32.3	32.1	29.4	23.8	17.7	16.1
	出现年份	1966	1973	1960	1964 1981	1967	2005	1967	1960 1968	1963 1970	1997	1963 1965	1968
	最小平均水汽压	5.8	8.2	12.5	17.2	23.4	27.9	29.6	29.0	20.8	15.5	10.9	8.0
	出现年份	1963	2008	1985	1996	1981	1982	1984	1974	1966	1979	1979	1981
阳山	最大平均水汽压	11.5	15.3	17.2	24.0	28.6	30.8	32.0	31.7	28.4	23.0	16.9	14.7
	出现年份	1966	1973	1958	1981	1967	2005	1979	1981	1963	1982	1972	1968
	最小平均水汽压	5.8	8.0	11.7	16.7	22.7	27.3	28.2	27.3	19.1	14.9	10.1	7.9
	出现年份	1963	1968 2008	1985	1996	1981	1965	1972	1974	1966	1979	1979	1981

续表

地区 \ 项目 \ 月份	1月	2月	3月	4月	5月	6月	7月	8月	9月	10月	11月	12月
连州 最大平均水汽压	11.2	14.4	16.3	21.8	27.8	30.0	32.1	31.3	28.6	23.3	16.6	14.4
连州 出现年份	1966	1973	1981	1981	1967	1998	1961	1961	1955	1953	1961	1968
连州 最小平均水汽压	6.1	7.8	10.6	16.5	22.1	27.2	26.7	26.8	19.8	14.8	10.1	7.0
连州 出现年份	1963	1969	1954	1996	1981	1981	2005	2005	1966	1992	1979	1954
连南 最大平均水汽压	11.1	14.4	16.4	22.0	27.6	30.6	30.5	30.9	28.2	22.5	16.2	14.0
连南 出现年份	1966	1973	1981	1981	1967 2005	2005	1998 1999 2006	1981	1963	1997	1972	1968
连南 最小平均水汽压	6.2	7.7	11.4	16.3	21.9	26.9	27.6	26.2	19.3	14.4	9.6	7.8
连南 出现年份	1963	1968 1969	1988	1996	1966 1981	1982	2007	1966	1966	1979	1979	1981
连山 最大平均水汽压	11.4	14.9	16.5	22.3	26.8	29.6	29.9	30.0	26.7	22.3	16.3	14.5
连山 出现年份	1966	1973	2002	1981	1967	2005	1999 2005	1981	1963	2006	2005	1968
连山 最小平均水汽压	6.1	7.7	11.4	15.9	21.5	26.1	27.3	26.6	19.6	14.2	9.6	7.9
连山 出现年份	1963	1968	1988	1996	1981	1981	1976 1989	1974	1966	1979	1979	1975 1981 1999

表 2-5-7　清远市月最大水汽压及出现时间表　　　　　　　　　（单位：hPa）

月份 \ 项目 \ 地区		清远	佛冈	英德	阳山	连州	连南	连山
1月	最大水汽压	25.3	24.1	23.7	22.9	21.8	22.3	21.7
1月	出现时间	1969.1.28	1964.1.13	1969.1.20	1969.1.20	1969.1.20	1969.1.28	1969.1.20
2月	最大水汽压	27.4	26.4	26.6	25.6	24.2	24.3	24.9
2月	出现时间	1973.2.28	1973.2.28	1973.2.28	1979.2.22	1973.2.26	1973.2.27	1973.2.27
3月	最大水汽压	29.6	29.0	28.5	28.5	28.0	27.0	26.8
3月	出现时间	1973.3.31	1973.3.31	2002.3.28	1966.3.22	2007.3.30	2001.3.24	2002.3.28
4月	最大水汽压	33.0	32.5	32.6	32.6	30.9	31.8	35.8
4月	出现时间	2001.4.30	1998.4.24 2000.4.25	1964.4.25	2005.4.30	2000.4.25	2000.4.25	2005.4.30

续表

月份	项目 \ 地区	清远	佛冈	英德	阳山	连州	连南	连山
5月	最大水汽压	38.5	35.8	35.0	38.8	36.6	35.0	33.8
	出现时间	2005.5.14	1958.5.22	1973.5.14	1969.5.19	1966.5.13	1967.5.31	2003.5.7
6月	最大水汽压	38.3	37.5	38.0	38.7	37.4	37.0	35.2
	出现时间	1986.6.30	1995.6.19	1987.6.26	1960.6.25	1958.6.22 1970.6.8	1963.6.26	1987.6.27
7月	最大水汽压	39.1	38.7	38.4	36.8	42.5	37.9	35.4
	出现时间	1979.7.4	1988.7.9	1960.7.22	1979.7.3	1961.7.14	1979.7.5	2006.7.12
8月	最大水汽压	40.6	39.0	39.2	38.8	37.5	36.3	36.9
	出现时间	1968.8.26	1978.8.17	1968.8.28	1957.8.26	1968.8.20	1968.8.29	1967.8.9 1998.8.23
9月	最大水汽压	37.4	37.9	38.0	35.0	36.6	39.3	33.7
	出现时间	1957.9.4 1995.9.5	1981.9.1	1981.9.1	1981.9.1	1955.9.19	1962.9.1	2004.9.3
10月	最大水汽压	34.9	32.9	33.4	32.5	33.6	32.1	33.7
	出现时间	1973.10.5	1987.10.12	2005.10.2	1975.10.3	1953.10.6	1983.10.4	2004.10.3
11月	最大水汽压	30.1	29.1	29.1	29.1	29.1	31.8	27.6
	出现时间	1966.11.13 2005.11.6	1959.11.1	1987.11.1 1987.11.2	1966.11.13	1953.11.9	2004.11.3	1966.11.13
12月	最大水汽压	28.4	27.8	27.2	26.8	26.1	25.9	25.3
	出现时间	1998.12.1	1998.12.1	1998.12.1	1998.12.1	1998.12.1	1998.12.1 2002.12.6	1998.12.1
年	最大水汽压	40.6	39.0	39.2	38.8	42.5	39.3	36.9
	出现时间	1968.8.26	1978.8.17	1968.8.28	1969.5.19 1957.8.26	1961.7.14	1962.9.1	1967.8.9 1998.8.23

表 2-5-8　清远市月最小水汽压及出现时间表　　　（单位：hPa）

月份	项目 \ 地区	清远	佛冈	英德	阳山	连州	连南	连山
1月	最小水汽压	2.2	1.0	2.2	1.8	1.5	1.6	1.8
	出现时间	2008.1.2	1967.1.16	1981.1.2	1963.1.14	1955.1.10	1967.1.16	1983.1.24
2月	最小水汽压	2.8	2.3	2.9	3.0	3.2	2.4	2.2
	出现时间	1977.2.22	1999.2.3	1999.2.3	2007.2.2	1972.2.9 1999.2.3	2007.2.2	2007.2.2
3月	最小水汽压	3.7	2.4	2.8	3.7	3.4	3.3	3.5
	出现时间	1977.3.4	1977.3.4	1977.3.4	2008.3.1	2008.3.1	2008.3.1	1986.3.2 1986.3.3 2008.3.1

续表

月份	项目\地区	清远	佛冈	英德	阳山	连州	连南	连山
4月	最小水汽压	5.4	6.0	6.1	5.8	5.7	5.6	4.7
	出现时间	1975.4.2	1960.4.1 1969.4.6	1982.4.15	1969.4.5	1969.4.5	1969.4.5	1969.4.5
5月	最小水汽压	9.5	7.8	8.9	9.8	8.0	8.6	6.6
	出现时间	2007.5.7	2007.5.7	2007.5.7	1965.5.2	2008.5.12	1965.5.3	2008.5.12
6月	最小水汽压	13.2	11.7	15.2	14.7	11.2	13.6	11.1
	出现时间	1988.6.2	1988.6.2	1988.6.2	1987.6.7	1955.6.3	1988.6.2	1988.6.2
7月	最小水汽压	18.8	20.8	21.0	19.1	17.8	17.0	16.0
	出现时间	2007.7.25	1968.7.25 2005.7.19	1989.7.29	1989.7.30	2005.7.28	2007.7.25	2007.7.27
8月	最小水汽压	19.5	16.4	18.2	15.6	14.1	15.1	14.9
	出现时间	1974.8.29	2006.8.20	1966.8.22	1966.8.23	2006.8.20	1966.8.23	1990.8.23
9月	最小水汽压	10.1	7.6	9.4	8.3	8.7	8.4	8.9
	出现时间	1966.9.25	1966.9.24	1966.9.24 1966.9.26	1966.9.24	1966.9.25	2007.9.19	1979.9.28
10月	最小水汽压	5.0	4.3	4.6	3.9	4.3	3.8	4.0
	出现时间	1978.10.29	1991.10.30	1978.10.29	1958.10.31	1958.10.31 1991.10.28	1991.10.28	1978.10.29
11月	最小水汽压	3.4	3.0	2.6	2.4	2.5	2.3	2.3
	出现时间	2007.11.29	1976.11.23	2007.11.29	1975.11.23	1975.11.23	1975.11.23	2008.11.28
12月	最小水汽压	2.1	1.6	2.1	1.9	1.7	1.7	1.5
	出现时间	2008.12.6	1999.12.22 2005.12.22	1999.12.21 1999.12.22	1999.12.22	1999.12.22	1999.12.22	1973.12.30
年	最小水汽压	2.1	1.0	2.1	1.8	1.5	1.6	1.5
	出现时间	2008.12.6	1967.1.16	1999.12.21 1999.12.22	1963.1.14	1955.1.10	1967.1.16	1973.12.30

第六节 降水量

降水量是指从天空降落到地面上的液态或固态(经融化后)水未经蒸发、渗透、流失而在水平面积上积聚的深度。以毫米为单位,取一位小数。自然的降水是地表水的主要来源。

一、年降水量

清远市年平均降水量为 1857.9 mm,雨量充沛,地域分布自南向北减少,南部清远和佛冈年平均降水量 2100 mm 以上,最北的连州只有 1601.1 mm。年际变化比较大,变幅为 1314.7 mm;年平均降水量最多是 1997 年,达 2570.5 mm,最少是 1963 年,只有 1255.8 mm。

各地年最多降水量为 2323.0～3519.5 mm,年最少降水量为 925.1～1476.4 mm。最大年际变幅出现在佛冈,达 2335.7 mm;最小出现在连州,为 1397.9 mm(见表 2-6-1)。

清远市年平均降水量总体上呈略增加趋势,各年代呈"少—多—少—多—少"分布,其中以 20 世纪 70 年代最多,年平均降水量达 1945.7 mm;90 年代次之,为 1937.1 mm;最少为 60 年代,为 1706.2 mm。各地年平均降水量清远、佛冈呈减少趋势,英德呈略减少趋势,阳山呈略增加趋势,连州、连南和连山呈增加趋势。最多年代平均降水量清远、连山出现在 20 世纪 70 年代,佛冈在 80 年代,其余在 90 年代;最少年代平均降水量连州、连南和连山出现在 60 年代,阳山在 80 年代,清远、佛冈和英德在 2000—2008 年(见表 2-6-2)。

表 2-6-1　清远市年平均、最多、最少降水量表　　　　　　　　(单位:mm)

项目 \ 地区	清远	佛冈	英德	阳山	连州	连南	连山	全市
年平均降水量	2162.8	2172.4	1857.3	1843.1	1601.1	1676.3	1737.2	1857.9
年最多降水量	3089.6	3519.5	3450.5	2781.3	2323.0	2399.7	2554.9	2570.5
出现年份	1983	1983	1997	1973	2001	1975	2002	1997
年最少降水量	1476.4	1183.8	1285.9	1164.9	925.1	972.3	1126.0	1255.8
出现年份	2004	1991	1989	1958	1963	1963	1963	1963
年际变幅	1613.2	2335.7	2164.6	1616.4	1397.9	1427.4	1428.9	1314.7

表 2-6-2　清远市年代平均降水量表　　　　　　　　　　(单位:mm)

年代 \ 地区	清远	佛冈	英德	阳山	连州	连南	连山	全市
1960—1969 (全市、连南和连山从 1962 年起)	2091.8	2201.6	1772.5	1754.2	1463.5	1419.6	1547.6	1706.2
1970—1979	2293.3	2182.6	1976.1	1924.4	1689.1	1760.7	1793.9	1945.7
1980—1989	2285.4	2241.1	1810.2	1749.9	1575.1	1610.1	1688.6	1851.5
1990—1999	2078.8	2138.6	1981.1	1978.6	1693.4	1803.3	1885.7	1937.1
2000—2008	1987.3	2046.2	1734.5	1804.0	1653.3	1743.2	1731.9	1814.3

二、月降水量

清远市月平均降水量变化呈单峰型,最多为 5 月,达 327.9 mm,最少为 12 月,只有 39.1 mm,前者是后者的 8.4 倍。各地月平均降水量变化也呈单峰型,但最多降水量月份佛冈和英德为 6 月,其余为 5 月,最多月平均降水量出现在佛冈,为 423.3 mm;最少降水量月份均为 12 月,最少月平均降水量出现在清远,为 34.3 mm(见表 2-6-3)。

清远市最多月降水量出现在 2008 年 6 月,达 645.2 mm,最少出现在 2004 年 10 月,全市滴雨未下。各地月最多降水量清远出现在 1982 年 5 月为 1128.2 mm、佛冈在 1968 年 6 月为 1039.0 mm、英德在 1997 年 7 月为 1101.3 mm、阳山在 1972 年 5 月为 748.0 mm、连州在 1984 年 4 月为 581.7 mm、连南在 1962 年 6 月为 592.4 mm、连山在 2002 年 7 月为

681.4 mm(见表 2-6-4)。无降水量或仅有微量降水(0.0 mm)记录的月份分别出现在清远 1979 年 10 月、2004 年 10 月、2005 年 10 月、1980 年 11 月、1989 年 11 月和 1981 年 12 月，佛冈 1999 年 2 月、1979 年 10 月和 2004 年 10 月，英德 1999 年 2 月、1979 年 10 月、2004 年 10 月、2005 年 10 月、1980 年 11 月和 1989 年 11 月，阳山 2004 年 10 月和 1958 年 11 月，连州 1966 年 9 月、1979 年 10 月、2004 年 10 月、1964 年 11 月和 1996 年 11 月，连南 2004 年 10 月和 1964 年 11 月，连山 1966 年 9 月、2004 年 10 月和 1964 年 11 月(见表 2-6-5)。

4—9 月为清远市全年降水量集中期(称为汛期)，其降水量占全年降水量的 75%，平均降水量为 1394.5 mm。其中 4—6 月为第一个多雨季节(称为前汛期)，其降水量占全年降水量的 48%，平均降水量为 891.2 mm；7—9 月为第二个多雨季节(称为后汛期)，其降水量占全年降水量的 27%，平均降水量为 503.3 mm。前汛期主要是由冷空气与热带暖湿气流共同作用形成的，后汛期则主要是由热带气旋、热带低压、热带辐合带等热带天气系统共同作用形成的。

清远市汛期降水量最多是 1973 年，达 2062.9 mm，超过汛期平均降水量 48%，相当于年平均降水量的 111%。汛期降水量最少是 1963 年，只有 758.7 mm，仅为汛期平均降水量的 54%。前汛期降水量最多是 1962 年，达 1300.4 mm，超过前汛期平均降水量 46%，相当于年平均降水量的 70%；降水量最少是 1963 年，只有 375.7 mm，仅为前汛期降水量平均值的 42%，相当于年平均降水量的 20%。后汛期降水量最多是 1997 年，达 1012.1 mm，超过后汛期降水量平均值 101%，相当于年平均降水量的 55%；降水量最少是 1989 年，只有 275.3 mm，仅为后汛期平均降水量的 55%，相当于年平均降水量的 15%。

各地汛期降水量为 1131.2~1744.1 mm，分别占全年降水量的 71%~81%。前汛期降水量为 749.3~1105.5 mm，分别占全年降水量的 46%~51%；后汛期降水量为 382.0~701.7 mm，分别占全年降水量的 24%~33%。

各地汛期最多降水量出现在英德 1997 年达 2934.3 mm，相当于当地年平均降水量的 158%；最少降水量出现在连州 1963 年为 449.7 mm，相当于当地年平均降水量的 28%。前汛期最多降水量出现在佛冈 1993 年达 1631.2 mm，相当于当地年平均降水量的 75%；最少降水量出现在连州 1963 年为 272.4 mm，相当于当地年平均降水量的 17%。后汛期最多降水量出现在英德 1997 年达 1646.1 mm，相当于当地年平均降水量的 87%；最少降水量出现在连州 1966 年为 123.0 mm，相当于当地年平均降水量的 8%(见表 2-6-6)。

表 2-6-3　清远市月平均降水量表　　　　　　　　　　(单位：mm)

月份 \ 地区	清远	佛冈	英德	阳山	连州	连南	连山	全市
1 月	53.6	59.7	58.0	64.5	63.4	72.3	73.3	65.9
2 月	81.4	90.4	87.6	105.4	96.6	98.5	99.5	93.0
3 月	132.1	151.1	147.9	160.1	142.6	145.7	147.2	144.5
4 月	245.2	270.0	246.7	239.9	224.1	239.6	228.0	244.4
5 月	399.6	412.2	322.5	335.7	275.2	274.2	289.2	327.9
6 月	397.5	423.3	338.2	304.2	249.9	257.2	273.5	318.9
7 月	279.3	243.2	211.1	185.1	150.6	162.6	180.6	202.9

续表

月份\地区	清远	佛冈	英德	阳山	连州	连南	连山	全市
8 月	263.2	230.5	190.9	180.6	151.2	172.3	191.7	195.1
9 月	159.2	138.1	110.1	110.8	80.2	86.2	85.3	105.3
10 月	75.3	70.6	61.9	66.6	72.8	75.4	75.0	72.8
11 月	42.0	43.3	45.2	48.2	51.7	51.9	52.8	48.2
12 月	34.3	40.0	37.2	42.3	42.7	39.8	41.0	39.1

表 2-6-4 清远市月最多降水量及出现年份表 （单位:mm）

月份	项目\地区	清远	佛冈	英德	阳山	连州	连南	连山	全市
1 月	最多降水量	246.8	276.0	192.5	181.9	156.1	165.2	176.7	192.7
	出现年份	1983	1983	1983	1983	2008	2008	2008	1983
2 月	最多降水量	320.3	366.9	356.5	397.4	283.7	295.5	322.0	334.6
	出现年份	1983	1983	1983	1983	1983	1983	1983	1983
3 月	最多降水量	384.7	530.4	424.7	398.8	371.9	392.7	371.6	399.1
	出现年份	1983	1983	1983	1992	1983	1983	1983	1983
4 月	最多降水量	565.2	653.3	504.6	494.6	581.7	494.7	375.7	451.9
	出现年份	1965	1980	2000	1984	1984	1984	1975	1984
5 月	最多降水量	1128.2	944.6	652.8	748.0	516.0	539.0	552.2	600.5
	出现年份	1982	1962	1975	1972	1975	1975	1978	1975
6 月	最多降水量	830.5	1039.0	744.4	703.2	572.5	592.4	547.3	645.2
	出现年份	1959	1968	1968	1994	1962	1962	2008	2008
7 月	最多降水量	759.1	701.1	1101.3	707.4	505.3	585.5	681.4	616.5
	出现年份	1997	1961	1997	1997	2002	2002	2002	1997
8 月	最多降水量	572.4	602.7	449.5	433.8	411.0	527.5	428.3	390.7
	出现年份	1964	1999	1997	2002	1973	1973	1996	1967
9 月	最多降水量	444.9	407.5	378.7	380.0	291.6	304.9	260.8	261.0
	出现年份	1961	1961	1961	1961	1961	1985	1985	1985
10 月	最多降水量	248.3	213.4	278.1	369.1	328.8	332.5	349.7	278.6
	出现年份	1975	1995	1975	1995	1995	1995	1995	1995
11 月	最多降水量	196.2	198.5	211.4	206.5	183.4	212.2	194.6	194.5
	出现年份	1972	1982	1972	2006	1972	1972	1972	1972
12 月	最多降水量	180.8	239.1	200.0	186.8	204.1	180.6	178.6	155.9
	出现年份	1994	1994	1994	1972	1953	1972	1972	1994

表 2-6-5　清远市月最少降水量及出现年份表　　　　　　　（单位：mm）

月份	项目	清远	佛冈	英德	阳山	连州	连南	连山	全市
1月	最少降水量	0.2	0.9	1.0	5.1	2.2	3.3	7.1	2.9
	出现年份	1976	1976	1976	1963 1982	1976	1976	1976	1976
2月	最少降水量	0.3	0.0	0.0	1.4	8.4	11.1	6.8	6.1
	出现年份	1999	1999	1999	1960	1960	1999	1999	1999
3月	最少降水量	27.2	20.1	26.1	20.9	18.2	27.1	27.0	27.8
	出现年份	1972	1971	1972	1977	1977	1977	1977	1977
4月	最少降水量	57.5	58.1	51.8	55.7	51.2	50.4	63.8	60.7
	出现年份	2002	1991	1991	1991	1991	1991	1991	1991
5月	最少降水量	56.1	72.9	72.2	110.3	47.9	53.3	62.9	76.8
	出现年份	1966	1963	1966	1966	1966	1966	1966	1966
6月	最少降水量	124.7	151.9	61.8	63.5	60.7	44.1	93.8	107.3
	出现年份	1999	1982	1967	1988	1985	1985	2004	1985
7月	最少降水量	58.9	34.2	8.9	38.2	17.9	27.7	26.6	39.7
	出现年份	2003	2003	2003	1972	2003	2003	2003	2003
8月	最少降水量	30.5	55.7	56.0	16.9	15.9	31.1	28.5	46.9
	出现年份	1990	1958	2008	1990	1966	1989	1990	1990
9月	最少降水量	28.2	7.5	4.0	1.4	0.0	1.6	0.0	8.2
	出现年份	1966	2004	2004	1966	1966	1966	1966	1966
10月	最少降水量	0	0	0	0	0.0	0	0.0	0.0
	出现年份	2004	2004	2004	2004	1979 2004	2004	2004	2004
11月	最少降水量	0.0	0.2	0.0	0.0	0.0	0.0	0	0.3
	出现年份	1980 1989	1964	1980 1989	1958	1964 1996	1964	1964	1964
12月	最少降水量	0.0	0.4	0.2	0.4	1.5	0.8	1.4	0.8
	出现年份	1981	1973	1962 1964	1981	1981	1973	1973 1981	1981

表 2-6-6　清远市汛期平均、最多和最少降水量及出现年份表　　　　　　　（单位：mm）

项目		清远	佛冈	英德	阳山	连州	连南	连山	全市
前汛期	平均降水量	1042.4	1105.5	907.4	879.7	749.3	771.5	790.7	891.1
	百分率	48%	51%	49%	48%	47%	46%	46%	48%
	最多降水量	1551.9	1631.2	1337.3	1412.3	1256.1	1324.1	1292.6	1300.5
	出现年份	1993	1993	1973	2005	1962	1993	1973	1962
	最少降水量	475.8	436.1	348.2	432.5	272.4	283	315.5	375.7
	出现年份	1999	1991	1963	1963	1963	1963	1963	1963

续表

项目 \ 地区		清远	佛冈	英德	阳山	连州	连南	连山	全市
后汛期	平均降水量	701.7	611.8	512.1	476.4	382	421.1	457.6	503.3
	百分率	33%	28%	27%	26%	24%	25%	26%	27%
	最多降水量	1161.2	1401.2	1646.1	1073.9	912.9	1013.9	1100.2	1012.1
	出现年份	1961	1961	1997	1997	2002	2002	2002	1997
	最少降水量	390.2	251.1	158.7	209.1	123	199.3	162.6	275.3
	出现年份	1998	2005	1989	1972	1966	1966	1965	1989
汛期	平均降水量	1744.1	1717.4	1419.6	1356.1	1131.2	1192.6	1248.3	1394.5
	百分率	81%	79%	76%	74%	71%	71%	72%	75%
	最多降水量	2522.6	2332.5	2934.3	2171.3	1791.6	1842	1951.8	2062.9
	出现年份	1959	1961	1997	1973	2001	1973	1973	1973
	最少降水量	1053.2	876.9	834.9	780.8	449.7	492.7	518	758.7
	出现年份	1990	1991	1963	1963	1963	1963	1963	1963

三、日降水量

清远市日降水量的最高纪录是 640.6 mm,出现在清远 1982 年 5 月 12 日,属特大暴雨量级。最大日降水量清远、佛冈和英德出现在 5 月,阳山在 6 月,连州、连南和连山在 7 月。清远、佛冈、英德和阳山最大日降水量在 250 mm 以上,连州、连南和连山最大日降水量小于 250 mm(见表 2-6-7)。

表 2-6-7　清远市月最大日降水量及出现时间表　　　　　　　　（单位:mm）

月份 \ 项目 \ 地区		清远	佛冈	英德	阳山	连州	连南	连山
1 月	最大日降水量	111.0	114.6	75.3	75.5	74.3	75.1	85.4
	出现时间	1983.1.7	1983.1.7	1983.1.7	1983.1.4	1983.1.4	1983.1.4	1983.1.4
2 月	最大日降水量	105.9	82.3	71.1	74.5	64.8	59.9	74.0
	出现时间	1990.2.22	1986.2.17	1986.2.17	1983.2.27	1990.2.22	1972.2.2	1972.2.2
3 月	最大日降水量	96.7	127.5	110.9	105.0	114.4	114.0	113.6
	出现时间	1983.3.27	1983.3.27	1992.3.25	1996.3.30	1998.3.7	1996.3.30	1996.3.30
4 月	最大日降水量	207.7	158.5	160.8	203.7	122.0	153.9	200.4
	出现时间	1987.4.5	2000.4.2	2003.4.13	1996.4.19	1996.4.19	1987.4.5	1996.4.19
5 月	最大日降水量	640.6	294.9	253.4	283.4	129.1	139.1	175.4
	出现时间	1982.5.12	1988.5.25	1997.5.8	1982.5.12	1974.5.1	1974.5.1	1978.5.28
6 月	最大日降水量	278.0	250.2	252.0	290.5	155.0	141.3	144.1
	出现时间	1979.6.30	2008.6.26	1968.6.22	1960.6.15	1958.6.23	1993.6.8	2008.6.26
7 月	最大日降水量	274.4	259.7	217.7	207.8	192.3	231.5	243.1
	出现时间	1959.7.5	1988.7.20	1997.7.4	1997.7.4	2002.7.1	2002.7.1	2002.7.1

续表

月份 \ 项目 \ 地区		清远	佛冈	英德	阳山	连州	连南	连山
8月	最大日降水量	138.5	147.0	164.5	140.0	138.4	185.0	110.9
	出现时间	2001.8.1	1978.8.3	1997.8.4	2001.8.31	2001.8.1	1973.8.13	1967.8.31
9月	最大日降水量	190.7	126.3	145.3	172.8	110.7	99.1	89.2
	出现时间	2001.9.1	1983.9.11	2001.9.1	1985.9.23	1985.9.23	1992.9.6	1985.9.23
10月	最大日降水量	199.2	107.2	130.3	142.7	146.3	131.8	172.0
	出现时间	1990.10.24	2006.10.16	1975.10.6	1995.10.14	1995.10.4	1995.10.4	1995.10.4
11月	最大日降水量	96.7	79.1	72.9	106.5	81.8	71.9	75.5
	出现时间	1963.11.14	1963.11.14	1972.11.9	1990.11.16	1990.11.16	1990.11.16	1965.11.19
12月	最大日降水量	57.4	55.3	71.0	95.9	52.1	63.7	66.3
	出现时间	1988.12.30	1988.12.30	1994.12.2	1972.12.21	1953.12.6	2007.12.22	2007.12.22
年	最大日降水量	640.6	294.9	253.4	290.5	192.3	231.5	243.1
	出现时间	1982.5.12	1988.5.25	1997.5.8	1960.6.15	2002.7.1	2002.7.1	2002.7.1

降水强度是指某一时段内总降水量与降水日数之比,它表示每一降水日的平均降水量。清远市年平均降水强度为 11.0 mm/雨日,最大年平均降水强度为 13.7 mm/雨日,出现在 1997 年,最小年平均降水强度为 8.6 mm/雨日,出现在 1985 年和 1991 年。各地年平均降水强度为 9.6~13.1 mm/雨日,南部大于北部,最大年平均降水强度为 18.6 mm/雨日,出现在英德 1997 年,最小年平均降水强度为 6.7 mm/雨日,出现在连州 1963 年和 1966 年(见表 2-6-8)。

清远市月平均降水强度以 5 月最大,为 16.4 mm/雨日,12 月最小,为 5.6 mm/雨日,其中 4~8 月月平均降水强度均在 10.0 mm/雨日以上。最大月降水强度为 29.5 mm/雨日,出现在 1982 年 5 月;最小月降水强度为 0 mm/雨日,出现在 1979 年 10 月和 2004 年 10 月。

各地最大月平均降水强度为 13.6~20.2 mm/雨日,清远和英德出现在 6 月,其余出现在 5 月;最小月平均降水强度为 4.2~5.4 mm/雨日,清远和佛冈出现在 1 月,英德在 1 月和 12 月,其余在 12 月。最大月降水强度为 99.9 mm/雨日,出现在清远 1990 年 10 月;最小月降水强度为 0 mm/雨日,出现的月份较多,详细见表 2-6-9。

表 2-6-8 清远市年平均、最大、最小降水强度及出现年份表 (单位:mm/雨日)

项目 \ 地区	清远	佛冈	英德	阳山	连州	连南	连山	全市
平均降水强度	12.8	13.1	11.5	10.6	9.7	9.8	9.6	11.0
最大降水强度	16.9	18.4	18.6	14.1	13.6	13.8	13.7	13.7
出现年份	1959	1983	1997	1973	2001	2002	2002	1997
最小降水强度	9.5	7.7	8.8	7.2	6.7	6.9	7.0	8.6
出现年份	2004	1997	1989	1991	1963 1966	1963	1984	1985 1997

表 2-6-9 清远市月平均、最大、最小降水强度及出现年份表 （单位:mm/雨日）

地区	项目\月份	1月	2月	3月	4月	5月	6月	7月	8月	9月	10月	11月	12月
清远	平均降水强度	4.9	5.4	6.9	12.4	19.1	19.4	15.5	14.4	12.4	10.3	5.5	5.1
	最大降水强度	19.3	17.9	16.0	28.9	56.4	33.0	33.3	23.5	36.4	99.9	21.0	30.5
	出现年份	1992	2006	1983	1971	1982	2008	1966	1971	2001	1990	2008	1988
	最小降水强度	0.1	0.3	2.8	5.2	4.3	8.3	6.8	2.8	3.3	0.0	0.0	0.0
	出现年份	1976	1999	1971	2002	1966	1999	1993	1990	1991	1979 2004 2005	1971 1980 1989	1981
佛冈	平均降水强度	5.4	6.2	8.4	14.5	20.2	19.9	13.6	12.5	10.9	9.9	5.9	5.6
	最大降水强度	18.4	17.8	23.1	38.4	37.9	40.0	30.5	27.4	22.3	48.3	18.8	21.0
	出现年份	1983	2006	1983	1980	1957	1968	1961	1999	1988	1990	1984	1988
	最小降水强度	0.6	0.0	1.8	3.9	6.5	7.4	5.5	3.7	1.3	0.0	0.2	0.2
	出现年份	1982	1999	1971	1977	1999	1975	1978	1958	2004	1979 2004 2005	1971 1980 1989	1981
英德	平均降水强度	5.3	6.4	8.0	13.3	16.3	17.1	12.3	11.7	9.5	8.2	5.9	5.3
	最大降水强度	21.6	15.5	17.0	21.9	35.4	28.0	45.9	25.0	25.0	67.8	15.6	16.5
	出现年份	1992	1983	1983	2000	1982	1994	1997	1997	2001	1990	1963	1988
	最小降水强度	0.3	0	3.5	5.7	6.0	6.2	2.2	3.4	0.8	0.0	0.0	0.1
	出现年份	1976	1999	1971	1983	1966	1967	2003	2005	2004	1979 2004 2005	1971 1980 1989	1981
阳山	平均降水强度	4.9	6.6	8.1	12.1	16.4	15.3	10.9	10.3	10.0	7.6	5.9	4.9
	最大降水强度	14.0	16.6	18.1	22.0	37.4	32.0	27.2	29.2	30.5	30.8	18.7	24.8
	出现年份	1983	1983	1992	2000	1972	1994	1997	1965	1988	1995	2005	2007
	最小降水强度	1.0	0.7	3.4	5.3	6.5	4.4	3.2	2.4	1.4	0.0	0.0	0.4
	出现年份	1994	1999	1976	1986	1995	2004	1972	1990	1966	1979 2004 2005	1971 1980 1989	1981
连州	平均降水强度	5.0	6.2	7.7	12.0	14.4	13.3	9.8	9.5	8.2	8.1	6.6	4.5
	最大降水强度	17.6	14.2	16.9	23.3	29.2	27.3	28.1	22.4	24.7	32.9	34.2	18.6
	出现年份	2003	1990	1983	1984	1980	2008	2002	2006	1968	1995	2001	2007
	最小降水强度	0.4	1.6	2.6	4.3	5.1	3.8	2.6	1.8	0.0	0.0	0.0	0.3
	出现年份	1976	1999	1977	1991	2008	1985	2003	1966	1966	1979 2004 2005	1964 1971 1980 1989 1996	1981

续表

地区	项目	1月	2月	3月	4月	5月	6月	7月	8月	9月	10月	11月	12月
连南	平均降水强度	5.6	6.4	7.7	12.2	13.6	13.3	10.0	10.5	8.6	8.2	6.1	4.6
	最大降水强度	15.0	16.1	17.1	20.3	28.9	28.6	39.0	25.1	35.7	36.9	15.0	18.9
	出现年份	2008	1974	1983	1980	1980	1999	2002	1973	1980	1995	2008	2007
	最小降水强度	1.0	1.6	2.7	4.2	4.8	2.9	3.1	3.3	1.5	0.0	0.0	0.2
	出现年份	1994	1999	1976	1991	1966	1985	2003	1962	1966	1979 2004 2005	1964 1971 1980 1989 1996	1981
连山	平均降水强度	5.6	6.2	7.4	11.5	13.9	13.4	9.4	10.4	7.3	7.8	5.9	4.5
	最大降水强度	16.1	14.5	18.0	17.9	24.0	26.1	29.6	21.4	18.0	43.7	18.0	15.6
	出现年份	2008	1974	1997	1975	1978	2008	2002	1996	1996	1995	2008	2007
	最小降水强度	0.9	1.1	2.9	5.8	4.5	5.4	2.4	3.6	0.0	0.0	0.0	0.5
	出现年份	1994	1999	2004	1991	1966	1985	2003	1990	1966	1979 2004 2005	1964 1971 1980 1989 1996	1981
全市	平均降水强度	6.0	6.6	7.6	12.9	16.4	15.9	12.7	11.5	9.6	9.1	6.9	5.6
	最大降水强度	14.3	14.5	16.6	21.6	29.5	29.3	24.7	17.8	18.6	28.0	14.7	13.3
	出现年份	1992	1983	1983	1980	1982	2008	1997	1967	1992	1990	2008	2007
	最小降水强度	0.8	1.5	3.2	5.5	6.4	6.3	5.0	5.2	3.8	0.0	0.3	0.4
	出现年份	1994	1999	1971	1991	1966	1985	2003	1990	2004	1979 2004	1964	1973

从降水量等级来看,清远市最常出现的是小雨(日降水量为 0.1~9.9 mm),概率达到 68.7％;其次是中雨(日降水量为 10.0~24.9 mm),概率为 18.3％;再其次是大雨(日降水量为 25.0~49.9 mm),概率为 9％;暴雨(日降水量≥50.0 mm)及以上等级降水出现的概率不大,只有 4％,其中大暴雨以上降水(日降水量≥100.0 mm)出现概率只有 0.6％(见表 2-6-10)。清远市特大暴雨共出现 13 次,分别是清远 1959 年 7 月 5 日为 274.4 mm、1966 年 7 月 4 日为 255.6 mm、1979 年 6 月 30 日为 278.0 mm、1982 年 5 月 12 日为 640.6 mm、1997 年 5 月 8 日为 295.6 mm,佛冈 1965 年 5 月 25 日为 273.1 mm、1988 年 5 月 25 日为 294.9 mm、1988 年 7 月 20 日为 259.7 mm、2008 年 6 月 26 日为 250.2 mm,英德 1968 年 6 月 22 日为 252.0 mm、1997 年 5 月 8 日为 253.4 mm,阳山 1960 年 6 月 15 日为 290.5 mm、1982 年 5 月 12 日为 283.4 mm。清远市南部地区出现大雨以上级别降水的概率大于北部地区。

表 2-6-10 清远市各级别降水量出现概率表 （单位：%）

项目 \ 地区	清远	佛冈	英德	阳山	连州	连南	连山	全市
小雨(0.1～9.9 mm)	65.7	65.7	67.6	69.4	70.3	70.3	71.5	68.7
中雨(10.0～24.9 mm)	18.6	18.5	18.7	18.3	18.4	18.3	17.3	18.3
大雨(25.0～49.9 mm)	10.1	10.0	9.2	8.7	8.5	8.5	8.3	9.0
暴雨(50.0～99.9 mm)	4.6	4.6	3.8	3.2	2.4	2.5	2.7	3.4
大暴雨及特大暴雨(≥100.0 mm)	1.0	1.2	0.7	0.4	0.4	0.4	0.2	0.6

四、1 h 最大降水量

清远市 1 h 最大降水量达 146.3 mm，出现在佛冈 1988 年 7 月 20 日。其次是清远 141.4 mm，出现在 1982 年 5 月 12 日。最小的是连山，其 1 h 最大降水量为 68.8 mm，出现在 1974 年 6 月 18 日（见表 2-6-11）。

表 2-6-11 清远市 1 h 最大降水量及出现时间表 （单位：mm）

项目 \ 地区	清远	佛冈	英德	阳山	连州	连南	连山
1 h 最大降水量	141.4	146.3	83.1	83.8	82.3	84.0	68.8
出现时间	1982.5.12	1988.7.20	1997.5.8	1997.9.8	1975.7.20	2005.8.15	1974.6.18

五、降水日数

降水日数是指日降水量≥0.1 mm 的天数，单位天(d)。

清远市年平均降水日数为 169 d。年最多降水日数出现在 1975 年，达 209 d，超过全年日数的一半。最少年降水日数出现在 2003 年，全年只有 139 d。各地年平均降水日数在 161～181 d，最多年降水日数均在 200 d 以上，最多为佛冈，英德 1975 年，均为 216 d，最少年降水日数均在 150 d 以下，最少为连州 2003 年，只有 124 d（见表 2-6-12）。

清远市年降水日数的年际变化总体呈先增后减的趋势，1962—1969 年平均年降水日数 164 d，1970—1979 年增加到 179 d，1980—1989 年开始减少，为 174 d，1990—1999 年继续减少，为 171 d，2000—2008 年则减少非常明显，只有 157 d，比 1990—1999 年减少 14 d（见表 2-6-13）。

表 2-6-12 清远市年平均、最多和最少降水日数表 （单位：d）

项目 \ 地区	清远	佛冈	英德	阳山	连州	连南	连山	全市
平均降水日数	169	166	161	174	166	171	181	169
最多降水日数	213	216	208	216	207	212	215	209
出现年份	1975	1975	1975	1975	1973	1970	1970 1975 1985	1975
最少降水日数	135	133	129	143	124	139	144	139
出现年份	2007	2003	1977	2004	2003	2007	2003	2003

表 2-6-13　清远市年代平均降水日数表　　　　　　　　　　（单位：d）

地区 年代	清远	佛冈	英德	阳山	连州	连南	连山	全市
1960—1969 （全市、连南和 连山从1962年起）	166	162	158	170	164	168	178	164
1970—1979	177	174	168	180	178	182	191	179
1980—1989	174	171	163	176	166	173	194	174
1990—1999	169	168	164	180	167	172	177	171
2000—2008	159	152	153	162	152	158	165	157

　　清远市降水日数主要集中在3—8月,占总降水日数的66%,每个月的平均降水日数都在15 d以上,最多的是5月和6月,月平均降水日数均为20 d;最少的是11月和12月,月均只有7 d。各地最多月平均降水日数为21 d,分别为清远5月、佛冈6月和连山5月;最少为6 d,分别为清远11、12月,佛冈10、11月和12月,英德11月(见表2-6-14)。

　　各地月最多降水日数出现在连南1973年5月,为31 d,整个月每天都有雨下;其次是英德1975年5月,为30 d(见表2-6-15)。

　　各地都出现过整月没有出现降水的情况,其中英德最多,共有7个月,阳山、连南最少,只有2个月(见表2-6-16)。

表 2-6-14　清远市月平均降水日数表　　　　　　　　　　（单位：d）

月份 地区	1月	2月	3月	4月	5月	6月	7月	8月	9月	10月	11月	12月
清远	10	14	19	19	21	20	17	18	12	7	6	6
佛冈	10	13	18	18	20	21	17	18	12	6	6	6
英德	10	13	18	18	20	19	16	16	11	7	6	7
阳山	12	15	20	20	20	19	17	17	11	8	7	8
连州	12	15	18	18	19	19	15	15	10	8	8	9
连南	13	15	19	19	20	19	16	16	10	8	8	9
连山	13	15	20	20	21	20	18	18	11	9	8	9
全市	11	14	19	19	20	20	16	17	11	8	7	7

表 2-6-15　清远市月最多降水日数及出现年份表　　　　　　　　　　（单位：d）

地区	项目 月份	1月	2月	3月	4月	5月	6月	7月	8月	9月	10月	11月	12月
清远	最多降水日数	23	25	27	26	29	27	25	28	21	17	19	17
	出现年份	1969 1989	1985	1975 1978 1992	1981	1973	1986 1998 2005	1969	1973	1985	1975	1987	2002

续表

月份 项目 地区		1月	2月	3月	4月	5月	6月	7月	8月	9月	10月	11月	12月
佛冈	最多降水日数	21	25	28	26	29	29	25	27	23	16	15	15
	出现年份	1989	1985	1979	1984 1993	1973 1975	1962	2002	1988	1985	1975	1993	1959 1994
英德	最多降水日数	22	23	28	25	30	27	24	27	21	17	20	15
	出现年份	1989	1983	1979	1984	1975	1962 1968	1997 1999	1994	1961	1976	1972	1994 2002
阳山	最多降水日数	24	24	28	28	29	27	26	27	21	16	20	18
	出现年份	1964 1989	1959 1983	1978	1984	1975	1962	1997	1979 1988	1961	1976 1987	1987	1959 1961
连州	最多降水日数	23	24	28	26	29	27	28	24	18	18	18	21
	出现年份	1989	1992	1978	1954	1960 1973	1962	1997	1979	1961	1976	1982	1959 1972
连南	最多降水日数	24	24	26	28	31	29	28	24	18	17	20	17
	出现年份	1989	1992	1976 1981 1992	1981	1973	1962	1997	1967 1979	1976 1985	1976	1987	1972 1997 2002
连山	最多降水日数	24	26	27	27	29	27	27	27	19	20	22	19
	出现年份	1989 1990	1988	1975 1978 1981	1981 1984	1975	2005	1987 1997	1994	1973 1985	1987	1987	1972

表 2-6-16 清远市月最少降水日数表 （单位：d）

月份 项目 地区		1月	2月	3月	4月	5月	6月	7月	8月	9月	10月	11月	12月
清远	最少降水日数	2	1	6	9	11	13	8	11	6	0	0	0
	出现年份	1976 1994	1999	1972 1977	1969	1964	1967	1984 2003	1962 1965 1990 1992 1998 2008	1966 1986	1979 2004 2005	1971 1980 1989	1981
佛冈	最少降水日数	1	0	6	9	9	13	6	8	4	0	1	1
	出现年份	1976	1999	1972 1977	1969	1963	1967	2003	1966	1966	1979 2004	1958 1964 1983 1989	1962

续表

地区	项目＼月份	1月	2月	3月	4月	5月	6月	7月	8月	9月	10月	11月	12月
英德	最少降水日数	2	0	6	9	11	10	4	7	4	0	0	1
	出现年份	1963 1987	1999	1972 1977	1969 1977	1964 1991 2002	1967	2003	1977	1966	1979 2004 2005	1971 1980 1989	1962 1979 1981
阳山	最少降水日数	2	2	6	9	11	11	7	7	1	0	0	1
	出现年份	1963 1976	1960	1977	1991	1990	1963 1981 1999	2007	1990	1966	2004	1958	1981
连州	最少降水日数	3	3	7	11	9	9	7	7	0	0	0	2
	出现年份	1963	1960	1977	1960 2002	1966	1988	1979 2003 2007	1990 1992	1966	1979 2004	1964 1996	1987 2003
连南	最少降水日数	2	7	7	11	11	11	5	6	1	0	0	2
	出现年份	1963	1974 1977 1999	1972	2002	1966	1963	2007	1989	1966	2004	1964	1981 1987 2003
连山	最少降水日数	2	6	8	11	14	10	9	8	0	0	0	1
	出现年份	1963	1999	1977	1991 2002	1964 1966 1990 2001	1963	1964	1990	1966	2004	1964	2003

六、降水变率

降水变率大小反映降水的稳定性或可靠性。一个地区降水丰富、变率小,表明水资源利用价值高。降水变率越大,表明降水愈不稳定,往往反映该地区旱涝频率较高。

清远市平均年降水变率为13％。年内各月平均降水变率以11月最大为74％,5月最小为28％;以冬季最大,为61％,秋季为60％,夏季为35％,春季最小,为31％。这反映在干季清远市的降水多寡较悬殊、年际分布不均匀,而在雨季降水量则较稳定。最大年降水变率为38％,出现在1997年;最大月降水变率为304％,出现在1972年11月。

各地平均年降水变率为14％～17％。各地最大月平均降水变率为72％～89％,连州出现在10月,英德在10月和11月,其余在11月;最小月平均降水变率为28％～37％,佛冈出现在8月,清远在6月,阳山在5月,其余在4月。最大年降水变率为86％,出现在英德1997年;最大月降水变率为498％,出现在佛冈1994年12月(见表2-6-17)。

表 2-6-17　清远市月平均、最大降水变率表　　　　　（单位：%）

地区	项目	1月	2月	3月	4月	5月	6月	7月	8月	9月	10月	11月	12月	年
清远	平均降水变率	75	61	42	41	36	31	38	35	49	78	86	80	15
	最大降水变率	360	293	191	131	182	109	172	117	179	230	367	427	43
佛冈	平均降水变率	75	61	45	40	39	38	43	37	45	76	89	81	15
	最大降水变率	362	306	251	142	129	145	188	161	195	202	358	498	62
英德	平均降水变率	67	59	39	34	35	37	45	39	46	83	83	74	14
	最大降水变率	232	307	187	105	102	120	422	135	244	349	368	438	86
阳山	平均降水变率	64	52	35	35	33	37	44	43	48	73	79	70	17
	最大降水变率	182	277	149	106	123	131	282	140	243	454	328	342	51
连州	平均降水变率	60	48	37	30	32	38	50	45	48	76	73	72	17
	最大降水变率	139	185	157	158	91	130	227	169	260	336	255	404	45
连南	平均降水变率	57	45	40	30	31	40	50	42	53	72	74	69	16
	最大降水变率	128	200	170	106	97	130	260	206	254	341	309	354	43
连山	平均降水变率	54	50	38	28	31	36	53	39	53	68	72	68	16
	最大降水变率	141	224	152	72	91	100	277	123	206	366	269	336	47
全市	平均降水变率	61	50	35	29	28	32	38	34	38	68	74	70	13
	最大降水变率	192	260	176	85	83	102	204	100	148	283	304	299	38

第七节　风

　　风是指空气的水平运动。其中，风向是指风的来向；风速是指空气运动所经过的距离与经过的距离所需要时间的比值，也就是空气水平运动的速度。以米/秒（m/s）为单位，取一位小数。

一、平均风速

　　清远市年平均风速为 1.5 m/s。年平均风速最大是 1977 年，为 1.8 m/s；最小是 1990 年和 1992 年，为 1.2 m/s。清远市年平均风速的年际变化呈前大后小的趋势，1962—1978 年，年平均风速大于平均值 1.5 m/s 的有 11 年，占 65%；而 1979—2008 年，则没有一年的年平均风速大于平均值。

　　各地年平均风速为 1.2～1.9 m/s，南部大，北部小。最大年平均风速出现在清远 1999 年，为 3 m/s；最小是连南 1999 年，为 0.4 m/s。各地年平均风速的年际变化趋势各不相同（见表 2-7-1）。

表 2-7-1　清远市年平均、最大和最小平均风速及出现年份表　　　　（单位：m/s）

项目 \ 地区	清远	佛冈	英德	阳山	连州	连南	连山	全市
年平均风速	1.9	1.8	1.6	1.3	1.2	1.2	1.3	1.5
最大年平均风速	3	2.2	2.2	1.9	1.6	1.8	2.0	1.8

续表

项目\地区	清远	佛冈	英德	阳山	连州	连南	连山	全市
出现年份	1999	1957 1977	1977	1969	1977	1974	1974	1977
最小年平均风速	1.1	1.4	1.2	0.7	0.7	0.4	0.9	1.2
出现年份	1994	2008	2004 2005 2007	1997 2001 2002 2003	1999 2003 2004 2006	1999	2001	1990 1992

一年中,清远市月平均风速最大的是1、2月和11月,达1.7m/s;最小的是5、6月和8月,为1.2m/s(见表2-7-2)。

各地最大月平均风速为1.4~2.2m/s,清远出现在11月和12月,佛冈在1、2、11月和12月,英德在1月,阳山在1、2、10、11月和12月,连州在2月,连南在10月和11月,连山在2、3月和4月。最小月平均风速为0.9~1.5m/s,清远出现在4月,佛冈在8月,英德在6月和8月,阳山在6月,连州在5、6月和8月,连南在6月,连山在8月和9月。

表2-7-2 清远市月平均风速表 （单位:m/s）

月份\地区	清远	佛冈	英德	阳山	连州	连南	连山	全市
1月	2.1	2.2	2.1	1.5	1.3	1.3	1.4	1.7
2月	2.0	2.2	2.0	1.5	1.4	1.2	1.5	1.7
3月	1.6	1.9	1.6	1.2	1.3	1.1	1.5	1.5
4月	1.5	1.7	1.3	1.1	1.2	1.0	1.5	1.3
5月	1.6	1.6	1.3	1.0	1.1	1.0	1.3	1.2
6月	1.6	1.5	1.2	0.9	1.1	0.9	1.3	1.2
7月	1.8	1.5	1.3	1.1	1.3	1.2	1.4	1.4
8月	1.7	1.3	1.2	1.1	1.1	1.2	1.1	1.2
9月	1.9	1.6	1.5	1.4	1.2	1.3	1.1	1.4
10月	2.1	1.9	1.8	1.5	1.2	1.4	1.2	1.6
11月	2.2	2.2	1.9	1.5	1.3	1.4	1.3	1.7
12月	2.2	2.2	1.9	1.5	1.2	1.3	1.3	1.6

清远市最大月平均风速出现在1977年1月和1974年10月,达2.7 m/s;最小月平均风速出现在1966年6月,为0.8 m/s。同一个月中,月平均风速年际变幅最大是10月,达1.7 m/s;年际变幅最小是5月和8月,为0.6 m/s。

各地最大月平均风速出现在英德1977年1月和清远2005年12月,达4.4 m/s;最小月平均风速出现在连南2000年3月,为0.2 m/s。同一个月中,各地月平均风速年际变幅最大是英德1月,达3.4 m/s;年际变幅最小是连州6月,为0.8 m/s(见表2-7-3)。

表 2-7-3　清远市最大、最小月平均风速及出现年份表　　　　　（单位：m/s）

月份	项目	清远	佛冈	英德	阳山	连州	连南	连山	全市
1月	最大月平均风速	3.8	3.5	4.4	2.5	2.2	2.5	2.2	2.7
	出现年份	1998	1977	1977	1961 1969	1972 1977	1962	1977	1977
	最小月平均风速	1.0	1.6	1.0	0.6	0.4	0.5	0.7	1.2
	出现年份	1994	1965 1976 1986 1987	1965	2002 2003	2004	1999 2000	1965 1968	1965
2月	最大月平均风速	3.9	3.5	3.2	2.9	2.3	2.7	2.8	2.4
	出现年份	2000	1957 1959	1980	1969	1954 1974 1977	1974	1974	1974 1977
	最小月平均风速	1.1	1.5	0.8	0.4	0.5	0.5	0.7	1.0
	出现年份	1965 1993	1973 2002	2007	2002	2002 2004 2005	1992 1998 2000	2002	2002
3月	最大月平均风速	3.4	2.6	2.8	2.2	2.0	2.1	2.2	2.1
	出现年份	1999	1979 1988	1985	1961	1977	1977	1977	1977
	最小月平均风速	0.8	1.3	1.0	0.6	0.5	0.2	0.6	1.1
	出现年份	1984	2008	2008	2000 2001 2002	2000 2006 2007	2000	2000	1984 1990 1995 2000 2002
4月	最大月平均风速	2.8	2.4	2.0	1.9	1.8	1.7	2.3	1.6
	出现年份	1999 2002	1977	1987	1971	1957	1974	1975	1977 1987
	最小月平均风速	0.7	1.2	0.8	0.5	0.5	0.4	0.7	0.9
	出现年份	1994	1986 1992 2008	1995	1992 1993 1998 2001 2004	1953 1993	1999	1966	1992 1993

续表

月份	项目\地区	清远	佛冈	英德	阳山	连州	连南	连山	全市
5月	最大月平均风速	2.8	2.2	1.9	1.8	1.8	1.5	1.9	1.5
	出现年份	2006	1964	1981	1966	1980	1964 2005 2007	1976	1964 1980 2006
	最小月平均风速	1.0	1.1	0.9	0.4	0.5	0.4	0.6	0.9
	出现年份	1965 1992 1993 1994 1995	1986 1993 2008	1972 1975	1992 1999	2004	1999	1965	1965
6月	最大月平均风速	2.7	2.0	1.9	1.4	1.4	1.6	2.2	1.5
	出现年份	1999	1999 2000	1982	1960 1963 1973	1976 1977 1980 1984 1987 1988 1996	2007	1975	2000
	最小月平均风速	0.8	1.0	0.6	0.4	0.6	0.3	0.6	0.8
	出现年份	1966	1985 1986	1966	1998 2001	1968	1999	1964 1966 1968	1966
7月	最大月平均风速	2.7	2.1	2.0	1.8	2.5	1.9	2.3	1.7
	出现年份	1957 2001	1957	1978 1979 1983	1969	1954	1972	1983	1978 1979 1983
	最小月平均风速	1.1	1.1	0.8	0.4	0.5	0.3	0.8	1.0
	出现年份	1994	1959 1988 1992 1997	1994	1997	1997	1999	1964 1994 2002	1967 1992 1994 1997 1999
8月	最大月平均风速	2.6	1.9	1.9	2.0	1.6	1.8	1.7	1.6
	出现年份	1997	1977	1977	1960	1993	1962 2008	1962 1976	1977

续表

月份	项目\地区	清远	佛冈	英德	阳山	连州	连南	连山	全市
	最小月平均风速	0.9	0.8	0.7	0.5	0.6	0.4	0.5	1.0
	出现年份	1994	1983 1989	1975	2002	1961	1999	1966 1996	1983 1985 1989 1991 1994 1996
9月	最大月平均风速	3.6	2.5	2.8	2.5	1.9	2.1	1.6	2.2
	出现年份	2002	1957	1977	1966	1977	1977	1976 1977 1979	1977
	最小月平均风速	1.1	1.0	0.8	0.8	0.7	0.4	0.6	1.0
	出现年份	1994	1969 1973 1975 1984	1967	1992 1998 1999 2003	2003 2007	1999	1992 1996	1967 1984 1992
10月	最大月平均风速	3.6	3.0	3.3	2.7	2.1	3.1	2.8	2.7
	出现年份	2000	1958	1974	1974	1971 1975	1974	1974	1974
	最小月平均风速	0.7	1.1	1.0	0.6	0.6	0.5	0.5	1.0
	出现年份	1965	1969	2006	2002	1953 2002	1999	1965 1966	1965
11月	最大月平均风速	4.0	3.1	3.5	2.4	2.0	2.3	2.2	2.5
	出现年份	1996	1964 1976	1976	1967	1967	1962	1976	1976
	最小月平均风速	0.8	1.4	0.9	0.7	0.6	0.4	0.7	1.0
	出现年份	1963	1968	1968 1994	2001 2002	1998 2002 2006	1999	1968 1980	1994
12月	最大月平均风速	4.4	2.8	2.9	2.5	2.3	2.3	2.4	2.4
	出现年份	2005	1959 1999	1984	1959	1954 1974	1974	1974	1974
	最小月平均风速	1.1	1.3	1.2	0.7	0.4	0.5	0.8	1.1
	出现年份	1963 1977 1990 1991	1972 2008	1968 1979	1996	2003	1998	1963 1990	1989 1990

二、盛行风向

清远市年平均风向频率最高的是静风（C），达到 37.7％；其次是东北风（NE），频率为 7.5％；第三是北风（N），频率为 6.6％。频率出现最小是东东南风（ESE），仅为 1.8％；其次是西西南风（WSW），频率为 2.1％。

各地年平均风向频率最高的也是静风（C），为 27.4％～45.9％。但第二大风向频率则不一致，清远和连南为东北风（NE），频率分别为 12.4％和 12.7％，连州和连山为北风（N），频率分别为 11.7％和 6.3％，佛冈为东风（E），频率为 15.4％，英德为北东北风（NNE），频率为 12.7％，阳山为西北风（NW），频率为 14.7％。各地最小年平均风向频率也不一致，清远、英德和连南为西西北风（WNW），频率分别为 1.3％、1.0％和 0.6％，阳山和连山为东东北风（ENE），频率分别为 0.4％和 1.3％，佛冈为南东南风（SSE），频率为 1.1％，连州为东东南风（ESE），频率为 0.5％（见表 2-7-4 和图 2-7-1）。

表 2-7-4　清远市平均风向频率表　　　　　　　　　（单位：％）

风向＼地区	清远	佛冈	英德	阳山	连州	连南	连山	全市
N	6.6	2.0	9.8	5.9	11.7	3.7	6.3	6.6
NNE	9.2	2.4	12.7	1.8	6.8	4.4	2.5	5.7
NE	12.4	10.4	8.7	1.0	4.5	12.7	2.7	7.5
ENE	7.7	9.9	1.8	0.4	1.4	8.0	1.3	4.4
E	5.8	15.4	1.6	0.8	0.9	2.8	2.9	4.3
ESE	3.4	2.9	1.0	1.6	0.5	1.0	2.3	1.8
SE	3.7	1.8	2.7	5.5	1.7	1.3	3.0	2.8
SSE	3.4	1.1	2.6	2.6	2.4	1.3	1.9	2.2
S	4.8	2.9	6.1	2.2	4.2	4.4	4.4	4.1
SSW	3.3	2.7	4.2	1.3	3.0	5.5	3.4	3.4
SW	2.8	6.1	4.0	1.6	2.5	5.8	4.5	3.9
WSW	2.1	3.3	1.5	1.5	1.5	1.9	2.9	2.1
W	2.1	4.3	1.9	2.7	2.2	1.0	4.8	2.7
WNW	1.3	2.1	1.0	5.9	1.8	0.6	3.2	2.3
NW	1.5	3.0	2.4	14.7	3.3	0.9	5.9	4.5
NNW	2.5	1.4	3.0	9.6	5.7	1.2	4.8	4.0
C	27.4	28.3	35.0	40.9	45.9	43.5	43.2	37.7
最多	C	C	C	C	C	C	C	C
次多	NE	E	NNE	NW	N	NE	N	NE
最小	WNW	SSE	WNW	ENE	ESE	WNW	ENE	ESE

注：E、S、W、N、C 分别代表东风、南风、西风、北风和静风；NE 表示东北风，SW 表示西南风；NNE 表示北东北风，SSW 表示南西南风，依此类推。

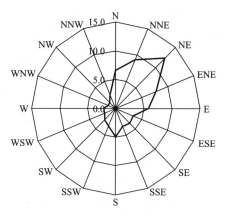

图 2-7-1 清远年风向玫瑰图

（风向以 16 方位划分,静风频率为 27.4%）

各地月最多风向除佛冈 11 月为东风（E）外,其余月最多风向均为静风（C）。在冬半年（10 月至次年 3 月）,由于受大陆冷气团影响,各地多吹北风,月次多风向清远和连南为东北风（NE）,连州和连山为北风（N）,佛冈为东风（E）,英德为北东北风（NNE）,阳山为西北风（NW）;而夏半年（4—9 月）,各地月次多风向较乱,其中 4 月和 9 月的次多风向和冬半年一致,5—8 月,受来自海洋的暖湿气流影响增大,南风开始增多,6—7 月基本以南风为次多风向（见表 2-7-5）。

表 2-7-5 清远市月盛行风向表

地区	月份\项目	1月	2月	3月	4月	5月	6月	7月	8月	9月	10月	11月	12月
清远	最多风向	C	C	C	C	C	C	C	C	C	C	C	C
	频率(%)	27	28	36	35	29	26	20	26	25	25	26	28
	次多风向	NE	NE	NE	NE	NE	S	S	ENE	NE	NE	NE	NE
	频率(%)	15	14	11	9	9	10	11	10	16	17	17	17
佛冈	最多风向	C	C	C	C	C	C	C	C	C	C	E	C
	频率(%)	24	24	28	30	30	31	32	34	31	26	24	25
	次多风向	E	E	E	E	E	E	SW	E	E	E	C	E
	频率(%)	19	19	15	12	11	8	13	10	18	22	23	22
英德	最多风向	C	C	C	C	C	C	C	C	C	C	C	C
	频率(%)	31	31	37	41	35	35	31	34	35	34	35	36
	次多风向	NNE	NNE	NNE	N	S	S	S	S	NNE	NNE	NNE	NNE
	频率(%)	24	21	15	8	9	13	15	10	13	18	19	19
阳山	最多风向	C	C	C	C	C	C	C	C	C	C	C	C
	频率(%)	32	34	45	49	49	52	48	46	36	33	34	33
	次多风向	NW	NW	NW	NW	NW	SE	SE	NW	NW	NW	NW	NW
	频率(%)	20	19	15	12	11	11	12	9	18	22	21	19

续表

地区	月份 项目	1月	2月	3月	4月	5月	6月	7月	8月	9月	10月	11月	12月
连州	最多风向	C	C	C	C	C	C	C	C	C	C	C	C
	频率(%)	44	42	47	49	48	49	45	49	44	44	45	47
	次多风向	N	N	N	N	N	S	S	N	N	N	N	N
	频率(%)	16	16	12	10	10	8	10	7	14	16	15	14
连南	最多风向	C	C	C	C	C	C	C	C	C	C	C	C
	频率(%)	47	46	50	52	51	52	42	41	43	44	44	48
	次多风向	NE	NE	NE	NE	NE	NE	S	S	NE	NE	NE	NE
	频率(%)	21	19	16	13	11	8	12	9	15	17	18	19
连山	最多风向	C	C	C	C	C	C	C	C	C	C	C	C
	频率(%)	41	34	36	38	42	43	38	46	48	46	46	45
	次多风向	N	N	N	S	S	S	S	S,SW	N	N	N	N
	频率(%)	11	11	8	8	7	8	11	6	6	7	9	11

三、最大风速及其风向

最大风速是指某个时段内10分钟的平均风速的最大值。

据佛冈和连州1971—2008年、其余县(市)1980—2008年自记风向风速的记录资料,清远市录得的最大风速为17.7 m/s,风向为东北(NE),出现在清远2003年9月3日。各地最大风速出现日期分布较散乱,清远最大风速为17.7 m/s,风向为东北(NE),出现在2003年9月3日;佛冈最大风速为15.3 m/s,风向为南风(S),出现在1975年4月7日;英德最大风速为14.7 m/s,出现在1984年4月5日(北东北(NNE))、1983年9月24日(北西北(NNW))和1981年12月2日(北东北(NNE));阳山最大风速为14.0 m/s,出现在1980年3月4日(西西北(WNW))、1985年7月25日(西西北(WNW))和1984年8月8日(北东北(NNE));连州最大风速为15.0 m/s,出现在1983年7月31日(南风(S))、1978年10月28日(北东北(NNE));连南最大风速为15.7 m/s,风向为西西北(WNW),出现在2000年5月9日;连山最大风速为16.7 m/s,风向为南风(S),出现在1984年5月14日(见表2-7-6)。

表2-7-6 清远市月最大风速、风向及出现时间表

地区	月份 项目	1月	2月	3月	4月	5月	6月	7月	8月	9月	10月	11月	12月	全年
清远	最大风速 (m/s)	12.8	13.7	14.0	17.0	17.3	16.3	17.0	15.2	17.7	11.7	12.5	13.9	17.7
	风向	NNE	W	NW	NNW	WNW	WSW	SW	NNE	NE	NE	NE	NNE	NE
	出现日期	15	22	4	12	12	3	8	23	3	6	30	20	9月3日
	出现年份	1999	1990	1980	1981	1982	2007	1999	1999	2003	2002	1996	1999	2003

续表

地区	项目\月份	1月	2月	3月	4月	5月	6月	7月	8月	9月	10月	11月	12月	全年
	风向	—	NE	NNW	—	—	—	—	—	—	—	—	—	—
	出现日期	—	19	15	—	—	—	—	—	—	—	—	—	—
	出现年份	—	1999	1982	—	—	—	—	—	—	—	—	—	—
佛冈	最大风速（m/s）	12.0	9.7	11.3	15.3	12.0	12.7	12.0	14.3	11.7	13.0	14.7	9.0	15.3
	风向	NW	NW	WNW	S	S	SSW	WSW	NNE	NW	SSW	S	WNW	S
	出现日期	15	2	4	7	29	22	16	2	24	6	9	23	4月7日
	出现年份	1978	1983	1980	1975	1971	1977	1978	1979	1983	1975	1972	1979	1975
	风向	—	—	—	—	W	—	—	—	—	—	—	—	—
	出现日期	—	—	—	—	6	—	—	—	—	—	—	—	—
	出现年份	—	—	—	—	1972	—	—	—	—	—	—	—	—
	风向	—	—	—	—	SSW	—	—	—	—	—	—	—	—
	出现日期	—	—	—	—	2	—	—	—	—	—	—	—	—
	出现年份	—	—	—	—	1975	—	—	—	—	—	—	—	—
	风向	—	—	—	—	SSW	—	—	—	—	—	—	—	—
	出现日期	—	—	—	—	13	—	—	—	—	—	—	—	—
	出现年份	—	—	—	—	1977	—	—	—	—	—	—	—	—
	风向	—	—	—	—	SSW	—	—	—	—	—	—	—	—
	出现日期	—	—	—	—	28	—	—	—	—	—	—	—	—
	出现年份	—	—	—	—	1986	—	—	—	—	—	—	—	—
	风向	—	—	—	—	SSW	—	—	—	—	—	—	—	—
	出现日期	—	—	—	—	2	—	—	—	—	—	—	—	—
	出现年份	—	—	—	—	1988	—	—	—	—	—	—	—	—
英德	最大风速（m/s）	11.3	11.3	10.7	14.7	10.0	11.7	12.7	14.0	14.7	12.0	14.3	14.7	14.7
	风向	NNE	NNE	NNE	NNE	WSW	SE	W	NE	NNW	SE	NE	NNE	NNE
	出现日期	18	20	17	5	22	23	25	27	24	4	29	2	4月5日
	出现年份	1982	1986	1993	1984	1993	1986	1985	1980	1983	1982	1987	1981	1984
	风向	—	—	—	—	—	—	—	—	—	NNE	—	—	NNW
	出现日期	—	—	—	—	—	—	—	—	—	27	—	—	9月24日
	出现年份	—	—	—	—	—	—	—	—	—	1991	—	—	1983
	风向	—	—	—	—	—	—	—	—	—	—	—	—	NNE
	出现日期	—	—	—	—	—	—	—	—	—	—	—	—	12月2日
	出现年份	—	—	—	—	—	—	—	—	—	—	—	—	1981
阳山	最大风速（m/s）	11.0	11.0	14.0	10.0	10.3	10.0	14.0	14.0	12.0	8.0	9.7	11.0	14.0
	风向	WSW	WNW	WNW	WNW	SSW	SSW	WNW	NNE	S	NNE	WNW	NNW	WNW
	出现日期	27	17	4	13	5	21	25	8	2	4	6	26	3月4日

续表

地区	项目	1月	2月	3月	4月	5月	6月	7月	8月	9月	10月	11月	12月	全年
	出现年份	1985	1985	1980	1980	1988	1983	1985	1984	1980	1982	1982	1982	1980
	风向	—	—	—	—	—	W	—	—	—	NNW	—	—	WNW
	出现日期	—	—	—	—	—	2	—	—	—	26	—	—	7月25日
	出现年份	—	—	—	—	—	1986	—	—	—	1998	—	—	1985
	风向	—	—	—	—	—	—	—	—	—	—	—	—	NNE
	出现日期	—	—	—	—	—	—	—	—	—	—	—	—	8月8日
	出现年份	—	—	—	—	—	—	—	—	—	—	—	—	1984
连州	最大风速(m/s)	10.3	11.0	11.0	13.0	12.7	12.0	15.0	13.0	10.0	15.0	10.7	10.0	15.0
	风向	ENE	S	N	N	NNW	NNW	S	NNW	SE	NNE	NNE	N	S
	出现日期	29	21	24	1	2	14	31	18	4	28	18	27	7月31日
	出现年份	1979	1979	1981	1981	1981	1978	1983	1978	1977	1978	1979	1975	1983
	风向	—	—	—	—	—	—	—	ESE	—	—	—	—	NNE
	出现日期	—	—	—	—	—	—	—	15	—	—	—	—	10月28日
	出现年份	—	—	—	—	—	—	—	1981	—	—	—	—	1978
连南	最大风速(m/s)	9.0	10.0	11.0	13.0	11.0	13.0	14.7	14.3	15.7	14.0	12.0	12.3	15.7
	风向	ENE	NE	W	ENE	NE	ENE	NE	WNW	WNW	N	NE	NNW	WNW
	出现日期	19	13日	13日	14	3	9	19	8	5	13	23	21	9月5日
	出现年份	1987	2001	2001	2000	1981	1989	1991	2001	2000	2000	1995	1999	2000
	风向	NE	—	—	—	—	—	—	SSW	—	—	—	—	—
	出现日期	16	—	—	—	—	—	—	9	—	—	—	—	—
	出现年份	1988	—	—	—	—	—	—	2001	—	—	—	—	—
连山	最大风速(m/s)	12.7	12.0	13.3	14.0	16.7	15.3	16.3	15.0	12.3	10.0	10.0	9.0	16.7
	风向	E	N	NW	NW	S	S	ESE	WSW	NW	NNW	NNE	NNE	S
	出现日期	31	14	4	12	14	1	19	26	20	16	28	12	5月14日
	出现年份	1995	1998	1980	1981	1984	2000	1991	1988	1982	1980	1987	1980	1984
	风向	—	—	—	—	—	—	—	—	SSW	—	—	N	
	出现日期	—	—	—	—	—	—	—	—	11	—	—	14	
	出现年份	—	—	—	—	—	—	—	—	1985	—	—	1992	

四、极大风速

极大风速是指给定时段内瞬时风速的最大值。

清远市录得的最大极大风速达 36.5 m/s(12级),出现在清远 1999 年 5 月 25 日。阳山录得的极大风速最小,为 20.0 m/s(8级),出现在 1972 年 5 月 23 日(见表 2-7-7)。

表 2-7-7　清远市极大风速

地区 \ 项目	极大风速(m/s)	出现日期
清远	36.5(12级)	1999.5.25
佛冈	27.8(10级)	2005.3.22
英德	29.0(11级)	1984.7.30
阳山	20.0(8级)	1972.5.23
连州	21.7(9级)	2005.5.5
连南	22.7(9级)	2004.8.11
连山	30.2(11级)	2007.3.24

五、大风日数

风速≥17.2 m/s(即8级)称为大风。清远市年平均大风天数为2.2 d,各地大风日数差异较大,以清远为最多,年平均大风日数达5.2 d;阳山和连山次之,分别为2.7 d和2.9 d;佛冈、英德、连州和连南较少,年平均大风日数不足2 d。年最多大风日数出现在阳山1967年达19 d,其次是清远1958年和1999年、连州1955年,为15 d;各地均有一些年份没有出现大风天气,最多是连南,为20年,占统计年份43%;其次是连州,为23年,占统计年份41%;最少是清远,只有4年,占统计年份8%(见表2-7-8)。

表 2-7-8　清远市逐年大风日数　　　　(单位:d)

年份 \ 地区	清远	佛冈	英德	阳山	连州	连南	连山
1953	—	—	—	—	0	—	—
1954	—	—	—	—	1	—	—
1955	—	—	—	—	15	—	—
1956	—	—	—	—	6	—	—
1957	12	3	—	0	1	—	—
1958	15	1	—	0	0	—	—
1959	11	0	—	0	1	—	—
1960	6	0	0	3	1	—	—
1961	11	0	0	0	1	—	—
1962	10	1	1	1	0	0	0
1963	7	3	3	7	1	0	0
1964	7	1	1	5	1	0	0
1965	5	4	0	5	1	4	1
1966	8	8	2	12	1	0	1
1967	1	2	1	19	1	1	2
1968	4	1	3	18	0	2	1
1969	3	2	4	10	2	0	0
1970	1	1	4	2	0	2	0
1971	6	5	4	2	3	1	2
1972	2	1	4	1	1	0	1

续表

年份\地区	清远	佛冈	英德	阳山	连州	连南	连山
1973	8	0	3	2	2	1	0
1974	2	1	5	4	1	3	8
1975	3	5	5	2	3	1	2
1976	0	1	3	0	2	1	0
1977	2	5	1	3	1	1	3
1978	6	5	2	2	2	1	6
1979	2	3	0	3	0	1	0
1980	6	3	2	2	3	0	8
1981	2	2	2	0	3	0	5
1982	3	2	1	1	3	1	2
1983	6	1	2	4	1	0	6
1984	4	0	4	3	0	0	5
1985	1	2	1	1	0	3	7
1986	1	0	4	3	1	0	4
1987	1	0	1	0	0	0	3
1988	1	2	0	2	1	0	4
1989	1	0	0	2	1	1	3
1990	1	0	0	5	1	2	4
1991	0	0	0	1	1	1	4
1992	0	1	0	2	2	1	2
1993	1	3	1	2	0	1	2
1994	0	0	0	3	0	0	2
1995	4	2	0	0	0	0	1
1996	13	2	1	2	0	0	3
1997	7	1	1	1	0	0	6
1998	10	2	2	0	0	0	2
1999	15	0	1	1	0	0	2
2000	7	0	1	0	0	1	5
2001	4	1	1	2	1	0	2
2002	7	1	2	0	0	3	1
2003	8	2	1	0	0	4	4
2004	5	0	0	0	0	3	6
2005	10	1	1	1	2	2	4
2006	3	1	0	0	0	2	2
2007	9	1	0	1	0	1	6
2008	10	2	1	0	0	1	3
平均	5.2	1.6	1.6	2.7	1.2	1.0	2.9
最多	15	8	5	19	15	4	8
年份	1958 1999	1966	1974 1975	1967	1955	1965 2003	1974 1980
最少	0	0	0	0	0	0	0
出现年份	4 年	14 年	14 年	15 年	23 年	20 年	8 年
百分比	8%	27%	29%	29%	41%	43%	17%

清远市大风主要出现在 5—8 月,其中以 7 月为最多,各地月均 0.3～1.0 d,其次是 8 月,各地月均 0.2～0.8 d。而 10 月至次年 2 月,大风出现次数最少,除清远出现 0.1～0.2 d 外,其余地区大部分月份都没有出现大风。

一个月中大风日数最多为 6 d,出现在清远 1996 年 7 月。其次为 5 d,出现在阳山 1967 年 5 月和 1968 年 7 月。清远市大风并不太多,各地全月都没有出现大风的月数为 446～616 个月,分别占总月份数的 71%～93%(见表 2-7-9)。

表 2-7-9 清远市月平均大风日数 （单位:d）

月份 \ 地区	清远	佛冈	英德	阳山	连州	连南	连山
1 月	0.1	0.0	0.0	0.0	0.0	0.0	0.0
2 月	0.1	0.0	0.0	0.1	0.0	0.0	0.0
3 月	0.2	0.1	0.0	0.1	0.0	0.1	0.1
4 月	0.4	0.2	0.2	0.3	0.2	0.1	0.3
5 月	0.7	0.2	0.2	0.3	0.1	0.1	0.6
6 月	1.0	0.3	0.2	0.3	0.2	0.1	0.5
7 月	1.0	0.4	0.5	0.7	0.3	0.3	0.7
8 月	0.8	0.3	0.2	0.5	0.3	0.2	0.6
9 月	0.5	0.1	0.1	0.3	0.1	0.1	0.1
10 月	0.2	0.0	0.1	0.1	0.0	0.0	0.0
11 月	0.1	0.0	0.1	0.0	0.0	0.0	0.0
12 月	0.1	0.0	0.0	0.0	0.0	0.0	0.0
月最多	6	4	3	5	4	2	4
出现时间	1996.7	1966.6 1971.6	1974.7	1967.5 1968.7	1955.8	共 5 年	1974.7
没出现大风月数	446	554	521	531	616	523	470
百分比	71%	89%	89%	85%	92%	93%	83%

第八节　历年气候要素之最

为方便查阅,现根据清远市气象局观测站 1957—2008 年的观测资料,将清远历年主要气候要素的平均值及极值,整理成表 2-8-1。

表 2-8-1 清远历年气候要素之最

要素名称	平均值	极值	出现时间
年日照时数	1688.3 h	最多:2053.3 h	2004 年
		最少:1340.8 h	1997 年
月日照时数	—	最多:289.0 h	2004.10
		最少:7.4 h	1978.3
年日照百分率	38%	最大:46%	2004 年
		最小:30%	1997 年

要素名称	平均值	极值	出现时间
月日照百分率	—	最大:56%	10月
		最小:16%	3月
年平均气温	21.8℃	最高:22.7℃	2007年
		最低:20.9℃	1984年
月平均气温	—	最高:28.8℃	7月
		最低:12.8℃	1月
极端气温	—	最高:39.0℃	2008.7.28
		最低:−0.6℃	1957.2.11
年高温日数	14.4 d	最多:40 d	2007年
		最少:1 d	1973年
年低温日数	7.7 d	最多:25 d	1973—1974年
		最少:0 d	1972—1973年、1990—1991年、1998—1999年、2000—2001年
年霜日	3.3 d	最多:17 d	1975—1976年
		最少:0 d	1968—1969年等21年
年降水量	2162.8 mm	最多:3089.6 mm	1983年
		最少:1476.4 mm	2004年
汛期总降水量	1744.1 mm	最多:2522.6 mm	1959年
		最少:1053.2 mm	1990年
前汛期降水量	1042.4 mm	最多:1551.9 mm	1993年
		最少:475.8 mm	1999年
后汛期降水量	701.7 mm	最多:1161.2 mm	1961年
		最少:390.2 mm	1998年
月平均降水量	—	最多:399.6 mm	5月
		最少:34.3 mm	12月
极端月降水量	—	最大:1128.2 mm	1982.5
		最小:无降水	1979.10,1980.11,1981.12,1989.11,2004.10,2005.10
日降水量	—	最大:640.6 mm	1982.5.12
		最小:无降水	略
年降水日数	169 d	最多:213 d	1975年
		最少:135 d	2007年
年暴雨日数	9.3 d	最多:17 d	1971年
		最少:4 d	1985、2000年
月平均暴雨日数	—	最多:2.3 d	5月
		最少:0.0 d	12月
年平均相对湿度	77%	最大:81%	1957年
		最小:67%	2007年

续表

要素名称	平均值	极值	出现时间
极端最小相对湿度	—	12%	2007.2.2 2008.3.2 2007.11.29
年平均水汽压	21.4 hPa	最大：22.3 hPa	1998、2002 年
		最小：19.2 hPa	2008 年
极端水汽压	—	最大：40.6 hPa	1968.8.26
		最小：2.1 hPa	2008.12.6
年蒸发量	1653.5 mm	最大：1890.1 mm	1977 年
		最小：1296.0 mm	1994 年
月平均蒸发量	—	最大：200.6 mm	7 月
		最小：75.0 mm	2 月
极端月最大蒸发量	—	257.1 mm	1990.8
极端月最小蒸发量	—	27.8 mm	1992.3
年平均风速	1.9 m/s	最大：3.0 m/s	1999 年
		最小：1.0 m/s	1994 年
月平均风速	—	最大：2.2 m/s	11、12 月
		最小：1.5 m/s	4 月
瞬间极大风速	—	36.5 m/s(12 级)	1999.5.25
年最多风向及频率	—	NE(12.4%)、C(27.4%)	
年大风日数	5.2 d	最多：15 d	1958、1999 年
		最少：0 d	1976、1991、1992、1994 年
年平均气压	1011.4 hPa	最高：1012.7 hPa	1995 年
		最低：1010.6 hPa	1962、1985、2000、2007 年
极端气压	—	最高：1034.1 hPa	1999.12.22
		最低：981.5 hPa	2001.7.6
全年有影响的热带气旋数	1.3 个	最多：5 个	1964、1967 年
		最少：0 个	1958、1974、1980、1984、1987、1990、1991、1994、1997、1998、2004、2005、2007 年
有影响的热带气旋出现时间	—	最早：5 月 19 日	1961.5.19,6103 号台风在香港登陆
		最晚：11 月 8 日	1972.11.8,7220 号台风在电白登陆
年雷暴日数	90 d	最多：120 d	1973 年
		最少：59 d	2003 年
初雷出现时间	—	最早：1 月 1 日	1964 年
		最晚：4 月 3 日	2003 年
终雷出现时间	—	最早：9 月 2 日	2001 年
		最晚：12 月 30 日	1992 年
年雾日	5.9 d	最多：17 d	1978 年
		最少：0 d	1959、1974、2001 年

为方便查阅,现根据清远市各级气象局观测站从建站至2008年的观测资料,将清远市历年主要气候要素的平均值及极值,整理成表2-8-2。

表2-8-2 清远市历年气候要素之最

要素名称	平均值	极值	出现时间
年日照时数	1584.4 h	最多:1954.1 h	1963年
		最少:1276.0 h	1997年
月日照时数	—	最多:329.2 h	英德,2003.7
		最少:0 h	阳山,2005.2
年日照百分率	36%	最大:44%	1963年
		最小:29%	1997年
月日照百分率	—	最大:50%	7月
		最小:16%	3月
年平均气温	20.3℃	最高:21.2℃	1998、2007年
		最低:19.3℃	1984年
月平均气温	—	最高:28.4℃	7月
		最低:10.5℃	1月
极端气温	—	最高:41.6℃(连州)	2003.7.23
		最低:-6.9℃(连州)	1955.1.12
年高温日数	22.2 d	最多:57 d(连州)	2000、2007年
		最少:1 d	清远1973年,佛冈1973年,连山1973、1997年
年低温日数	25 d	最多:72 d(连山)	1983—1984年
		最少:0 d(清远)	1972—1973年、1990—1991年、1998—1999年、2000—2001年
年霜日	7.7 d	最多:36 d(连山)	1962—1963年
		最少:0 d	略
年降水量	1857.9 mm	最多:2570.5 mm	1997年
		最少:1255.8 mm	1963年
汛期总降水量	1394.5 mm	最多:2062.9. mm	1973年
		最少:758.7 mm	1963年
前汛期降水量	891.1 mm	最多:1300.5 mm	1962年
		最少:375.7 mm	1963年
后汛期降水量	503.3 mm	最多:1012.1 mm	1997年
		最少:275.3 mm	1989年
月平均降水量	—	最多:327.9 mm	5月
		最少:39.1 mm	12月
极端月降水量	—	最大:645.2 mm	2008.6
		最小:无降水	2004.10
日降水量	—	最大:640.6 mm(清远)	1982.5.12
		最小:无降水	略

要素名称	平均值	极值		出现时间
年降水日数	169 d	最多:209 d		1975 年
		最少:139 d		2003 年
年暴雨日数	6.7 d	最多:22 d(佛冈)		1983 年
		最少:0 d		阳山 1963、1991 年,连州 1979、1986、2007 年,连南 1963、1979 年,连山 1963 年
月平均暴雨日数	—	最多:2.5 d(佛冈)		6 月
		最少:0.0 d		清远 12 月,连州 12 月,连南 12 月
年平均相对湿度	78%	最大:81%		1970、1973、1975 年
		最小:72%		2007 年
极端最小相对湿度	—	8%		1984.3.2(佛冈),2008.3.24(英德),1983.1.24(连山),1995.12.30(连山),2007.2.2(连山),2008.11.28(连山)
年平均水汽压	20.0 hPa	最大:20.9 hPa		1998、2002 年
		最小:19.2 hPa		1984 年
极端水汽压	—	最大:42.5 hPa(连州)		1961.7.14
		最小:1.0 hPa(佛冈)		1967.1.16
年蒸发量	1492.4 mm	最大:1748.0 mm		1977 年
		最小:1245.7 mm		1997 年
月平均蒸发量	—	最大:194.6 mm		7 月
		最小:64.9 mm		2 月
极端月最大蒸发量	—	311.5 mm(英德)		1978.7
极端月最小蒸发量	—	25.7 mm(连州)		1957.2
年平均风速	1.5 m/s	最大:1.8 m/s		1977 年
		最小:1.2 m/s		1990、1992 年
月平均风速	—	最大:1.7 m/s		1、2、11 月
		最小:1.2 m/s		5、6、8 月
瞬间极大风速	—	36.5 m/s(12 级、清远)		1999.5.25
年大风日数	2.2 d	最多:19 d(阳山)		1967 年
		最少:0 d		略
年平均气压	1002.1 hPa	最高:103.2 hPa		1995 年
		最低:1001.4 hPa		1985 年
极端气压	—	最高:1034.1 hPa(清远)		1999.12.22
		最低:955.8 hPa(连山)		2001.7.6
全年有影响的热带气旋数	1.8 个	最多:8 个		1961 年
		最少:0 个		1958、1984、1987、1994、1998、2004、2005、2007 年
有影响的热带气旋出现时间	—	最早:5 月 19 日		1961.5.19,6103 号台风在香港登陆
		最晚:11 月 8 日		1972.11.8,7220 号台风在电白登陆

续表

要素名称	平均值	极值		出现时间
年雷暴日数	76.7 d	最多:126 d(英德)		1975 年
		最少:30 d(连南)		2001 年
初雷出现时间	—	最早:1 月 1 日(清远、佛冈)		1964 年
		最晚:4 月 7 日(佛冈)		1974 年
终雷出现时间	—	最早:8 月 27 日(连南)		1989 年
		最晚:12 月 31 日(连州)		1989 年
年雾日	17.4 d	最多:92 d(连山)		1971 年
		最少:0 d		清远 1959、1974、2001 年,阳山 1974 年,连南 1984、1988 年

第三章　常见气象灾害

第一节　暴雨

一、暴雨的平均状况

清远市各地每年平均暴雨量为 327.8～789.0 mm,占全年平均降水量的 20%～36%,最多年暴雨量出现在英德 1997 年为 1954.5 mm,"三连一阳"个别年份没有出现暴雨,年暴雨量为 0 mm。清远市的暴雨主要集中在汛期 4—9 月,4—6 月称为前汛期,7—9 月称为后汛期,其中各地前汛期暴雨量占年平均暴雨量的 56%～68%,后汛期占 23%～31%(见表3-1-1)。可见,前汛期暴雨对清远的影响显著。

表 3-1-1　清远市年平均暴雨量表　　　　　　　　　　　　　　　　（单位:mm）

项目 ＼ 地区	清远	佛冈	英德	阳山	连州	连南	连山
年平均暴雨量	762.0	789.0	550.8	476.7	327.8	362.6	376.6
占全年平均降水量	35%	36%	30%	26%	20%	22%	22%
年最多暴雨量	1419.6	1935.9	1954.5	1133.3	938.3	820.5	975.3
出现年份	1971	1983	1997	1994	2001	2002	2002
年最少暴雨量	332.6	58.3	222.9	0	0	0	0
出现年份	1985	1991	1998	1963 1991	1979 1986 2007	1963 1979	1963
前汛期暴雨量占年暴雨量	59%	68%	61%	58%	63%	56%	57%
后汛期暴雨量占年暴雨量	31%	23%	28%	26%	23%	28%	27%

二、暴雨日数的时间分布

清远市全年都有可能出现暴雨,年平均暴雨天数为 6.7 d,各地平均每年暴雨天数为 4.5～9.7 d,其中日降水量在 100.0～249.9 mm 的大暴雨平均每年为 0.4～2.0 d,日降水量在 250 mm 以上的特大暴雨出现最多的是清远,有 5 d,"三连"没有出现过。一年中暴雨日数最多的是佛冈,有 22 d,出现在 1983 年。"三连一阳"都有过全年都没出现暴雨,其中连州最多有 3 年。

各地年暴雨日数≤5 d 的年数占总年数的 11%～68%,6～9 d 的占 28%～47%,≥10 d 占 2%～54%。南部地区年暴雨日数以≥6 d 的居多,清远和佛冈占 88%,英德占 65%,阳山占 56%,而北部"三连"地区以≤5 d 的居多,占 53%～68%(见表 3-1-2)。

各地的暴雨日数年际变化规律不一致,南部地区以清远为例,清远暴雨日数的年际变化呈多—少—多趋势,1957—1983 年,共出现暴雨 274 d,年均有 10.1 d,年暴雨日数≥10 d 的有 16 年,其中 1977—1983 年,共出现暴雨 80 d,平均有 11.4 d,属于明显偏多期;1984—2000 年,共出现暴雨 132 d,平均有 7.7 d,属于明显偏少期,年暴雨日数≥10 d 的只有 5 年;2001 年后回升,2001—2008 年,共出现暴雨 80 d,平均有 10 d,年暴雨日数≥10 d 的有 4 年。

北部地区以连州为例,连州暴雨日数的年际变化呈少—多—少—多趋势,1953—1979 年,共出现暴雨 106 d,年均有 3.9 d,其中 1963—1967 年平均有 2.4 d,属于明显偏少期;1980—1984 年,共出现暴雨 34 d,平均有 6.8 d,属于明显偏多期;1985—2000 年,共出现暴雨 63 d,平均有 3.9 d,其中 1985—1989 年平均有 2.2 d,属于明显偏少期;2001—2008 年,共出现暴雨 49 d,平均有 6.1 d。

表 3-1-2 　清远市年暴雨日数统计表

项目 ＼ 地区	清远	佛冈	英德	阳山	连州	连南	连山
年暴雨日数≤5 d 占的比例	12%	11%	35%	44%	68%	60%	53%
年暴雨日数为 6～9 d 占的比例	40%	35%	47%	39%	28%	38%	40%
年暴雨日数在 10 d 以上占的比例	48%	54%	18%	17%	4%	2%	7%
大暴雨年平均日数(d)	1.6	2.0	1.1	0.8	0.6	0.7	0.4
特大暴雨出现日数(d)	5	4	2	2	0	0	0

各地汛期(4—9 月)年平均暴雨天数为 3.9～8.6 d,占全年暴雨日数 80%～89%。其中,前汛期(4—6 月)为 2.8～6.3 d,占全年暴雨日数 56%～65%;后汛期(7—9 月)为 1～2.9 d,占全年暴雨日数 22%～31%。

各地月平均暴雨日数均呈单峰型分布,高峰出现在 5 月或 6 月,清远和佛冈在 2 d 以上,其他为 1 d 多;其次是 4、7 月和 8 月,清远、佛冈和英德在 1 d 以上,其他不足 1 d;其他月份出现暴雨概率较小。各地月最多暴雨日数主要出现在 5—7 月,英德 1997 年 7 月出现 9 d 暴雨,为全市之最,其次是佛冈的 8 d,出现在 1975 年 5 月、1966 年 6 月和 1968 年 6 月(见表 3-1-3)。

表 3-1-3 　清远市月平均、月最多暴雨日数表 　　　　　　　　　　(单位:d)

地区	项目 ＼ 月份	1 月	2 月	3 月	4 月	5 月	6 月	7 月	8 月	9 月	10 月	11 月	12 月	年
清远	平均暴雨日数	0.1	0.1	0.3	1.0	2.3	2.1	1.2	1.0	0.7	0.3	0.2	0.0	9.3
	最多暴雨日数	2	1	3	5	7	7	6	4	2	2	2	1	17
佛冈	平均暴雨日数	0.1	0.1	0.4	1.4	2.4	2.5	1.0	0.8	0.5	0.3	0.1	0.1	9.7
	最多暴雨日数	2	1	3	6	8	8	5	4	3	2	1	1	22
英德	平均暴雨日数	0.1	0.1	0.3	1.2	1.5	1.5	1.0	0.7	0.4	0.2	0.2	0.1	7.2
	最多暴雨日数	1	1	2	4	4	5	9	3	2	2	1	1	19
阳山	平均暴雨日数	0.1	0.1	0.4	0.7	1.4	1.4	0.7	0.6	0.4	0.3	0.1	0.1	6.3
	最多暴雨日数	1	2	4	4	5	7	3	3	3	3	2	1	15

续表

地区	项目＼月份	1月	2月	3月	4月	5月	6月	7月	8月	9月	10月	11月	12月	年
连州	平均暴雨日数	0.1	0.1	0.2	0.7	1.1	1.1	0.4	0.4	0.1	0.2	0.1	0.0	4.5
连州	最多暴雨日数	1	1	3	4	4	4	3	2	1	2	1	1	12
连南	平均暴雨日数	0.1	0.1	0.3	0.8	1.0	1.1	0.5	0.5	0.2	0.3	0.1	0.0	5.0
连南	最多暴雨日数	1	1	3	4	5	4	3	3	3	3	1	1	10
连山	平均暴雨日数	0.1	0.1	0.2	0.7	1.2	1.1	0.6	0.6	0.3	0.3	0.1	0.0	5.3
连山	最多暴雨日数	1	2	3	3	4	4	5	3	2	2	1	1	12

三、暴雨强度和初终日期

清远市日最大降水量出现在清远，为 640.6 mm(1982 年 5 月 12 日)，连州日最大降水量最小，为 192.3 mm(2002 年 7 月 1 日)，其余日最大降水量在 200～300 mm，其中"三连"地区日最大降水量均出现在 2002 年 7 月 1 日。

最长连续暴雨日数清远、佛冈、英德和阳山都是 4 d，连山为 3 d，连州、连南只有 2 d。

各地全年出现最早的第一场暴雨都出现在 1992 年 1 月 4 日，"三连一阳"还有 1983 年 1 月 4 日；全年结束最迟的最后一场暴雨出现在英德的 1963 年 12 月 31 日，其次是清远和佛冈的 1988 年 12 月 30 日，连州暴雨结束的最早，最迟的最后一场暴雨出现在 1953 年 12 月 6 日(见表 3-1-4)。

清远市逐年暴雨日数详见表 3-1-5。

表 3-1-4　清远市日最大降水量、最长连续暴雨日数及最早、最迟暴雨出现时间表

项目＼地区	清远	佛冈	英德	阳山	连州	连南	连山
日最大降水量（mm）	640.6	294.9	253.4	290.5	192.3	231.5	243.1
出现时间	1982 年 5 月 12 日	1988 年 5 月 25 日	1997 年 5 月 8 日	1960 年 6 月 15 日	2002 年 7 月 1 日	2002 年 7 月 1 日	2002 年 7 月 1 日
最长连续暴雨日数（d）	4	4	4	4	2	2	3
出现时间	1980 年 4 月 22—25 日	1983 年 6 月 15—18 日	1997 年 7 月 2—5 日	1994 年 6 月 12—15 日	18 年	13 年	1983 年 2 月 27 日—3 月 1 日
第一场暴雨最早出现时间	1992 年 1 月 4 日	1992 年 1 月 4 日	1992 年 1 月 4 日	1983、1992 年 1 月 4 日	1983、1992 年 1 月 4 日	1983、1992 年 1 月 4 日	1983、1992 年 1 月 4 日
最后一场暴雨最迟结束时间	1988 年 12 月 30 日	1988 年 12 月 30 日	1963 年 12 月 31 日	1977 年 12 月 28 日	1953 年 12 月 6 日	2007 年 12 月 22 日	2007 年 12 月 22 日

表 3-1-5　清远市逐年暴雨日数表　　　　　　　　　　　　　（单位：d）

年份＼地区	清远	佛冈	英德	阳山	连州	连南	连山
1953	—	—	—	—	7	—	—
1954	—	—	—	—	3	—	—
1955	—	—	—	—	4	—	—
1956	—	—	—	—	4	—	—
1957	13	14	—	8	7	—	—
1958	6	4	—	2	2	—	—
1959	14	10	—	5	3	—	—
1960	11	13	6	5	5	—	—
1961	11	13	5	9	7	—	—
1962	9	10	5	7	8	7	7
1963	7	7	5	0	1	0	0
1964	12	10	10	5	3	4	6
1965	9	7	4	2	4	3	6
1966	13	13	6	6	2	3	2
1967	5	13	8	6	2	5	4
1968	5	11	9	11	4	6	5
1969	7	11	5	5	2	3	6
1970	12	11	10	6	6	7	5
1971	17	12	5	8	4	6	4
1972	11	6	10	11	3	8	7
1973	11	10	11	12	5	8	12
1974	7	8	10	7	3	1	4
1975	7	13	9	6	4	2	6
1976	7	6	7	3	4	4	5
1977	11	8	5	8	6	8	4
1978	13	7	6	3	3	3	7
1979	10	5	4	5	0	0	1
1980	9	11	10	8	10	6	6
1981	10	8	8	2	6	8	6
1982	10	9	6	5	3	4	7
1983	17	22	8	7	8	7	8
1984	7	7	6	8	7	5	2
1985	4	5	6	6	2	4	2
1986	9	13	6	3	0	3	5
1987	12	13	9	5	4	4	5
1988	7	9	5	5	2	3	3
1989	6	9	5	3	3	3	6
1990	5	6	8	6	5	4	8

续表

地区\年份	清远	佛冈	英德	阳山	连州	连南	连山
1991	5	1	5	0	2	5	3
1992	12	17	9	10	6	5	6
1993	11	17	7	6	9	10	3
1994	8	10	12	15	6	8	5
1995	6	8	5	12	5	7	6
1996	11	7	9	9	4	3	11
1997	10	12	19	10	5	6	5
1998	7	11	3	7	3	5	6
1999	8	8	4	5	5	4	7
2000	4	10	8	4	2	4	1
2001	15	10	9	10	12	8	8
2002	11	10	10	12	8	8	11
2003	10	5	4	2	5	3	4
2004	6	4	6	4	5	8	7
2005	9	9	8	9	6	6	3
2006	13	11	5	9	6	5	5
2007	7	8	5	4	0	2	3
2008	9	11	6	3	7	7	5
最多日数	17	22	19	15	12	10	12
出现年份	1983	1983	1997	1994	2001	1993	1973
最少日数	4	1	3	0	0	0	0
年份	1985 2000	1991	1998	1963 1991	1979 1986 2007	1963 1979	1963

第二节 热带气旋

热带气旋是发生在热带海洋上的强烈天气系统。在北半球热带气旋中的气流绕中心呈逆时针方向旋转,在南半球则相反。愈靠近热带气旋中心,气压愈低,风力愈大。但发展强烈的热带气旋,如台风,其中心是一片风平浪静的晴空区,即台风眼。

热带气旋常可带来狂风暴雨,不仅会毁坏农田、堤坝、房屋,还可能给人民生命财产造成严重损失。但对清远市而言,热带气旋带来的降水又有着有利的一面,热带气旋是清远市7—9月雨水补给的主要天气系统,在盛夏高温之时、秋旱发生之际,它会带来"及时雨",能有效缓解酷暑和旱情。

一、热带气旋等级划分标准

按其中心附近最大风力的大小,热带气旋可分为热带低压、热带风暴、强热带风暴、台风、强台风和超强台风等 6 个等级(其中强台风、超强台风的分级为 2006 年新增加的),具体划分标准见表 3-2-1。

表 3-2-1　热带气旋等级划分标准

热带气旋名称	中心附近最大平均风力或风速	
	风力等级	风速(m/s)
热带低压(TD)	6~7	10.8~17.1
热带风暴(TS)	8~9	17.2~24.4
强热带风暴(STS)	10~11	24.5~32.6
台风(TY)	12~13	32.7~41.4
强台风(STY)	14~15	41.5~50.9
超强台风(SuperTY)	≥16	≥51.0

热带气旋影响的大小是以出现风力和降水量来划分,分为一般影响和严重影响两种。一般影响是指受热带气旋影响,本地平均风力≥6~7 级,或 24 h 降水量≥40.0 mm。严重影响是指受热带气旋影响,平均风力≥8 级;或平均风力≥6~7 级、24 h 降水量≥80.0 mm;或 24 h 降水量≥150.0 mm。

如达不到上述标准的,可看作无影响。无影响的热带气旋,不做记述。

本志对清远市各地区受热带气旋的影响进行单独统计。只要有 1 个地区受热带气旋影响就算清远市受到影响。

二、对清远有影响的热带气旋年际分布

1957—2008 年,对清远市有影响的热带气旋共有 96 个,平均每年 1.8 个,各地则平均每年 0.6 个(连山)~1.3 个(清远)。

对清远市有影响的热带气旋最多的一年是 1961 年,全年有 8 个。其次是 1967 年,有 7 个。各地一年中热带气旋影响最多的是佛冈 1967 年,有 6 个,其次是清远 1964 年和 1967 年的 5 个。

全年都没有出现热带气旋影响的共有 8 年,仅占总年数的 15%,分别是 1958、1984、1987、1994、1998、2004、2005 年和 2007 年。其次是全年只受 1 个热带气旋影响,共有 18 年。全年都没有出现热带气旋影响年数最多的是连州有 27 年,最少的是清远有 13 年(见表 3-2-2)。

影响清远市的热带气旋数目最多的是 20 世纪 60 年代,年平均有 3.0 个,最少的是 80 年代,年平均只有 1.3 个。60 年代和 70 年代每年都有热带气旋影响清远市,80 年代(1984 年和 1987 年)和 90 年代(1994 年和 1998 年)分别有两年未受热带气旋影响,2000—2008 年最多,有 3 年(2004、2005 年和 2007 年)未受热带气旋影响。

各地受热带气旋影响最多的年代,清远、佛冈、阳山、连州和连山为 20 世纪 60 年代,连南是 60 年代和 70 年代,英德是 60 年代、70 年代和 90 年代。其中清远 60 年代年平均受热带气旋影响有 2.2 个,为各地之最。清远 60 年代、佛冈和英德 70 年代每年都有热带气旋

影响,没有热带气旋影响年份最多的是阳山 70 年代和连州 90 年代,有 7 年(见表 3-2-3)。

表 3-2-2　影响清远市的热带气旋个数　　　　　　　　　　　　(单位:个)

项目 ＼ 地区	清远	佛冈	英德	阳山	连州	连南	连山	全市(1957—2008 年)
影响个数	70	63	52	44	34	35	30	96
平均个数	1.3	1.2	1.1	0.8	0.7	0.8	0.6	1.8
年最多个数	5	6	3	4	3	3	3	8
出现年份	1964 1967	1967	1961 1964 1985 1999	1964	1957 1961	1967 1985 1992	1967	1961
没受影响年数(年)	13	14	15	25	27	21	21	8

表 3-2-3　各年代热带气旋影响个数、年最多个数及无影响年数表

年代＼项目＼地区	1960—1969			1970—1979			1980—1989			1990—1999			2000—2008		
	平均个数(个)	无影响年数(年)	年最多个数(个)	平均个数(个)	无影响年数(年)	年最多个数(个)	平均个数(个)	无影响年数(年)	年最多个数(个)	平均个数(个)	无影响年数(年)	年最多个数(个)	平均个数(个)	无影响年数(年)	年最多个数(个)
清远	2.2	0	5	1.4	1	2	0.9	3	2	1.1	5	3	1.2	3	3
佛冈	1.8	3	6	1.2	0	2	1	2	2	1.3	3	3	0.9	4	3
英德	1.2	4	3	1.2	0	2	1.1	3	3	1.2	3	3	0.4	6	2
阳山	1.2	5	4	1	1	2	0.4	7	2	0.9	3	3	0.7	4	2
连州	0.9	4	3	0.6	4	1	0.6	6	2	0.4	7	2	0.7	4	2
连南	0.9	4	3	0.9	2	2	0.6	5	2	0.8	6	2	0.7	4	2
连山	0.8	4	3	0.7	3	2	0.5	5	1	0.7	4	2	0.6	5	2
全市	3.0	0	8	1.6	0	3	1.3	2	4	1.9	2	4	1.4	3	3

三、对清远有影响的热带气旋月变化

影响清远市的热带气旋最早出现在 5 月 19 日(1961 年,6103 号台风),最迟出现在 11 月 8 日(1972 年,7220 号台风)。

对清远市有影响的热带气旋出现在 5—11 月,其中 7—9 月是影响的集中期。1957—2008 年 7—9 月影响清远市的热带气旋共有 76 个,占总数的 79%。8 月最多有 31 个,占总数的 32%,年均 0.6 个;其次是 7 月有 24 个,占总数的 25%,年均 0.46 个;9 月有 21 个,占总数的 22%,年均 0.4 个。1967 年 8 月有 5 个热带气旋影响清远市,为历年最多。12 月到翌年 4 月没有热带气旋影响过清远市。

对各地有影响的热带气旋也集中出现在 7—9 月,其中月最多有影响热带气旋除英德出现在 7 月外,其余出现在 8 月。清远 8 月有影响的热带气旋年均 0.4 个,为各地最多。佛冈 1967 年 8 月有 4 个热带气旋影响,为各地最多(见表 3-2-4)。

表 3-2-4 5—11 月影响清远市的热带气旋个数表

地区	项目 \ 月份	5月	6月	7月	8月	9月	10月	11月
全市 (1957— 2008年)	热带气旋总数(个)	3	6	24	31	21	9	2
	年均(个)	0.06	0.12	0.46	0.60	0.40	0.17	0.04
	占总数的百分比(%)	3	6	25	32	22	9	2
	最多(个)	1	1	2	5	2	2	1
清远	热带气旋总数(个)	3	5	18	21	15	6	2
	年均(个)	0.06	0.10	0.35	0.40	0.29	0.12	0.04
	占总数的百分比(%)	4	7	26	30	21	9	3
	最多(个)	1	1	2	3	2	2	1
佛冈	热带气旋总数(个)	2	5	18	15	14	7	2
	年均(个)	0.04	0.10	0.35	0.29	0.27	0.13	0.04
	占总数的百分比(%)	3	8	29	24	22	11	3
	最多(个)	1	1	2	4	2	2	1
英德	热带气旋总数(个)	2	3	13	15	11	7	1
	年均(个)	0.04	0.06	0.27	0.31	0.22	0.14	0.02
	占总数的百分比(%)	4	6	25	29	21	13	2
	最多(个)	1	1	2	2	2	2	1
阳山	热带气旋总数(个)	1	2	9	13	10	7	2
	年均(个)	0.02	0.04	0.17	0.25	0.19	0.13	0.04
	占总数的百分比(%)	2	5	20	30	23	16	5
	最多(个)	1	1	1	2	2	2	1
连州	热带气旋总数(个)	0	2	8	11	5	7	1
	年均(个)	0.00	0.04	0.15	0.21	0.10	0.13	0.02
	占总数的百分比(%)	0	6	24	32	15	21	3
	最多(个)	0	1	1	2	2	2	1
连南	热带气旋总数(个)	0	2	10	10	8	5	1
	年均(个)	0.00	0.04	0.21	0.21	0.17	0.11	0.02
	占总数的百分比(%)	0	6	28	28	22	14	3
	最多(个)	0	1	1	2	2	2	1
连山	热带气旋总数(个)	0	2	9	10	4	4	1
	年均(个)	0.00	0.04	0.19	0.21	0.09	0.09	0.02
	占总数的百分比(%)	0	7	30	33	13	13	3
	最多(个)	0	1	1	3	1	2	1

四、对清远有严重影响的热带气旋

1957—2008 年对清远市产生严重影响的热带气旋有 12 个,占总数的 13%,年平均有 0.23 个。严重影响的热带气旋出现在 6—10 月,其中 8 月最多有 4 个,占总数 33%;其次是 9 月,有 3 个,占总数 25%(见表 3-2-5)。

表 3-2-5　1957—2008 年对清远市有严重影响的热带气旋个数表

月份 项目	5 月	6 月	7 月	8 月	9 月	10 月	11 月
严重影响的热带气旋个数(个)	0	2	1	4	3	2	0
占总数的百分比(%)	0	17	8	33	25	17	0

五、热带气旋的登陆地段

影响清远市的热带气旋以登陆粤中(台山—深圳)最多,共有 27 个,占总数 28%。其次是登陆粤东(深圳以东),共有 24 个,占总数 25%。登陆粤西(台山以西)的有 22 个,占总数 23%。在福建登陆的有 17 个,占总数 18%,剩下的 6 个(占 6%)在海南岛和广西登陆(见表 3-2-6)。

严重影响清远市的热带气旋以登陆粤中最多,有 8 个,占总数 67%。其次是登陆粤西,有 3 个,占总数 25%。登陆粤东的有 1 个,占 8%。

表 3-2-6　1957—2008 年影响清远市的热带气旋登陆地段统计表

登陆地区 项目	粤中	粤东	粤西	福建	海南、广西	合计
热带气旋个数(个)	27	24	22	17	6	96
占总数的百分比(%)	28	25	23	18	6	100

第三节　雷暴

雷暴是积雨云中云间或云地之间发生放电和雷声的天气现象,是大气不稳定状况的产物。雷暴的持续时间一般较短,单个雷暴的生命史一般不超过 2 h。清远市位于雷暴多发区,雷暴灾害时有发生。

一、雷暴的年际变化

清远市年平均雷暴日数为 76.7 d,各地年平均雷暴日数为 59～90 d。各地年最多雷暴日数出现在英德 1975 年,全年有雷暴 126 d,其次是佛冈 1973 年,有 121 d;年最少雷暴日数出现在连南 2001 年,全年只有 30 d(见表 3-3-1)。

清远、佛冈、英德和阳山年雷暴日数以 80～99 d 居多,占 44%～52%;连州、连南和连山则以 60～79 d 居多,占 51%～57%。各地年雷暴日数超过 100 d 的年数,清远最多有 14 年,佛冈次之有 9 年,连南则一年都没有(见表 3-3-2)。

各地雷暴日数的年际变化呈现逐渐减少的趋势。各地年代最多雷暴日数都出现在 20 世纪 70 年代,其中清远年平均有 97.9 d,为各地最多。各地年代最少雷暴日数都出现在 2000—2008 年,其中连南年平均只有 46.9 d,为各地最少(见表 3-3-3)。

表 3-3-1　清远市逐年雷暴日数表　　　　　　　　　（单位：d）

地区＼年份	1953	1954	1955	1956	1957	1958	1959	1960	1961	1962
清远	—	—	—	—	94	109	106	101	102	104
佛冈	—	—	—	—	93	86	103	107	97	101
英德	—	—	—	—	—	—	—	96	81	86
阳山	—	—	—	—	77	79	97	105	86	98
连州	52	63	86	69	77	68	82	77	80	76
连南	—	—	—	—	—	—	—	—	—	52
连山	—	—	—	—	—	—	—	—	—	85

地区＼年份	1963	1964	1965	1966	1967	1968	1969	1970	1971	1972
清远	100	106	92	75	84	94	84	101	94	95
佛冈	86	100	90	76	87	101	88	89	96	90
英德	76	87	76	80	84	89	87	93	93	84
阳山	93	90	82	72	92	97	86	99	100	95
连州	85	79	67	52	74	73	74	79	77	78
连南	48	69	63	49	71	67	66	67	76	60
连山	88	89	82	61	87	77	66	70	79	78

地区＼年份	1973	1974	1975	1976	1977	1978	1979	1980	1981	1982
清远	120	89	118	78	103	89	92	86	81	98
佛冈	121	82	112	77	97	95	93	86	74	82
英德	103	87	126	86	95	97	85	82	77	85
阳山	101	71	105	77	86	86	90	80	76	83
连州	91	70	107	70	80	77	80	78	77	87
连南	74	63	87	48	67	68	67	63	63	75
连山	86	76	99	59	82	82	89	91	74	84

地区＼年份	1983	1984	1985	1986	1987	1988	1989	1990	1991	1992
清远	111	77	82	88	95	89	72	68	70	84
佛冈	110	71	88	77	69	84	63	70	63	70
英德	113	80	88	75	83	76	58	71	59	74
阳山	108	74	83	69	68	70	59	56	66	77
连州	94	67	79	69	65	60	49	59	61	71
连南	72	52	73	62	59	43	40	47	53	63
连山	110	70	84	80	76	64	51	65	68	70

续表

地区 ＼ 年份	1993	1994	1995	1996	1997	1998	1999	2000	2001	2002
清远	100	93	78	96	104	94	83	82	73	75
佛冈	92	87	74	81	101	91	81	73	70	72
英德	105	92	71	70	99	77	69	64	69	76
阳山	81	90	71	70	86	82	70	66	67	75
连州	73	73	58	68	80	75	51	47	59	54
连南	58	73	60	61	67	67	49	43	30	45
连山	75	73	47	62	78	71	71	47	56	66

地区 ＼ 年份	2003	2004	2005	2006	2007	2008	平均	最多	最少
清远	59	69	90	88	85	81	90	120	59
佛冈	54	73	76	91	75	71	85	121	54
英德	60	76	88	85	70	70	83	126	58
阳山	59	56	81	83	59	67	81	108	56
连州	52	49	63	72	54	46	70	107	46
连南	39	45	61	70	50	39	59	87	30
连山	50	58	70	73	55	61	73	110	47

表 3-3-2　清远市年雷暴日数分布表

地区 ＼ 项目 ＼ 日数		＜60 d	60～79 d	80～99 d	≥100 d
清远	年数（年）	1	10	27	14
清远	百分比（%）	2	19	52	27
佛冈	年数（年）	1	18	24	9
佛冈	百分比（%）	2	35	46	17
英德	年数（年）	2	18	25	4
英德	百分比（%）	4	37	51	8
阳山	年数（年）	5	19	23	5
阳山	百分比（%）	10	37	44	10
连州	年数（年）	13	32	10	1
连州	百分比（%）	23	57	18	2
连南	年数（年）	19	27	1	0
连南	百分比（%）	40	57	2	0
连山	年数（年）	8	24	14	1
连山	百分比（%）	17	51	30	2

表 3-3-3　清远市年代雷暴平均日数表

地区	项目 \ 年代	1960—1969	1970—1979	1980—1989	1990—1999	2000—2008
清远	平均日数(d)	94.2	97.9	87.9	87.0	78.0
	≥100 d 年数(年)	5	4	1	2	0
佛冈	平均日数(d)	93.3	95.2	80.4	81.0	72.8
	≥100 d 年数(年)	4	2	1	1	0
英德	平均日数(d)	84.2	94.9	81.7	78.7	73.1
	≥100 d 年数(年)	0	2	1	1	0
阳山	平均日数(d)	90.1	91.0	77.0	74.9	68.1
	≥100 d 年数(年)	1	3	1	0	0
连州	平均日数(d)	73.7	80.9	72.5	66.9	55.1
	≥100 d 年数(年)	0	1	0	0	0
连南	平均日数(d)	60.6	67.7	60.2	59.8	46.9
	≥100 d 年数(年)	0	0	0	0	0
连山	平均日数(d)	79.4	80.0	78.4	68.0	59.6
	≥100 d 年数(年)	0	0	1	0	0

二、雷暴日数的月变化

清远市初雷(指一年中首次出现的雷暴)最早出现在 1 月 1 日(清远 1964 年),最晚出现在 4 月 7 日(佛冈 1974 年);终雷(指一年中最后一次出现的雷暴)最早出现在 8 月 27 日(连南 1989 年),最晚出现在 12 月 31 日(连州 1989 年)(见表 3-3-4)。

清远市雷暴主要集中出现在汛期 4—9 月,可占全年雷暴日数的 85%～89%。6—8 月是雷暴活动的高峰期,这段时间出现的雷暴日数占总日数的 50%～55%。其中 8 月雷暴日数最多,占总数的 18.2%～18.9%,各地月平均雷暴日数有 11.3～17 d。一个月中出现雷暴的日数最多可达 26 d,分别出现在清远 1997 年 7 月和 1964 年 8 月、英德 1993 年 6 月及阳山 1960 年 7 月(见表 3-3-5)。

11 月至次年 1 月,为雷暴的低发时期,各地月平均雷暴日数在 0.5 d 以下。特别是 12 月,各地月平均雷暴日数都为 0.1 d,只出现过 2～7 d 雷暴天气。其次是 1 月,各地月平均雷暴日数为 0.2～0.3 d(见表 3-3-6)。

表 3-3-4　清远市初、终雷出现时间表

地区 \ 项目	最早初雷	最迟初雷	最早终雷	最迟终雷
清远	1964.1.1	2003.4.3	2001.9.2	1992.12.30
佛冈	1964.1.1	1974.4.7	1967.9.9	1992.12.30
英德	1983.1.7	2003.4.3	2007.9.4	1971.12.26
阳山	1988.1.2	1971.3.31 2000.3.31	1991.9.5	2007.12.22

续表

地区 ＼ 项目	最早初雷	最迟初雷	最早终雷	最迟终雷
连州	1956.1.2	2000.4.1	1991.9.4	1989.12.31
连南	1998.1.14	1999.4.2	1989.8.27	2002.12.20
连山	1983.1.7	1971.3.31 2000.3.31	1991.9.4	2007.12.22

表 3-3-5　清远市月最多雷暴日数及出现时间表　（单位:d）

项目 ＼ 地区	清远	佛冈	英德	阳山	连州	连南	连山
月最多雷暴日数	26	25	26	26	24	22	25
出现时间	1964.8 1997.7	1959.6 1975.5	1993.6	1960.7	1971.8	1971.8	1979.8

表 3-3-6　清远市月雷暴日数表　（单位:d）

地区	项目 ＼ 月份	1月	2月	3月	4月	5月	6月
清远	雷暴总日数	12	75	258	469	678	848
	月平均日数	0.2	1.4	5.0	9.0	13.0	16.3
	占总数百分比	0.3%	1.6%	5.5%	10.0%	14.5%	18.1%
佛冈	雷暴总日数	13	71	264	476	669	802
	月平均日数	0.3	1.4	5.1	9.2	12.9	15.4
	占总数百分比	0.3%	1.6%	6.0%	10.7%	15.1%	18.1%
英德	雷暴总日数	11	74	278	454	600	701
	月平均日数	0.2	1.5	5.7	9.3	12.2	14.3
	占总数百分比	0.3%	1.8%	6.9%	11.2%	14.8%	17.3%
阳山	雷暴总日数	13	111	305	525	593	677
	月平均日数	0.3	2.1	5.9	10.1	11.4	13.0
	占总数百分比	0.3%	2.6%	7.3%	12.5%	14.1%	16.1%
连州	雷暴总日数	15	114	338	530	549	600
	月平均日数	0.3	2.0	6.0	9.5	9.8	10.7
	占总数百分比	0.4%	2.9%	8.6%	13.5%	14.0%	15.3%
连南	雷暴总日数	11	89	236	391	406	395
	月平均日数	0.2	1.9	5.0	8.3	8.6	8.4
	占总数百分比	0.4%	3.2%	8.4%	13.9%	14.5%	14.1%
连山	雷暴总日数	14	96	255	430	500	543
	月平均日数	0.3	2.0	5.4	9.1	10.6	11.6
	占总数百分比	0.4%	2.8%	7.4%	12.5%	14.6%	15.8%

续表

项目 \ 月份 \ 地区		7月	8月	9月	10月	11月	12月
清远	雷暴总日数	867	882	444	118	24	6
	月平均日数	16.7	17.0	8.5	2.3	0.5	0.1
	占总数百分比	18.5%	18.8%	9.5%	2.5%	0.5%	0.1%
佛冈	雷暴总日数	797	814	409	96	18	7
	月平均日数	15.3	15.6	7.9	1.8	0.3	0.1
	占总数百分比	18.0%	18.3%	9.2%	2.2%	0.4%	0.2%
英德	雷暴总日数	722	753	357	77	21	5
	月平均日数	14.7	15.4	7.3	1.6	0.4	0.1
	占总数百分比	17.8%	18.6%	8.8%	1.9%	0.5%	0.1%
阳山	雷暴总日数	763	763	346	75	18	7
	月平均日数	14.7	14.7	6.6	1.4	0.4	0.1
	占总数百分比	18.2%	18.2%	8.2%	1.8%	0.4%	0.2%
连州	雷暴总日数	649	743	302	63	24	6
	月平均日数	11.6	13.3	5.4	1.1	0.4	0.1
	占总数百分比	16.5%	18.9%	7.7%	1.6%	0.6%	0.2%
连南	雷暴总日数	477	530	201	53	17	2
	月平均日数	10.1	11.3	4.3	1.1	0.4	0.1
	占总数百分比	17.0%	18.9%	7.2%	1.9%	0.6%	0.1%
连山	雷暴总日数	611	650	251	63	19	3
	月平均日数	13.0	13.8	5.4	1.4	0.4	0.1
	占总数百分比	17.8%	18.9%	7.3%	1.8%	0.6%	0.1%

第四节　强对流天气

强对流天气发生在对流云系或单体对流云块中,在气象上属于中小尺度天气系统。这种天气的水平尺度一般小于 200 km,有的仅几千米。这种天气破坏力很强,它是气象灾害中历时短、天气剧烈、破坏性强的灾害性天气。

强对流天气包括雷雨大风(风力大于或等于 8 级)、飑线、冰雹和龙卷风 4 种天气现象。强对流天气一般影响的范围较小,而气象观测站是固定的,因此,可能出现当强对流天气发生时,没有影响到气象观测站的情况,造成强对流天气没有记录。本书是对气象观测站有观测记录的强对流天气数据进行统计分析。

一、雷雨大风

雷雨大风,指在出现雷、雨天气现象时,风力达到或超过 8 级(≥17.2 m/s)的天气现象。当雷雨大风发生时,乌云滚滚,电闪雷鸣,狂风夹伴强降水,有时伴有冰雹,风速极大。它涉及的范围一般只有几千米至几十千米。雷雨大风的生命史极短。

雷雨大风出现次数最多的是清远,共出现 241 次,年平均 4.6 次,其次是连山,共出现

134 次,年平均 2.9 次;最少的是连南,共出现 43 次,年平均 0.9 次(见表 3-4-1)。一年内,雷雨大风最多出现 16 次,出现在阳山 1967 年,其次是连州 1955 年为 13 次。但也有年份没有记录到雷雨大风天气,年数最多的是连州有 24 年,占总年数的 43%,连南有 21 年,占总年数的 45%;最少是清远有 5 年,占总年数的 10%(见表 3-4-2)。

表 3-4-1　　清远市雷雨大风次数统计表　　　　　　　　(单位:次)

项目＼地区	清远	佛冈	英德	阳山	连州	连南	连山
总次数	241	80	68	126	64	43	134
年平均次数	4.6	1.5	1.4	2.4	1.1	0.9	2.9

表 3-4-2　　清远市年最多、最少雷雨大风次数表　　　　　　(单位:次)

项目＼地区	清远	佛冈	英德	阳山	连州	连南	连山
年最多次数	12	8	5	16	13	4	8
出现年份	1996	1966	1975	1967	1955	2003	1974 1980
年最少次数	0	0	0	0	0	0	0
出现年数	5	16	16	16	24	21	8
百分比	10%	31%	33%	31%	43%	45%	17%

除 12 月外,其他各月清远市都有可能出现雷雨大风天气,但主要集中在 6—8 月,占全部次数的 63% 以上,其中 7 月最多,全市共记录到 203 次,占总次数的 27%,其次是 8 月为 146 次,占总次数的 19%(见表 3-4-3)。一个月中,最多记录到 6 次雷雨大风天气,出现在清远 1996 年 7 月,其次是阳山 1967 年 5 月和 1968 年 7 月,记录到 5 次(见表 3-4-4)。

清远市雷雨大风最早出现的日期为 1 月 15 日(连山 1978 年),最迟出现的日期为 11 月 25 日(清远 1997 年)。

表 3-4-3　　清远市雷雨大风月统计表　　　　　　　　　(单位:次)

地区＼月份	1 月	2 月	3 月	4 月	5 月	6 月	7 月	8 月	9 月	10 月	11 月	12 月
清远	0	3	8	20	35	51	54	40	25	4	1	0
佛冈	1	0	3	9	8	18	20	15	6	0	0	0
英德	0	0	1	9	9	9	23	12	4	1	0	0
阳山	0	1	1	13	17	14	39	26	15	0	0	0
连州	0	0	3	10	3	9	17	17	5	0	0	0
连南	0	0	0	5	4	4	15	11	4	0	0	0
连山	1	1	5	13	26	23	35	25	4	1	0	0
合计	2	5	21	79	102	128	203	146	63	6	1	0
百分比	0%	1%	3%	10%	13%	17%	27%	19%	8%	1%	0%	0%

表 3-4-4　清远市月最多雷雨大风次数及出现时间表　　　　　　（单位:次）

项目 \ 地区	清远	佛冈	英德	阳山	连州	连南	连山
月最多次数	6	4	3	5	4	2	4
出现时间	1996.7	1966.6 1971.6	1974.7	1967.5 1968.7	1955.8	1965.7 1968.8 1974.7 1985.7 2005.5	1974.7

二、飑线

气象上所谓飑,是指突然发生的风向突变、风力突增的强风现象。而飑线是指风向和风力发生剧烈变动的天气变化带,它是由多个雷暴单体排列成带状的狭窄云带,宽度半千米到几十千米,长度为几十至几百千米,维持时间为 4～18 h。飑线过境处风向急转,风速剧增,气压陡升,气温骤降,常伴有雷暴、暴雨、大风、冰雹和龙卷风等剧烈天气现象。

飑线具有突发性强、破坏力大、不可抗拒等特点,多发生在春季。它的形成、发展过程十分迅速,因此可预报时间很短。

2005 年 3 月 22 日上午,清远市发生强烈飑线,该飑线从广西梧州市自西向东移动,扫过清远市区域,对阳山、英德、清新、清城、佛冈产生较大影响,出现短时强降水、闪电、雷鸣、大风等天气,其中清远市观测站在 10:54 录得 18.1 m/s 的西南西风,特别是 10:45 前后 2 分钟,整个清远市区天黑如夜。

三、冰雹

冰雹是从雷雨云中降落的坚硬的球状、锥状或形状不规则的固体降水。常见的冰雹大小如豆粒,直径为 20 mm 左右,大的直径有约 100 mm,特大的可达 300 mm 以上。冰雹维持时间很短,通常是几分钟,但由于其天气剧烈,又常和雷雨大风、龙卷风一起出现,因而破坏力很大。冰雹往往打坏屋顶,将果木、蔬菜打得斑痕点点,有时甚至会伤及人畜。

清远市各地记录到的冰雹次数较少,其中阳山记录到的最多,有 19 次,其次是佛冈和连州有 13 次,最少是清远只有 6 次。佛冈、阳山、连州和连南年最多出现冰雹次数为 2 次,清远、英德和连山为 1 次(见表 3-4-5)。

时间分布上看,清远的冰雹多出现在春季 3—4 月,有 60 次,占冰雹总次数的 83%,其中 4 月有 32 次,占总次数 44%,3 月有 28 次,占 39%(见表 3-4-6)。

表 3-4-5　清远市冰雹次数表

项目 \ 地区	清远	佛冈	英德	阳山	连州	连南	连山
次数(次)	6	13	4	19	13	10	7
年数(年)	6	12	4	17	10	9	7
年最多次数(次)	1	2	1	2	2	2	1

表 3-4-6　清远市 2—8 月冰雹出现次数表　　　　　　　　　　（单位:次）

地区 \ 月份	2月	3月	4月	5月	6月	7月	8月
清远	1	2	3	0	0	0	0
佛冈	0	3	8	2	0	0	0
英德	0	0	2	0	1	1	0
阳山	1	10	6	2	0	0	0
连州	0	6	6	1	0	0	0
连南	0	5	3	1	0	0	1
连山	1	2	4	0	0	0	0
合计	3	28	32	6	1	1	1
百分比	4%	39%	44%	8%	1%	1%	1%

四、龙卷风

雷雨云的云底伸展出来并到地面,形成漏斗状云,称作龙卷。龙卷伸到地面时会引起强烈的旋风,这种旋风称为龙卷风。龙卷风中心的风力可达 12 级以上,一般伴有雷雨,有时也伴有冰雹,具有极大的破坏力。龙卷风的水平范围很小,直径从几米到几百米,平均为 250 m 左右,最大为 1 km 左右。在空中直径可有几千米,最大有 10 km。生命也很短促,往往只有几分钟到 10 多分钟,个别情况可长达 1 个小时。龙卷引发的旋风是反时针方向旋转,这是龙卷风与一般的雷雨大风的最大区别。龙卷风大多出现在夏春两季,沿海地区最多,内陆较少。

清远市各气象观测站从建站至 2008 年都没有观测到龙卷风。

第五节　低温

低温是指日极端最低气温≤5℃的天气。

一、低温的年际变化

清远市年平均低温日数为 25 d,各地年平均低温日数为 7.7~43.3 d。一年内出现低温日数最多的是连山 1983—1984 年度,多达 72 d;最少的是清远 1972—1973 年度、1990—1991 年度、1998—1999 年度和 2000—2001 年度,没有出现低温天气,其次是佛冈、英德 2000—2001 年度只出现 1 d(见表 3-5-1)。清远、佛冈和英德年低温日数主要在 20 d 以下,占总年数 63%~94%,阳山主要集中在 10~39 d,占总年数 79%,连州和连南集中在 20~49 d,分别占总年数 66% 和 70%,连山则集中在 30 d 以上,占总年数 83%(见表 3-5-2)。

各地低温日数最多年代均出现在 20 世纪 60 年代,年平均低温日数为 12.2~49.9 d。低温日数最少年代,清远出现在 2000—2008 年,年平均低温日数为 3.6 d,英德 20 世纪 90 年代和 2000—2008 年都是 9.8 d,其余均出现在 20 世纪 90 年代,为 10.7~35.4 d(见表 3-5-3)。

表 3-5-1 清远市年平均低温日数和年最多低温日数表

项目 \ 地区	清远	佛冈	英德	阳山	连州	连南	连山
年平均低温日数(d)	7.7	16.4	17.6	24.3	34.8	33.4	43.3
年最多低温日数(d)	25	35	41	49	61	62	72
出现年度	1973—1974	1975—1976	1975—1976	1973—1974	1983—1984	1983—1984	1983—1984
年最少低温日数(d)	0	1	1	4	9	11	21
出现年度	1972—1973 1990—1991 1998—1999 2000—2001	2000—2001	2000—2001	1990—1991	1990—1991	1990—1991	1972—1973 1994—1995

表 3-5-2 清远市年平均低温日数分布表

项目 \ 地区	清远	佛冈	英德	阳山	连州	连南	连山
<10 d 年数(年)	35	13	17	5	1	0	0
百分比(%)	67	25	35	10	2	0	0
10～19 d 年数	14	23	14	13	8	9	0
百分比(%)	27	44	29	25	14	19	0
20～29 d 年数(年)	3	10	8	18	13	12	8
百分比(%)	6	19	16	35	24	26	17
30～39 d 年数(年)	0	6	8	10	12	9	11
百分比(%)	0	12	16	19	21	19	23
40～49 d 年数(年)	0	0	2	6	12	12	11
百分比(%)	0	0	4	11	21	26	24
≥50 d 年数(年)	0	0	0	0	10	5	17
百分比(%)	0	0	0	0	18	10	36

表 3-5-3 清远市年代平均低温日数表   （单位:d）

年代 \ 地区	清远	佛冈	英德	阳山	连州	连南	连山
1960—1969 (连南、连山 1962 年开始)	12.2	22.9	29.3	33.3	42.4	44.6	49.9
1970—1979	10.5	18.8	21.4	26.3	34.5	33.9	42.5
1980—1989	7.6	18.1	16.7	26.3	35.9	36.1	47.7
1990—1999	4.0	10.7	9.8	15.3	25.3	25.5	35.4
2000—2008	3.6	11.6	9.8	19.9	29.3	28.4	42.3

表 3-5-4 清远市逐年低温日数表 （单位:d）

地区 年度	清远	佛冈	英德	阳山	连州	连南	连山
1953—1954	—	—	—	—	36	—	—
1954—1955	—	—	—	—	59	—	—
1955—1956	—	—	—	—	55	—	—
1956—1957	—	—	—	—	55	—	—
1957—1958	10	17	—	20	25	—	—
1958—1959	7	13	—	30	45	—	—
1959—1960	8	13	—	22	27	—	—
1960—1961	10	15	22	25	36	—	—
1961—1962	7	24	34	35	45	—	—
1962—1963	23	34	41	46	57	57	67
1963—1964	10	23	28	35	40	45	46
1964—1965	7	21	30	25	36	42	53
1965—1966	6	10	13	20	25	28	38
1966—1967	14	27	29	40	50	49	53
1967—1968	16	29	36	37	49	47	54
1968—1969	14	21	26	38	43	44	43
1969—1970	15	25	34	32	43	45	45
1970—1971	12	21	23	24	27	29	34
1971—1972	7	19	31	29	52	46	56
1972—1973	0	6	6	10	11	17	21
1973—1974	25	32	37	49	56	56	66
1974—1975	1	2	4	6	10	12	28
1975—1976	21	35	41	45	54	54	61
1976—1977	18	30	34	48	54	51	62
1977—1978	7	16	15	20	30	25	30
1978—1979	3	8	6	12	19	18	25
1979—1980	11	19	17	20	32	31	42
1980—1981	8	14	13	19	24	26	27
1981—1982	6	12	8	20	31	32	39
1982—1983	16	28	23	32	41	40	54
1983—1984	16	34	36	43	61	62	72
1984—1985	4	13	16	37	43	42	54
1985—1986	15	30	28	38	41	41	51
1986—1987	1	8	5	6	15	15	31
1987—1988	4	14	18	29	40	39	52
1988—1989	3	17	13	24	36	38	54
1989—1990	3	11	7	15	27	26	43
1990—1991	0	5	4	4	9	11	22
1991—1992	6	10	10	14	21	22	44

续表

年度\地区	清远	佛冈	英德	阳山	连州	连南	连山
1992—1993	10	19	17	21	32	32	42
1993—1994	2	16	11	21	35	37	47
1994—1995	3	7	5	7	13	17	21
1995—1996	9	19	17	27	48	44	58
1996—1997	1	9	8	13	27	23	29
1997—1998	2	3	9	15	19	19	25
1998—1999	0	4	3	9	22	23	30
1999—2000	7	15	14	22	27	27	36
2000—2001	0	1	1	12	19	17	34
2001—2002	3	8	7	10	17	15	36
2002—2003	6	9	8	19	26	24	33
2003—2004	7	17	16	27	33	31	53
2004—2005	3	13	9	19	37	34	49
2005—2006	1	5	8	18	28	29	41
2006—2007	1	10	3	16	24	22	35
2007—2008	9	23	23	36	43	46	55
2008—2009	2	18	13	22	37	38	45

二、低温的月变化

清远市低温天气出现在10月至翌年4月,集中出现在12、1月和2月,这三个月各地年平均低温日数为7.5～37.4 d,占总日数的86.4%～97.8%。其中1月最多,各地年平均低温日数为3.7～15.4 d,占总日数的35.5%～47.5%。其次是12月,为2.1～12.8 d,占25.7%～29.6%。10月和4月只有连州、连南和连山出现过低温天气,但出现日数都不多。清远市低温天气最早出现的日期为10月29日(连山1991年),最迟结束的日期为4月9日(连山1963年)。

各地月最多低温日数达28 d,出现在连州1962年1月、连南1983年1月、连山1962年和1983年1月(见表3-5-5)。

表3-5-5　清远市月平均低温日数表　　　　　　　　　　　　　　　　　　　　(单位:d)

地区	项目\月份	10月	11月	12月	1月	2月	3月	4月
清远	月平均日数	—	0.10	2.10	3.70	1.80	0.10	—
	百分比(%)	—	1.2	27.5	47.5	22.8	1.0	—
	月最多日数	—	2	14	16	11	2	—
佛冈	月平均日数	—	0.30	4.80	7.30	3.50	0.50	—
	百分比(%)	—	2.0	29.2	44.2	21.5	3.1	—
	月最多日数	—	4	17	20	15	5	—

续表

地区 \ 项目 \ 月份		10月	11月	12月	1月	2月	3月	4月
英德	月平均日数	—	0.50	5.10	7.60	3.90	0.50	—
	百分比(%)	—	2.7	29.3	43.2	22.1	2.7	—
	月最多日数	—	6	20	23	15	5	—
阳山	月平均日数	—	0.70	6.30	10.70	5.80	0.90	—
	百分比(%)	—	2.7	25.7	44.0	23.7	3.9	—
	月最多日数	—	5	22	24	20	5	—
连州	月平均日数	0.04	1.80	10.20	13.60	7.60	1.60	0.02
	百分比(%)	0.1	5.3	29.2	39.1	21.7	4.5	0.1
	月最多日数	1	11	23	28	21	8	1
连南	月平均日数	0.02	1.40	9.50	13.30	7.70	1.50	0.02
	百分比(%)	0.1	4.1	28.4	39.7	23.2	4.4	0.1
	月最多日数	1	8	22	28	22	5	1
连山	月平均日数	0.10	3.20	12.80	15.40	9.20	2.40	0.10
	百分比(%)	0.3	7.5	29.6	35.5	21.3	5.7	0.1
	月最多日数	3	11	23	28	20	8	1

第六节　霜冻

霜是地面上或近地面物体上由水汽凝华而成的白色松脆的冰晶,或由露冻结而成的冰珠;霜出现时地面温度已降到0℃或以下。霜对农作物造成的冻害,称为霜冻。

一、霜冻的年际变化

清远市各地年平均霜日为3.1~12.6 d。年最多霜冻日数出现在连山1962—1963年度,为36 d;其次是连山1975—1976年度,为34 d;第三出现在连州1975—1976年度,为32 d。各地都出现过一年都没有出现霜冻的年份,其中连州、连南和连山出现过1年,为1997—1998年度,阳山和英德出现过2年,佛冈出现过15年,清远出现过21年(见表3-6-1)。

表3-6-1　清远市各地年平均霜冻日数表　　　　　　(单位:d)

项目 \ 地区	清远	佛冈	英德	阳山	连州	连南	连山
年平均日数	3.3	3.1	6.2	8.6	11.8	9.0	12.6
年最多日数	17	17	24	25	32	27	36
出现年度	1975—1976	1962—1963	1975—1976	1975—1976	1975—1976	1962—1963 1975—1976	1962—1963
年最少日数	0	0	0	0	0	0	0
出现年度	21年	15年	1984—1985 2000—2001	1989—1990 1997—1998	1997—1998	1997—1998	1997—1998

　　清远、佛冈和英德的霜冻日数的年际变化呈现逐渐减少的趋势,阳山、连南和连山1960—1999 年呈减少趋势,但 2000 年后回升。各地年代最多霜冻日数除阳山出现在2000—2008 年、连州在 20 世纪 80 年代外,其余均出现在 60 年代,其中连山 60 年代年平均有 17.1 d,为全市最多。最少霜冻日数,清远、佛冈、英德出现在 2000—2008 年,阳山、连州、连南和连山在 20 世纪 90 年代,其中清远 2000—2008 年年平均只有 0.2 d,为全市最少,9 年中只有 2001—2002 年度出现 2 d 霜冻(见表 3-6-2)。

表 3-6-2　清远市年代平均霜冻日数表　　　　　　　　　　　　　　(单位:d)

年代 \ 地区	清远	佛冈	英德	阳山	连州	连南	连山
1960—1969 (连南和连山从 1962 年起)	4.9	5.3	9.4	10.0	13.1	12.6	17.1
1970—1979	4.7	4.2	8.6	9.4	14.6	10.8	13.1
1980—1989	4.6	3.1	5.4	8.7	14.9	9.3	12.9
1990—1999	1.5	1.7	4.1	5.7	7.0	5.9	8.5
2000—2008	0.2	0.9	3.4	10.6	7.9	6.9	12.3

表 3-6-3　清远市逐年霜冻日数表　　　　　　　　　　　　　　(单位:d)

年度 \ 地区	清远	佛冈	英德	阳山	连州	连南	连山
1953—1954	—	—	—	—	7	—	—
1954—1955	—	—	—	—	9	—	—
1955—1956	—	—	—	—	16	—	—
1956—1957	—	—	—	—	21	—	—
1957—1958	1	0	—	2	3	—	—
1958—1959	6	6	—	7	26	—	—
1959—1960	4	4	6	7	10	—	—
1960—1961	5	4	10	10	12	—	—
1961—1962	4	4	11	16	13	—	—
1962—1963	15	17	22	21	24	27	36
1963—1964	4	3	6	8	6	11	14
1964—1965	6	12	7	9	17	18	31
1965—1966	2	1	3	2	5	4	4
1966—1967	4	1	9	11	12	12	15
1967—1968	2	4	9	6	13	10	10
1968—1969	0	0	3	5	6	3	7
1969—1970	7	7	14	12	23	16	20
1970—1971	9	9	12	13	13	14	13
1971—1972	1	3	15	8	25	11	20
1972—1973	0	0	1	1	2	1	1

年度 地区	清远	佛冈	英德	阳山	连州	连南	连山
1973—1974	12	8	22	24	30	24	27
1974—1975	0	2	1	2	6	2	4
1975—1976	17	13	24	25	32	27	34
1976—1977	5	4	4	7	12	10	15
1977—1978	3	2	4	7	12	10	7
1978—1979	0	1	1	4	5	4	5
1979—1980	0	0	2	3	9	5	5
1980—1981	6	2	7	6	12	8	8
1981—1982	4	3	6	6	12	10	12
1982—1983	11	7	12	16	17	15	20
1983—1984	7	5	8	17	25	13	21
1984—1985	0	0	0	3	7	5	4
1985—1986	10	7	11	23	30	22	25
1986—1987	0	1	1	3	10	5	8
1987—1988	5	2	5	8	14	8	16
1988—1989	3	3	3	5	11	6	9
1989—1990	0	1	1	0	11	1	6
1990—1991	0	2	1	3	3	2	3
1991—1992	1	0	4	4	4	2	9
1992—1993	3	3	5	8	12	8	16
1993—1994	6	3	8	12	17	16	16
1994—1995	2	2	4	5	4	4	5
1995—1996	0	4	8	9	10	10	13
1996—1997	0	0	4	5	5	4	6
1997—1998	0	0	1	0	0	0	0
1998—1999	0	0	1	4	8	6	8
1999—2000	3	3	5	7	7	7	9
2000—2001	0	0	0	4	5	4	4
2001—2002	2	1	2	10	7	7	9
2002—2003	0	0	2	6	5	1	5
2003—2004	0	0	7	12	12	9	18
2004—2005	0	0	2	7	7	3	15
2005—2006	0	0	2	6	10	6	10
2006—2007	0	4	7	19	6	13	16
2007—2008	0	0	4	10	5	8	16
2008—2009	0	3	5	21	14	11	18

二、霜冻的月变化

清远市霜冻天气出现在10月至翌年4月,集中出现在12月和1月。各地12月和1月两个月的平均霜冻日数为2.6~9.9 d,占总日数78.6%~90.9%。其中12月各地平均霜冻日数为1.1~5.3 d,占总日数35.5%~42.4%,1月为1.5~4.6 d,占总日数36.5%~48.5%。10月和4月只有连山出现过霜冻,分别出现在1969年4月和1991年10月。

各地月最多霜冻天气出现在连州1975年12月,达17 d。其次是连南1975年12月、连山1975年12月和1963年1月,出现16 d(见表3-6-4)。

秋冬季第一次出现霜冻的日期称为初霜日,冬春季最后一次出现霜冻的日期称为终霜日,终霜日和下一次初霜日之间的天数称为无霜期。清远市最早的初霜日出现在连山1991年10月29日,其余各地的最早初霜日都出现在11月;最晚的终霜日出现在连山1969年4月6日,其余各地最迟终霜日都出现在3月。各地无霜期在307~348 d(见表3-6-5)。

表3-6-4 清远市月平均、最多霜冻日数表 (单位:d)

地区	项目\月份	10月	11月	12月	1月	2月	3月	4月
清远	平均霜冻日数	0.00	0.10	1.40	1.60	0.20	0.02	0.00
	最多霜冻日数	0	2	9	10	3	1	0
佛冈	平均霜冻日数	0.00	0.10	1.10	1.50	0.20	0.10	0.00
	最多霜冻日数	0	1	8	10	3	2	0
英德	平均霜冻日数	0.00	0.20	2.30	2.80	0.80	0.20	0.00
	最多霜冻日数	0	5	13	14	7	3	0
阳山	平均霜冻日数	0.00	0.40	3.50	3.60	1.00	0.10	0.00
	最多霜冻日数	0	4	14	12	7	2	0
连州	平均霜冻日数	0.00	0.90	4.60	4.60	1.30	0.20	0.00
	最多霜冻日数	0	8	17	14	9	3	0
连南	平均霜冻日数	0.00	0.50	3.60	3.80	1.00	0.10	0.00
	最多霜冻日数	0	4	16	14	7	2	0
连山	平均霜冻日数	0.10	1.00	5.30	4.60	1.30	0.20	0.02
	最多霜冻日数	3	8	16	16	7	3	1

表3-6-5 清远市初、终霜和无霜期表 (单位:d)

项目\地区	清远	佛冈	英德	阳山	连州	连南	连山
最早初霜日期	1958.11.25 1975.11.25	1964.11.27	1971.11.17	1975.11.24	1958.11.1	1964.11.14	1991.10.29
最迟终霜日期	1984.3.2	1968.3.4 1972.3.4	1972.3.5 2005.3.5	2005.3.6	2009.3.15	1986.3.5	1969.4.6
无霜期	348	347	333	321	309	319	307

第七节　干旱

一、干旱的标准

对干旱的表征方法,是依据农业生产在不同季节里保持植物生长所要求的需水量而制定的,这种需水量在气象上就称为透雨。所谓"透雨"是指一日或连续几日累积降水量(日降水量≥0.1 mm)能够基本满足作物的需水要求,其量值随地区、季节、下垫面、作物种类及其生长发育期等因素不同而变化。根据多年实践经验,广东省冬、春季由于气温较低蒸发量较小,"透雨"标准定为累计降水量≥20mm。夏、秋季气温较高蒸发量大,"透雨"标准定为累计降水量≥40 mm。在两个透雨时段之间的间隔日数就是旱期。这里采用干旱的季节划分标准为:春旱 2—5 月、夏旱 6—7 月、秋旱 8—10 月、冬旱 11 月至翌年 1 月。

根据"无透雨时段"天数将任意干旱过程分为无、轻、中、重 4 个等级,并根据"无透雨时段"起始、结束时间所处季节,将干旱分为 16 个类型(见表 3-7-1)。

表 3-7-1　各种干旱的旱期起止月份及其等级划分表

干旱类型	开始月份	结束月份	各等级"无透雨"日数(d)			
			无	轻	中	重
春旱	2—5 月	2—5 月	<25	25～34	35～49	≥50
冬春连旱	11 月至次年 1 月					
秋冬春连旱	8—10 月					
夏秋冬春连旱	6—7 月					
夏旱	6—7 月	6—7 月	<30	30～39	40～49	≥50
春夏连旱	2—5 月					
冬春夏连旱	11 月至次年 1 月					
秋冬春夏连旱	8—10 月					
秋旱	8—10 月	8—10 月	<30	30～39	40～49	≥50
夏秋连旱	6—7 月					
春夏秋连旱	2—5 月					
冬春夏秋连旱	11 月至次年 1 月					
冬旱	11 月至次年 1 月	11 月至次年 1 月	<25	25～34	35～49	≥50
秋冬连旱	8—10 月					
夏秋冬连旱	6—7 月					
春夏秋冬连旱	2—5 月					

二、干旱的分布特征

根据各地气象资料统计,清远市各地年平均出现干旱 2.4～2.8 次,年平均出现干旱天数为140~163 d,每年都会有不同程度的干旱发生。

由于清远市季节降水分布不均,干湿季节明显,因此季节性干旱十分明显,而且一年四季都有干旱出现的可能。秋、冬季清远市降水较少,容易出现秋、冬季干旱,有些年份干旱从秋季一直持续到深冬季节,成为秋冬连旱;春季冷暖气团在南岭附近交汇,地处南岭南侧的清远市降水开始增多,春旱出现的概率相对较少,但有些年份由于降水持续偏少,干旱从秋、冬季一直延伸至翌年春季,形成秋冬春连旱或冬春连旱。从对农业生产的影响来看,最为直接的是春、秋旱,而按照影响的程度,春旱要比秋旱严重得多,特别是出现冬春连旱甚至秋冬春连旱的时候。

清远市没有出现过夏秋冬春连旱、秋冬春夏连旱、冬春夏秋连旱、春夏秋连旱和冬春夏连旱。从每年发生的概率来看,秋冬连旱发生的可能性最大,为50%~79%;冬旱次之,为42%~55%;第三为冬春连旱,为40%~52%。若以连旱天数≥120 d为特别严重旱情指标,则清远市各地共出现4~11次,发生概率为9%~21%(见表3-7-2)。

表3-7-2　清远市各类旱情持续天数和发生概率表

清远	出现次数(次)	平均出现天数(d)	最长天数(d)	最短天数(d)	年发生概率(%)
春旱	19	33	50	25	37
冬春连旱	21	66	148	25	40
秋冬春连旱	8	148	176	110	15
夏旱	1	36	36	36	2
秋旱	15	46	71	31	29
夏秋连旱	6	44	54	35	12
冬旱	28	45	78	26	54
秋冬连旱	26	71	135	28	50
年	—	140	176	25	—

佛冈	出现次数(次)	平均出现天数(d)	最长天数(d)	最短天数(d)	年发生概率(%)
春旱	11	37	54	26	21
冬春连旱	21	62	115	25	40
秋冬春连旱	5	152	177	131	10
夏旱	7	35	38	30	13
秋旱	23	43	64	30	44
夏秋连旱	7	43	54	32	13
冬旱	23	42	78	25	44
秋冬连旱	30	82	145	30	58
年	—	143	177	25	—

英德	出现次数(次)	平均出现天数(d)	最长天数(d)	最短天数(d)	年发生概率(%)
春旱	13	31	43	25	27
冬春连旱	24	65	115	28	49
秋冬春连旱	3	155	183	131	6
夏旱	8	35	44	30	16
春夏连旱	2	35	39	30	4

续表

英德	出现次数（次）	平均出现天数（d）	最长天数（d）	最短天数（d）	年发生概率（%）
秋旱	17	42	77	30	35
夏秋连旱	13	42	70	30	27
冬旱	22	47	83	25	45
秋冬连旱	35	78	152	31	71
年	—	159	183	25	—

阳山	出现次数（次）	平均出现天数（d）	最长天数（d）	最短天数（d）	年发生概率（%）
春旱	6	32	43	26	12
冬春连旱	22	52	114	25	42
秋冬春连旱	2	172	181	163	4
夏旱	6	39	48	30	12
秋旱	13	49	71	32	25
夏秋连旱	21	46	84	30	40
冬旱	22	45	82	25	42
秋冬连旱	41	69	123	27	79
夏秋冬连旱	1	129	129	129	2
年	—	144	181	25	—

连州	出现次数（次）	平均出现天数（d）	最长天数（d）	最短天数（d）	年发生概率（%）
春旱	12	34	43	25	21
冬春连旱	29	54	104	25	52
秋冬春连旱	2	179	198	160	4
夏旱	11	40	56	30	20
春夏连旱	1	47	47	47	2
秋旱	13	51	66	32	23
夏秋连旱	18	53	84	30	32
冬旱	28	50	84	25	50
秋冬连旱	32	80	139	36	57
夏秋冬连旱	4	137	189	103	7
春夏秋冬连旱	1	180	180	180	2
年	—	163	198	25	—

连南	出现次数（次）	平均出现天数（d）	最长天数（d）	最短天数（d）	年发生概率（%）
春旱	10	34	42	26	21
冬春连旱	21	49	115	25	45
秋冬春连旱	2	164	164	164	4
夏旱	7	39	56	31	15
春夏连旱	1	38	38	38	2
秋旱	14	49	77	30	30
夏秋连旱	14	48	84	30	30
冬旱	26	46	82	25	55
秋冬连旱	28	80	139	27	60
夏秋冬连旱	2	138	149	126	4
年	—	151	164	25	—

连山	出现次数(次)	平均出现天数(d)	最长天数(d)	最短天数(d)	年发生概率(%)
春旱	9	32	43	25	19
冬春连旱	23	52	115	25	49
夏旱	5	39	47	30	11
春夏连旱	1	40	40	40	2
秋旱	16	49	72	30	34
夏秋连旱	12	44	77	31	26
冬旱	26	46	81	26	55
秋冬连旱	29	84	145	27	62
夏秋冬连旱	1	152	152	152	2
年	—	145	152	25	—

(一)春旱

清远市的春旱天数,各地平均出现天数为31~37 d,最长过程天数为42~54 d,最短的为25~26 d;各地出现6~19次春旱,年发生概率为12%~37%,英德(2002年)和连山(1966年)各有1年出现2次春旱(见表3-7-2)。其中,重春旱年只有清远(1967年,50 d)和佛冈(2008年,54 d)出现过,中等春旱年各地有2~6年,占4%~11%,轻春旱年各地有4~13年,占8%~25%(见表3-7-3)。

表 3-7-3　清远市春旱出现年数表

项目 \ 地区	清远	佛冈	英德	阳山	连州	连南	连山
重春旱年数(年)	1	1	0	0	0	0	0
发生概率(%)	2	2	0	0	0	0	0
中春旱年数(年)	5	4	3	2	6	5	2
发生概率(%)	10	8	6	4	11	11	4
轻春旱年数(年)	13	6	9	4	6	5	5
发生概率(%)	25	12	18	8	11	11	11

(二)秋旱

清远市的秋旱天数,各地平均出现天数为42~51 d,最长过程天数为64~77 d,最短的为30~32 d;各地出现13~23次秋旱,年发生概率为23%~44%,佛冈(2006年)和英德(1990年)各有1年出现2次秋旱(见表3-7-2)。其中,重秋旱年各地有2~8年,占4%~17%;中等秋旱年有2~8年,占4%~15%,轻秋旱年有3~8年,占5%~16%(见表3-7-4)。

表 3-7-4　清远市秋旱出现年数表

项目 \ 地区	清远	佛冈	英德	阳山	连州	连南	连山
重秋旱年数(年)	4	6	2	6	7	6	8
发生概率(%)	8	12	4	12	13	13	17
中秋旱年数(年)	6	8	6	4	3	2	3
发生概率(%)	12	15	12	8	5	4	6
轻秋旱年数(年)	5	8	8	3	3	6	5
发生概率(%)	10	15	16	6	5	13	11

(三)连旱

从干旱发生次数看,清远市发生于不同季节的连续干旱比单季节干旱的机会要大得多。连续干旱主要有秋冬连旱、冬春连旱和秋冬春三季连旱,发生机会最多的是秋冬连旱和冬春连旱。

秋冬连旱各地平均出现天数为 69～84 d,最长过程天数为 123～152 d,最短的为 27～36 d;各地出现 26～41 次秋冬连旱,年发生概率为 50%～79%(见表 3-7-2)。其中,重秋冬连旱年各地有 18～26 年,占 35%～53%;中等秋冬连旱年有 2～8 年,占 4%～15%,轻秋冬连旱年有 0～7 年,占 0%～13%。若以连旱天数≥120 d 为特别严重旱情指标,各地则有 1～6 年,占 2%～12%(见表 3-7-5)。

表 3-7-5　清远市秋冬连旱出现年数表

项目 \ 地区	清远	佛冈	英德	阳山	连州	连南	连山
轻度旱年数(年)	2	3	3	7	0	2	2
发生概率(%)	4	6	6	13	0	4	4
中度旱年数(年)	6	4	6	8	6	4	2
发生概率(%)	12	8	12	15	11	9	4
重度旱年数(年)	18	23	26	26	26	22	25
发生概率(%)	35	44	53	50	46	47	53
特重度旱年数(年)	2	6	6	2	3	1	3
发生概率(%)	4	12	12	4	5	2	6

冬春连旱各地平均出现天数为 49～66 d,最长过程天数为 104～148 d,最短的为 25～28 d;各地出现 21～29 次冬春连旱,年发生概率为 40%～52%(见表 3-7-2)。其中,重冬春连旱年各地有 9～16 年,占 19%～33%;中等冬春连旱年有 2～6 年,占 4%～13%,轻冬春连旱年有 4～10 年,占 8%～19%。特别严重旱年只有清远出现 2 年,占 4%(见表 3-7-6)。

表 3-7-6　清远市冬春连旱出现年数表

项目 ＼ 地区	清远	佛冈	英德	阳山	连州	连南	连山
轻度旱年数(年)	5	5	4	8	10	9	8
发生概率(％)	10	10	8	15	18	19	17
中度旱年数(年)	2	2	4	3	5	2	6
发生概率(％)	4	4	8	6	9	4	13
重度旱年数(年)	14	14	16	11	14	10	9
发生概率(％)	27	27	33	21	25	21	19
特重度旱年数(年)	2	0	0	0	0	0	0
发生概率(％)	4	0	0	0	0	0	0

　　秋冬春连旱除连山没出现过外,其余各地出现 2～8 次,年发生概率为 4％～15％,各地平均出现天数为 148～179 d,最长过程天数为 164～198 d,最短的为 110～164 d。

　　春夏秋冬四季连旱只有连州 1963 年出现过,连旱日数为 180 d(见表 3-7-2)。

第八节　高温

　　日极端最高气温≥35℃称为高温。

一、高温的年际变化

　　清远市年平均高温日数为 22.2 d,各地年平均高温日数为 9～31.6 d。各地年最多高温日数出现在连州 2000 年和 2007 年,为 57 d;其次是阳山 2007 年,为 54 d。年最少高温日数只有 1 d,出现在清远 1973 年、佛冈 1973 年和连州 1973、1997 年。清远、佛冈和连南年高温日数＜30 d 的年数占总年数的 88％～100％,英德、连州和连南占 60％～68％,阳山只占 41％。年高温日数≥40 d 年数最多的是阳山有 12 年,占总年数的 23％;其次是连州有 11 年,占总年数的 20％。年高温日数＜10 d 的年数最多是连山,多达 28 年,占总年数的 60％(见表 3-8-1)。

　　高温日数最少的年代除连山出现在 20 世纪 60 年代、70 年代外,其余各地出现在 70 年代,其中连山 60、70 年代年平均高温日数只有 7 d,为全市最少。高温日数最多的年代各地均出现在 2000—2008 年,其中连州年平均高温日数多达 48.0 d,为全市最多;其次是阳山的 41.8 d(见表 3-8-2)。

表 3-8-1　清远市年平均、年最多和年最少高温日数表

项目 ＼ 地区	清远	佛冈	英德	阳山	连州	连南	连山
年平均日数(d)	14.4	13.3	27.4	31.6	29.5	27.4	9.0
年最多高温日数(d)	40	33	44	54	57	51	23
出现年份	2007	2003	2000	2007	2000 2007	2007	1990

续表

项目 ＼ 地区	清远	佛冈	英德	阳山	连州	连南	连山
年最少高温日数(d)	1	1	7	9	11	11	1
出现年份	1973	1973	1973	1997	1982	1997	1973 1997
年高温日数＜10 d 年数(年)	21	17	1	1	0	0	28
占总年数百分比(％)	40	33	2	2	0	0	60
年高温日数 10～19 d 年数(年)	17	26	9	4	10	13	17
占总年数百分比(％)	33	50	18	8	18	28	36
年高温日数 20～29 d 年数(年)	8	8	20	16	24	19	2
占总年数百分比(％)	15	15	41	31	42	40	4
年高温日数 30～39 d 年数(年)	5	1	13	19	11	7	0
占总年数百分比(％)	10	2	27	36	20	15	0
年高温日数 40～49 d 年数(年)	1	0	6	11	7	7	0
占总年数百分比(％)	2	0	12	21	13	15	0
年高温日数≥50 d 年数(年)	0	0	0	1	4	1	0
占总年数百分比(％)	0	0	0	2	7	2	0

表 3-8-2　清远市年代平均高温日数表　　　　　　　　　　　　　(单位:d)

年代 ＼ 地区	清远	佛冈	英德	阳山	连州	连南	连山
1960—1969(连南和连山从 1962 年起)	11.4	14.0	27.1	32.4	26.4	27.4	7.0
1970—1979	8.0	7.2	19.7	26.4	22.8	21.2	7.0
1980—1989	11.3	11.8	26.1	33.1	23.7	23.6	9.1
1990—1999	16.2	13.3	27.3	28.0	30.3	25.6	8.8
2000—2008	29.7	23.2	37.8	41.8	48.0	40.3	13.0

表 3-8-3　清远市逐年高温日数表　　　　　　　　　　　　　(单位:d)

年份 ＼ 地区	清远	佛冈	英德	阳山	连州	连南	连山
1953	—	—	—	—	52	—	—
1954	—	—	—	—	22	—	—
1955	—	—	—	—	14	—	—
1956	—	—	—	—	38	—	—
1957	7	8	—	26	25	—	—
1958	2	3	—	22	15	—	—
1959	6	8	—	20	21	—	—
1960	8	8	11	22	12	—	—

续表

年份 \ 地区	清远	佛冈	英德	阳山	连州	连南	连山
1961	11	15	29	34	29	—	—
1962	15	17	33	42	39	39	10
1963	14	26	36	34	32	29	5
1964	5	9	25	32	32	29	2
1965	6	12	18	27	21	27	8
1966	11	10	32	35	24	23	6
1967	21	16	36	36	23	25	9
1968	16	17	22	31	24	23	7
1969	7	10	29	31	28	24	9
1970	10	9	25	22	25	18	7
1971	9	10	26	19	27	19	8
1972	16	11	23	32	28	19	10
1973	1	1	7	20	18	16	1
1974	12	7	19	27	14	21	5
1975	2	2	11	18	21	22	5
1976	8	10	18	29	19	20	6
1977	5	5	13	26	18	19	4
1978	7	6	28	40	30	30	11
1979	10	11	27	31	28	28	13
1980	6	12	37	47	21	20	9
1981	8	12	28	32	26	18	11
1982	7	9	15	28	11	19	3
1983	12	11	29	33	32	36	16
1984	15	8	24	27	22	19	8
1985	9	8	22	34	31	25	10
1986	18	14	27	37	23	21	7
1987	9	6	21	18	12	19	3
1988	8	11	23	37	30	29	10
1989	21	27	35	38	29	30	14
1990	38	25	40	43	42	43	23
1991	13	15	27	28	27	25	5
1992	21	17	32	33	24	24	4
1993	5	7	19	24	24	19	2
1994	10	15	20	16	22	17	9
1995	10	10	31	21	32	26	7
1996	11	10	20	22	26	17	8
1997	7	5	11	9	12	11	1
1998	27	14	35	46	49	43	17

续表

年份 \ 地区	清远	佛冈	英德	阳山	连州	连南	连山
1999	20	15	38	38	45	31	12
2000	21	21	44	44	57	37	9
2001	20	18	32	30	39	20	11
2002	19	13	25	33	37	30	4
2003	35	33	40	46	49	47	18
2004	26	25	36	42	46	46	12
2005	30	26	38	43	48	41	13
2006	37	27	42	42	49	44	12
2007	40	28	43	54	57	51	21
2008	39	18	40	42	50	47	17

二、高温的月变化

清远市的高温天气出现在 4—10 月,主要集中出现在 7 月和 8 月,其次是 6 月和 9 月。7—8 月各地平均高温日数为 7.3~23.7 d,占总数的 74.9%~81.8%。各地月最多高温日数均为 7 月,月平均高温日数为 3.9~12.2 d,占总数的 38.2%~44.3%;其次是 8 月,月平均高温日数为 3.4~11.6 d,占总数的 34.8%~38.7%。4 月只有连州 1993 年和 2004 年各出现过 1 d 高温(见表 3-8-4)。

清远市高温天气最早出现在连州的 2004 年 4 月 23 日,最迟结束在连南的 1962 年 10 月 13 日(见表 3-8-5)。

表 3-8-4　清远市各月高温日数表

地区	项目 \ 月份	4 月	5 月	6 月	7 月	8 月	9 月	10 月
清远	月均高温日数(d)	—	0.1	1.2	6.0	5.6	1.6	0.1
	占总数百分比(%)	—	0.4	8.0	41.4	38.7	11.1	0.4
佛冈	月均高温日数(d)	—	0.2	1.1	5.4	5.1	1.4	0.1
	占总数百分比(%)	—	1.3	8.0	40.8	38.5	10.7	0.7
英德	月均高温日数(d)	—	0.4	3.2	10.4	10.1	3.0	0.2
	占总数百分比(%)	—	1.6	11.6	38.2	37.0	10.8	0.7
阳山	月均高温日数(d)	—	0.5	3.1	12.1	11.6	3.9	0.4
	占总数百分比(%)	—	1.7	9.7	38.3	36.6	12.4	1.3
连州	月均高温日数(d)	0.04	0.6	3.1	12.2	10.3	3.0	0.3
	占总数百分比(%)	0.1	2.1	10.5	41.4	34.9	10.1	0.9
连南	月均高温日数(d)	—	0.4	2.8	12.1	9.5	2.4	0.1
	占总数百分比(%)	—	1.3	10.3	44.3	34.8	8.7	0.5
连山	月均高温日数(d)	—	0.1	0.6	3.9	3.4	1.0	0.02
	占总数百分比(%)	—	0.9	6.4	43.6	38.2	10.7	0.2

表 3-8-5　清远市高温开始、结束时间表

项目 \ 地区	清远	佛冈	英德	阳山	连州	连南	连山
最早开始	1976.5.25	1964.5.20	1966.5.13	1985.5.11	2004.4.23	2005.5.1	2001.5.23
最迟结束	2007.10.6	1980.10.11	1980.10.11 2000.10.11	1980.10.11 2000.10.11	2000.10.10	1962.10.13	2005.10.1

三、连续高温过程

清远市各地最长连续高温天气过程除清远出现在 1990 年、连山出现在 1990 年和 2007 年外,其余都出现在 2007 年。其中最长一次高温天气过程出现在阳山,从 2007 年 7 月 8 日至 8 月 12 日,持续 36 d(见表 3-8-6)。

表 3-8-6 清远市高温最长持续天数表

项目 \ 地区	最长连续日数(d)	出现时间
清远	13	1990.8.26—1990.9.7
佛冈	15	2007.7.22—2007.8.5
英德	22	2007.7.19—2007.8.9
阳山	36	2007.7.8—2007.8.12
连州	34	2007.7.9—2007.8.11
连南	31	2007.7.9—2007.8.8
连山	7	1990.8.26—1990.9.1 2007.7.2—2007.7.8

第九节　雾

雾是指近地面空气层中悬浮着大量微小水滴或冰晶,使水平能见度小于 1 km 的现象,通常又称为大雾。雾是常见的灾害性天气之一,雾会降低空气透明度,使能见度恶化,对交通航运危害十分大。另外,雾出现时,地面风速一般较小,近地层气层稳定,不利于污染物的扩散、稀释,对供电系统和人的身体健康有较大影响。

雾按成因可分辐射雾、平流雾和混合雾,其形成受地形的影响很大。辐射雾和平流雾为雾出现的两种主要形式。雾在各个季节都可出现,局地性较明显。

一、雾的年际变化

清远市平均年雾日为 17.4 d,雾日的年际变化比较大,平均年雾日>20 d 的共有 8 年,占总年数的 17%,年雾日在 10~20 d 的有 38 年,占 81%,只有 1 年平均年雾日<10 d。平均年雾日最多为 1978 年的 25.3 d,平均年雾日最少为 2007 年的 9.3 d。清远市雾日总体呈减少趋势,其中 20 世纪 70 年代最多,年平均雾日为 19.1 d,2000—2008 年年平均雾日降到 15.5 d。

各地雾日分布不均匀,年平均雾日在 10 d 以下的有清远、阳山和连南,10～20 d 的有佛冈、英德和连州,20 d 以上的为连山,其中连山平均年雾日多达 63.5 d,比其余各地的雾日总和还多。年最多雾日最多为连山 1971 年的 92 d,最少为阳山 1980、1998 年的 15 d;年最少雾日最多为连山 1965 年的 36 d,而清远、阳山和连南则有些年份没有出现雾(见表 3-9-1)。

表 3-9-1　清远市年平均雾日数和历年最多、最少雾日数及出现年份表

项目 \ 地区	清远	佛冈	英德	阳山	连州	连南	连山	全市
年平均雾日数(d)	5.9	13.6	11.4	6.1	15.5	5.5	63.5	17.4
年最多雾日数(d)	17	27	27	15	36	34	92	25.3
出现年份	1978	1971 1972	1995	1980 1998	1955 1962	2000	1971	1978
年最少雾日数(d)	0	4	1	0	1	0	36	9.3
出现年份	3 年	2007 2008	1980	1974	2000	1984 1988	1965	2007

二、雾的月变化

连山、佛冈雾日主要出现在下半年,连山 7—12 月的雾日数占年总雾日数的 74%,佛冈则占 62%,其中连山以 8 月雾日最多,月均雾日有 10.3 d,佛冈以 9 月为最多,月均雾日有 2.1 d。其余各地雾日主要出现在冬春季,11 月至次年 4 月的雾日数占年总雾日数的 85%～94%,其中清远、英德、阳山和连南以 3 月雾日最多,月均雾日分别为 2 d、2.3 d、2.3 d 和 1.4 d,连州以 12 月为最多,月均雾日为 4 d。另外,清远的 6—7 月和连南的 7—8 月都没有出现过雾,其余各地在各月份都有可能出现雾。其中佛冈 2、6 月和 12 月雾日最少,平均为 0.7 d;英德 8 月雾日最少,平均为 0.1 d;阳山 8 月和 9 月雾日最少,平均为 0.02 d;连州 7 月和 8 月雾日最少,平均为 0.04 d;连山 2 月雾日最少,平均为 1.8 d(见表 3-9-2)。雾的日变化比较有规律,多发生在气层稳定、风力弱微、温低湿大的清晨至上午这一时段。

月最多雾日出现在连山的 1980 年 11 月达到 20 d,月最多雾日＜10 d 的有佛冈的 8 d(1972、1977 年 10 月)和阳山的 8 d(1958、1980 年 3 月),10～19 d 的有英德的 10 d(1995 年 3 月)、连南的 10 d(2005 年 3 月)、清远的 11 d(1978 年 3 月)和连州的 16 d(1955 年 12 月)(见表 3-9-3)。

表 3-9-2　清远市月平均雾日数表　　　　　　　　　　　　(单位:d)

地区 \ 月份	1 月	2 月	3 月	4 月	5 月	6 月	7 月	8 月	9 月	10 月	11 月	12 月
清远	0.60	1.20	2.00	1.30	0.20	0.00	0.00	0.04	0.10	0.02	0.10	0.30
佛冈	0.80	0.70	1.10	1.10	0.80	0.70	1.30	1.80	2.10	1.80	0.90	0.70
英德	1.40	1.20	2.30	2.10	0.50	0.30	0.20	0.10	0.20	0.30	1.00	1.60
阳山	0.50	0.90	2.30	1.10	0.30	0.10	0.10	0.02	0.02	0.10	0.20	0.30
连州	2.70	1.50	1.80	1.30	0.40	0.20	0.04	0.04	0.20	0.90	2.50	4.00
连南	1.00	0.70	1.40	0.60	0.10	0.02	0.00	0.00	0.04	0.30	0.40	1.00
连山	3.30	1.80	2.40	2.30	3.40	3.20	6.80	10.30	10.10	7.80	6.60	5.70

表 3-9-3 清远市月最多、最少雾日数及出现年份表　　　　　　（单位：d）

地区	项目	1月	2月	3月	4月	5月	6月	7月	8月	9月	10月	11月	12月
清远	最多雾日数	6	6	11	4	2	0	0	1	2	1	1	2
	出现年份	1969	2005	1978	6年	1980	—	—	1997 1999	1995	2002	3年	3年
	最少雾日数	0	0	0	0	0	0	0	0	0	0	0	0
	出现年份	32年	24年	20年	22年	44年	52年	52年	50年	46年	51年	49年	42年
佛冈	最多雾日数	3	3	5	4	3	3	7	7	7	8	4	3
	出现年份	3年	3年	1974	1978	5年	1984	1992	1971	1975 1964	1972 1977	1965	3年
	最少雾日数	0	0	0	0	0	0	0	0	0	0	0	0
	出现年份	22年	31年	23年	17年	27年	22年	20年	11年	11年	21年	24年	31年
英德	最多雾日数	6	7	10	6	2	2	3	1	3	2	5	8
	出现年份	1960 1999	1960	1995	1984	9年	4年	1994	4年	1993	4年	2003	1962
	最少雾日数	0	0	0	0	0	0	0	0	0	0	0	0
	出现年份	18年	23年	15年	9年	33年	36年	40年	45年	40年	36年	26年	18年
阳山	最多雾日数	3	6	8	4	3	1	1	1	1	1	2	2
	出现年份	1994 2002	1994 1980	1958	1990	1988	3年	5年	1971	2003	6年	4年	4年
	最少雾日数	0	0	0	0	0	0	0	0	0	0	0	0
	出现年份	34年	29年	16年	18年	42年	49年	47年	51年	51年	46年	44年	39年
连州	最多雾日数	10	5	7	6	2	1	1	2	2	4	9	16
	出现年份	1965	5年	2006	1961	3年	9年	1953 1973	1967	1994	4年	4年	1955
	最少雾日数	0	0	0	0	0	0	0	0	0	0	0	0
	出现年份	10年	20年	12年	20年	37年	47年	54年	55年	47年	30年	18年	10年
连南	最多雾日数	4	6	10	6	1	1	0	0	2	6	6	4
	出现年份	1997	2005	2005	2000	3年	1997	—	—	2000	2000	1999 2000	3年
	最少雾日数	0	0	0	0	0	0	0	0	0	0	0	0
	出现年份	20年	31年	27年	35年	44年	46年	47年	47年	46年	41年	36年	23年
连山	最多雾日数	11	6	8	8	8	9	16	19	18	17	20	13
	出现年份	2003	1998	2006	1968	1982	1967	1978	1971 1986	1975	1967 1977	1980	1973
	最少雾日数	0	0	0	0	0	0	1	3	1	2	0	0
	出现年份	5年	9年	5年	10年	1967 1973	6年	1983	2007	1990	1966 1992 2005	1964 1979 1992	4年

第十节　低温阴雨

　　每年立春过后,海洋上暖湿空气开始活跃,常与北方南侵的冷空气频频对峙在清远市上空,天气表现为细雨绵绵、寡照低温,此时正是清远市早季水稻播种育秧时期,常因这种低温阴雨天气引发大面积烂秧死苗,给早稻生成甚至全年水稻生成造成影响。气象上对这种低温阴雨天气,做以下的统计规定:日平均气温低于或等于 12℃,且持续 3 d 或以上;日平均气温低于或等于 15℃,且日照时数少于或等于 2 h,连续 7 d 或以上。

　　从 2 月 21 日算起,符合上述条件之一者,即统计为一次低温阴雨天气过程。凡在规定之日起有过程,则此过程可向前延至实际过程开始之日,最多可前延至 2 月 1 日。

一、时间分布

　　清远市平均每年出现低温阴雨天气过程 1.6 次,其中北部"三连一阳"地区年平均出现 1.6～2.0 次,南部英德、佛冈、清远为 1.0～1.4 次。

　　低温阴雨天气过程一年中最多出现过 4 次(连山 1996 年,连南 1980、1996 年),其余各地年最多均为 3 次。也有在某些年份无低温阴雨天气过程出现,清远最多,有 15 年没有出现低温阴雨天气过程,占 29%;佛冈有 10 年,占 19%;英德有 6 年,占 13%;阳山有 4 年,占 8%;连州、连南只有 1 年(2002 年);连山则每年都有低温阴雨天气过程出现。

　　低温阴雨天气过程中有 45% 出现在 2 月,53% 出现在 3 月,4 月出现频率仅为 2%(均出现在北部"三连一阳"地区)。

　　低温阴雨天气过程的年平均出现天数:连南、连州为 11 d,连山、阳山为 10 d,英德为 9 d,佛冈、清远为 8 d。

　　一次低温阴雨天气过程最长持续天数:连南、连州、阳山为 41 d(1984 年),连山为 37 d(1985 年),英德为 30 d(1983、1985 年),佛冈、清远为 28 d(1970 年)(见表 3-10-1)。

表 3-10-1　清远市低温阴雨次数表

地区	次数(次)			终止日期		持续时间(d)		
	平均	最多	年份	最早开始时间	最迟结束时间	平均	最长	年份
清远	1.0	3	1985	1968.2.1	1992.3.28	8.1	28	1970
佛冈	1.3	3	5 年	1968.2.1	1985.4.1	7.9	28	1970
英德	1.4	3	7 年	1968.2.1	1976.4.5	9.4	30	1983 1985
阳山	1.6	3	7 年	1957.2.1 1968.2.1 1984.2.1	1976.4.5	9.6	41	1984
连州	1.9	3	11 年	1957.2.1 1968.2.1 1972.2.1 1984.2.1 1992.2.1 2005.2.1	1969.4.6 1976.4.6	11.1	41	1984

地区	次数(次)			终止日期		持续时间(d)		
	平均	最多	年份	最早开始时间	最迟结束时间	平均	最长	年份
连南	2.0	4	1980 1996	1968.2.1 1972.2.1 1984.2.1 1992.2.1 2005.2.1	1976.4.6	10.7	41	1984
连山	2.0	4	1996	1963.2.1 1968.2.1 1977.2.1	1987.4.14	9.9	37	1985

二、强度和类型

低温阴雨的强度,主要是指这种天气出现的持续情况和伴随出现低温的程度。

若以一次低温阴雨天气过程持续 3~5 d 为轻,6~9 d 为中等,10 d 或以上为重。清远市南部清远、佛冈和英德的低温阴雨天气过程中轻级占 41%~49%,中等占 19%~32%,重级占 24%~35%;北部"三连一阳"地区轻级占 33%~39%,中等占 22%~27%,重级占 34%~45%(见表 3-10-2)。

表 3-10-2　清远市低温阴雨等级出现频率表　　　　　　　　　(单位:%)

项目 \ 地区	清远	佛冈	英德	阳山	连州	连南	连山
轻	49	44	41	39	33	35	38
中	19	32	24	27	22	23	23
重	32	24	35	34	45	42	40

若对清远市各地的低温阴雨天气过程进行综合评定,作为划分年景的标准。自 1962 年以后重低温阴雨年大致有:1964、1965、1968、1969、1970、1972、1974、1976、1983、1984、1985、1986、1988、1990、1992、1993、1995、1996、2000 年和 2005 年等 20 年,占 43%;轻低温阴雨年有 1962、1973、1977、1980、1989、1991、1998、1999、2001、2002、2003 年和 2008 年等 12 年,占 25%;其余均为中等年份,占 32%。

低温阴雨天气的危害除与天气过程持续长短有关外,还与过程中所出现的低温强度相联系。过程中伴有极端最低气温低于或等于 5℃ 的次数与总次数的比例,北部"三连一阳"比例高,为 47%~60%,往南比例迅速减少,为 19%~34%。

若以日降水量大于或等于 0 mm(不包括纯雾、露、霜量日数)占过程总日数的 1/2 以上者为湿,反之为干型,各占 50% 为混合型,则各地的低温阴雨天气过程均以湿型为主,均超过 90%(见表 3-10-3)。

表 3-10-3 清远市各类型低温阴雨出现频率表 （单位:%）

项目 \ 地区	清远	佛冈	英德	阳山	连州	连南	连山
干型	94	93	94	96	95	96	94
湿型	4	4	5	2	5	4	5
混合	2	3	1	2	0	0	1

三、倒春寒

"倒春寒"是指出现在晚春的低温阴雨天气。凡低温阴雨天气延续或始于 3 月 20 日以后,就统计为"倒春寒"天气过程。

"倒春寒"天气北部偏多,其中"三连"地区约两年一遇;阳山、英德约 3 年一遇;佛冈约 5 年一遇;清远约为 7 年一遇。

连山、连南、连州、阳山和英德的"倒春寒"天气最多的年份可出现 2 次,佛冈、清远为 1 次。最长持续天数出现在"三连",可达 37 d(1985 年)。"倒春寒"天气最迟的结束期可迟至 4 月 14 日(连山 1987 年)(见表 3-10-4)。

表 3-10-4 清远市倒春寒次数表

项目 \ 地区	清远	佛冈	英德	阳山	连州	连南	连山
平均次数(次)	0.13	0.19	0.35	0.38	0.52	0.64	0.66
最多次数(次)	1	1	2	2	2	2	2
出现年份	7 年	10 年	1985	1985	1985	1985 1996	1985 1987 1996
最长持续天数(d)	28	28	28	34	37	37	37
出现年份	1970	1970	1970	1985	1985	1985	1985
最晚过程出现日期	3.22—3.28	3.21—3.28	3.19—4.5	3.19—4.5	3.19—4.6	3.19—4.6	4.12—4.14
持续天数(d)	7	8	18	18	19	19	3
出现年份	1992	1992	1976	1976	1976	1976	1987

"倒春寒"天气过程持续天数 3～5 d(即短过程)时,称为轻度"倒春寒";当≥6 d(即中过程或以上)时,称为明显"倒春寒"。清远市各地轻度"倒春寒"与明显"倒春寒"的出现频率大致相等(见表 3-10-5)。

清远市逐年寒露风天气过程详见表 3-10-6。

表 3-10-5 清远市倒春寒各旬出现时间与频率表

项目 \ 程度	轻度倒春寒			明显倒春寒		
出现时间	3 月下旬	4 月上旬	4 月中旬	3 月下旬	4 月上旬	4 月中旬
出现频率(%)	43.1	6.9	0.7	48.6	0.7	0.0

表 3-10-6　清远市逐年低温阴雨(倒春寒)天气过程表

年份	项目 \ 地区	清远	佛冈	英德	阳山	连州	连南	连山
1953	过程出现日期	—	—	—	—	2.15—2.23	—	—
	持续天数(d)	—	—	—	—	9	—	—
	影响等级	—	—	—	—	中	—	—
	过程出现日期	—	—	—	—	3.28—3.31	—	—
	持续天数(d)	—	—	—	—	4	—	—
	影响等级	—	—	—	—	轻	—	—
1954	过程出现日期	—	—	—	—	2.13—2.24	—	—
	持续天数(d)	—	—	—	—	12	—	—
	影响等级	—	—	—	—	重	—	—
	过程出现日期	—	—	—	—	3.1—3.16	—	—
	持续天数(d)	—	—	—	—	16	—	—
	影响等级	—	—	—	—	重	—	—
1955	过程出现日期	—	—	—	—	2.19—2.23	—	—
	持续天数(d)	—	—	—	—	5	—	—
	影响等级	—	—	—	—	轻	—	—
	过程出现日期	—	—	—	—	3.22—4.1	—	—
	持续天数(d)	—	—	—	—	11	—	—
	影响等级	—	—	—	—	重	—	—
1956	过程出现日期	—	—	—	—	2.11—2.23	—	—
	持续天数(d)	—	—	—	—	13	—	—
	影响等级	—	—	—	—	重	—	—
	过程出现日期	—	—	—	—	2.27—3.10	—	—
	持续天数(d)	—	—	—	—	13	—	—
	影响等级	—	—	—	—	重	—	—
	过程出现日期	—	—	—	—	3.26—4.1	—	—
	持续天数(d)	—	—	—	—	7	—	—
	影响等级	—	—	—	—	中	—	—
1957	过程出现日期	2.3—3.1	2.3—3.1	—	2.1—3.1	2.1—3.1	—	—
	持续天数(d)	27	27	—	29	29	—	—
	影响等级	重	重	—	重	重	—	—
	过程出现日期	3.14—3.16	3.13—3.16	—	3.5—3.8	3.4—3.10	—	—
	持续天数(d)	3	4	—	4	7	—	—
	影响等级	轻	轻	—	轻	中	—	—
	过程出现日期	—	—	—	3.13—3.16	3.13—3.16	—	—
	持续天数(d)	—	—	—	4	4	—	—
	影响等级	—	—	—	轻	轻	—	—
1958	过程出现日期	—	3.2—3.4	—	2.27—3.7	2.27—3.8	—	—
	持续天数(d)	—	3	—	9	10	—	—
	影响等级	—	轻	—	中	重	—	—

年份 \ 项目 \ 地区		清远	佛冈	英德	阳山	连州	连南	连山
1959	过程出现日期	2.18—3.1	2.18—3.2	—	2.17—3.2	2.15—3.2	—	—
	持续天数(d)	12	13	—	14	16	—	—
	影响等级	重	重	—	重	重	—	—
	过程出现日期	—	—	—	3.8—3.15	3.13—3.16	—	—
	持续天数(d)	—	—	—	8	4	—	—
	影响等级	—	—	—	中	轻	—	—
1960	过程出现日期	—	—	—	3.14—3.20	3.14—3.21	—	—
	持续天数(d)	—	—	—	7	8	—	—
	影响等级	—	—	—	中	中	—	—
1961	过程出现日期	—	3.9—3.11	3.5—3.12	3.4—3.12	2.23—2.25	—	—
	持续天数(d)	—	3	8	9	3	—	—
	影响等级	—	轻	中	中	轻	—	—
	过程出现日期	—	—	—	3.22—3.24	3.4—3.12	—	—
	持续天数(d)	—	—	—	3	9	—	—
	影响等级	—	—	—	轻	中	—	—
	过程出现日期	—	—	—	—	3.21—3.24	—	—
	持续天数(d)	—	—	—	—	4	—	—
	影响等级	—	—	—	—	轻	—	—
1962	过程出现日期	2.26—3.1	2.26—3.2	2.26—3.2	2.26—3.2	2.25—3.3	2.25—3.3	2.25—3.4
	持续天数(d)	4	5	5	5	7	7	8
	影响等级	轻	轻	轻	轻	中	中	中
	过程出现日期	—	—	—	3.21—3.23	3.21—3.25	3.21—3.24	3.21—3.25
	持续天数(d)	—	—	—	3	5	4	5
	影响等级	—	—	—	轻	轻	轻	轻
1963	过程出现日期	3.12—3.15	3.12—3.15	3.12—3.15	3.11—3.16	3.10—3.16	3.10—3.16	2.1—2.23
	持续天数(d)	4	4	4	6	7	7	23
	影响等级	轻	轻	轻	中	中	中	重
	过程出现日期	—	—	—	—	—	—	2.26—2.28
	持续天数(d)	—	—	—	—	—	—	3
	影响等级	—	—	—	—	—	—	轻
	过程出现日期	—	—	—	—	—	—	3.10—3.16
	持续天数(d)	—	—	—	—	—	—	7
	影响等级	—	—	—	—	—	—	中
1964	过程出现日期	2.17—2.29	2.17—2.28	2.17—3.1	2.16—3.10	2.9—3.10	2.9—3.10	2.17—3.10
	持续天数(d)	13	12	14	24	31	31	23
	影响等级	重	重	重	重	重	重	重
	过程出现日期	—	—	—	—	—	3.23—3.25	—
	持续天数(d)	—	—	—	—	—	3	—
	影响等级	—	—	—	—	—	轻	—

续表

年份	项目 \ 地区	清远	佛冈	英德	阳山	连州	连南	连山
1965	过程出现日期	2.23—2.27	2.23—2.27	2.22—3.8	2.22—3.8	2.22—3.8	2.22—3.8	2.22—3.8
	持续天数(d)	5	5	15	15	15	15	15
	影响等级	轻	轻	重	重	重	重	重
	过程出现日期	3.4—3.7	3.3—3.8	—	—	—	—	—
	持续天数(d)	4	6	—	—	—	—	—
	影响等级	轻	中	—	—	—	—	—
1966	过程出现日期	2.23—2.25	2.23—2.26	2.22—2.28	2.22—2.25	2.22—2.28	2.22—2.28	2.22—2.28
	持续天数(d)	3	4	7	4	7	7	7
	影响等级	轻	轻	中	轻	中	中	中
	过程出现日期	—	—	3.8—3.10	3.8—3.10	3.7—3.10	3.7—3.10	3.7—3.10
	持续天数(d)	—	—	3	3	4	4	4
	影响等级	—	—	轻	轻	轻	轻	轻
	过程出现日期	—	—	—	—	—	3.26—4.1	—
	持续天数(d)	—	—	—	—	—	7	—
	影响等级	—	—	—	—	—	中	—
1967	过程出现日期	2.24—2.28	2.24—2.28	2.23—3.1	2.23—3.1	2.23—3.11	2.23—3.1	2.23—3.10
	持续天数(d)	5	5	7	7	17	7	16
	影响等级	轻	轻	中	中	重	中	重
	过程出现日期	3.5—3.7	3.5—3.8	3.5—3.8	3.5—3.8	—	3.4—3.10	—
	持续天数(d)	3	4	4	4	—	7	—
	影响等级	轻	轻	轻	轻	—	中	—
	过程出现日期	—	—	—	—	—	3.19—3.25	—
	持续天数(d)	—	—	—	—	—	7	—
	影响等级	—	—	—	—	—	中	—
1968	过程出现日期	2.1—2.27	2.1—2.27	2.1—2.27	2.1—2.27	2.1—3.4	2.1—3.3	2.1—3.4
	持续天数(d)	27	27	27	27	33	32	33
	影响等级	重	重	重	重	重	重	重
	过程出现日期	—	3.1—3.4	3.1—3.4	3.1—3.3	3.24—3.27	3.24—3.27	3.24—3.27
	持续天数(d)	—	4	4	3	4	4	4
	影响等级	—	轻	轻	轻	轻	轻	轻
	过程出现日期	—	—	3.24—3.27	3.24—3.27	—	—	—
	持续天数(d)	—	—	4	4	—	—	—
	影响等级	—	—	轻	轻	—	—	—
1969	过程出现日期	2.17—3.7	2.16—3.7	2.16—3.10	2.16—3.14	2.15—3.16	2.15—3.13	2.16—3.13
	持续天数(d)	19	20	23	27	30	27	26
	影响等级	重	重	重	重	重	重	重
	过程出现日期	—	—	—	—	4.4—4.6	—	4.4—4.6
	持续天数(d)	—	—	—	—	3	—	3
	影响等级	—	—	—	—	轻	—	轻

续表

年份	项目＼地区	清远	佛冈	英德	阳山	连州	连南	连山
1970	过程出现日期	2.27—3.26	2.27—3.26	2.27—3.26	2.26—3.27	2.26—3.26	2.26—3.27	2.26—3.27
	持续天数(d)	28	28	28	30	29	30	30
	影响等级	重	重	重	重	重	重	重
1971	过程出现日期	—	3.6—3.8	3.3—3.10	2.24—2.26	2.24—2.26	2.23—3.15	2.24—2.26
	持续天数(d)	—	3	8	3	3	21	3
	影响等级	—	轻	中	轻	轻	重	轻
	过程出现日期	—	—	—	3.2—3.14	3.2—3.15	—	3.2—3.15
	持续天数(d)	—	—	—	13	14	—	14
	影响等级	—	—	—	重	重	—	重
1972	过程出现日期	2.26—2.29	2.20—3.5	2.19—3.5	2.19—3.1	2.1—3.4	2.1—3.4	2.19—3.5
	持续天数(d)	4	15	16	12	33	33	16
	影响等级	轻	重	重	重	重	重	重
	过程出现日期	—	—	—	4.1—4.3	4.1—4.3	4.1—4.3	4.1—4.3
	持续天数(d)	—	—	—	3	3	3	3
	影响等级	—	—	—	轻	轻	轻	轻
1973	过程出现日期	—	—	—	3.13—3.19	3.13—3.19	3.13—3.19	3.13—3.19
	持续天数(d)	—	—	—	7	7	7	7
	影响等级	—	—	—	中	中	中	中
1974	过程出现日期	2.24—2.28	2.24—3.1	2.24—3.1	2.23—3.1	2.23—3.2	2.23—3.1	2.23—3.2
	持续天数(d)	5	6	6	7	8	7	8
	影响等级	轻	中	中	中	中	中	中
	过程出现日期	3.10—3.16	3.10—3.16	3.8~3.16	3.7—3.16	3.7—3.16	3.7—3.16	3.7—3.16
	持续天数(d)	7	7	9	10	10	10	10
	影响等级	中	中	中	重	重	重	重
	过程出现日期	—	—	—	—	—	—	3.26—3.28
	持续天数(d)	—	—	—	—	—	—	3
	影响等级	—	—	—	—	—	—	轻
1975	过程出现日期	—	—	3.7—3.14	3.6—3.16	3.6—3.18	2.21—2.23	3.6—3.18
	持续天数(d)	—	—	8	11	13	3	13
	影响等级	—	—	中	重	重	轻	重
	过程出现日期	—	—	—	—	—	3.4—3.16	—
	持续天数(d)	—	—	—	—	—	13	—
	影响等级	—	—	—	—	—	重	—

续表

年份	项目＼地区	清远	佛冈	英德	阳山	连州	连南	连山
	过程出现日期	2.19—3.2	2.18—2.26	2.18—3.5	2.18—3.5	2.18—3.6	2.18—3.5	2.18—3.6
	持续天数(d)	13	9	17	17	18	16	18
	影响等级	重	中	重	重	重	重	重
1976	过程出现日期	3.19—3.25	2.29—3.2	3.19—4.5	3.19—4.5	3.19—4.6	3.19—4.6	3.19—4.5
	持续天数(d)	7	3	18	18	19	19	18
	影响等级	中	轻	重	重	重	重	重
	过程出现日期	—	3.19—3.25	—	—	—	—	—
	持续天数(d)	—	7	—	—	—	—	—
	影响等级	—	中	—	—	—	—	—
1977	过程出现日期	—	2.21—2.23	—	—	2.19—2.23	2.19—2.23	2.1—2.23
	持续天数(d)	—	3	—	—	5	5	23
	影响等级	—	轻	—	—	轻	轻	重
	过程出现日期	3.13—3.15	3.13—3.16	3.13—3.16	2.10—2.23	2.10—2.23	2.10—2.23	2.10—2.23
	持续天数(d)	3	4	4	14	14	14	14
	影响等级	轻	轻	轻	重	重	重	重
1978	过程出现日期	—	3.22—3.24	3.22—3.24	3.12—3.17	3.12—3.16	3.12—3.16	3.12—3.16
	持续天数(d)	—	3	3	6	5	5	5
	影响等级	—	轻	轻	中	轻	轻	轻
	过程出现日期	—	—	—	3.21—3.24	3.21—3.24	3.21—3.24	3.21—3.24
	持续天数(d)	—	—	—	4	4	4	4
	影响等级	—	—	—	轻	轻	轻	轻
	过程出现日期	3.12—3.19	3.1—3.3	2.25—3.6	2.27—3.6	2.27—3.6	2.25—3.7	2.27—3.6
	持续天数(d)	8	3	10	8	8	11	8
	影响等级	中	轻	重	中	中	重	中
1979	过程出现日期	—	3.12—3.20	3.12—3.20	3.12—3.19	3.11—3.20	3.11—3.22	3.11—3.19
	持续天数(d)	—	9	9	8	10	12	9
	影响等级	—	中	中	中	重	重	中
	过程出现日期	—	—	—	—	—	—	4.2—4.5
	持续天数(d)	—	—	—	—	—	—	3
	影响等级	—	—	—	—	—	—	轻

年份	项目\地区	清远	佛冈	英德	阳山	连州	连南	连山
1980	过程出现日期	—	—	—	3.12—3.15	2.20—2.26	2.20—2.26	2.21—2.24
	持续天数(d)	—	—	—	4	7	7	4
	影响等级	—	—	—	轻	中	中	轻
	过程出现日期	—	—	—	—	3.4—3.7	3.4—3.7	3.12—3.15
	持续天数(d)	—	—	—	—	4	4	4
	影响等级	—	—	—	—	轻	轻	轻
	过程出现日期	—	—	—	—	3.24—3.27	3.10—3.19	—
	持续天数(d)	—	—	—	—	4	10	—
	影响等级	—	—	—	—	轻	重	—
	过程出现日期	—	—	—	—	—	3.24—3.27	—
	持续天数(d)	—	—	—	—	—	4	—
	影响等级	—	—	—	—	—	轻	—
1981	过程出现日期	2.24—3.4	2.24—3.4	2.24—3.4	2.24—3.4	2.24—3.4	2.24—3.4	2.24—3.4
	持续天数(d)	9	9	9	9	9	9	9
	影响等级	中	中	中	中	中	中	中
1982	过程出现日期	3.8—3.10	2.25—3.3	2.25—3.4	2.25—3.4	2.23—3.3	2.23—3.3	2.24~3.3
	持续天数(d)	3	7	8	8	9	9	8
	影响等级	轻	中	中	中	中	中	中
	过程出现日期	—	3.8—3.10	3.8—3.10	3.7—3.10	3.7—3.10	3.7—3.10	3.7—3.10
	持续天数(d)	—	3	3	4	4	4	4
	影响等级	—	轻	轻	轻	轻	轻	轻
	过程出现日期	—	3.25—3.28	3.25—3.28	3.25—3.28	3.25—3.29	3.25—3.29	3.25—3.29
	持续天数(d)	—	4	4	4	5	5	5
	影响等级	—	轻	轻	轻	轻	轻	轻
1983	过程出现日期	2.19—3.1	2.19—3.11	2.19—3.20	2.18—3.5	2.14—3.20	2.14—3.12	2.10—3.12
	持续天数(d)	11	21	30	16	35	28	31
	影响等级	重	重	重	重	重	重	重
	过程出现日期	—	3.14—3.20	—	3.25—3.27	3.24—3.30	3.24—3.28	3.24—3.29
	持续天数(d)	—	7	—	3	7	5	6
	影响等级	—	中	—	轻	中	轻	中
1984	过程出现日期	2.28—3.2	2.25—3.2	2.23—3.12	2.1—3.12	2.1—3.12	2.1—3.12	2.23—3.12
	持续天数(d)	4	7	19	41	41	41	19
	影响等级	轻	中	重	重	重	重	重
	过程出现日期	3.6—3.12	3.5—3.12	—	—	3.20—3.29	3.20—3.28	3.20—3.26
	持续天数(d)	7	8	—	—	10	9	7
	影响等级	中	中	—	—	重	中	中

年份	项目 / 地区	清远	佛冈	英德	阳山	连州	连南	连山
1985	过程出现日期	2.18—3.1	2.18—3.6	2.17—3.18	2.17—3.22	2.16—3.24	2.16—3.24	2.16—3.24
	持续天数(d)	12	9	30	34	37	37	37
	影响等级	重	中	重	重	重	重	重
	过程出现日期	3.4—3.6	3.9—3.17	3.21—3.23	3.30—4.1	3.30—4.1	3.30—4.2	3.30—4.2
	持续天数(d)	3	9	3	3	3	4	4
	影响等级	轻	中	轻	轻	轻	轻	轻
	过程出现日期	3.9—3.16	3.30—4.1	3.30—4.1	—	—	—	—
	持续天数(d)	5	3	3				
	影响等级	轻	轻	轻				
1986	过程出现日期	2.23—3.3	2.23—3.6	2.21—3.4	2.21—3.5	2.15—3.5	2.15—3.5	2.15—3.6
	持续天数(d)	9	12	12	13	19	19	20
	影响等级	中	重	重	重	重	重	重
	过程出现日期	—	—	—	—	3.17—3.27	3.17—3.27	3.21—3.27
	持续天数(d)					11	11	7
	影响等级	—	—	—	—	重	重	中
1987	过程出现日期	2.21—2.23	2.21—2.23	2.20—2.23	2.19—2.25	2.18—2.28	2.18—2.28	2.18—2.28
	持续天数(d)	3	3	4	7	11	11	11
	影响等级	轻	轻	轻	中	重	重	重
	过程出现日期	—	—	3.26—3.28	3.25—3.28	3.25—3.29	3.25—3.29	3.25—3.29
	持续天数(d)	—	—	3	4	4	5	5
	影响等级	—	—	轻	轻	轻	轻	轻
	过程出现日期	—	—	—	—	—	—	4.12—4.14
	持续天数(d)							3
	影响等级	—	—	—	—	—	—	轻
1988	过程出现日期	2.27—3.8	2.27—3.8	2.25—3.6	2.25—3.8	2.23—3.10	2.23—3.9	2.24—3.10
	持续天数(d)	11	11	11	13	17	16	16
	影响等级	重	重	重	重	重	重	重
	过程出现日期	3.17—3.26	3.17—3.26	3.16—4.3	3.16—4.3	3.16—4.3	3.16—4.3	3.16—4.3
	持续天数(d)	10	10	19	19	19	19	19
	影响等级	重	重	重	重	重	重	重
1989	过程出现日期	—	—	—	—	2.17—2.26	2.17—2.26	2.17—2.26
	持续天数(d)	—				10	10	10
	影响等级	—				重	重	重
	过程出现日期	—	—	—	—	3.4—3.8	3.4—3.6	3.4—3.8
	持续天数(d)	—				5	3	5
	影响等级					轻	轻	轻
1989	过程出现日期	—	—	—	—	—	—	3.25—3.27
	持续天数(d)							3
	影响等级	—	—	—	—	—	—	轻

续表

年份	项目＼地区	清远	佛冈	英德	阳山	连州	连南	连山
1990	过程出现日期	2.23—3.5	2.23—3.5	2.23—3.5	2.23—3.6	2.22—3.6	2.22—3.6	2.23—3.6
	持续天数(d)	11	11	11	12	13	13	12
	影响等级	重	重	重	重	重	重	重
1991	过程出现日期	—	—	3.2—3.4	3.1—3.4	3.1—3.4	3.1—3.4	3.1—3.4
	持续天数(d)	—	—	3	4	4	4	4
	影响等级	—	—	轻	轻	轻	轻	轻
	过程出现日期	—	—	—	—	3.12—3.15	3.12—3.15	3.11—3.18
	持续天数(d)	—	—	—	—	4	4	8
	影响等级	—	—	—	—	轻	轻	中
	过程出现日期	—	—	—	—	3.28—3.31	3.28—3.31	3.28—4.5
	持续天数(d)	—	—	—	—	4	4	9
	影响等级	—	—	—	—	轻	轻	中
1992	过程出现日期	3.4—3.11	2.16—2.23	2.16—2.23	3.3—3.12	2.1—2.23	2.1—2.24	2.4—2.24
	持续天数(d)	8	8	8	10	23	24	21
	影响等级	中	中	中	重	重	重	重
	过程出现日期	3.22—3.28	3.4—3.11	3.4—3.12	3.17—3.28	3.3—3.12	3.3—3.12	3.3—3.12
	持续天数(d)	7	8	9	12	10	10	10
1993	影响等级	中	中	中	重	重	重	重
	过程出现日期	—	3.21—3.28	3.17—3.28	—	3.17—3.31	3.17—3.31	3.17—3.31
	持续天数(d)	—	8	12	—	15	15	15
	影响等级	—	中	重	—	重	重	重
	过程出现日期	2.22—3.3	2.22—3.1	2.22—3.3	2.21—3.3	2.21—3.5	2.21—3.5	2.21—3.4
	持续天数(d)	10	8	10	11	13	13	12
	影响等级	重	中	重	重	重	重	重
	过程出现日期	3.18—3.21	3.18—3.21	3.18—3.21	3.16—3.22	3.16—3.22	3.16—3.22	3.16—3.22
	持续天数(d)	4	4	4	7	7	7	7
	影响等级	轻	轻	轻	中	中	中	中
1994	过程出现日期	2.24—3.2	2.24—3.4	2.24—3.4	2.24—3.4	2.24—3.4	2.24—3.4	2.24—3.4
	持续天数(d)	7	9	9	9	9	9	9
	影响等级	中	中	中	中	中	中	中
	过程出现日期	3.14—3.16	3.13—3.19	3.13—3.19	3.10—3.18	3.9—3.19	3.9—3.22	3.13—3.22
	持续天数(d)	3	7	7	9	11	14	10
	影响等级	轻	中	中	中	重	重	重
1995	过程出现日期	2.14—2.27	2.14—2.27	2.14—3.3	2.14—2.26	2.13—2.26	2.13—2.26	2.13—2.26
	持续天数(d)	14	14	18	13	14	14	14
	影响等级	重	重	重	重	重	重	重
	过程出现日期	—	—	—	3.17—3.19	3.5—3.14	3.5—3.14	3.17—3.20
	持续天数(d)	—	—	—	3	10	10	4
	影响等级	—	—	—	轻	重	重	轻

续表

年份	项目\地区	清远	佛冈	英德	阳山	连州	连南	连山
1996	过程出现日期	2.18—2.29	2.17—2.29	2.17—2.29	2.17—2.29	2.17—2.29	2.17—2.29	2.17—2.29
	持续天数(d)	12	13	13	3	13	13	13
	影响等级	重	重	重	轻	重	重	重
	过程出现日期	3.10—3.13	3.10—3.13	3.9—3.13	3.9—3.15	3.9—3.15	3.9—3.15	3.9—3.13
	持续天数(d)	4	4	5	7	7	7	5
	影响等级	轻	轻	轻	中	中	中	轻
	过程出现日期	—	3.18—3.26	3.18—3.28	3.18—3.28	3.18—4.5	3.18—3.28	3.18—3.25
	持续天数(d)	—	9	11	11	19	11	8
	影响等级	—	中	重	重	重	重	中
	过程出现日期	—	—	—	—	—	4.2—4.4	4.2—4.4
	持续天数(d)	—	—	—	—	—	3	3
	影响等级	—	—	—	—	—	轻	轻
1997	过程出现日期	—	—	3.16—3.22	3.16—3.24	3.16—3.22	3.16—3.28	3.16—3.28
	持续天数(d)	—	—	7	9	7	13	13
	影响等级	—	—	中	中	中	重	重
1998	过程出现日期	3.21—3.23	3.10—3.12	2.21—2.23	2.20—2.24	2.17—3.3	2.17—2.24	2.17—3.3
	持续天数(d)	3	3	3	5	15	8	15
	影响等级	轻	轻	轻	轻	重	中	重
	过程出现日期	—	3.21—3.23	3.10—3.12	3.10—3.12	3.9—3.12	3.9—3.12	3.10—3.12
	持续天数(d)	—	3	3	3	4	4	3
	影响等级	—	轻	轻	轻	轻	轻	轻
	过程出现日期	—	—	3.21—3.24	3.20—3.24	3.20—3.25	3.20—3.25	3.20—3.24
	持续天数(d)	—	—	4	5	6	6	5
	影响等级	—	—	轻	轻	中	中	轻
1999	过程出现日期	3.11—3.13	3.11—3.13	2.20—2.23	2.19—2.23	2.19—2.23	2.19—2.23	2.19—2.23
	持续天数(d)	3	3	4	5	5	5	5
	影响等级	轻	轻	轻	轻	轻	轻	轻
	过程出现日期	3.21—3.23	3.21—3.23	3.10—3.13	3.8—3.14	3.8—3.14	3.8—3.14	3.10—3.13
	持续天数(d)	3	3	4	7	7	7	4
	影响等级	轻	轻	轻	中	中	中	轻
	过程出现日期	—	—	3.21—3.23	3.20—3.23	3.20—3.24	3.20—3.24	3.20—3.23
	持续天数(d)	—	—	3	4	5	5	4
	影响等级	—	—	轻	轻	轻	轻	轻
2000	过程出现日期	2.20—3.1	2.20—3.2	2.20—3.2	2.20—3.1	2.14—3.2	2.14—3.2	2.20—3.2
	持续天数(d)	11	12	12	10	18	18	11
	影响等级	重	重	重	重	重	重	重
	过程出现日期	—	—	—	3.8—3.14	3.6—3.14	3.6—3.14	3.6—3.14
	持续天数(d)	—	—	—	7	9	9	9
	影响等级	—	—	—	中	中	中	中

续表

年份	项目	清远	佛冈	英德	阳山	连州	连南	连山
2001	过程出现日期	—	2.25—2.27	2.25—2.28	2.25—2.28	2.25—3.1	2.25—3.1	2.25—3.1
	持续天数(d)	—	3	4	4	5	5	5
	影响等级	—	轻	轻	轻	轻	轻	轻
2002	过程出现日期	—	—	—	—	—	—	3.5—3.7
	持续天数(d)	—	—	—	—	—	—	3
	影响等级	—	—	—	—	—	—	轻
2003	过程出现日期	3.6—3.8	3.6—3.8	3.5—3.8	3.5—3.8	3.4—3.13	3.4—3.9	3.4—3.13
	持续天数(d)	3	3	4	4	10	5	10
	影响等级	轻	轻	轻	轻	重	轻	重
	过程出现日期	—	—	—	3.18—3.20	3.18—3.20	3.18—3.20	3.18—3.20
	持续天数(d)				3	3	3	3
	影响等级				轻	轻	轻	轻
2004	过程出现日期	—	—	3.23—3.29	3.19—3.28	3.2—3.5	3.2—3.5	3.2—3.5
	持续天数(d)	—	—	7	10	4	4	4
	影响等级			中	重	轻	轻	轻
	过程出现日期	—	—	—	—	3.18—3.28	3.18—3.27	3.18—3.29
	持续天数(d)	—				11	10	12
	影响等级	—				重	重	重
2005	过程出现日期	2.17—3.5	2.17—3.6	2.17—3.5	2.7—3.5	2.1—3.8	2.1—3.5	2.16—2.23
	持续天数(d)	17	18	17	27	36	33	8
	影响等级	重	重	重	重	重	重	中
	过程出现日期	3.13—3.15	3.13—3.15	3.12—3.16	3.12—3.16	3.12—3.15	3.12—3.15	2.26—3.9
	持续天数(d)	3	3	5	5	4	4	12
	影响等级	轻	轻	轻	轻	轻	轻	重
	过程出现日期	—	—	—	—	—	—	3.12—3.15
	持续天数(d)	—	—	—	—	—	—	4
	影响等级	—	—	—	—	—	—	轻
2006	过程出现日期	2.28—3.2	2.27—3.5	2.28—3.2	2.27—3.5	2.22—3.5	2.22—3.5	2.22—3.5
	持续天数(d)	3	7	3	7	12	12	11
	影响等级	轻	中	轻	中	重	重	重
	过程出现日期	3.13—3.15	3.13—3.15	3.13—3.15	3.13—3.15	3.13—3.15	3.13—3.15	3.13—3.15
	持续天数(d)	3	3	3	3	3	3	3
	影响等级	轻	轻	轻	轻	轻	轻	轻

年份	项目＼地区	清远	佛冈	英德	阳山	连州	连南	连山
	过程出现日期	3.6—3.12	3.6—3.12	3.6—3.13	3.5—3.13	3.5—3.13	3.5—3.13	3.5—3.12
	持续天数(d)	7	7	8	9	9	9	8
	影响等级	中	中	中	中	中	中	中
	过程出现日期	—	—	—	3.17—3.19	3.17—3.19	3.17—3.19	3.17—3.19
2007	持续天数(d)				3	3	3	3
	影响等级				轻	轻	轻	轻
	过程出现日期	—	—	—	—	—	4.3—4.5	4.3—4.9
	持续天数(d)						3	7
	影响等级						轻	中
	过程出现日期	—	—	—	—	2.26—3.1	2.26—3.1	2.25—3.2
2008	持续天数(d)					5	5	7
	影响等级					轻	轻	中

第十一节　寒露风

寒露节气前后,清远市处于夏冬季风交替的过渡时期,冷空气不定期爆发南下,其时清远市晚稻正进入幼穗分化期和抽穗扬花期,冷空气引起的低温并伴有较大偏北风的天气会影响晚稻的正常生理活动,从而致使晚稻大面积减产甚至颗粒不收。这种天气,华南地区称之为寒露风。

寒露风标准:根据广东的实际情况和有关研究成果,规定在 9 月 20 日至 10 月 20 日期间,凡日平均气温低于或等于 23℃,且持续 3 天或以上者,为一次寒露风天气过程。

一、寒露风的年变化

清远市寒露风天气过程的出现次数呈北多南少分布,北部"三连"地区约两年出现 3 次,阳山以南地区约 1 年 1 次。

一年之内,寒露风天气过程最多可出现 4 次(佛冈 1957、1986 年),清远为 2 次,其余各地年最多出现 3 次。然而各地也有在某些年份无寒露风天气过程出现,这种现象在南部地区较突出,其中清远最多,有 20 年没有出现寒露风天气过程,占 38%;佛冈和阳山为 8 年,占 15%;英德为 11 年,占 22%;北部"三连"地区很少年份没有出现寒露风天气过程,连州有 2 年,连南有 1 年,连山则每年都有。

寒露风天气过程的平均天数:连山为 11 d,连南为 9 d,连州为 8 d,阳山、英德和佛冈为 6 d,清远为 5 d。

一般来说,季节越迟,一次寒露风天气过程持续的天数越长。一次寒露风天气过程最长持续天数:北部"三连一阳"地区都在 20 d 以上,其中连山长达 31 d(1976 年),连南(1979年)和连州(1957 年)为 27 d,阳山为 21 d(1993 年);南部的英德和佛冈为 17 d(1979 年),清远为 12 d(1976 年)(见表 3-11-1)。

表 3-11-1 清远市寒露风情况表

项目 地区	年平均		年最多				过程最低气温	
	过程次数(次)	过程天数(d)	过程次数(次)	出现年数(年)	过程天数(d)	出现年份	低温(℃)	出现年份
清远	0.8	5	2	7	12	1957	12.2	1965
佛冈	1.3	6	4	2	17	1979	9.5	1965
英德	1.2	6	3	3	17	1979	9.4	1965
阳山	1.3	6	3	5	21	1993	9.8	1965
连州	1.7	8	3	8	27	1957	8.9	1965
连南	1.7	9	3	8	27	1979	9.1	1963
连山	1.8	11	3	8	31	1976	6.5	1965

二、寒露风类型

根据寒露风天气过程的天气特征(主要考虑天气是否有雨),将寒露风分为干型、湿型、混合型。若过程中雨日(日降水≥0.0 mm)占总天数的 2/3 或以上为湿型,1/2 为混合型,不足 1/2 为干型,则清远市主要以干型寒露风天气过程为主,占 50%～65%;湿型寒露风天气过程次之,占 28%～41%;混合型不多,少于 10%,其中清远没有出现过混合型寒露风天气过程。

三、寒露风年景

寒露风是晚秋间常出现的一种危害天气。以一次寒露风天气过程最长持续时间长于或等于 10 d 为重,6～9 d 为中等,3～5 d 为轻。清远市清远、佛冈和英德出现的寒露风天气过程主要以轻级为主,占 60%～72%,中等占 23%～33%,重级占 5%～10%;北部"三连一阳"地区出现的寒露风天气过程轻级占 26%～54%,中等占 19%～33%,重级占 13%～44%。

单个地区的寒露风年景可采用一次最长过程的天数作为划分标准,并与过程等级相对应,即最长一次过程为轻的,该年景属轻度;为中过程的属中等年景;为重过程的则属严重年景。清远、佛冈、英德和阳山的轻度年景占 31%～42%,中等年景占 15%～37%,严重年景占 4%～17%;而"三连"地区以严重年景为主,占 49%～79%,中等年景占 21%～32%,轻度年景占 0～16%(连山没有出现轻度年景)。

评价全市范围的寒露风年景则可采用寒露风影响范围,即清远市≥85%的地区有寒露风影响的年份为严重寒露风年景,<85%且>30%的地区有寒露风影响的年份为中等寒露风年景,≤30%的地区有寒露风影响的年份为轻度寒露风年景。清远市历史上轻度年景只有 1998、2005、2006 年,占 6%;中等年景有 1974、1980、1982、1983、1986、1988、1990、1994、2001、2008 年,占 22%;其余年份为严重年景,占 72%。

四、寒露风概况

寒露风的始现期是指每年某地第一次寒露风过程的开始日期,它的多年平均状况反映出该地寒露风出现迟早的一般规律性,这对当地晚稻生产时间的安排及品种的选择具有重要的意义。清远市寒露风的始现期北部早于南部地区,其中连山最早为 9 月 28 日,连南和连州为 10 月 1 日,阳山和英德为 10 月 6 日,佛冈为 10 月 5 日,清远为 10 月 10 日。

清远市寒露风天气过程的平均气温为 20.8℃,各地在 20.2~21.4℃,其中北部"三连一阳"地区过程的平均气温均小于 21℃,南部地区则都在 21℃以上。有的年份过程平均气温比较低,北部可在 18℃以下,南部可在 20℃以下。过程平均气温低于或等于 20℃的概率,北部"三连一阳"地区在 30%~36%,南部地区则为 15%~22%(见表 3-11-2)。

寒露风天气过程的极端最低气温,也是晚稻生长的危害因素。根据有关研究指出:寒露风天气过程中极端最低气温低于或等于 17℃的天数持续 1~2 d,晚稻空壳粒增加甚少,而当持续 3 d 以上,将显著增加。清远市各地寒露风天气过程中极端最低气温低于或等于 17℃持续 3 d 或以上的次数为 10~59 次,分别占总次数的 26%~71%,各地最长持续天气为 8~20 d。可见寒露风是影响清远市晚稻稳产、高产的主要天气障碍(见表 3-11-3)。

另外,寒露风对晚稻生长发育的影响,除了要考虑它的低温程度,还要看它持续时间的长短。清远市北部地区寒露风天气过程不但温度低,而且持续时间长,以严重年景为主,所以晚稻受害程度要比南部地区严重得多。

表 3-11-2 清远市寒露风天气过程表

| 项目 地区 | 过程平均气温 | | 过程最低气温天数(d) | | | | 平均每天 | | 一次过程 | |
	气温(℃)	≤20℃比率(%)	≤15℃年平均	≤15℃年最多	≤17℃年平均	≤17℃年最多	降水量(mm)	日照时数(h)	最多降水量(mm)	最多日照时数(h)
清远	21.4	15	0.3	5	1.3	10	3.8	6.2	209.1	109.9
佛冈	21.1	22	1.4	14	3.3	17	2.0	6.6	157.2	169.4
英德	21.0	19	1.0	15	2.6	16	2.4	5.4	133.5	164.0
阳山	20.7	30	1.4	12	3.7	15	3.9	4.5	177.0	154.1
连州	20.6	31	2.9	14	6.2	19	3.2	4.4	325.1	154.8
连南	20.6	33	2.6	13	6.2	19	3.3	4.4	327.8	213.6
连山	20.2	36	6.3	19	10.7	20	2.9	4.6	349.7	201.3

表 3-11-3 清远市寒露风天气过程中极端最低气温≤17℃持续 3 d 或以上的过程表

地区 项目	清远	佛冈	英德	阳山	连州	连南	连山
过程次数(次)	10	29	25	38	51	38	59
出现概率(%)	26	42	43	55	71	48	68
持续最长日数(d)	8	13	12	12	16	16	20

寒露风与热带气旋遭遇时常会加重对晚稻的危害。两者遭遇时气温虽不很低,但由于连续阴雨寡照,气温日较差小。虽每天气温都维持在 22~23℃,但风大雨猛严重影响晚稻开花授粉,并可使晚稻受浸、倒伏、落粒和发生白叶枯病,导致严重损失。清远市寒露风与热带气旋遭遇的概率达 74%,最集中的时间为 10 月中旬,约 4 年一遇;其次是 9 月下旬,5~6 年一遇。寒露风与热带气旋遭遇次数随年代减少,20 世纪 60 年代、70 年代各有 8 次,2000 年后只有 2 次,60 年代遭遇概率最高达 89%,其次是 80 年代为 80%。

寒露风天气过程的日平均降水量各年代相差不大,其中以 2000—2008 年最多,平均为 3.3 mm;其次是 20 世纪 90 年代,平均为 3.2 mm(见表 3-11-4)。各地寒露风天气过程中平均日降水量为 2～4 mm,南、北部相差不明显。

寒露风天气过程的日照变化比较大。在湿寒露风的条件下,较少或完全没有日照的情况屡见不鲜。平均而言,各地每天日照为 1.4～3.3 h,地区分布较平。在干寒露风的情况下日照比较丰富,北部"三连一阳"地区平均为 6～7 h,南部地区平均可长达 8～9 h。这样的日照条件即使是夜间温度低一些,但白天温度比较高,所以对晚稻生长也无很大影响。

清远市逐年寒露风天气过程详见表 3-11-5。

表 3-11-4　清远市各年代寒露风

年代 项目	1960—1969 (连南、连山 1962 年起)	1970—1979	1980—1989	1990—1999	2000—2008
日降水量(mm)	3.1	3.1	2.8	3.2	3.3
与台风遭遇次数(次)	8	8	4	4	2
与台风遭遇概率(%)	89	67	80	67	67

表 3-11-5　清远市历年寒露风天气过程表

年份	项目　地区	清远	佛冈	英德	阳山	连州	连南	连山
1953	过程出现日期	—	—	—	—	—	—	—
	持续天数(d)							
	影响等级							
1954	过程出现日期	—	—	—	—	9.25—9.29	—	—
	持续天数(d)					5		
	影响等级					轻		
	过程出现日期	—	—	—	—	10.7—10.20		
	持续天数(d)					14		
	影响等级					重		
1955	过程出现日期	—	—	—	—	10.5—10.20		
	持续天数(d)					16		
	影响等级					重		
1956	过程出现日期	—	—	—	—	9.26—9.28		
	持续天数(d)					3		
	影响等级					轻		
	过程出现日期	—	—	—	—	10.3—10.5		
	持续天数(d)					3		
	影响等级					轻		
	过程出现日期	—	—	—	—	10.11—10.20		
	持续天数(d)					10		
	影响等级					重		
1957	过程出现日期	9.25—9.27	9.25—9.27	—	9.25—10.3	9.24—10.20	—	—
	持续天数(d)	3	3		9	27		
	影响等级	轻	轻		中	重		
	过程出现日期	10.9—10.20	9.30—10.3	—	10.6—10.20	—	—	—

年份	项目 \ 地区	清远	佛冈	英德	阳山	连州	连南	连山
1957	持续天数(d)	12	4	—	15	—	—	—
	影响等级	重	轻	—	重	—	—	—
	过程出现日期	—	10.6—10.12	—	—	—	—	—
	持续天数(d)	—	7	—	—	—	—	—
	影响等级	—	中	—	—	—	—	—
	过程出现日期	—	10.16—10.20	—	—	—	—	—
	持续天数(d)	—	5	—	—	—	—	—
	影响等级	—	轻	—	—	—	—	—
1958	过程出现日期	10.16—10.19	10.2—10.6	—	10.15—10.19	9.22—9.26	—	—
	持续天数(d)	4	5	—	5	5	—	—
	影响等级	轻	轻	—	轻	轻	—	—
	过程出现日期	—	10.16—10.19	—	—	9.30—10.8	—	—
	持续天数(d)	—	4	—	—	9	—	—
	影响等级	—	轻	—	—	中	—	—
	过程出现日期	—	—	—	—	10.15—10.20	—	—
	持续天数(d)	—	—	—	—	6	—	—
	影响等级	—	—	—	—	中	—	—
1959	过程出现日期	10.5—10.8	9.27—9.30	—	9.27—9.30	9.24—9.30	—	—
	持续天数(d)	4	4	—	4	7	—	—
	影响等级	轻	轻	—	轻	中	—	—
	过程出现日期	10.18—10.20	10.4—10.11	—	10.4—10.11	10.4—10.11	—	—
	持续天数(d)	3	8	—	8	8	—	—
	影响等级	轻	中	—	中	中	—	—
	过程出现日期	—	10.16—10.20	—	10.15—10.20	10.15—10.20	—	—
	持续天数(d)	—	5	—	6	6	—	—
	影响等级	—	轻	—	中	中	—	—
1960	过程出现日期	10.17—10.20	10.6—10.8	10.6—10.10	10.6—10.9	10.2—10.10	—	—
	持续天数(d)	4	3	5	4	9	—	—
	影响等级	轻	轻	轻	轻	中	—	—
	过程出现日期	—	10.17—10.20	10.17—10.20	10.16—10.20	10.14—10.20	—	—
	持续天数(d)	—	4	4	5	7	—	—
	影响等级	—	轻	轻	轻	中	—	—
1961	过程出现日期	—	10.11—10.16	10.10—10.15	10.11—10.15	9.30—10.5	—	—
	持续天数(d)	—	6	6	5	6	—	—
	影响等级	—	中	中	轻	中	—	—
	过程出现日期	—	—	—	—	10.9—10.17	—	—
	持续天数(d)	—	—	—	—	9	—	—
	影响等级	—	—	—	—	中	—	—

年份	项目＼地区	清远	佛冈	英德	阳山	连州	连南	连山
1962	过程出现日期	10.14—10.16	10.14—10.18	10.4—10.6	10.4—10.6	10.4—10.6	10.4—10.6	10.4—10.6
	持续天数(d)	3	5	3	3	3	3	3
	影响等级	轻	轻	轻	轻	轻	轻	轻
	过程出现日期	—	—	10.14—10.20	10.14—10.20	10.14—10.20	10.14—10.20	10.14—10.20
	持续天数(d)	—	—	7	7	7	7	7
	影响等级	—	—	中	中	中	中	中
1963	过程出现日期	10.16—10.20	10.5—10.7	10.11—10.13	10.11—10.20	10.5—10.7	10.5—10.7	10.5—10.8
	持续天数(d)	5	3	3	10	3	3	4
	影响等级	轻	轻	轻	重	轻	轻	轻
	过程出现日期	—	10.11—10.13	10.16—10.20	—	10.11—10.20	10.11—10.20	10.11—10.20
	持续天数(d)	—	3	5	—	10	10	10
	影响等级	—	轻	轻	—	重	重	重
	过程出现日期	—	10.16—10.20	—	—	—	—	—
	持续天数(d)	—	5	—	—	—	—	—
	影响等级	—	轻	—	—	—	—	—
1964	过程出现日期	—	10.7—10.9	10.7—10.10	10.7—10.10	10.6—10.11	10.6—10.11	9.28—9.30
	持续天数(d)	—	3	4	4	6	6	3
	影响等级	—	轻	轻	轻	中	中	轻
	过程出现日期	—	—	—	10.17—10.19	10.17—10.19	10.17—10.19	10.6—10.12
	持续天数(d)	—	—	—	3	3	3	7
	影响等级	—	—	—	轻	轻	轻	中
	过程出现日期	—	—	—	—	—	—	10.17—10.20
	持续天数(d)	—	—	—	—	—	—	4
	影响等级	—	—	—	—	—	—	轻
1965	过程出现日期	10.15—10.20	10.15—10.20	10.15—10.20	110.15—10.20	10.11—10.20	10.11—20.20	10.8—10.20
	持续天数(d)	6	6	6	6	10	10	13
	影响等级	中	中	中	中	重	重	重
1966	过程出现日期	—	9.25—9.28	9.25—9.28	10.14—10.19	9.23—9.28	9.24—9.28	9.23—10.3
	持续天数(d)	—	4	4	6	6	5	11
	影响等级	—	轻	轻	中	中	轻	重
	过程出现日期	—	10.14—10.16	10.14—10.19	—	10.14—10.20	10.14—10.20	10.14—10.20
	持续天数(d)	—	3	6	—	7	7	7
	影响等级	—	轻	中	—	中	中	中
1967	过程出现日期	10.1—10.4	9.22—9.24	9.21—9.24	9.21—9.24	9.21—9.24	9.21—9.24	9.21—9.27
	持续天数(d)	4	3	4	4	4	4	7
	影响等级	轻	轻	轻	轻	轻	轻	中
	过程出现日期	10.16—10.20	10.1—10.11	10.1—10.9	10.1—10.10	10.1—10.10	10.1—10.10	10.1—10.20
	持续天数(d)	5	11	9	10	10	10	20
	影响等级	轻	重	中	重	重	重	重

续表

年份	项目 \\ 地区	清远	佛冈	英德	阳山	连州	连南	连山
1967	过程出现日期	—	10.16—10.20	10.16—10.20	10.14—10.20	10.14—10.20	10.14—10.20	—
	持续天数(d)	—	5	5	7	7	7	—
	影响等级		轻	轻	中	中	中	
1968	过程出现日期	10.18—10.20	9.30—10.2	9.29—10.2	9.29—10.2	9.21—9.23	9.21—9.23	9.21—9.24
	持续天数(d)	3	3	4	4	3	3	4
	影响等级	轻	轻	轻	轻	轻	轻	轻
	过程出现日期	—	10.17—10.20	10.14—10.20	10.10—10.20	9.29—10.2	9.29—10.2	9.28—10.3
	持续天数(d)	—	4	7	11	4	4	6
	影响等级	—	轻	中	重	轻	轻	中
	过程出现日期	—	—	—	—	10.10—10.20	10.10—10.20	10.10—10.20
	持续天数(d)	—	—	—	—	11	11	11
	影响等级	—	—	—	—	重	重	重
1969	过程出现日期	10.10—10.12	10.3—10.15	10.3—10.12	9.29—10.12	9.28—10.15	9.28—10.12	9.28—10.20
	持续天数(d)	3	13	10	14	18	15	23
	影响等级	轻	重	重	重	重	重	重
1970	过程出现日期	9.29—10.1	9.29—10.6	9.29—10.5	9.28—10.6	9.28—10.7	9.28—10.7	9.28—10.7
	持续天数(d)	3	8	7	9	10	10	10
	影响等级	轻	中	中	中	重	重	重
	过程出现日期	10.18—10.20	10.17—10.20	10.17—10.20	10.17—10.20	10.16—10.20	10.16—10.20	10.16—10.20
	持续天数(d)	3	4	4	4	5	5	5
	影响等级	轻	轻	轻	轻	轻	轻	轻
1971	过程出现日期	10.12—10.20	10.12—10.20	9.20—9.22	9.20—9.22	9.20—9.23	9.20—9.23	9.20—9.24
	持续天数(d)	9	9	3	3	4	4	5
	影响等级	中	中	轻	轻	轻	轻	轻
	过程出现日期	—	—	10.12—10.19	10.5—10.9	10.4—10.20	10.4—10.20	10.4—10.20
	持续天数(d)	—	—	8	5	17	17	17
	影响等级	—	—	中	轻	重	重	重
	过程出现日期	—	—	—	10.12—10.20	—	—	—
	持续天数(d)	—	—	—	9	—	—	—
	影响等级	—	—	—	中	—	—	—
1972	过程出现日期	10.3—10.6	10.3—10.8	10.3—10.7	10.3—10.6	9.23—9.26	9.23—9.26	9.23—9.26
	持续天数(d)	4	6	5	4	4	4	4
	影响等级	轻	中	轻	轻	轻	轻	轻
	过程出现日期	—	—	10.10—10.12	10.9—10.12	10.3—10.13	10.3—10.6	10.3—10.14
	持续天数(d)	—	—	3	4	11	4	12
	影响等级	—	—	轻	轻	重	轻	重
	过程出现日期	—	—	—	—	—	10.9—10.13	—
	持续天数(d)	—	—	—	—	—	5	—
	影响等级	—	—	—	—	—	轻	—

续表

年份	项目 \ 地区	清远	佛冈	英德	阳山	连州	连南	连山
1973	过程出现日期	10.14—10.19	10.8—10.19	10.7—10.20	10.7—10.20	10.6—10.20	10.6—10.20	10.6—10.20
	持续天数	6	12	14	14	15	15	15
	影响等级	中	重	重	重	重	重	重
1974	过程出现日期	—	—	10.12—10.14	—	10.9—10.15	10.9—10.15	10.9—10.20
	持续天数(d)	—	—	3	—	7	7	12
	影响等级	—	—	轻	—	中	中	重
	过程出现日期	—	—	—	—	10.18—10.20	10.18—10.20	—
	持续天数(d)	—	—	—	—	3	3	—
	影响等级	—	—	—	—	轻	轻	—
1975	过程出现日期	10.14—10.19	10.14—10.20	10.14—10.20	10.14—10.20	10.13—10.20	10.13—10.20	10.7—10.9
	持续天数(d)	6	7	7	7	8	8	3
	影响等级	中	中	中	中	中	中	轻
	过程出现日期	—	—	—	—	—	—	10.13—10.20
	持续天数(d)	—	—	—	—	—	—	8
	影响等级	—	—	—	—	—	—	中
1976	过程出现日期	10.15—10.17	9.27—9.30	9.27—10.3	9.21—9.23	9.20—9.23	9.20—10.4	9.20—10.20
	持续天数(d)	3	4	7	3	4	15	31
	影响等级	轻	轻	中	轻	轻	重	重
	过程出现日期	—	10.13—10.20	10.13—10.17	9.26—9.29	9.26—10.4	10.12—10.20	—
	持续天数(d)	—	8	5	4	9	9	—
	影响等级	—	中	轻	轻	中	中	—
	过程出现日期	—	—	—	10.13—10.20	10.13—10.20	—	—
	持续天数(d)	—	—	—	8	8	—	—
	影响等级	—	—	—	中	中	—	—
1977	过程出现日期	—	10.7—10.14	10.7—10.13	10.7—10.13	9.22—9.25	9.23—9.25	9.22—9.25
	持续天数(d)	—	8	7	7	4	3	4
	影响等级	—	中	中	中	轻	轻	轻
	过程出现日期	—	—	—	—	10.7—10.20	10.7—10.20	10.7—10.20
	持续天数(d)	—	—	—	—	14	14	14
	影响等级	—	—	—	—	重	重	重
1978	过程出现日期	10.15—10.20	10.15—10.20	10.15—10.20	10.15—10.20	10.5—10.20	10.5—10.20	10.5—10.20
	持续天数(d)	6	6	6	6	16	14	16
	影响等级	中	中	中	中	重	重	重
1979	过程出现日期	10.5—10.15	9.28—10.1	9.24—9.30	9.24—9.26	9.24—9.30	9.24—10.20	9.24—10.20
	持续天数(d)	11	4	7	3	7	27	27
	影响等级	重	轻	中	轻	中	重	重
	过程出现日期	10.18—10.20	10.4—10.20	10.4—10.20	10.5—10.20	10.4—10.20	—	—
	持续天数(d)	3	17	17	16	17	—	—
	影响等级	轻	重	重	重	重	—	—

续表

年份	项目\地区	清远	佛冈	英德	阳山	连州	连南	连山
1980	过程出现日期	—	—	—	10.18—10.20	9.24—9.27	9.24—9.28	9.24—10.4
	持续天数(d)	—	—	—	3	4	5	11
	影响等级	—	—	—	轻	轻	轻	重
	过程出现日期	—	—	—	—	10.17—10.20	10.17—10.20	10.14—10.20
	持续天数(d)	—	—	—	—	4	4	7
	影响等级	—	—	—	—	轻	轻	中
1981	过程出现日期	10.9—10.11	10.9—10.12	10.8—10.11	10.8—10.11	10.1—10.15	10.1—10.15	10.5—10.16
	持续天数(d)	3	4	4	4	15	15	12
	影响等级	轻	轻	轻	轻	重	重	重
1982	过程出现日期	—	10.8—10.12	—	—	10.7—10.9	10.8—10.10	9.27—9.29
	持续天数(d)	—	5	—	—	3	3	3
	影响等级	—	轻	—	—	轻	轻	轻
	过程出现日期	—	—	—	—	—	—	10.7—10.16
	持续天数(d)	—	—	—	—	—	—	10
	影响等级	—	—	—	—	—	—	重
1983	过程出现日期	—	—	—	10.13—10.16	10.12—10.16	10.12—10.16	9.29—10.1
	持续天数(d)	—	—	—	4	5	5	3
	影响等级	—	—	—	轻	轻	轻	轻
	过程出现日期	—	—	—	—	—	—	10.11—10.16
	持续天数(d)	—	—	—	—	—	—	6
	影响等级	—	—	—	—	—	—	中
1984	过程出现日期	10.5—10.7	10.5—10.7	10.4—10.7	10.4—10.9	10.4—10.14	10.4—10.20	10.4—10.20
	持续天数(d)	3	3	4	6	11	17	17
	影响等级	轻	轻	轻	中	重	重	重
	过程出现日期	10.17—10.19	10.17—10.20	10.17—10.20	10.17—10.20	10.17—10.20	—	—
	持续天数(d)	3	4	4	4	4	—	—
	影响等级	轻	轻	轻	轻	轻	—	—
1985	过程出现日期	10.3—10.5	10.2—10.6	10.2—10.6	9.23—9.25	9.23—10.7	9.23—9.26	9.22—10.8
	持续天数(d)	3	5	5	3	15	4	17
	影响等级	轻	轻	轻	轻	重	轻	重
	过程出现日期	—	—	—	10.2—10.7	10.17—10.20	9.29—10.7	10.17—10.20
	持续天数(d)	—	—	—	6	4	9	4
	影响等级	—	—	—	中	轻	中	轻
	过程出现日期	—	—	—	10.17—10.20	—	10.17—10.20	—
	持续天数(d)	—	—	—	4	—	4	—
	影响等级	—	—	—	轻	—	轻	—
1986	过程出现日期	—	9.21—9.24	—	—	9.21—9.23	9.30—10.12	9.19—9.25
	持续天数(d)	—	4	—	—	3	13	7
	影响等级	—	轻	—	—	轻	重	中

续表

年份	项目 \ 地区	清远	佛冈	英德	阳山	连州	连南	连山
1986	过程出现日期	—	10.1—10.4	—	—	9.30—10.16	10.18—10.20	9.28—10.17
	持续天数（d）	—	4	—	—	17	3	20
	影响等级	—	轻	—	—	重	轻	重
	过程出现日期	—	10.7—10.9	—	—			
	持续天数（d）	—	3	—				
	影响等级	—	轻	—				
	过程出现日期	—	10.13—10.16					
	持续天数（d）	—	4					
	影响等级	—	轻					
1987	过程出现日期	—	10.18—10.20	10.18—10.20	10.18—10.20	9.25—9.27	9.19—9.22	9.20—9.22
	持续天数（d）	—	3	3	3	3	4	3
	影响等级	—	轻	轻	轻	轻	轻	轻
	过程出现日期	—	—	—	—	10.18—10.20	9.25—9.27	9.25—10.4
	持续天数（d）	—				3	3	10
	影响等级	—				轻	轻	重
	过程出现日期	—				—	10.18—10.20	10.15—10.20
	持续天数（d）	—					3	6
	影响等级	—					轻	中
1988	过程出现日期	—		—	10.6—10.9	9.22—9.30	9.22—10.10	9.22—10.10
	持续天数（d）	—			4	9	19	19
	影响等级	—			轻	中	重	重
	过程出现日期	—			—	10.5—10.10	10.17—10.20	10.14—10.20
	持续天数（d）	—				6	4	7
	影响等级	—				中	轻	中
	过程出现日期	—			—	10.13—10.20		
	持续天数（d）	—				8		
	影响等级	—				中		
1989	过程出现日期	10.17—10.20	10.17—10.20	10.17—10.20	10.16—10.20	10.6—10.13	10.6—10.13	10.6—10.20
	持续天数（d）	4	4	4	5	8	8	15
	影响等级	轻	轻	轻	轻	中	中	重
	过程出现日期	—	—	—	—	10.16—10.20	10.16—10.20	
	持续天数（d）	—				5	5	
	影响等级	—				轻	轻	
1990	过程出现日期	—	10.7—10.13	—	—	10.7—10.19	10.7—10.19	9.21—9.24
	持续天数（d）	—	7	—	—	13	13	4
	影响等级	—	中	—	—	重	重	轻
	过程出现日期	—	—	—	—	—	—	10.5—10.20
	持续天数（d）	—	—	—	—	—	—	16
	影响等级	—	—	—	—	—	—	重

续表

年份	项目\地区	清远	佛冈	英德	阳山	连州	连南	连山
1991	过程出现日期	—	10.7—10.12	10.14—10.18	10.14—10.20	10.5—10.10	10.5—10.20	10.4—10.20
	持续天数(d)	—	6	5	7	6	16	17
	影响等级	—	中	轻	中	中	重	重
	过程出现日期	—	—	—	—	10.13—10.20	—	—
	持续天数(d)		—	—	—	8	—	—
	影响等级					中		
1992	过程出现日期	10.13—10.20	10.5—10.20	10.5—10.20	10.5—10.20	10.4—10.20	10.4—10.20	9.30—10.20
	持续天数(d)	9	16	16	16	17	17	21
	影响等级	中	重	重	重	重	重	重
1993	过程出现日期	10.18—10.20	10.1—10.14	10.1—10.4	9.30—10.20	9.30—10.20	9.30—10.20	9.30—10.20
	持续天数(d)	3	14	4	21	21	21	21
	影响等级	轻	重	轻	重	重	重	重
	过程出现日期	—	10.18—10.20	10.7—10.15	—	—	—	—
	持续天数(d)	—	3	9	—	—	—	—
	影响等级	—	轻	中	—	—	—	—
	过程出现日期	—	—	10.18—10.20	—	—	—	—
	持续天数(d)	—	—	3	—	—	—	—
	影响等级	—	—	轻	—	—	—	—
1994	过程出现日期	—	10.5—10.7	—	10.5—10.7	10.4—10.7	10.4—10.7	9.27—10.13
	持续天数(d)	—	3	—	3	4	4	17
	影响等级	—	轻	—	轻	轻	轻	重
	过程出现日期	—	—	—	10.18—10.20	10.17—10.20	10.17—10.20	10.17—10.20
	持续天数(d)	—	—	—	3	4	4	4
	影响等级	—	—	—	轻	轻	轻	轻
1995	过程出现日期	—	9.22—9.24	10.5—10.8	10.4—10.9	10.3—10.15	10.3—10.15	9.19—9.26
	持续天数(d)	—	3	4	6	13	13	8
	影响等级	—	轻	轻	中	重	重	中
	过程出现日期	—	10.5—10.8	—	—	—	—	10.3—10.17
	持续天数(d)	—	4	—	—	—	—	15
	影响等级	—	轻	—	—	—	—	重
1996	过程出现日期	10.8—10.11	10.7—10.12	10.7—10.11	10.7—10.12	9.28—9.30	9.28—10.1	9.28—10.3
	持续天数(d)	4	6	5	6	3	3	6
	影响等级	轻	中	轻	中	轻	轻	中
	过程出现日期	—	—	—	—	10.7—10.20	10.7—10.20	10.7—10.20
	持续天数(d)	—	—	—	—	14	14	14
	影响等级	—	—	—	—	重	重	重
1997	过程出现日期	9.26—9.29	9.20—9.22	9.20—9.22	9.20—9.22	9.20—9.29	9.20—9.29	9.16—9.30
	持续天数(d)	4	3	3	3	10	10	15
	影响等级	轻	轻	轻	轻	重	重	重

年份	项目 \ 地区	清远	佛冈	英德	阳山	连州	连南	连山
1997	过程出现日期	—	9.26—9.29	9.26—9.29	9.25—9.29	10.10—10.13	—	10.7—10.15
	持续天数（d）	—	4	4	5	4	—	9
	影响等级	—	轻	轻	轻	轻	—	中
1998	过程出现日期	—	—	—	—	10.15—10.20	10.14—10.20	9.20—9.22
	持续天数（d）	—	—	—	—	6	7	3
	影响等级	—	—	—	—	中	中	轻
	过程出现日期	—	—	—	—	—	—	9.28—10.6
	持续天数（d）	—	—	—	—	—	—	9
	影响等级	—	—	—	—	—	—	中
	过程出现日期	—	—	—	—	—	—	10.14—10.20
	持续天数（d）	—	—	—	—	—	—	7
	影响等级	—	—	—	—	—	—	中
1999	过程出现日期	10.17—10.20	10.17—10.19	10.17—10.19	10.3—10.6	9.21—9.24	9.20—9.24	9.20—9.26
	持续天数（d）	4	3	3	4	4	5	7
	影响等级	轻	轻	轻	轻	轻	轻	中
	过程出现日期	—	—	—	10.16—10.19	10.3—10.7	10.3—10.7	10.3—10.9
	持续天数（d）	—	—	—	4	5	5	7
	影响等级	—	—	—	轻	轻	轻	中
	过程出现日期	—	—	—	—	10.16—10.20	10.16—10.20	10.16—10.20
	持续天数（d）	—	—	—	—	5	5	5
	影响等级	—	—	—	—	轻	轻	轻
2000	过程出现日期	10.13—10.20	10.13—10.20	10.13—10.20	10.13—10.20	10.13—10.20	10.12—10.20	10.12—10.20
	持续天数（d）	8	8	8	8	8	9	9
	影响等级	中	中	中	中	中	中	中
2001	过程出现日期	—	10.9—10.11	—	10.8—10.11	10.8—10.11	10.8—10.11	10.1—10.12
	持续天数（d）	—	3	—	4	4	4	12
	影响等级	—	轻	—	轻	轻	轻	重
	过程出现日期	—	—	—	—	10.16—10.18	10.16—10.18	10.16—10.20
	持续天数（d）	—	—	—	—	3	3	5
	影响等级	—	—	—	—	轻	轻	轻
2002	过程出现日期	9.28—10.1	9.28—10.1	9.27—10.1	9.27—9.30	9.27—9.30	9.27—9.30	9.22—10.3
	持续天数（d）	4	4	5	4	4	4	12
	影响等级	轻	轻	轻	轻	轻	轻	重
	过程出现日期	10.6—10.11	10.6—10.11	10.6—10.11	10.6—10.12	10.6—10.13	10.6—10.13	10.6—10.15
	持续天数（d）	6	6	6	7	8	8	10
	影响等级	中	中	中	中	中	中	重
	过程出现日期	—	—	—	—	—	10.18—10.20	10.18—10.20
	持续天数（d）	—	—	—	—	—	3	3
	影响等级	—	—	—	—	—	轻	轻

续表

年份	项目＼地区	清远	佛冈	英德	阳山	连州	连南	连山
2003	过程出现日期	10.14—10.20	10.6—10.8	10.13—10.20	10.3—10.8	10.3—10.8	10.3—10.8	9.21—9.26
	持续天数(d)	7	3	8	6	6	6	6
	影响等级	中	轻	中	中	中	中	中
	过程出现日期	—	10.13—10.20	—	10.13—10.20	10.13—10.20	10.13—10.20	10.3—10.9
	持续天数(d)	—	8	—	8	8	8	7
	影响等级	—	中	—	中	中	中	中
	过程出现日期	—	—	—	—	—	—	10.13—10.20
	持续天数(d)	—	—	—	—	—	—	8
	影响等级	—	—	—	—	—	—	中
2004	过程出现日期	10.2—10.5	10.2—10.17	10.2—10.5	10.2—10.5	10.1—10.10	10.1—10.10	10.1—10.20
	持续天数(d)	4	16	4	4	10	10	20
	影响等级	轻	重	轻	轻	重	重	重
	过程出现日期	—	—	—	10.8—10.10	10.18—10.20	10.18—10.20	—
	持续天数(d)	—	—	—	3	3	3	—
	影响等级	—	—	—	轻	轻	轻	—
2005	过程出现日期	—	—	—	—	10.15—10.18	10.15—10.18	10.4—10.11
	持续天数(d)	—	—	—	—	4	4	8
	影响等级	—	—	—	—	轻	轻	中
	过程出现日期	—	—	—	—	—	—	10.14—10.20
	持续天数(d)	—	—	—	—	—	—	7
	影响等级	—	—	—	—	—	—	中
2006	过程出现日期	—	—	—	—	—	—	9.9—9.23
	持续天数(d)	—	—	—	—	—	—	15
	影响等级	—	—	—	—	—	—	重
	过程出现日期	—	—	—	—	—	—	10.3—10.6
	持续天数(d)	—	—	—	—	—	—	4
	影响等级	—	—	—	—	—	—	轻
2007	过程出现日期	10.15—10.18	10.15—10.20	10.15—10.20	10.14—10.20	10.13—10.20	10.13—10.20	9.19—9.24
	持续天数(d)	4	6	6	7	8	8	6
	影响等级	轻	中	中	中	中	中	中
	过程出现日期	—	—	—	—	—	—	10.8—10.10
	持续天数(d)	—	—	—	—	—	—	3
	影响等级	—	—	—	—	—	—	轻
	过程出现日期	—	—	—	—	—	—	10.13—10.20
	持续天数(d)	—	—	—	—	—	—	8
	影响等级	—	—	—	—	—	—	中
2008	过程出现日期	—	—	10.5—10.7	—	10.5—10.8	9.27—10.1	9.28—10.2
	持续天数(d)	—	—	3	—	5	5	5
	影响等级	—	—	轻	—	轻	轻	轻

续表

年份	项目＼地区	清远	佛冈	英德	阳山	连州	连南	连山
2008	过程出现日期	—	—	—	—	—	10.5—10.8	10.5—10.20
	持续天数(d)	—	—	—	—	—	4	16
	影响等级	—	—	—	—	—	轻	重
	过程出现日期	—	—	—	—	—	10.12—10.14	—
	持续天数(d)	—	—	—	—	—	3	—
	影响等级	—	—	—	—	—	轻	—

第十二节　寒潮

　　冬半年来自极地强大的冷空气常南下侵袭清远市,造成大范围、大幅度降温,并伴随有大风、降水、降雪、冻雨、霜冻和结冰等天气,从而形成一次寒潮天气过程。

　　广东省气象局规定,凡一天内日平均气温降温幅度≥8.0℃或两天内日平均气温降温幅度≥10.0℃,同时过程最低气温≤5.0℃,称为一次寒潮过程。统计时,将当年10月到次年4月出现的过程算作当年的过程,并规定:在全市范围内,在同一时段内只要有一个气象台站达到寒潮统计标准者,就作为该地区有一次寒潮天气过程。

一、寒潮的时空分布

　　清远市寒潮年平均出现次数,其分布是北多南少。北部地区为1～2次,南部地区约两年一遇,但在寒冷年里,北部地区最多能有5次寒潮(1965—1966年度、1968—1969年度、2004—2005年度),其次有8个年度是4次,南部地区最多能有2次(1962—1963年度、1965—1966年度、1968—1969年度、1977—1978年度、1989—1990年度、2005—2006年度),而有些年度则全市都没有出现寒潮(1974—1975年度、2003—2004年度、2006—2007年度)(见表3-12-1)。

表 3-12-1　清远市寒潮频率表

项目＼地区		清远	佛冈	英德	阳山	连州	连南	连山
各季出现频率	秋季	4%	3%	3%	3%	6%	4%	4%
	冬季	96%	94%	91%	82%	78%	81%	76%
	春季	0	3%	6%	15%	16%	15%	20%
年平均次数(次)		0.5	0.5	0.6	1.4	1.5	1.5	2.0
最早出现时间		1987.11.27	1987.11.27	1987.11.27	1960.11.23	1978.10.26	1978.10.26	1978.10.26
最晚出现时间		1974.2.23	2005.3.11	2005.3.11	1998.3.19	1998.3.19	1969.4.3	1963.4.5
年最多次数(次)		2	2	2	5	5	5	5
出现年度		1965—1966 1968—1969	1965—1966 1968—1969	有7年	1968—1969	1965—1966	1965—1966	有3年

寒潮出现的季节主要集中在冬季,占全部寒潮活动次数的76%~96%,其中南部地区较集中于1月,北部地区则是1月和2月较多。秋、春季寒潮影响在地区上略有不同,北部地区春季寒潮多于秋季寒潮,而南部地区则是秋季寒潮多于春季寒潮。

寒潮开始和终止日期各地都不一样,因此,寒季长短各地不相同。北部地区寒潮一般开始于11月下旬至12月上旬,终止于3月上旬、中旬,寒季长4个月左右;而南部地区一般开始于12月中旬、下旬,终止于2月中旬、下旬,寒季有3个月左右。在异常情况下,北部地区10月下旬、南部地区11月下旬就有寒潮影响,而最迟出现时间北部地区可迟至4月上旬,南部地区迟至3月中旬(见表3-12-2)。

连续出现寒潮的年数南部地区最长为4~5年,北部地区为11~19年,其中最短是英德的4年,最长是连山的19年。而连续没有出现寒潮的年数南部地区最长为5~9年,北部地区为1~2年(见表3-12-3)。

表3-12-2 清远市寒潮次数时间分布表 （单位:次）

地区\月份	10月	11月	12月	1月	2月	3月	4月
清远	0	1	7	14	5	0	0
佛冈	0	1	5	16	6	1	0
英德	0	1	4	14	11	2	0
阳山	0	2	16	22	20	11	0
连州	1	4	18	25	24	14	0
连南	1	2	15	21	21	10	1
连山	1	3	19	24	27	16	2

表3-12-3 清远市连续出现和连续没有出现寒潮最长年数及出现年份表

项目\地区	清远	佛冈	英德	阳山	连州	连南	连山
连续出现寒潮最长年数	5年	4年	5年	11年	12年	12年	19年
出现年度	1975—1976～1979—1980	1959—1960～1962—1963 1976—1977～1979—1980	1965—1966～1969—1970 1976—1977～1980—1981	1959—1960～1969—1970	1991—1992～2002—2003	1991—1992～2002—2003	1984—1985～2002—2003
连续没有出现寒潮最长年数	9年	5年	8年	1年	1年	1年	2年
出现年度	1996—1997～2004—2005	1996—1997～2000—2001	1996—1997～2003—2004	11年	11年	10年	1982—1983～1983—1984

各年代出现寒潮次数也不同,南部地区在20世纪60年代最多,并呈逐渐减少的趋势,60年代和70年代次数可占总次数的50%以上;而北部地区60年代寒潮次数最多,80年代最少,呈先减后增的趋势(见表3-12-4)。

由于冷空气活动及其强度不同,每次寒潮影响清远市的范围大小也不同。1962—2008

年,单次寒潮波及范围为两个地区的次数占总次数的9.6%,波及范围为3个地区的次数占总次数的17.4%,波及范围为4个地区的次数占总次数的22.6%,波及范围为5个地区的次数占总次数的6.1%,波及范围为6个地区的次数占总次数的2.6%,波及范围为全市的次数占总次数的13%。单次寒潮波及6个地区或以上的有1962—1963年度、1965—1966年度、1968—1969年度、1969—1970年度、1971—1972年度、1973—1974年度、1976—1977年度、1977—1978年度、1978—1979年度、1979—1980年度、1987—1988年度、1988—1989年度、1989—1990年度、1991—1992年度、1995—1996年度、2004—2005年度、2005—2006年度、2007—2008年度等。若以年代进行比较,则以70年代出现的次数最多,10年中有6个年度6次寒潮波及6个地区或以上,占33.3%,其次是60年代,有4个年度4次寒潮波及6个地区或以上。

表3-12-4　清远市寒潮次数年代分布表　　　　　　　　　　（单位:次）

地区 \ 年代	1960—1969 （连南、连山1962年起）	1970—1979	1980—1989	1990—1999	2000—2008
清远	7	7	4	4	2
佛冈	7	6	5	4	4
英德	12	8	4	3	4
阳山	21	15	8	12	10
连州	21	14	10	16	12
连南	16	17	10	16	12
连山	23	20	12	18	19

二、寒潮天气特点

寒潮入侵后所反映出的天气特点通常是气压急升,吹偏北大风,气温骤降并伴有降水、降雪、霜冻、结冰等天气现象。

寒潮入侵过程中,温度变化相当剧烈,一般来说,寒潮天气引起的降温幅度北部地区大于南部地区,24 h的降温极值南部地区在12~15℃,北部地区在17~20℃,48 h降温极值南部地区在17~19℃,北部地区在21~23℃。清远市24 h最大降温值为19.7℃,出现在阳山1969年1月28—29日,48 h最大降温值为22.8℃,出现在连南1966年3月6—8日(见表3-12-5)。

在寒潮影响过程中出现的极端最低气温,一般以1~5℃为多,可占67%~89%。除清远极端最低气温为0.1℃外,其余各地极端最低气温均在0℃以下,其中最低极端最低气温为连山的-5.5℃(1991年12月29日)(见表3-12-6)。

表3-12-5　清远市寒潮过程最大降温值表

项目 \ 月份	10月	11月	12月	1月	2月	3月	4月
24 h最大降温(℃)	7.0	15.1	13.5	19.7	14.6	17.2	8.5
起止日期	26—27	26—27	1—2	28—29	21—22	6—7	3—4
出现年份	1978	1987	1952	1969	1966	1966	1969
地区	连州	连山	连州	阳山	连南	连南	连山
48 h最大降温(℃)	11.6	19.6	17.5	21.9	18.4	22.8	10.0

续表

项目 \ 月份	10月	11月	12月	1月	2月	3月	4月
起止日期	26—28	26—28	1—3	28—30	21—23、16—18	6—8	5—7
出现年份	1978	1987	1998	1969	1966、1996	1966	1963
地区	连州	连山	连山	连山	连南、阳山	连南	连山

表 3-12-6 清远市历年寒潮过程表　　　　　(单位:℃)

年份	项目 \ 地区	清远	佛冈	英德	阳山	连州	连南	连山
1953	开始日期	—	—	—	—	12.1	—	—
	24 h 降温	—	—	—	—	2.3	—	—
	48 h 降温	—	—	—	—	10.0	—	—
	最低气温	—	—	—	—	3.9	—	—
1954	开始日期	—	—	—	—	—	—	—
	24 h 降温	—	—	—	—	—	—	—
	48 h 降温	—	—	—	—	—	—	—
	最低气温	—	—	—	—	—	—	—
1955	开始日期	—	—	—	—	2.18	—	—
	24 h 降温	—	—	—	—	7.8	—	—
	48 h 降温	—	—	—	—	12.9	—	—
	最低气温	—	—	—	—	−2.0	—	—
	开始日期	—	—	—	—	3.8	—	—
	24 h 降温	—	—	—	—	9.1	—	—
	48 h 降温	—	—	—	—	10.1	—	—
	最低气温	—	—	—	—	4.9	—	—
	开始日期	—	—	—	—	12.31	—	—
	24 h 降温	—	—	—	—	7.9	—	—
	48 h 降温	—	—	—	—	12.3	—	—
	最低气温	—	—	—	—	3.3	—	—
1956	开始日期	—	—	—	—	1.19	—	—
	24 h 降温	—	—	—	—	4.4	—	—
	48 h 降温	—	—	—	—	10.7	—	—
	最低气温	—	—	—	—	−4.6	—	—
	开始日期	—	—	—	—	2.10	—	—
	24 h 降温	—	—	—	—	9.3	—	—
	48 h 降温	—	—	—	—	11.5	—	—
	最低气温	—	—	—	—	3.8	—	—

年份	项目\地区	清远	佛冈	英德	阳山	连州	连南	连山
1957	开始日期	—	—	—	3.12	1.11	—	—
	24 h 降温	—	—	—	8.7	8.9	—	—
	48 h 降温	—	—	—	10.8	15.8	—	—
	最低气温	—	—	—	3.1	−2.3	—	—
	开始日期	—	—	—	—	3.11	—	—
	24 h 降温	—	—	—	—	4.6	—	—
	48 h 降温	—	—	—	—	11.5	—	—
	最低气温	—	—	—	—	5.7	—	—
1958	开始日期	1.13	1.13	—	1.13	1.13	—	—
	24 h 降温	8.2	6.1	—	9.1	7.1	—	—
	48 h 降温	13.8	14.1	—	14.4	12.5	—	—
	最低气温	1.9	0.9	—	0.6	−0.2	—	—
1959	开始日期	—	—	—	12.14	12.14	—	—
	24 h 降温	—	—	—	7.8	7.8	—	—
	48 h 降温	—	—	—	10.9	10.6	—	—
	最低气温	—	—	—	2.7	4.2	—	—
1960	开始日期	1.21	1.22	12.17	11.23	11.23	—	—
	24 h 降温	7.0	6.5	7.3	4.4	8.2	—	—
	48 h 降温	10.6	10.2	11.1	14.4	13.5	—	—
	最低气温	3.0	0.9	1.4	5.0	4.5	—	—
1960	开始日期	12.17	12.17	—	12.16	12.16	—	—
	24 h 降温	7.2	6.4	—	1.9	2.4	—	—
	48 h 降温	10.4	10.8	—	10.3	10.4	—	—
	最低气温	4.0	2.4	—	1.2	−2.0	—	—
1961	开始日期	—	—	—	—	—	—	—
	24 h 降温	—	—	—	—	—	—	—
	48 h 降温	—	—	—	—	—	—	—
	最低气温	—	—	—	—	—	—	—
1962	开始日期	12.28	2.12	2.11	1.14	1.14	12.28	—
	24 h 降温	8.1	4.7	4.6	8.5	8.4	6.3	—
	48 h 降温	9.4	10.8	10.1	11.4	11.5	11.0	—
	最低气温	4.6	3.7	2.1	2.5	0.2	1.7	—
	开始日期	—	—	12.28	2.11	2.11	—	—
	24 h 降温	—	—	3.1	5.8	6.9	—	—
	48 h 降温	—	—	10.6	10.4	10.8	—	—
	最低气温	—	—	3.4	2.8	−0.3	—	—
	开始日期	—	—	—	2.24	2.24	—	—
	24 h 降温	—	—	—	5.2	7.0	—	—
	48 h 降温	—	—	—	12.3	13.0	—	—
	最低气温	—	—	—	4.4	4.0	—	—
	开始日期	—	—	—	—	12.28	—	—
	24 h 降温	—	—	—	—	5.4	—	—
	48 h 降温	—	—	—	—	11.0	—	—
	最低气温	—	—	—	—	1.7	—	—

年份	项目＼地区	清远	佛冈	英德	阳山	连州	连南	连山
1963	开始日期	—	2.7	2.7	2.7	2.7	2.7	2.7
	24 h 降温	—	8.1	8.0	8.1	9.5	8.2	8.7
	48 h 降温	—	11.0	9.9	8.6	9.1	8.2	8.9
	最低气温	—	4.3	4.7	3.1	3.0	2.4	1.9
	开始日期	—	—	—	3.9	3.9	3.9	3.9
	24 h 降温	—	—	—	7.7	8.9	7.9	7.2
	48 h 降温	—	—	—	12.2	11.3	10.8	11.8
	最低气温	—	—	—	5.0	4.8	4.7	2.3
	开始日期	—	—	—	—	—	—	4.5
	24 h 降温	—	—	—	—	—	—	6.0
	48 h 降温	—	—	—	—	—	—	10.0
	最低气温	—	—	—	—	—	—	4.6
1964	开始日期	2.16	—	2.16	2.8	1.12	1.12	2.8
	24 h 降温	9.9	—	10.1	8.8	8.1	9.6	7.6
	48 h 降温	10.3	—	10.9	12.6	10.7	11.4	11.3
	最低气温	0.3	—	2.0	3.6	2.1	0.6	2.1
	开始日期	—	—	—	—	2.8	2.8	2.15
	24 h 降温	—	—	—	—	9.8	9.5	8.9
	48 h 降温	—	—	—	—	11.7	11.9	11.3
	最低气温	—	—	—	—	3.5	3.0	−0.5
1965	开始日期	12.14	12.15	—	2.21	12.14	12.14	2.21
	24 h 降温	6.6	7.0	—	8.1	6.5	6.9	7.9
	48 h 降温	10.4	11.0	—	12.2	10.2	10.3	12.4
	最低气温	4.9	2.8	—	5.0	1.3	1.2	3.7
	开始日期	—	—	—	12.23	12.22	12.23	12.14
	24 h 降温	—	—	—	10.2	2.4	9.4	6.6
	48 h 降温	—	—	—	12.9	12.1	11.5	11.4
	最低气温	—	—	—	3.6	3.7	3.5	0.0
	开始日期	—	—	—	—	—	—	12.22
	24 h 降温	—	—	—	—	—	—	11.0
	48 h 降温	—	—	—	—	—	—	13.3
	最低气温	—	—	—	—	—	—	−2.2

续表

年份	项目	清远	佛冈	英德	阳山	连州	连南	连山
1966	开始日期	2.21	2.21	2.11	2.10	2.10	2.10	2.11
	24 h 降温	7.8	7.9	10.7	2.7	5.7	5.2	9.9
	48 h 降温	15.2	15.6	11.6	13.3	14.5	13.3	12.7
	最低气温	4.8	3.3	3.9	3.8	1.6	1.4	1.1
	开始日期	—	—	2.21	2.21	2.21	2.21	2.21
	24 h 降温	—	—	9.1	11.6	13.2	14.6	12.8
	48 h 降温	—	—	15.7	16.9	17.2	18.4	16.6
	最低气温	—	—	3.6	1.7	1.2	1.3	−0.1
	开始日期	—	—	—	3.6	3.6	3.6	3.6
	24 h 降温	—	—	—	12.6	15.5	17.2	14.3
	48 h 降温	—	—	—	19.9	22.1	22.8	20.7
	最低气温	—	—	—	4.3	4.1	3.6	3.3
	开始日期	—	—	—	12.24	12.24	—	12.24
	24 h 降温	—	—	—	7.3	6.7	—	7.8
	48 h 降温	—	—	—	10.5	10.0	—	11.4
	最低气温	—	—	—	1.3	1.0	—	−0.6
1967	开始日期	—	—	1.28	2.22	1.27	2.22	1.27
	24 h 降温	—	—	9.0	8.1	5.2	8.0	8.9
	48 h 降温	—	—	11.7	11.6	10.8	12.1	11.0
	最低气温	—	—	1.1	5.0	0.0	4.6	2.5
	开始日期	—	—	3.4	3.4	2.22	—	2.21
	24 h 降温	—	—	8.5	8.7	9.7	—	8.6
	48 h 降温	—	—	10.3	9.5	12.8	—	12.3
	最低气温	—	—	4.7	4.5	4.7	—	3.8
	开始日期	—	—	—	—	3.4	—	3.3
	24 h 降温	—	—	—	—	8.4	—	8.1
	48 h 降温	—	—	—	—	9.5	—	10.8
	最低气温	—	—	—	—	3.3	—	2.4
1968	开始日期	—	—	1.29	1.29	—	—	12.20
	24 h 降温	—	—	4.9	7.8	—	—	7.1
	48 h 降温	—	—	10.9	10.3	—	—	11.8
	最低气温	—	—	2.5	1.6	—	—	0.7
	开始日期	—	—	—	12.20	—	—	—
	24 h 降温	—	—	—	6.7	—	—	—
	48 h 降温	—	—	—	10.6	—	—	—
	最低气温	—	—	—	2.4	—	—	—
	开始日期	—	—	—	12.29	—	—	—
	24 h 降温	—	—	—	6.9	—	—	—
	48 h 降温	—	—	—	10.7	—	—	—
	最低气温	—	—	—	2.3	—	—	—

续表

年份	项目\地区	清远	佛冈	英德	阳山	连州	连南	连山
1969	开始日期	1.11	1.11	1.11	1.10	1.28	1.28	1.10
	24 h 降温	9.7	10.1	9.5	2.6	18.6	16.0	7.7
	48 h 降温	10.3	11.4	10.2	10.5	20.3	18.2	11.8
	最低气温	4.5	4.0	3.6	1.4	−3.2	−3.3	1.0
	开始日期	1.28	1.28	1.28	1.28	2.14	2.14	1.28
	24 h 降温	9.7	9.9	12.2	19.7	4.2	4.3	18.7
	48 h 降温	16.6	17.2	18.8	21.4	11.6	11.5	21.9
	最低气温	1.2	−0.5	−0.5	−2.5	1.6	1.4	−3.4
	开始日期	—	—	—	2.15	—	4.3	2.15
	24 h 降温	—	—	—	13.0	—	8.3	12.3
	48 h 降温	—	—	—	14.0	—	8.5	13.1
	最低气温	—	—	—	1.6	—	4.8	0.2
	开始日期	—	—	—	—	—	—	4.3
	24 h 降温	—	—	—	—	—	—	8.5
	48 h 降温	—	—	—	—	—	—	9.9
	最低气温	—	—	—	—	—	—	2.5
1970	开始日期	1.3	1.3	1.3	1.3	1.4	1.4	1.2
	24 h 降温	7.8	2.9	2.8	3.2	9.3	8.7	8.1
	48 h 降温	10.7	10.7	10.6	12.6	11.3	11.3	11.2
	最低气温	4.0	2.4	2.1	−1.2	−2.0	−2.6	−1.9
	开始日期	—	—	—	—	2.25	2.25	2.24
	24 h 降温	—	—	—	—	9.6	10.0	8.4
	48 h 降温	—	—	—	—	13.0	13.0	12.7
	最低气温	—	—	—	—	4.9	4.9	4.7
	开始日期	—	—	—	—	—	—	11.13
	24 h 降温	—	—	—	—	—	—	9.8
	48 h 降温	—	—	—	—	—	—	12.2
	最低气温	—	—	—	—	—	—	4.4
1971	开始日期	—	—	—	—	—	11.28	11.28
	24 h 降温	—	—	—	—	—	8.2	7.7
	48 h 降温	—	—	—	—	—	10.4	10.8
	最低气温	—	—	—	—	—	4.5	2.3
	开始日期	—	—	—	—	—	12.5	—
	24 h 降温	—	—	—	—	—	3.9	—
	48 h 降温	—	—	—	—	—	10.8	—
	最低气温	—	—	—	—	—	4.8	—

续表

年份	项目\地区	清远	佛冈	英德	阳山	连州	连南	连山
1972	开始日期	2.3	2.2	2.2	1.24	1.31	1.24	12.11
	24 h 降温	7.1	2.6	5.4	7.0	6.3	8.3	8.2
	48 h 降温	11.0	10.5	10.7	11.7	10.3	12.6	11.1
	最低气温	0.1	1.3	−0.8	2.7	−2.4	4.3	2.8
	开始日期	—	—	—	2.1	—	1.31	—
	24 h 降温	—	—	—	5.4	—	4.5	—
	48 h 降温	—	—	—	10.6	—	10.1	—
	最低气温	—	—	—	−0.9	—	−2.7	—
	开始日期	—	—	—	12.11	—	—	—
	24 h 降温	—	—	—	7.8	—	—	—
	48 h 降温	—	—	—	10.5	—	—	—
	最低气温	—	—	—	4.6	—	—	—
1973	开始日期	—	—	—	—	—	—	—
	24 h 降温	—	—	—	—	—	—	—
	48 h 降温	—	—	—	—	—	—	—
	最低气温	—	—	—	—	—	—	—
1974	开始日期	2.23	2.22	2.22	1.23	2.22	2.22	1.12
	24 h 降温	8.3	2.2	3.5	8.2	10.6	9.7	8.1
	48 h 降温	12.4	11.2	12.1	11.0	18.1	16.7	11.3
	最低气温	1.2	0.1	0.9	3.7	−1.1	−0.9	−0.3
	开始日期	—	—	—	2.22	—	—	2.22
	24 h 降温	—	—	—	8.1	—	—	8.6
	48 h 降温	—	—	—	15.0	—	—	16.1
	最低气温	—	—	—	0.1	—	—	−2.4
	开始日期	—	—	—	—	—	—	3.25
	24 h 降温	—	—	—	—	—	—	10.4
	48 h 降温	—	—	—	—	—	—	9.7
	最低气温	—	—	—	—	—	—	3.2
1975	开始日期	12.6	—	—	12.6	—	—	12.5
	24 h 降温	6.5	—	—	9.7	—	—	10.1
	48 h 降温	11.6	—	—	12.3	—	—	13.0
	最低气温	0.3	—	—	−1.2	—	—	−2.2
1976	开始日期	12.24	12.24	12.24	3.18	2.17	2.17	2.17
	24 h 降温	7.6	4.6	7.3	9.9	13.3	12.2	14.0
	48 h 降温	12.7	12.4	13.8	11.0	13.7	13.0	15.3
	最低气温	1.9	−0.4	0.1	4.9	5.0	4.8	4.4
	开始日期	—	—	—	12.24	3.17	3.17	2.27
	24 h 降温	—	—	—	8.2	6.1	5.1	5.3
	48 h 降温	—	—	—	12.9	15.7	14.8	10.1

续表

年份	项目＼地区	清远	佛冈	英德	阳山	连州	连南	连山
1976	最低气温	—	—	—	-0.9	4.6	4.8	3.3
	开始日期	—	—	—	—	12.24	12.24	3.18
	24 h 降温	—	—	—	—	5.0	5.3	10.9
	48 h 降温	—	—	—	—	10.1	10.1	15.9
	最低气温	—	—	—	—	-1.3	-1.1	3.5
	开始日期	—	—	—	—	—	—	12.22
	24 h 降温	—	—	—	—	—	—	8.0
	48 h 降温	—	—	—	—	—	—	13.4
	最低气温	—	—	—	—	—	—	-2.1
1977	开始日期	—	—	—	—	3.1	—	—
	24 h 降温	—	—	—	—	5.2	—	—
	48 h 降温	—	—	—	—	10.1	—	—
	最低气温	—	—	—	—	4.7	—	—
1978	开始日期	1.15	1.15	1.15	1.15	1.14	1.15	1.13
	24 h 降温	10.7	10.7	11.9	12.5	11.4	11.2	12.1
	48 h 降温	14.2	14.7	15.1	14.5	12.9	13	14.5
	最低气温	3.2	-1.0	0.6	0.1	-2.6	-1.7	-2.3
	开始日期	—	—	2.9	2.9	1.27	1.27	1.27
	24 h 降温	—	—	4.0	9.3	8.9	8.9	7.5
	48 h 降温	—	—	11.7	15.2	11.5	11.9	11.6
	最低气温	—	—	1.1	2.0	4.8	5.0	2.0
	开始日期	—	—	—	—	2.9	2.9	2.9
	24 h 降温	—	—	—	—	13.6	12.3	9.7
	48 h 降温	—	—	—	—	16.8	15.7	16.2
	最低气温	—	—	—	—	-0.2	0.5	-0.7
	开始日期	—	—	—	—	10.26	10.26	10.26
	24 h 降温	—	—	—	—	7.0	6.6	6.2
	48 h 降温	—	—	—	—	11.6	11.1	10.4
	最低气温	—	—	—	—	3.7	4.9	2.5
	开始日期	—	—	—	—	—	12.9	—
	24 h 降温	—	—	—	—	—	6.7	—
	48 h 降温	—	—	—	—	—	10.5	—
	最低气温	—	—	—	—	—	4.6	—
1979	开始日期	1.27	1.28	1.28	1.11	1.11	1.11	1.28
	24 h 降温	6.9	5.7	6.6	8.2	10.5	10.9	9.9
	48 h 降温	11.3	11.9	12.4	10.9	10.4	10.6	16.1
	最低气温	3.3	2.0	1.7	2.6	1.3	1.7	-1.3
	开始日期	—	—	—	1.28	1.28	1.28	3.9
	24 h 降温	—	—	—	9.8	10.9	11.1	7.9
	48 h 降温	—	—	—	14.7	14.6	14.7	15.0
	最低气温	—	—	—	-0.3	-1.0	-0.9	5.0

续表

年份	项目 \ 地区	清远	佛冈	英德	阳山	连州	连南	连山
1980	开始日期	1.28	1.28	1.28	1.28	1.28	1.28	1.2
	24 h 降温	7.5	6.4	9.3	11.9	10.8	10.1	7.9
	48 h 降温	12.6	14.3	14.9	16.2	15.1	14.2	11.8
	最低气温	2.3	0.0	0.1	−1.0	−1.4	−1.4	0.3
	开始日期	—	—	—	—	—	—	1.28
	24 h 降温	—	—	—	—	—	—	12.8
	48 h 降温	—	—	—	—	—	—	17.7
	最低气温	—	—	—	—	—	—	−2.0
1981	开始日期	—	—	2.23	1.24	2.23	2.23	1.24
	24 h 降温	—	—	6.3	8.7	8.0	8.0	9.1
	48 h 降温	—	—	11.7	10.8	11.7	11.6	11.7
	最低气温	—	—	4.2	2.4	3.2	3.4	1.8
	开始日期	—	—	—	2.23	—	—	2.23
	24 h 降温	—	—	—	7.0	—	—	10.7
	48 h 降温	—	—	—	10.6	—	—	14.7
	最低气温	—	—	—	3.9	—	—	2.8
1982	开始日期	—	12.4	—	12.4	2.3	2.3	2.3
	24 h 降温	—	2.9	—	3.6	6.4	6.4	5.8
	48 h 降温	—	10.8	—	10.4	10.1	10.2	11.1
	最低气温	—	4.7	—	4.0	3.3	3.2	0.3
	开始日期	—	—	—	—	12.4	12.4	—
	24 h 降温	—	—	—	—	3.6	3.4	—
	48 h 降温	—	—	—	—	10.4	10.0	—
	最低气温	—	—	—	—	3.1	3.0	—
1983	开始日期	—	—	—	—	—	—	—
	24 h 降温	—	—	—	—	—	—	—
	48 h 降温	—	—	—	—	—	—	—
	最低气温	—	—	—	—	—	—	—
1984	开始日期	12.15	1.18	—	12.15	12.14	12.14	12.14
	24 h 降温	6.3	8.5	—	8.2	6.3	6.1	7.3
	48 h 降温	10.2	10.3	—	11.5	11.0	10.9	11.3
	最低气温	4.9	3.0	—	0.2	−2.1	−1.8	−0.2
1985	开始日期	—	—	—	—	—	—	12.29
	24 h 降温	—	—	—	—	—	—	5.6
	48 h 降温	—	—	—	—	—	—	10.6
	最低气温	—	—	—	—	—	—	−3.0
1986	开始日期	—	—	—	12.16	12.16	12.16	12.16
	24 h 降温	—	—	—	5.5	8.8	9.2	6.8
	48 h 降温	—	—	—	10.3	11.2	12.1	12.1
	最低气温	—	—	—	4.9	2.6	1.9	2.8

续表

年份	项目 地区	清远	佛冈	英德	阳山	连州	连南	连山
1987	开始日期	11.27	11.27	11.27	2.17	2.17	2.17	1.2
	24 h 降温	13.2	12.1	14.5	6.1	9.0	7.6	8.1
	48 h 降温	17.9	18.4	18.7	10.4	12.3	11.4	11.5
	最低气温	4.6	3.6	3.5	4.6	4.4	4.3	2.8
	开始日期	—	—	—	11.26	11.27	11.27	11.26
	24 h 降温	—	—	—	3.1	14.3	14.5	15.1
	48 h 降温	—	—	—	17.1	17.3	17.8	19.6
	最低气温	—	—	—	2.2	0.7	1.2	1.8
1988	开始日期	—	—	—	1.15	3.14	3.7	3.14
	24 h 降温	—	—	—	5.4	9.7	8.9	11.8
	48 h 降温	—	—	—	11.5	19.0	18.2	17.9
	最低气温	—	—	—	3.7	5.0	4.9	4.8
1989	开始日期	1.10	1.10	1.10	1.10	1.10	1.10	1.10
	24 h 降温	7.0	5.6	5.3	9.9	7.1	7.8	11.4
	48 h 降温	10.8	11.6	11.9	14.2	11.1	11.7	16.3
	最低气温	3.9	2.3	2.6	1.2	0.4	0.5	−0.2
	开始日期	—	—	—	—	—	—	3.2
	24 h 降温	—	—	—	—	—	—	10.6
	48 h 降温	—	—	—	—	—	—	12.7
	最低气温	—	—	—	—	—	—	3.2
1990	开始日期	1.30	1.30	1.30	1.29	1.29	1.30	1.29
	24 h 降温	11.9	10.8	11.5	3.5	4.9	8.4	10.4
	48 h 降温	12.5	12.3	12.0	13.5	13.4	9.0	13.8
	最低气温	2.7	1.8	1.2	−0.1	−0.6	−0.7	−0.7
	开始日期	—	—	2.22	—	2.21	2.21	2.21
	24 h 降温	—	—	7.7	—	7.2	6.7	7.3
	48 h 降温	—	—	10.0	—	11.7	10.9	11.8
	最低气温	—	—	4.4	—	3.3	3.4	2.5
	开始日期	—	—	—	—	—	—	12.31
	24 h 降温	—	—	—	—	—	—	8.2
	48 h 降温	—	—	—	—	—	—	7.9
	最低气温	—	—	—	—	—	—	4.2
1991	开始日期	12.25	12.25	12.25	12.24	11.7	12.24	12.24
	24 h 降温	6.1	6.6	6.2	8.2	7.8	9.9	6.7
	48 h 降温	10.8	11.6	11.1	12.4	10.6	13.0	11.4
	最低气温	1.1	−1.0	−0.7	−2.1	2.9	−3.8	−5.5
	开始日期	—	—	—	—	12.24	—	—
	24 h 降温	—	—	—	—	9.3	—	—
	48 h 降温	—	—	—	—	12.3	—	—
	最低气温	—	—	—	—	−3.1	—	—

续表

年份	项目＼地区	清远	佛冈	英德	阳山	连州	连南	连山
1992	开始日期	—	—	—	3.2	3.2	3.2	2.3
	24 h 降温	—	—	—	9.7	8.8	9.0	9.2
	48 h 降温	—	—	—	12.8	12.0	12.3	10.0
	最低气温	—	—	—	4.7	3.0	2.9	4.5
	开始日期	—	—	—	12.13	—	12.13	3.2
	24 h 降温	—	—	—	7.8	—	8.0	8.4
	48 h 降温	—	—	—	10.4	—	10.3	12.4
	最低气温	—	—	—	4.2	—	0.8	3.0
	开始日期	—	—	—	—	—	—	12.13
	24 h 降温	—	—	—	—	—	—	8.7
	48 h 降温	—	—	—	—	—	—	11.7
	最低气温	—	—	—	—	—	—	1.5
1993	开始日期	1.13	1.13	—	2.20	2.20	2.20	2.20
	24 h 降温	5.7	6.3	—	6.0	9.2	9.2	7.4
	48 h 降温	10.0	11.2	—	10.7	10.9	10.9	12.2
	最低气温	3.0	1.3	—	4.4	4.0	4.1	3.7
	开始日期	—	—	—	—	12.2	12.2	12.2
	24 h 降温	—	—	—	—	5.6	5.8	4.0
	48 h 降温	—	—	—	—	10.8	11.1	10.0
	最低气温	—	—	—	—	3.6	3.2	1.2
1994	开始日期	1.17	1.17	1.17	2.23	2.23	2.23	1.17
	24 h 降温	6.3	7.4	7.0	7.6	11.4	11.1	9.1
	48 h 降温	10.3	11.8	10.1	11.4	14.1	14.3	12.1
	最低气温	4.1	1.2	2.2	3.7	3.2	2.9	−3.0
	开始日期	—	—	—	—	—	—	2.23
	24 h 降温	—	—	—	—	—	—	11.3
	48 h 降温	—	—	—	—	—	—	16.0
	最低气温	—	—	—	—	—	—	2.7
	开始日期	—	—	—	—	—	—	3.12
	24 h 降温	—	—	—	—	—	—	8.3
	48 h 降温	—	—	—	—	—	—	10.5
	最低气温	—	—	—	—	—	—	5.0
1995	开始日期	—	—	—	—	1.21	1.21	1.21
	24 h 降温	—	—	—	—	5.1	4.7	2.6
	48 h 降温	—	—	—	—	10.7	10.4	12.4
	最低气温	—	—	—	—	4.5	4.4	3.3

续表

年份	项目 地区	清远	佛冈	英德	阳山	连州	连南	连山
1996	开始日期	2.16	2.16	2.16	2.16	1.7	1.7	2.16
	24 h 降温	9.0	9.0	9.0	11.2	6.4	7.1	10.4
	48 h 降温	15.5	17.9	17.9	18.4	10.0	10.7	18.0
	最低气温	2.9	1.5	1.5	0.2	4.6	4.8	−0.6
	开始日期	—	—	—	3.8	2.16	2.16	3.8
	24 h 降温	—	—	—	10.5	11.2	11.5	10.1
	48 h 降温	—	—	—	13.0	16.6	17.0	13.0
	最低气温	—	—	—	4.7	−0.3	0.1	3.4
	开始日期	—	—	—	—	3.7	3.8	—
	24 h 降温	—	—	—	—	3.3	9.6	—
	48 h 降温	—	—	—	—	12.7	11.9	—
	最低气温	—	—	—	—	4.0	4.1	—
1997	开始日期	—	—	—	2.1	2.1	2.1	2.1
	24 h 降温	—	—	—	7.7	9.0	8.9	7.3
	48 h 降温	—	—	—	12.0	11.7	12.0	12.1
	最低气温	—	—	—	4.7	4.3	4.0	4.0
	开始日期	—	—	—	—	—	—	12.6
	24 h 降温	—	—	—	—	—	—	9.2
	48 h 降温	—	—	—	—	—	—	10.3
	最低气温	—	—	—	—	—	—	5.0
1998	开始日期	—	—	—	3.19	3.19	3.19	3.19
	24 h 降温	—	—	—	12.5	15.0	13.2	12.2
	48 h 降温	—	—	—	17.6	19.3	17.4	18.7
	最低气温	—	—	—	4.0	3.6	4.2	3.0
	开始日期	—	—	—	12.1	12.1	12.2	12.1
	24 h 降温	—	—	—	8.3	7.4	7.5	8.1
	48 h 降温	—	—	—	16.9	15.5	15.5	17.5
	最低气温	—	—	—	5.0	4.4	4.8	4.1
1999	开始日期	—	—	—	2.18	11.26	2.18	2.18
	24 h 降温	—	—	—	6.0	5.2	5.2	5.5
	48 h 降温	—	—	—	10.5	10.6	10.0	10.0
	最低气温	—	—	—	5.0	3.9	4.0	3.6
2000	开始日期	—	—	—	1.23	1.11	1.11	1.23
	24 h 降温	—	—	—	4.4	8.3	8.7	4.5
	48 h 降温	—	—	—	10.4	10.6	11.1	11.7
	最低气温	—	—	—	2.0	−0.2	0.3	0.5
	开始日期	—	—	—	—	1.23	1.23	12.19
	24 h 降温	—	—	—	—	5.4	6.0	5.3
	48 h 降温	—	—	—	—	10.1	10.7	10.3
	最低气温	—	—	—	—	2.0	2.3	−0.6

续表

年份\项目\地区	清远	佛冈	英德	阳山	连州	连南	连山
2001 开始日期	—	—	—	—	1.8	1.8	1.8
2001 24 h 降温	—	—	—	—	10.2	10.3	9.8
2001 48 h 降温	—	—	—	—	11.2	11.4	11.6
2001 最低气温	—	—	—	—	4.9	4.8	4.0
2002 开始日期	—	1.17	—	1.16	1.16	1.16	1.16
2002 24 h 降温	—	5.2	—	6.8	6.9	6.8	6.4
2002 48 h 降温	—	10.4	—	11.6	10.8	10.5	11.9
2002 最低气温	—	4..8	—	3.9	3.2	3.2	1.6
2002 开始日期	—	—	—	—	12.6	12.6	3.4
2002 24 h 降温	—	—	—	—	10.8	11.2	8.8
2002 48 h 降温	—	—	—	—	14.5	14.9	8.8
2002 最低气温	—	—	—	—	4.7	4.0	4.6
2002 开始日期	—	—	—	—	—	—	12.6
2002 24 h 降温	—	—	—	—	—	—	11.6
2002 48 h 降温	—	—	—	—	—	—	17.1
2002 最低气温	—	—	—	—	—	—	3.7
2003 开始日期	—	—	—	1.31	1.31	1.31	1.31
2003 24 h 降温	—	—	—	8.6	8.3	8.3	9.2
2003 48 h 降温	—	—	—	10.2	9.9	10.1	11.4
2003 最低气温	—	—	—	5.0	4.6	4.5	5.0
2003 开始日期	—	—	—	2.10	2.10	2.10	2.10
2003 24 h 降温	—	—	—	9.8	10.4	10.7	7.1
2003 48 h 降温	—	—	—	15.1	13.9	14.4	12.6
2003 最低气温	—	—	—	3.6	3.6	3.4	2.9
2003 开始日期	—	—	—	3.3	3.3	3.3	3.3
2003 24 h 降温	—	—	—	8.7	8.5	8.2	10.0
2003 48 h 降温	—	—	—	11.7	11.8	11.7	12.5
2003 最低气温	—	—	—	3.7	3.2	2.2	1.7
2004 开始日期	—	—	—	12.22	12.22	12.22	12.22
2004 24 h 降温	—	—	—	11.5	9.4	10.1	11.0
2004 48 h 降温	—	—	—	12.9	10.7	11.6	13.2
2004 最低气温	—	—	—	4.3	−1.0	−1.4	−0.2
2005 开始日期	—	3.11	3.11	3.11	3.11	3.11	1.24
2005 24 h 降温	—	8.5	9.3	11.7	10.7	11.3	2.4
2005 48 h 降温	—	14.0	13.6	13.7	12.7	13.4	10.3
2005 最低气温	—	5.0	4.7	3.8	3.3	3.3	4.5
2005 开始日期	—	—	—	—	—	—	2.6
2005 24 h 降温	—	—	—	—	—	—	6.3
2005 48 h 降温	—	—	—	—	—	—	11.5

续表

年份 \ 项目 \ 地区	清远	佛冈	英德	阳山	连州	连南	连山
2005 最低气温	—	—	—	—	—	—	3.9
开始日期	—	—	—	—	—	—	2.15
24 h 降温	—	—	—	—	—	—	10.8
48 h 降温	—	—	—	—	—	—	13.4
最低气温	—	—	—	—	—	—	2.1
开始日期	—	—	—	—	—	—	3.11
24 h 降温	—	—	—	—	—	—	11.4
48 h 降温	—	—	—	—	—	—	14.3
最低气温	—	—	—	—	—	—	2.7
2006 开始日期	1.4	1.4	1.4	1.4	1.4	1.4	1.4
24 h 降温	7.7	8.6	9.6	8.8	9.4	8.9	10.7
48 h 降温	11.8	12.9	12.6	11.2	11.5	10.9	13.0
最低气温	4.1	1.8	2.8	1.0	−0.1	−0.3	−2.6
开始日期	—	—	1.18	1.18	3.11	3.11	1.18
24 h 降温	—	—	7.1	8.9	7.2	6.9	8.3
48 h 降温	—	—	13.7	11.5	15.6	15.1	11.8
最低气温	—	—	4.9	3.3	4.5	4.4	1.7
开始日期	—	—	—	3.11	—	—	2.15
24 h 降温	—	—	—	7.3	—	—	6.8
48 h 降温	—	—	—	15.3	—	—	11.3
最低气温	—	—	—	4.7	—	—	4.9
开始日期	—	—	—	—	—	—	3.11
24 h 降温	—	—	—	—	—	—	6.7
48 h 降温	—	—	—	—	—	—	14.9
最低气温	—	—	—	—	—	—	3.3
2007 开始日期	—	—	—	—	—	—	—
24 h 降温	—	—	—	—	—	—	—
48 h 降温	—	—	—	—	—	—	—
最低气温	—	—	—	—	—	—	—
2008 开始日期	1.12	1.12	1.12	1.11	1.11	1.11	1.11
24 h 降温	8.7	8.6	10.7	8.1	11.5	9.3	8.1
48 h 降温	10.5	11.4	11.7	15.1	16.4	14.5	15.4
最低气温	5.0	4.7	3.7	2.2	−1.0	−1.9	0.8
开始日期	—	—	—	—	2.24	2.24	2.24
24 h 降温	—	—	—	—	6.5	6.6	3.1
48 h 降温	—	—	—	—	13.0	13.0	11.4
最低气温	—	—	—	—	5.0	4.6	4.1

第十三节　雪

雪是固体降水,它是降水的形态之一。清远市常见的是雨夹雪和冰粒。它出现在强冷空气影响过程中,云体温度在0℃以下,冷气团云体中水滴已凝结为固体,即为雪花或小冰粒,随着冷气团的南移,与温度在0℃以上的云体碰撞混合后,致使部分雪花或冰粒融化成冻水滴,下落到地面时成为可见到的雨夹雪或冰粒。

清远市降雪日数南北部差异较大,自北向南减少,北部"三连一阳"年平均降雪日数在1.6～1.8 d,纬度最北的连州和连南年平均日数最多,为1.8 d;南部地区年平均降雪日数只有0.1～0.5 d,纬度最南的清远1957—2008年中只出现5 d,年平均为0.1 d。

清远市出现降雪概率最大的是连州市,达71%,1953—2008年有40年出现降雪;出现降雪概率最小的是清远,只有10%,1957—2008年只有5年出现降雪。其余各地降雪概率在19%～66%(见表3-13-1)。

清远市出现降雪的日数在20世纪60年代至70年代较多,随后呈明显减少的趋势,2000—2008年清远市出现的降雪日数只有20世纪60年代的1/3(见表3-13-2)。

表 3-13-1　清远市出现降雪年数表

项目＼地区	清远	佛冈	英德	阳山	连州	连南	连山
共出现年数(年)	5	10	16	31	40	31	27
概率(%)	10	19	33	60	71	66	57

表 3-13-2　清远市各年代出现降雪日数表　　　　　　　　　(单位:d)

地区＼年代	1953—1959(清远、佛冈、阳山 1957 年起)	1960—1969	1970—1979	1980—1989	1990—1999	2000—2008
清远	0	1	2	1	1	0
佛冈	0	3	4	3	1	0
英德	—	4	10	7	5	0
阳山	6	27	23	16	11	6
连州	18	22	17	19	16	11
连南	—	21	21	16	14	13
连山	—	26	20	13	13	5

清远市降雪时间主要集中在12月至次年2月,其中以1月为最多,11月和3月只有极个别年份出现过降雪。连州1月共出现50 d降雪,年平均达0.9 d(见表3-13-3)。

清远市最早出现降雪天气是1987年11月29日,"三连"地区出现雨夹雪和冰粒。最迟结束降雪天气是1992年3月7日,出现在连州(见表3-13-4)。

清远市出现降雪天气的时候有64%出现当天就结束,维持时间较短,有26%连续2 d出现降雪,最长连续降雪日数达5 d,出现在阳山、连南、连山1996年2月18—22日、连山1964年1月24—28日(见表3-13-5和表3-13-6)。

表 3-13-3　清远市月降雪日数表　　　　　　　　（单位：d）

月份 地区	1月	2月	3月	11月	12月	合计	年平均
清远	1	1	0	0	3	5	0.1
佛冈	4	3	1	0	3	11	0.2
英德	12	6	2	0	6	26	0.5
阳山	38	34	2	0	15	89	1.7
连州	50	31	5	1	16	103	1.8
连南	33	28	4	1	19	85	1.8
连山	30	25	6	1	15	77	1.6

表 3-13-4　清远市降雪最早出现、最迟结束日期表

地区 项目	清远	佛冈	英德	阳山	连州	连南	连山
最早出现日期	1975.12.14	1975.12.14	1975.12.14	1975.12.13	1987.11.29	1987.11.29	1987.11.29
最迟结束日期	1972.2.9	1986.3.1	1986.3.2	1984.3.1 1986.3.1	1992.3.7	1967.3.6	1976.3.3

表 3-13-5　清远市降雪最长连续天数及出现日期表　　　　　　　　（单位：d）

地区 项目	清远	佛冈	英德	阳山	连州	连南	连山
最长连续天数	1	2	3	5	4	5	5
出现日期	1967.12.29 1972.2.9 1975.12.14 1980.1.31 1991.12.28	1967.12.29—30 — — — —	1993.1.15—17 — — — —	1996.2.18—22 — — — —	1971.1.28—31 1996.2.18—21 — — —	1996.2.18—22 — — — —	1964.1.24—28 1996.2.18—22 — — —

表 3-13-6　清远市连续降雪天数次数表　　　　　　　　（单位：次）

连续天数 地区	1 d	2 d	3 d	4 d	5 d
清远	5	0	0	0	0
佛冈	9	1	0	0	0
英德	9	7	1	0	0
阳山	35	14	7	0	1
连州	52	14	5	2	0
连南	37	18	1	1	1
连山	22	15	5	0	2
百分比	64%	26%	7%	1%	2%

第十四节　地质灾害

地质灾害是指在自然或者人为因素的作用下形成的，对人类生命财产、环境造成破坏和损失的地质作用（现象）。如崩塌、滑坡、泥石流、地裂缝、地面沉降、地面塌陷、岩爆、坑道

突水、突泥、突瓦斯、煤层自燃、黄土湿陷、岩土膨胀、砂土液化、土地冻融、水土流失、土地沙漠化及沼泽化、土壤盐碱化，以及地震、火山、地热害等。

清远市地层结构复杂，地质构造众多，地貌类型多样，是地质灾害多发区域。发生地质灾害类型主要有：崩塌、滑坡、泥石流、地面塌陷等。其中低山丘陵为地质灾害多发区的地貌类型，在已发 4771 处地质灾害中，自然因素诱发的有 2741 处，占 57.5%；人为因素诱发的有 2030 处，占 42.5%（见表 3-14-1）。除崩塌和滑坡外，自然因素是导致地面塌陷和泥石流地质灾害发生的主要诱发因素。

表 3-14-1　清远市地质灾害成因分类表　　　　　　　　　　　　（单位：处）

分类	崩塌	滑坡	泥石流	地面塌陷	小计	占灾害点总数比例（%）
自然	370	297	14	2056	2741	57.5
人为	1093	867	4	66	2030	42.5

一、崩塌、滑坡

崩塌、滑坡数量较多，遍及全市，规模大小不一，主要分布于西北和中东部的连阳盆地、清远盆地和英德盆地等低山丘陵区，共有 2627 处，其中崩塌 1463 处，滑坡 1164 处，规模 500～65000 m³，除少量中大型外，均为小型崩塌、滑坡。人为因素诱发的崩塌、滑坡 1960 处，占 75%；自然滑坡 667 处，占 25%。崩塌和滑坡多集中在每年 4—9 月，主要受汛期强降水诱发作用的影响，而人为工程活动则加剧地质灾害的发生。

二、泥石流

泥石流是在松散的固体物质来源丰富和地形条件有利的前提下，通过暴雨或水体溃决等因素的激发而产生的，而且往往是崩塌、滑坡给泥石流提供丰富的固体资源。泥石流的产生与否一方面需要其产生的物质条件，另一方面需要其产生的重力条件，前者与岩土体特征、植被、覆盖程度相关，后者与地形坡度相关。泥石流的形成主要是自然因素诱发的结果。

清远市泥石流发生数量较少，但突发性强，波及范围广，危害性较大。如 1997 年 5 月 8 日早晨，清城区飞来峡出现降水量达 900 mm 的特大暴雨，引发多处山体滑坡、崩塌，在洪水激发作用下，形成来势凶猛的泥石流，造成 11 人死亡，经济损失 5000 万元。还有 1982 年 5 月 12 日早上，清远县太和、石马、禾云、沙河、新洲等镇，每小时降水量达 154.8 mm 的暴雨灾害性天气，泥石流冲垮农田、公路、桥梁、通讯、房屋等，造成 13 人死亡，财产损失惨重。

三、地面塌陷

清远市是广东省塌陷较为严重的地区之一，主要分布在英德、阳山、清新、清城、连州等岩溶发育区。如清远市靠北江一带，为泥盆系天子岭灰岩分布区，岩溶较发育，上覆有第四系松散层，1998 年下半年持续干旱，地下水位下降，于 1999 年 5 月 23 日适逢雨季，在清城区的清远市政府大院后门的北江防洪堤外的河漫滩上发生地面塌陷，塌坑直径达 25 m，深 8 m，直接威胁该段北江防洪堤的安全。

第四章　气象体制与管理机构

第一节　气象体制

1956年11月,广东省人民委员会、广东省气象局共同组建清远气候站,气候站站址位于清远龙塘新庄乡。实行广东省气象局与清远县人民委员会双重领导,以省气象局领导为主的体制,具体业务管理由韶关地区气象台负责。

清远气候站工作人员:陈天送、谢州能。1958年12月,清远气候站由清远龙塘搬迁至清城镇北郊(今清城松岗路5号),更名清远县气象站。根据广东省人民委员会《关于气象工作下放给地方管理的决定》,清远县气象站归属清远县人民委员会建制。杨际通任清远县气象站副站长。1960年8月,清远县气象站改称清远县气象服务站。

1962年8月,根据广东省人民委员会《关于改变全省气象工作管理体制的通知》规定,清远县气象服务站归属广东省气象局建制。

1969年1月,清远县气象服务站改称清远县气象水文服务站,为清远县农林水战线革命委员会的下属单位,属清远县革命委员会建制。

1971年1月,因水文和气象系统分开,重新成立清远县气象站,由军队(清远县武装部)与地方(清远县革命委员会)双重领导,以军队(清远县武装部)领导为主。

1973年9月,根据广东省革命委员会和广东省军区《关于调整气象部门体制的通知》要求,气象部门退出军队建制,地县气象台(站)实行由省气象局与同级地方政府双重领导,以地方领导为主的体制。清远县气象站归属清远县革命委员会和广东省气象局双重领导。这一期间,气象业务工作由韶关地区气象台管理。

1980年5月,国务院批转中央气象局关于改革气象部门管理体制的请示报告,广东省人民政府批转广东省气象局《关于我省气象部门管理体制恢复以省局为主的报告》后,清远县气象站实行省气象局和清远县人民政府双重领导,以省气象局领导为主的体制。这一管理体制延续至今。

1981年8月,清远县气象站改称清远县气象局(站),为县局级单位,局、站两个牌子一套人马,既是广东省气象局的下属单位,又是清远县人民政府主管气象工作的职能部门。

表 4-1-1 清远市级气象机构及体制主要沿革

机构名称	时间	领导体制状况说明
清远气候站	1956.11—1958.11	实行广东省气象局与县人民委员会双重领导,以广东省气象局领导为主的管理体制
清远县气象站、清远县气象服务站	1958.12—1962.7	根据广东省人民委员会《关于气象工作下放给地方管理的决定》,体制下放当地政府部门建制领导
广东省清远县气象服务站	1962.8—1968.12	根据广东省人民委员会《关于改变全省气象工作管理体制的通知》规定,由县人民委员会建制改为广东省气象局建制。编制、经费、业务均由省气象局管理
清远县气象水文服务站	1969.1—1970.12	体制下放归属清远县革命委员会领导
广东省清远县气象站	1971.1—1973.8	由军队(县武装部)与地方(县革命委员会)双重领导,以军队(县武装部)领导为主
广东省清远县气象站	1973.9—1980.4	据广东省革命委员会和广东省军区《关于调整气象部门体制的通知》要求,由清远县革命委员会与广东省气象局双重领导,以地方领导为主
广东省清远县气象站、广东省清远县气象局(站)	1980.5—1983.4	据广东省人民政府批转广东省气象局《关于我省气象部门管理体制恢复以省局为主的报告》,双重领导管理体制以省气象局为主
广东省清远县气象局(站)、广东省清远市气象局(台)、广东省清远市气象局	1983.5—	按国务院要求,气象部门实行既是上级气象部门的下属单位,又是同级人民政府的工作部门的双重领导,以气象部门为主的体制

第二节 气象机构

一、地级气象机构

清远市气象局是清远市人民政府主管气象工作的职能部门,为正处级机构。清远市气象系统各级管理机构实行上级气象主管机构与本级人民政府双重领导,以上级气象主管机构领导为主的管理体制,在上级气象主管机构和本级人民政府领导下,根据授权承担该行政区域内气象工作的政府行政管理职能,依法履行气象主管机构的各项职责。2006 年清远市气象局内设 3 个正科级机关职能机构,下设 5 个直属正科级事业单位和 1 个直属副科级事业单位。全局核定编制数为 109 人,其中局机关编制数为 17 人,事业单位编制数为 92人。清远市气象局下辖连州、英德、佛冈、阳山、连南、连山 6 个县级气象局。

(一)行政机构

清远市气象局(台)于 1988 年 2 月由原清远县撤县设立地级市后筹建的。1988 年 5月,成立清远市气象局筹备组,同年 6 月将清远县气象站改称为清远市气象台。1989 年 3月 31 日,挂牌成立清远市气象局(台)。1988 年 4 月前,有关气象工作事宜由原清远县气象局(站)负责,1988年5月至1989年2月,气象工作由清远市气象局筹备组负责。自1989年3月至2001年12月,清远市气象局实行局、台合一,一套人马两个牌子架构。成立市局初时,内设办公室、业务科、预报服务科、观测站等4个科级机构。1989年10月增设清远市防雷设施检测所。同年12月,市局核编人数为30人,实际在职干部职工28人。人员主要来源:一是上级主管部门指派;二是原清远县气象局人员;三是从所辖县气象局抽调骨干。1991年,局内增设人事科、服务科、山区气候研究所,将原预报服务科改名为预报科。1996年,根据《全国各地气象部门机构编制方案》要求,局内机构再做调整,内设和下设办公室、财务科、人事劳动科(与局党组纪检组合署)、业务科(与防雷监理科合署)、预报科(并挂清远市山区气候研究所牌子)、清远市防雷设施检测所(并挂清远市防雷中心牌子)、清远市气象局观测站等7个正科级机构,全局总编制数为107人。2001年底,根据党中央、国务院批准,中央机构编制委员会印发的《地方国家气象系统机构改革方案》和中国气象局印发的《地方国家气象系统机构改革实施方案》,以及广东省气象局和清远市机构编制委员会批准印发的《清远市国家气象系统机构改革方案》进行清远市国家气象系统机构改革。机构改革后,清远市气象局(台)不再实行局、台合一,设清远市气象台为直属正科级事业单位。清远市气象局内设办公室(与人事科、财务科、监察审计科、党组纪检组合署)、业务科、行政执法办公室(政策法规科)3个正科级职能机构;下设清远市气象台(清远市气象预警信号发布中心)、清远市山区气候研究所)、清远市防雷中心(清远市防雷设施检测所)、清远市气象局财务核算中心、清远市气象服务中心(清新县气象服务中心)、清远市气象观测站5个直属正科级事业单位。另外,设清远市防雷设施检测所清新分所,为副科级直属事业单位。全局总编制数101人。

为适应清远气象事业发展的需要,2006年7月,根据《中国气象局业务技术体制改革总体方案》、《广东省国家气象系统机构编制调整方案》和广东省气象局《关于印发〈清远市国家气象系统机构编制调整方案〉的通知》的要求,清远市气象局在2001年机构改革的基础上,实施业务技术体制改革,将清远市国家气象系统机构编制重组或调整。调整后的机构设置为:

(1)内设机构有办公室(人事科、计财科、监察审计科与党组纪检组合署)、业务科、行政执法办公室(政策法规科)3个。

(2)直属正科级事业单位有清远市气象台(清远市气象预警信号发布中心)、清远市防雷中心(清远市防雷设施检测所)、清远市气象科技信息服务中心(清远市气象科技信息服务中心清新分中心)、清远国家气象观测站5个。

直属副科级事业单位有清远市防雷设施检测所清新分所1个。

(3)县(市)气象局(台)设连州市、英德市、佛冈县、阳山县、连南瑶族自治县、连山壮族瑶族自治县气象局(台),分别加挂连州市、英德市、佛冈县、阳山县、连南瑶族自治县、连山壮族瑶族自治县气象预警信号发布中心牌子。并设连州市国家气候观象台和英德、佛冈、阳山、连南、连山国家气象观测站,与所在县(市)气象局(台)合一。

(4)地方气象机构。经地方相关部门批准成立,由清远市气象局管理的地方气象机构有清远市防雷减灾管理办公室、清远市山区气候研究所2个。

表 4-2-1　清远市气象局行政机构负责人名录

姓名	性别	出生年月	籍贯	学历	职务	任职时间
梁华兴	男	1936.5	广东开平	中专	副局长	1989.3—1992.8
					局长	1992.9—1996.8
吴武威	男	1946.8	广东潮州	大学	副局长	1989.3—1995.10
刘日光	男	1959.1	广东揭西	大学	副局长	1995.8—1998.4
					局长	1998.5—
姚科勇	男	1954.3	广东英德	大学	副局长	1996.9—2004.4
					纪检组组长	2004.4—
许永锞	男	1967.11	广东潮州	大学	副局长	1996.9—1998.11
杨宁	男	1963.7	广东廉江	大专	副局长	2000.8—2008.7
李国毅	男	1971.8	广东英德	大学	副局长	2005.9—
蒋国华	男	1975.5	湖南岳阳	大学	副局长	2008.11—

(二)内设和下设机构

1989 年 3 月清远市气象局挂牌成立时,省气象局批准市局内设办公室、预报服务科、业务科、观测站 4 个科室。同年 10 月,经市编委批准增设清远市防雷设施检测所。1991 年 1 月,省气象局同意市局增设人事科和服务科,同年 3 月,经市编委批准增设清远市山区气候研究所。1996 年 12 月机构改革,市局内设和下设办公室、业务科(与防雷监理科合署)、财务科、人事劳动科(与党组纪检组合署)、预报科(并挂清远市山区气候研究所牌子)、清远市防雷设施检测所(并挂清远市防雷中心牌子)、清远市气象局观测站等 7 个正科级机构。2001 年底再次进行机构改革,经广东省气象局和清远市机构编制委员会批准,清远市气象局内设办公室(与人事科、财务科、监察审计科、局党组纪检组合署)、业务科、行政执法办公室(政策法规科)3 个正科级职能机构;下设清远市气象台(清远市预警信号发布中心、清远市山区气候研究所)、清远市防雷中心(清远市防雷设施检测所)、清远市气象局财务核算中心、清远市气象服务中心(清远市清新县气象服务分中心)、清远市气象观测站 5 个直属正科级事业单位和清远市防雷设施检测所清新分所(为副科级直属事业单位)。2006 年 7 月,清远市气象局实施业务技术体制改革,并在 2001 年机构改革和机构设置的基础上对内设和下设机构进一步做出调整。调整后的机构设置见本章节关于行政机构内容的有关概述。

1. 办公室

清远市气象局办公室为正科级行政职能机构。1989 年 5 月至 1991 年 1 月,办公室主要负责人事、财务、行政、纪检、后勤等工作。1991 年 2 月至 1994 年 3 月设立人事科后,办公室改为负责政务、财务、文秘、档案、基建、后勤等工作。1994 年 4 月至 1996 年 10 月办公室与人事科合署办公。1996 年 11 月人事科单列后,办公室的职能为负责政务、档案、信访、综合调研、信息宣传、执法监督、文秘、保密、安全保卫、后勤等工作。2002 年 1 月起办公室与人事、财务、监审、纪检合署办公。

主要职责:组织协调机关工作和会议安排;负责全市气象系统政务信息、目标管理、调研综合、文秘、机要、保密、档案、气象宣传、办公自动化、接待和公务用车管理等工作;草拟综合性文件、报告、总结、计划、规章制度并负责监督、检查、催办;负责全市气象部门职工队伍建设和后备干部的选拔培养;负责本行政区域气象系统劳动工资、社会保障、录用调配、奖惩、科技专业技术人员等各项人事改革和管理工作;拟定本行政区域人才吸收、培养、使用的规划、计划并组织实施;负责气象人员在职教育、培训的组织管理工作;负责离退休人员管理工作;组织编制本行政区域气象事业中、长期发展规划及年度计划并监督实施;负责建立、健全和落实完善发展地方气象事业的计划财务体制及投入机制;负责列入地方预算及地财经费收支、基建、预决算、国有资产、统计、产业运营监督和地方气象建设项目等管理工作;负责本市气象系统纪检(监察)和审计工作;指导全市气象系统思想政治工作和承担精神文明建设的日常工作;负责局内安全保卫和工、青、妇及计生工作。

表 4-2-2　历任办公室主任、副主任名录

姓名	性别	出生年月	籍贯	学历	职务	任职时间
姚科勇	男	1954.3	广东英德	大学	副主任	1989.5—1990.3
					主任	1990.4—1996.8
何镜林	男	1954.9	广东清远	高中	副主任	1994.4—1996.11
梁玉婵	女	1951.9	广东南海	初中	副主任	1996.4—1996.11
江润强	男	1954.9	广东广宁	中专	副主任	1994.4—1996.11
邹世忠	男	1940.2	广东连县	中专	主任	1996.11—1999.11
吴珍梅	女	1958.12	广东英德	中专	副主任	1996.11—1999.11
					主任	1999.11—2001.12
石天辉	男	1965.2	湖北大悟	大学	主任	2002.1—

表 4-2-3　历任人事科科长、副科长名录

姓名	性别	出生年月	籍贯	学历	职务	任职时间
姚科勇	男	1954.3	广东英德	大学	主任	1989.5—1991.1
陈天送	男	1933.8	广东惠阳	中专	副科长	1991.2—1992.10
					科长	1992.11—1993.9
何镜林	男	1954.9	广东清远	高中	副主任	1994.4—1996.11
					科长	1996.12—2001.12
梁玉婵	女	1951.9	广东南海	初中	副科长	1996.11—2000.12

表 4-2-4　历任财务科科长、副科长名录

姓名	性别	出生年月	籍贯	学历	职务	任职时间
罗雪花	女	1957.8	广东清远	中专	副科长	1996.11—1999.11
					科长	1999.11—2001.12
卢妹	女	1953.1	广东清远	初中	副科长	1999.11—2000.12

表 4-2-5　历任纪检组、审计科负责人名录

姓名	性别	出生年月	籍贯	学历	职务	任职时间
何镜林	男	1954.9	广东清远	高中	纪检组副组长	1997.10—2002.3
罗雪花	女	1957.8	广东清远	中专	审计科副科长	1998.3—1999.11
					审计科科长	1999.11—2001.12
石天辉	男	1965.2	湖北大悟	大学	纪检组组长	2002.3—2002.11
廖初亮	男	1959.5	广东新丰	大学	纪检组副组长	2002.11—

2. 业务科

1989 年 5 月,市局设立业务科,2001 年底机构改革后,业务科为市局内设正科级业务管理职能机构。

主要职责:组织协调本行政区域基本环境气象业务及公益气象服务工作并负责监督、检查和指导;负责气象监测、信息网络、技术装备保障、农业气象及气象预报、警报、预警信号等其他气象信息资料统一发布的协调管理;负责全市测报、预报服务质量考核工作;负责气象科技成果及新技术、新业务的推广工作;负责全市气象业务建设和气象服务的管理工作。

表 4-2-6　历任业务科科长、副科长名录

姓名	性别	出生年月	籍贯	学历	职务	任职时间
陈文章	男	1940.8	广东清远	中专	科长	1989.4
陈天送	男	1933.8	广东惠阳	中专	副科长	1989.5—1991.1
邹世忠	男	1940.2	广东连县	中专	科长	1990.4—1996.11
涂宏兰	男	1963.4	广东平远	大学	科长	1996.11—
彭惠英	女	1957.11	广东兴宁	大专	副科长	1996.11—

3. 行政执法办公室(政策法规科)

2001 年底机构改革后,清远市气象局机关设立行政执法办公室(政策法规科),为市局内设正科级行政职能机构。

主要职责:负责组织、协调和管理本行政区域内的气象行政执法、气象行政执法检查和指导本行政区域气象行政执法体系建设工作;负责本行政区域的地方气象事业发展法规政策、政府规章及规范性文件拟定、协调和指导实施;承担气象有关行政复议和市级气象主管机构行政应诉代理工作;负责组织、指导清远市气象部门法制、宣传教育工作;负责气象行政管理、行业政策法规的综合协调;负责防雷、气象科技服务与产业政策法规的协调。

表 4-2-7　历任执法办(法规科)主任(科长)、副主任(副科长)名录

姓名	性别	出生年月	籍贯	学历	职务	任职时间
何镜林	男	1954.9	广东清远	高中	主任(科长)	2001.12—2003.12
廖初亮	男	1959.5	广东新丰	大学	主任(科长)	2003.12—

4. 清远市气象台(清远市气象预警信号发布中心)

1989 年 5 月市局设立预报服务科,负责天气预报与气象服务工作。1991 年预报与服务分开,分别设预报科和服务科。1996 年机构改革时,预报科并挂清远市山区气候研究所

牌子。2001年底机构改革后,将原预报科改为清远市气象台,并挂清远市气象预警信号发布中心、清远市山区气候研究所牌子,为市局直属正科级事业单位。2006年业务技术体制改革后,将并挂清远市气象台的山区气候研究所单列出,并经地方批准作为清远市地方气象事业机构。

主要任务:负责本区域内的各类长、中、短期天气预报以及预警信号的制作和发布;承担决策气象服务和公益气象服务;负责研究和运行有关天气预报方法和系统;担负灾害性天气联防和会商天气业务;负责气象灾害成因调查分析与评估工作;承担对所属县(市)气象台天气预报业务技术的指导;负责气候评价、气象年鉴和气候资源的开发、利用;负责市气象台内计算机网络运行和维护。

表4-2-8 历任预报科科长、副科长名录

姓名	性别	出生年月	籍贯	学历	职务	任职时间
陈水秀	男	1951.9	广东清远	大专	科长	1989.5—1994.3
谢洲能	男	1938.8	广东大埔	中专	副科长	1989.5—1991.2
					科长	1991.3—1996.10
杨宁	男	1963.7	广东廉江	大专	副科长	1994.4—1995.4
					科长	1996.11—2001.2
郭文鹏	男	1965.8	河南安阳	大学	副科长	1994.4—1995.2
钟灿文	男	1941.9	广东清远	中专	副科长	1995.5—1997.5
涂宏兰	男	1963.4	广东平远	大学	副科长	1996.4—1996.11
胡海平	男	1964.8	广东连县	大专	副科长	1997.5—2001.2
叶爱芬	女	1973.8	浙江丽水	大学	副科长	1999.9—2000.8
蒋国华	男	1975.5	湖南岳阳	大学	副科长	2001.1—2001.12

表4-2-9 历任市气象台台长、副台长名录

姓名	性别	出生年月	籍贯	学历	职务	任职时间
吴珍梅	女	1958.12	广东英德	中专	台长	2001.12—2003.12
蒋国华	男	1975.5	湖南岳阳	大学	副台长	2001.12—2003.12
					台长	2003.12—
王天龙	男	1976.3	甘肃武威	大学	副台长	2003.12—

5. 清远市防雷中心(清远市防雷设施检测所)

1989年10月经省气象局同意、市机构编制委员会批准,市局设立清远市防雷设施检测所。1996年,清远市防雷设施检测所并挂清远市防雷中心牌子。2001年底,设清远市防雷中心并挂清远市防雷设施检测所牌子,为市局直属正科级事业单位。

主要任务:负责管理全市气象部门防雷业务,承担市区、扶贫开发区、清城区防雷设施的设计审核、检测和竣工验收;负责上述地区雷电灾害安全事故的调查、分析鉴定和雷电灾害调查报告的上报工作;承担对县(市)防雷设施检测所业务技术指导、业务培训和雷电灾害鉴定;协助行政执法办公室做好防雷法规宣传和行政执法工作。

表 4-2-10　历任防雷中心主任、副主任名录

姓名	性别	出生年月	籍贯	学历	职务	任职时间
吴职强	男	1951.4	广东乐昌	中专	主任	1996.11—2001.1
邓森荣	男	1961.12	广东罗定	大专	副主任	1996.11—2001.1
李国毅	男	1971.8	广东英德	大学	副主任	1999.2—2001.1
					主任	2001.1—2005.9
杨伟民	男	1964.6	广东信宜	大学	副主任	2001.12—2004.12
					主任	2006.4—
刘子刚	男	1980.11	河南睢县	大专	副主任	2006.4—

表 4-2-11　历任防雷所所长、副所长名录

姓名	性别	出生年月	籍贯	学历	职务	任职时间
谢洲能	男	1938.8	广东大埔	中专	负责人	1989.10—1992.6
邓森荣	男	1961.12	广东罗定	大专	负责人	1992.7—1994.3
					副所长	1994.4—2001.1
吴职强	男	1951.4	广东乐昌	中专	副所长	1994.4—1996.10
					所长	1996.11—2001.1
杨宁	男	1963.7	广东廉江	大专	所长	1995.5—1996.10
姚成芳	女	1955.10	江苏涟水	高中	副所长	1995.10
李国毅	男	1971.8	广东英德	大学	副所长	1999.2—2001.1
					所长	2001.1—2005.9
杨伟民	男	1964.6	广东信宜	大学	副所长	2001.12—2004.12
					所长	2006.4—
刘子刚	男	1980.11	河南睢县	大专	副所长	2006.4—

6.清远市气象局财务核算中心(清远市气象局后勤服务中心)

2001年底机构改革,设立清远市气象局财务核算中心。2006年7月业务技术体制改革后,清远市气象局财务核算中心并挂清远市气象局后勤服务中心牌子,为市局直属正科级事业单位。

主要任务:根据农口事业单位财务管理制度主要对主渠道资金、地财(含专项、维持经费、补贴)、科技服务和产业收入等三类资金实行大收大支的管理;对县(市)气象局和直属单位实行会计委派制;负责市局机关和直属事业单位的会计、出纳工作;具体承担财产、资金和经营单位成本费用核算、往来结算、稽核;建财务账和报表,固定资产的管理,财务档案的整理和保管;协助办公室做好全市气象部门统计、内审和任期审计工作,以及其他需要办理会计手续、进行会计核算的事项。

表 4-2-12　历任财务核算中心主任、副主任名录

姓名	性别	出生年月	籍贯	学历	职务	任职时间
罗雪花	女	1957.8	广东清远	中专	主任	2001.12—2006.9
侯瑛	女	1972.7	广东曲江	大学	副主任	2001.12—
刘瑜	女	1978.2	山西静乐	大学	副主任	2008.7—

7. 清远市气象科技信息服务中心（清远市气象科技信息服务中心清新分中心）

2000年3月,市局设立气象信息服务中心;2001年底机构改革后,改名为清远市气象服务中心并挂清新县气象服务分中心牌子;2006年7月业务技术体制改革后,将清远市气象服务中心(清新县气象服务分中心)再次改名为清远市气象科技信息服务中心(清远市气象科技信息服务中心清新分中心),为市局直属正科级事业单位。

主要任务:负责电视天气预报节目制作,影视广告经营和气象科技信息服务;负责环境气象预报制作和预报方法的研究工作;协助行政执法办公室做好气象法规对外宣传工作;指导各县(市)气象局(台)开展气象科技信息服务工作。

表 4-2-13　历任气象服务中心主任、副主任名录

姓名	性别	出生年月	籍贯	学历	职务	任职时间
胡海平	男	1964.8	广东连县	大专	主任	2001.2—
洪冠中	男	1974.11	广东潮州	大学	副主任	2001.12—

8. 清远市气象观测站

1989年初设立观测站,1996年1月之前观测站主要担负地面测报业务,1989年3月至1994年3月为正科级单位,1994年4月至2001年12月期间观测站由业务科代管。1996年1月广州探空站搬迁到清远,随着气象探测任务的增加,1996年,设立清远市气象局观测站,主要承担站点的高空探测和地面测报业务工作。2001年底机构改革,改名为清远市气象观测站,2006年7月业务技术体制改革后,再次改名为清远国家气象观测站,为市局直属正科级事业单位。

主要任务:负责站点的高空探测、地面测报;承担观测资料的统计、整理和保管;协助行政执法办公室做好观测场、探空环境的保护工作。

表 4-2-14　历任观测站站长、副站长名录

姓名	性别	出生年月	籍贯	学历	职务	任职时间
杨际通	男	1932.6	广东信宜	中专	站长	1989.5—1992.12
郑绍开	男	1947.7	广东翁源	中专	副站长	1996.4—1998.5
					站长	1998.6—2000.12
杨伟民	男	1964.6	广东信宜	大学	副站长	1996.4—1996.11
许兵甲	男	1975.9	广西德保	大学	副站长	1996.11—2001.12
					站长	2001.12—
梁艳芳	女	1967.4	广东开平	大学	副站长	2001.12—

9. 清远市防雷设施检测所清新分所

2001年底,设立清远市防雷设施检测所清新分所,为市局直属副科级事业单位。

主要任务:负责清新县行政区域内防雷设施的管理;承担该县防雷设施的定期检测、防雷施工图纸的审核和防雷工程竣工验收;承担该县区域内雷电灾害事故的调查、鉴定。

表 4-2-15　历任清远市防雷设施检测所清新分所所长名录

姓名	性别	出生年月	籍贯	学历	职务	任职时间
段吟红	男	1981.1	云南腾冲	大专	所长（副科级）	2006.4—

（三）地方气象机构

1. 清远市防雷减灾管理办公室

2003 年 12 月，成立清远市防雷减灾管理办公室，为清远市气象局下属正科级事业单位，配事业编制 3 名，领导职数 1 名，经费由市财政核补。

清远市防雷减灾管理办公室的主要职责是：履行当地政府赋予的防雷减灾工作行政管理职能；指导和管理全市防雷减灾工作的开展；协助做好防雷资质及防雷工程市场管理；做好雷电灾害调查、评估及鉴定工作。

表 4-2-16　历任清远市防雷减灾管理办公室主任、副主任名录

姓名	性别	出生年月	籍贯	学历	职务	任职时间
张广存	男	1976.7	广东阳春	大学	副主任	2004.1—

2. 清远市山区气候研究所

1991 年 3 月，成立清远市山区气候研究所，为正科级全民所有制事业单位，隶属清远市气象局管理，人员编制、经费均由内部调整解决。其主要职责是：开展所属地区的气候分析与评价研究，开发和利用清远市山区气候资源，为当地政府做好气候分析的应用服务。

表 4-2-17　历任清远市山区气候研究所所长、副所长名录

姓名	性别	出生年月	籍贯	学历	职务	任职时间
郭文鹏	男	1965.8	河南安阳	大学	副所长	1994.4—1995.1
吴珍梅	女	1958.12	广东英德	中专	所长	2001.12—2003.12
蒋国华	男	1975.5	湖南岳阳	大学	所长	2003.12—
王天龙	男	1976.3	甘肃武威	大学	副所长	2003.12—

二、县（市）气象机构

清远市气象局下辖连州、佛冈、英德、阳山、连南、连山 6 个县级气象局（台）。

（一）台站沿革

全市最早建立气象工作机构为连州，始建于 1952 年 7 月，称粤北军区司令部连县气象站，1954 年 1 月改称广东省连县气象站。1956—1962 年，相继建立阳山、佛冈、清远、连山、英德、连南气象站，实行局站合一。1989 年 3 月成立清远市气象局，连县、阳山、英德、连南、连山气象局由韶关市气象局移交清远市气象局管理，佛冈县气象局从广州市气象局移交清远市气象局管理。1994 年 3 月和 6 月英德、连县撤县建市，英德县气象局改称英德市气象局，连县气象局改称连州市气象局。2001 年底，清远市气象局下属的各气象局（站）改称为气象局（台），实行局台合一，并加挂气象预警信号发布中心的牌子。2006 年根据中国气象局要求实行业务技术体制改革，连州局国家基本气象站组建连州市国家气候观象台，

佛冈国家基本气象站调整建立为佛冈国家气象观测站(一级站),清远、英德国家一般气象站调整建立为国家气象观测站(一级站),阳山、连南、连山国家一般站调整建立为国家气象观测站(二级站)。

(二)全市气象站沿革

表 4-2-18　清远市气象站沿革表

站名	建站时间	站址及变动
清远	1956.11	气象站始建在清远县龙塘区新庄乡大沙塘村(清远县良种场),1958 年 12 月迁到清远县清城镇北郊(今松岗路 5 号),1995 年 1 月迁到清远市新城区半环北路
连州	1952.7	气象站始建在连县爱民路 13 号,1953 年 8 月迁到连县东陂公路北湖洞,1996 年 1 月迁到连州市连州镇谢屋围,2008 年 12 月迁到连州镇北郊三古滩黑泥岭
佛冈	1956.9	气象站始建在佛冈县石角镇东郊(今环城东路 292 号),2008 年 12 月迁到佛冈县石角镇振兴北路县政府西侧
英德	1958.8	气象站始建在大站东岸咀,1959 年 8 月迁到英德县城西部,1976 年 7 月迁到英德县城北郊(今教育东路 54 号),2008 年 12 月迁到英德市龙山公园北区
阳山	1956.8	阳山县城中部(今粮机路 3 号)
连南	1962.1	气象站始建在连南三江镇联红村东头坪,2008 年 12 月迁到三江镇五星村委直路顶张屋背
连山	1956.12	气象站始建在连山太保公社虎叉塘林区,1958 年 12 月迁到连山永和公社圩头寨(县城所在地),1962 年 1 月迁到永和公社江头村田野,1967 年 8 月迁到吉田福安村大田底,1973 年 10 月迁到吉田公社新村岭平小山头

(三)县(市)气象局(台)机构设置

表 4-2-19　清远市各县(市)气象局(台)机构设置表

单位名称	机构设置
连州市气象局(台)	办公室、预报服务股、测报股、防雷设施检测所
佛冈县气象局(台)	办公室、预报服务股、测报股、防雷设施检测所
英德市气象局(台)	办公室、预报服务股、测报股、防雷设施检测所
阳山县气象局(台)	办公室、业务股、防雷设施检测所
连南瑶族自治县气象局(台)	办公室、业务股、防雷设施检测所
连山壮族瑶族自治县气象局(台)	办公室、业务股、防雷设施检测所

(四)县(市)气象机构主要职责

2002 年,根据广东省气象局和清远市机构编制委员会批准印发的《清远市国家气象系统机构改革方案》要求,清远市气象部门进行机构改革,机构改革后各县(市)气象局的主要职责是:

(1)负责本行政区域内气象事业发展规划、计划及气象事业业务建设的组织实施;负责本行政区域内重要气象设施建设项目的申报;对本行政区域内的气象活动进行指导、监督和行业管理。

(2)负责本行政区域内气象探测资料的收集、传输;依法保护气象探测环境。

(3)负责本行政区域内的气象行政监测、预报工作,及时提出气象灾害的防御措施,并对重大气象灾害做出初步评估,为本级人民政府组织防御气象灾害提供决策服务依据。负责本行政区域内公众气象预报、灾害性天气警报、预警信号以及农业气象预报、城市环境气象预报、火险气象等级预报等专业气象预报的发布,开展各项气象业务、服务工作。

(4)负责组织实施本行政区域内的人工影响天气作业;组织管理雷电灾害的防御工作,负责对可能遭受雷击的建筑物、构筑物和其他设施安装防御雷电灾害的装置及检测工作。

(5)负责向本级人民政府和同级有关部门提出利用、保护气候资源和推广应用气候资源区划等成果的建议;组织对气候资源开发利用项目进行气候可行性论证。

(6)负责组织开展气象法制宣传教育,负责监督有关气象法规的实施,对违反《中华人民共和国气象法》有关规定的行为依法进行处罚,承担有关行政复议和行政诉讼。

(7)负责本行政区域内的气象部门的计划财务、科研和培训以及业务建设等工作;做好本行政区域气象部门的精神文明建设和思想政治工作。

(8)承担上级气象主管机构和本级人民政府交办的其他事项。

2006年,根据《广东省国家气象系统机构编制调整方案》的要求,清远市气象系统所属县(市)局,在2002年机构改革的基础上,实行业务技术体制改革,业务技术体制改革后各县(市)气象局除继续履行2002年机构改革确定的八项主要职责外,还必须加强以下职能:

(1)加强气象综合观测业务运行的监控和质量控制工作,提高综合观测数据质量、数据汇集、评价和观测产品制作水平。

(2)加强多轨道预报预测业务工作,不断丰富预报产品,提高业务指导能力。

(3)加强气象灾害防御应急服务,负责编制气象灾害防御规划。加强气象灾害调查、鉴定、宣传和发布工作;强化重大气象灾害的灾前预评估、灾中跟踪评估和灾后恢复评估工作;强化气象灾害应急管理,完善联动机制。

(4)加强气象公共服务,改善服务手段,拓宽服务领域,增加服务产品,提高服务质量。扩大气象信息的公众覆盖面,建立畅通的气象信息服务渠道,提高公共气象服务时效性。

(5)加强地质气象、环境气象、城市气象、交通气象、水文气象、农业气象、林业气象等专业气象预报服务。

(6)加强雷电监测、预报预警、防护技术服务的综合业务体系建设。

(7)加强探测技术、装备、信息网络等方面的技术支持和保障工作,加快气象信息共享平台建设。

(8)加强气象科技创新和气象职工教育培训工作。加快气象科技创新体系建设,开展与多轨道业务及现代建设相适应的新知识、新技术培训。

(五)县(市)气象机构主要负责人

表 4-2-20　连州气象站(局)主要负责人变更表

机构名称	时间	主要负责人
粤北军区司令部连县气象站	1952.7—1953.4	蓝坦
粤北军区司令部连县气象站	1953.4—1953.12	吴伦
广东省连县气象站	1954.1—1959.3	吴伦
连阳各族自治县中心气象站	1959.4—1960.9	吴伦

续表

机构名称	时间	主要负责人
连阳各族自治县气象服务站	1960.10—1961.9	吴伦
广东省连县气象服务站	1961.10—1965.7	吴伦
广东省连县气象服务站	1965.7—1968.10	陈松有
广东省连县气象服务站革命领导小组	1968.11—1968.12	陈松有
连县农村工作站革命委员会气象组	1969.1—1969.10	陈松有
连县农村工作站革命委员会气象组	1969.10—1970.10	尹文科
广东省连县气象站	1970.11—1972.3	尹文科
广东省连县气象站	1972.3—1976.2	廖承宜
广东省连县气象站	1976.2—1981.2	陈松有
广东省连县气象局(站)	1981.3—1991.3	陈松有
广东省连县气象局(站)	1991.3—1994.6	李显光
广东省连州市气象局(站)	1994.6—2004.8	李显光
广东省连州市气象局(台)		
广东省连州市气象局(台) (连州国家气候观象台)	2004.8—	温建荣

表 4-2-21　佛冈气象站(局)主要负责人变更表

机构名称	时间	主要负责人
广东省佛冈气象站	1956.9—1959.1	吴金根
从化县佛冈气象站	1959.2—1960.2	吴金根
从化县佛冈气象服务站	1960.3—1961.5	吴金根
广东省佛冈县气象服务站	1961.6—1962.9	吴金根
广东省佛冈县气象站	1962.10	吴金根
广东省佛冈县气象站	1962.11—1965.6	戴巨熊
广东省佛冈县气象服务站	1965.7—1965.10	戴巨熊
广东省佛冈县气象服务站	1965.10—1969.1	香谭有
广东省佛冈县气象服务站	1969.1—1969.11	邝柏佑
广东省佛冈县气象服务站	1969.11—1970.2	冯榕林
广东省佛冈县气象服务站	1970.2—1971.12	易昌启
广东省佛冈县气象站	1972.1—1980.12	易昌启
广东省佛冈县气象局(站)	1981.1—1989.10	易昌启
广东省佛冈县气象局(站)	1989.10—1990.6	郑从校
广东省佛冈县气象局(站)	1990.6—2001.2	杨衍杜
广东省佛冈县气象局(站)	2001.2—2002.3	莫汉锋
广东省佛冈县气象局(台)	2002.3—	莫汉锋

表 4-2-22　英德气象站(局)主要负责人变更表

机构名称	时间	主要负责人
英德县气候站	1958.8—1959.3	宁世安
英德县人民委员会气象站	1959.4—1960.1	宁世安
英德县人民委员会气象科(站)	1960.1—1960.3	李放
英德县气象服务站	1960.4—1961.4	李放
英德县气象服务站	1961.5—1962.7	王宝琪
广东省英德县气象服务站	1962.7—1965.7	王宝琪
广东省英德县气象服务站	1965.8—1967	吴伦
广东省英德县气象服务站	1968—1970	梁华兴
广东省英德县气象站	1971	梁华兴
广东省英德县气象站	1972—1980.6	吴伦
广东省英德县气象站	1980.7—1981.1	王宝琪
广东省英德县气象局(站)	1981.2—1984.4	王宝琪
广东省英德县气象局(站)	1984.4—1988.4	梁华兴
广东省英德县气象局(站)	1988.5—1990.3	包党培
广东省英德县气象局(站)	1990.4—1994.3	刘日光
广东省英德市气象局(站)	1994.3—1995.8	刘日光
广东省英德市气象局(站)	1995.8—2002.4	张新龙
广东省英德市气象局(台)	2002.4—	张新龙

表 4-2-23　阳山气象站(局)主要负责人变更表

机构名称	时间	主要负责人
广东省阳山气候站	1956.8—1958.10	刘天生
连阳各族自治县气象站阳山分站	1958.11—1959.1	刘天生
连阳各族自治县气象站阳山分站	1959.2—1960.8	郭伟
连阳各族自治县气象站阳山分站	1960.8—1960.9	李德有
阳山县气象服务站	1960.10—1962.6	李德有
广东省阳山县气象服务站	1962.7—1964.11	李德有
广东省阳山县气象服务站	1964.11—1968.3	陈梅林
阳山县气象站革命领导小组	1968.4—1969	陈梅林
阳山县气象站革命领导小组	1969—1971.9	邹世忠
广东省阳山县气象站	1971.10—1973.3	邹世忠
广东省阳山县气象站	1973.3—1980.12	罗契发
广东省阳山县气象局(站)	1981.1—1984.9	罗契发
广东省阳山县气象局(站)	1984.10—1996.8	杨康基
广东省阳山县气象局(站)	1996.8—2002.3	杨国雄
广东省阳山县气象局(台)	2002.4—	杨国雄

表 4-2-24　连南气象站(局)主要负责人变更表

机构名称	时间	主要负责人
广东省连南瑶族自治县气象服务站	1962.1—1966.12	胡文良
广东省连南瑶族自治县气象服务站	1967.1—1968.7	梁宏
广东省连南瑶族自治县气象站 革命领导小组	1968.8—1969.3	梁宏
连南瑶族自治县农业服务站	1969.4—1970.12	梁宏
广东省连南瑶族自治县气象站	1970.12—1979.10	梁宏
广东省连南瑶族自治县气象站	1979.10—1981.5	刘国望
广东省连南瑶族自治县气象局(站)	1981.5—1989.4	刘国望
广东省连南瑶族自治县气象局(站)	1989.4—1995.6	胡文良
广东省连南瑶族自治县气象局(站)	1995.6—2002.5	梁正科
广东省连南瑶族自治县气象局(台)	2002.5—	梁正科

表 4-2-25　连山气象站(局)主要负责人变更表

机构名称	时间	主要负责人
连山县虎叉塘气候站	1956.12—1958.12	余振新
永和公社气象哨	1959.1—1960.6	王潮良
永和公社气象哨	1960.7—1961.8	丘星子
连山县气象站	1961.9—1961.10	陈道清
连山县气象站	1961.10—1962.10	邹瑞粼
连山壮族瑶族自治县气象服务站	1962.10—1967.1	梁宏禧
连山壮族瑶族自治县气象服务站	1967.1—1968.10	容丽屏
连山壮族瑶族自治县气象站革命领导小组	1968.10—1970.12	揭尧阶
连山壮族瑶族自治县气象站革命领导小组	1970.12—1971.8	叶富生
广东省连山壮族瑶族自治县气象站	1971.9—1978.6	叶富生
广东省连山壮族瑶族自治县气象站	1978.6—1982.1	容丽屏
连山壮族瑶族自治县气象局(站)	1982.1—1985.9	容丽屏
连山壮族瑶族自治县气象局(站)	1985.9—1986.5	周思业
连山壮族瑶族自治县气象局(站)	1986.5—2001.1	莫秀清
连山壮族瑶族自治县气象局(站)	2001.1—2002.3	温建荣
连山壮族瑶族自治县气象局(台)	2002.3—2004.7	温建荣
连山壮族瑶族自治县气象局(台)	2004.7—2004.8	杨少英
连山壮族瑶族自治县气象局(台)	2004.9—	胡方平

(六)2008年县(市)气象机构职工人数

表 4-2-26　　2008 年县(市)气象机构职工人数表(在职人员)　　　　(单位:人)

单位名称	职工总数	编制内人数	编制外人数	大学学历人数	大专学历人数	中专以下学历人数	中级专业技术人数	初级以下专业技术人数
连州市气象局(台)	17	11	6	5	8	4	3	11
佛冈县气象局(台)	15	9	6	3	11	1	2	10
英德市气象局(台)	17	12	5	4	10	3	4	8
阳山县气象局(台)	15	9	6	3	8	4	2	12
连南瑶族自治县气象局(台)	8	6	2	3	3	2	2	6
连山壮族瑶族自治县气象局(台)	7	6	1	3	3	1	2	4

第三节　财务管理与经费

新中国成立初期,因气象部门属军队建制,气象经费是按供给制办法供给。1954年转建政府后,气象事业经费按照行政事业单位有关标准拨领。其财政隶属关系与管理领导体制的变革同步,经历了由广东省气象局或当地人民政府管理的多次变动。1983年起,气象事业经费(含人员、公用、业务、科研等的总称)、基建投资,从广东省财政厅逐级拨款管理转划归国家气象局逐级拨款管理。

由于气象工作主要为当地各项经济建设、抗灾防灾和开发利用气候资源服务,随着清远经济建设和社会主义商品经济的发展,各部门对气象工作的需求愈来愈多,为地方服务的气象业务项目不断增加。因而,增设的这一部分气象业务所需经费,由地方财政给予必要的支持(地方气象事业经费由地方财政划拨或核补),为当地经济建设服务的气象事业发展项目被列入社会经济发展计划。

自1983年气象部门管理体制实行双重领导以气象部门领导为主以后,各级气象台、站得到地方财政经费支持逐年增加,特别是清远市气象局成立以后,地方财政支持的力度不断加大。这些地方支持的经费均用于补充气象事业经费,增置气象科技设备,投入气象信息、气象通信和气象现代化建设,解决台站部分基础设施建设、房屋修缮、零星土建以及专项科研费等。

第五章 气象事业的发展

第一节 清远建市前的气象事业

1956 年 8—10 月,广东省气象局调派成都气象学校中专毕业生陈天送、广东省气象干部培训班首期应届毕业生谢州能两人到清远筹建气象站。同年 11 月 10 日完成建站任务,定名"广东省清远气候站",地址选在清远县龙塘镇新庄乡大沙塘村(清远县良种场),位于北纬 23°36′,东经 113°04′,观测场海拔高度 119 m(由中央气象局测量队到珠江基面北右 17 号测定),国际统一区号 59,站号 280,合称 59280。11 月 11 日 01 时(地方平均太阳时),陈天送在清远气候站记录了第一批气象数据。

清远气候站为国家一般站,观测项目有云、能见度、风、气温、湿度、降水、日照、蒸发、地温(5 cm、10 cm、15 cm、20 cm 深),装备为中国制造和从原德意志民主共和国进口的常规仪器,主要职责是按照 1955 年 5 月中央气象局编制的《气象观测暂行规范——地面部分》,对清远区域内的气象状况及其变化进行观测。每天固定 01 时、07 时、13 时、19 时(地方平均太阳时)四次进行系统的、连续的观察和测定记录,编制报表发送天气报告,为天气预报、气象情报、气候分析和气象科研提供依据。

当时使用的仪表设备如下:

表 5-1-1 清远气候站仪器设备表

(1957 年 1 月气表-1、气表-3)

名称	规格/型号	厂名(产地)	号码
干球温度表	球状套管刻度 0.2℃,−20～50℃	中国	990
湿球温度表	球状套管刻度 0.2℃,−20～50℃	中国	944
最高温度表	圆柱状套管刻度 0.5℃,−20～50℃	东德	Maxima
最低温度表	叉状套管刻度 1/2	东德	Minima
维尔达风压器	轻重型	中国	
雨量器、雨量杯	口径 20 cm	中国	
蒸发器	口径 20 cm(小型)	中国	
地面温度表	圆柱状套管刻度 0.5℃,−10～50℃	中国	184
曲管地温表 5 cm	苏式刻度 0.5℃,−10～40℃	中国	226
曲管地温表 10 cm	苏式刻度 0.5℃,−10～50℃	中国	112
曲管地温表 15 cm	苏式刻度 0.5℃,−20～50℃	中国	298
曲管地温表 20 cm	苏式刻度 0.5℃,−20～50℃	中国	507
时钟	闹钟	上海	700
百叶箱	苏式单开门	中国	

1957年3月始,清远气候站增加农作物物候观测任务,观测的技术规定为《农业气象观测方法》。1958年6月起发布农业气象旬、月报,并制作补充天气预报。

1958年7月,中央气象局在广西桂林召开全国气象工作会议,提出"依靠全党全民办气象,提高服务的质量,以农业服务为重点,组成全国气象服务网"的方针。按照省委、省人委提出的"专专有台,县县有站,社社有哨,队队有组"的服务网建设原则,清远气候站于1958年12月25日从龙塘新庄乡迁址到清远县清城镇北郊清远中学西侧(今松岗路5号),改称为清远县气象站,站址位于北纬23°43′,东经113°01′,仍使用清远气候站59280的原区站号,归属清远县人民委员会建制。与此同时,各公社按照"自愿、自建、自管、自用"的精神,在农科所、农技站、广播站等安装常规气象仪器,陆续办起气象哨,各生产大队也推选出一批有民间看天经验的老农,为发展农业生产进行气象服务。

1958年起先后在石潭、浸潭、沙河、石马、龙颈、禾云、三坑、太平、鱼坝、山塘、石角、龙塘、洲心、源潭、江口、高桥、附城、桃源、南冲、华侨农场建立起公社气象哨,每天进行08时、14时和20时三次观测,观测项目有气温、湿度、降水等,公社气象哨观测员多为农技站人员兼职,随着人民公社经济体制的调整,公社气象哨经历撤销和重建、中止观测和恢复工作等各个阶段,至1975年7月比较固定的公社气象哨有15个:三坑公社气象哨、太平公社气象哨、附城公社气象哨、华侨农场气象哨、源潭公社气象哨、洲心公社气象哨、龙塘公社气象哨、石潭公社气象哨、龙颈公社气象哨、石马公社气象哨、鱼坝公社气象哨、沙河公社气象哨、禾云公社气象哨、浸潭公社气象哨、山塘公社气象哨。进入80年代,各公社气象哨逐渐撤销。1976年,清远县第一中学结合教学活动在校建起气象观测场,开展气象知识科教活动。

为加强对清远县气象站的领导,增强清远县气象站的县政府职能部门功能,1958年12月,经广东省气象局和清远县委组织部研究决定,县委审查干部办公室人员杨际通被任命为清远县气象站副站长,气象站开始有站的领导。同时,结合业务的开展,充实气象站的技术人员,1956年至1959年间全站只有2～4人,1965年增加到7人。

1959年2月,昆明全国补充天气预报工作会议后,推广云南省镇雄县气象站从当地农业生产需要出发,在收听气象台天气形势预报的基础上,结合当地气象资料和天象、物象反应以及当地地理条件影响做补充订正天气预报。天气预报提供给县人委及有关部门,并在清远县有线广播站发布。同时,根据清远县不同作物及其各个生长期,定期或不定期制作旬、月预报发往人民公社和生产大队,使天气预报和气象服务更加适应农业生产和人民群众需要。但是当时由于人员技术素质和业务装备的限制,县站的补充订正预报只局限在"收听加看天"的水平上。

1961年1月1日起,执行中央气象局编写的《地面气象观测规范》。在仪器装备方面,1960年1月增加地面最高、最低温度表,1961年1月增设乔唐式日照计,1962年起使用水银气压表及双金属温度计,1964年增设空盒气压计和毛发湿度计。

1966年开始"文化大革命",业务管理受到削弱,规章制度有所放松,质量考核也曾一度被废止,气象科技队伍不稳定,技术力量受冲击。1968年,清远县气象站共有业务技术人员6人,有3人(陈能森、钟慰秋、谢洲能)被下放到"五七"干校接受再教育,给气象事业发展带来严重后果,但是全站气象工作者自觉坚守岗位,执行各项业务规章制度,坚持各项日常业务、服务工作,保证气象观测记录的完整和各类天气预报的发布。

"文化大革命"后期,气象业务工作有所加强。1973年气象站设立内部机构,分设预报组和测报组。1975—1976年,研制出以"回归方程"、"方差分析"为主的数理统计单站预报方法,并用时间剖面图等制作清远县大(雨)到暴雨、低温阴雨等预报,天气预报技术逐渐走出以"群"(群众)、"土"(土方法)为主的路子,向专业预报方面迈进。

中共十一届三中全会以后,气象部门在改革开放政策的指导下,各项工作有很大发展。1980年5月国务院批转《中央气象局关于改革气象部门管理体制的请示报告》,决定全国气象部门实行"气象部门与地方政府双重领导,以气象部门领导管理为主的管理体制"。1981年8月,广东省清远县气象站改称广东省清远县气象局(站),为县局级单位,局与站两个牌子一套人马。清远县气象局既是广东省气象局的下属单位,也是清远县人民政府的职能部门。按照中央关于干部必须"革命化、年轻化、知识化、专业化"的要求,1983年6月,清远县气象局领导班子做出调整,更换局主要领导,由陈文章任局(站)长。因行政区域调整,1984年1月1日起,清远县气象局(站)由韶关地区气象局划转广州市气象管理处领导。

自1978年召开全国科学大会后,气象部门人才建设和科研工作复兴并步入新的发展时期。1981年起实行技术人员职称评定工作,至1982年1月,清远县气象局有6人被评为助理工程师,有4人被评为技术员,评定职称人员占全局人员的63%,至1988年12月,获得工程师技术职称的有6人,获得助理工程师和技术员职称的有14人,获得技术职称人员占全局人员的91%。1978—1988年,清远县气象局工作人员保持14~20人。从1983年起,陆续吸收和调进有专业知识或管理经验的人员,使气象队伍的群体结构更适应事业发展的需要。

1982年3月起,气象部门实行"积极推进气象科学技术现代化,提高灾害性天气的监测预报能力,准确及时地为经济建设和国防建设服务,以农业服务为重点,不断提高服务的经济效益"新时期的气象工作方针。这一时期,清远气象业务建设着眼于技术装备和通信手段的改善。1982年配置123型传真收片机,接收地面图、高空图、台风路径图、预报要素图等图表和数值预报产品,拓展气象信息的采集渠道。天气预报技术除使用温度、气压、湿度曲线图和剖面图气象要素外,开展采用天气图、数值分析等制作预报方法。1984年配置12V25KHZ的JZD-5/301Ⅲ型甚高频无线电话,加强了与广东省气象台、广州市气象台和韶关地区气象台的沟通和联系,以及地区之间的天气会商和联防。1985年3月,国务院办公厅转发《国家气象局关于气象部门开展有偿服务和综合经营的报告》,气象部门逐步进行有偿专业服务。清远县气象局有偿专业服务的项目有气象资料,旬月天气预报信息,现场专项服务等。1987年无线气象警报系统建成后,到有需要的用户安装气象警报接收机,服务范围包括农业、交通、工矿、城建等。

1986年1月配置PC-1500夏普袖珍计算机进行观测数据处理,取代人工编报及制作观测报表。1987年,建起无线广播气象预报警报服务系统,无线警报发射塔安装在办公楼(二楼)楼顶,发射中心(清远县气象局)用定时或不定时的方式向政府和有关单位发布天气预报和灾害性天气警报。

第二节　清远建市后的气象事业

1988年2月28日,清远经国务院批准撤县建市。为适应清远行政区域升格的需要,便于广东省气象局和清远市人民政府双重管理,推动清远气象事业的发展,经1988年5月至1989年1月的筹备,广东省气象局1989年2月下文成立清远市气象局(台),为正处级单位,实行局台合一,两个牌子一套人马,下设办公室、业务科、预报服务科、观测站4个科级机构,下辖佛冈、连县、英德、阳山、连南、连山6个县气象局(站)。在6个县级气象局中,佛冈县气象局从广州市气象局移交清远市气象局管理,其余5个县气象局从韶关市气象局移交清远市气象局管理。1994年,英德、连县先后撤县建市(县级市),英德县气象局改称英德市气象局,连县气象局改称连州市气象局。

1996年,根据《全国各地气象部门的机构编制方案》要求,清远市气象局进行机构调整,调整后的清远市气象局既是广东省气象局的下属单位,又是清远市人民政府主管气象工作的部门,经市人民政府授权,承担本行政区域内气象工作的政府行政管理职能。主要职责是:

(1)负责本行政区域内对气象法规和气象业务技术规范、标准的执行情况的监督检查。

(2)制定和实施清远市经济和社会发展需要的地方气象发展规范、计划,负责在本行政区域内对气象行业的管理和技术指导,统一管理本行政区域的气象探测等气象活动。

(3)会同市人民政府对县级气象机构实施以部门为主的双重领导,建立、健全气象部门双重计划财务体制,促进气象事业与地方经济建设协调发展。

(4)统一管理本行政区域内天气预报预警及其他气象信息的发布,参与有关防灾、减灾的决策,建立和管理防御气象灾害的城市服务系统、灾害性天气预报警报网,负责对灾害性天气造成的气象灾害进行调查评估和鉴证。

(5)负责专业(专项)气象服务和气象科技服务的管理、指导与协调,以农业服务为重点,不断拓宽气象服务领域,建立综合的气象服务系统,全面提高气象服务的社会经济效益。

(6)管理和指导本行政区域内气候资源的开发、利用和保护,组织对当地重点建设工程、重大区域性经济开发项目、城乡建设规划中的气象条件评价的论证和审查。

(7)归口管理防御雷电灾害等社会生产、人民生活中与气象有关的安全设施的设计、施工和技术检测,负责管理和组织实施人工增雨等人工影响局部天气工作。

(8)统一领导和管理清远市及所属县(市)气象局的计划财务、基本建设、业务建设、业务运行、科技教育、机构编制、人事劳动、行政监察、审计等工作,协助当地党委和政府做好气象职工队伍的思想政治工作和精神文明建设工作。

(9)组织落实气象部门的各项改革政策和措施。

(10)承办省气象局和市人民政府交办的其他事项。

2001年底,根据党中央、国务院批准,中央机构编制委员会印发的《地方国家气象系统机构改革方案》和中国气象局印发的《地方国家气象系统机构改革实施方案》,以及广东省气象局和清远市机构编制委员会批准印发的《清远市国家气象系统机构改革方案》进行清远市国家气象系统机构改革。机构改革后,清远市气象局(台)不再实行局台合一。其主要职责是：

(1)负责本行政区域内气象事业发展规划、计划的制定及气象业务建设的组织实施；负责本行政区域气象设施建设项目的审查；对本行政区域内的气象活动进行指导、监督和行业管理。

(2)组织管理本行政区域气象探测资料的汇总、传输；依法保护气象探测环境。

(3)负责本行政区域内的气象监测、预报管理工作，及时提出气象灾害防御措施，并对重大气象灾害做出评估，为本级人民政府组织防御气象灾害提供决策依据；管理本行政区域内公众气象预报、灾害性天气警报、预警信号以及农业气象预报、城市环境气象预报、火险气象等级预报等专业气象预报的发布。

(4)管理本行政区域人工影响天气工作，指导和组织人工影响天气作业；组织管理雷电灾害防御工作，贯彻执行《广东省防御雷电灾害管理规定》，负责本行政区域内防雷设施的设计审核、施工监督、竣工验收和定期检测、雷电灾害调查及事故鉴定等工作。

(5)负责向本级人民政府和同级有关部门提出利用、保护气候资源和推广应用气候资源区划等成果的建议；组织对气候资源开发利用项目进行气候可行性论证。

(6)组织开展气象法制宣传教育，负责监督有关气象法规的实施，对违反《中华人民共和国气象法》有关规定的行为依法进行处罚，承担有关行政复议和行政诉讼。

(7)统一领导和管理本行政区域内气象部门的计划财务、人事劳动、科研和培训以及业务建设等工作；会同县(市)人民政府对县(市)气象机构实施以部门为主的双重管理；协助地方党委和人民政府做好当地气象部门的精神文明建设和思想政治工作。

(8)承担上级气象主管机构和本级人民政府交办的其他事项。

为适应清远气象事业发展的需要，2006年7月，根据《中国气象局业务技术体制改革总体方案》、《广东省国家气象系统机构编制调整方案》和广东省气象局《关于印发〈清远市国家气象系统机构编制调整方案〉的通知》的要求，清远市气象局在2001年机构改革的基础上，实施业务技术体制改革，将清远市国家气象系统机构编制重组或调整，并要求加强如下职能：

(1)加强气象综合观测业务运行的监控和质量控制工作，提高综合观测数据质量、数据汇集、评价和观测产品制作水平。

(2)加强多轨道预报预测业务工作，不断丰富预报产品，提高业务指导能力。

(3)加强气象灾害防御应急服务。负责编制气象灾害防御规划；加强气象灾害调查、鉴定、宣传和发布工作；强化重大气象灾害的灾前预评估、灾中跟踪评估和灾后恢复评估工作；强化气象灾害应急管理，完善联动机制。

(4)加强气象公共服务。改善服务手段、拓宽服务领域、增加服务产品、提高服务质量，扩大气象信息的公众覆盖面，建立畅通的气象信息服务渠道，提高公共气象服务的时效性。

(5)加强地质气象、环境气象、城市气象、交通气象、水文气象、农业气象、林业气象等专业气象预报服务。

(6)加强雷电监测、预报预警、防护技术服务的综合业务体系建设。

(7)加强探测技术、装备、信息网络等方面的技术支持和保障工作，加快气象信息共享平台建设。

（8）加强气象科技创新和气象职工教育培训工作。加快气象科技创新体系建设，开展与多轨道业务及现代建设相适应的新知识、新技术培训。

建市后清远气象事业的发展经历清远市气象局从清远旧城搬往新城区迁址前和迁址后的两个阶段。

第一阶段（1989—1994 年）：

清远市气象局按照 1991 年全国气象工作会议通过的《气象事业发展纲要》和清远市委、市政府提出的"三年打基础，五年见成效"的要求，确立"深化气象业务技术体制改革，调整结构，以基础业务建设和做好气象服务工作为依托，增强自身发展能力，提高总体效益，促进气象事业发展"的工作思路，制定出"以提高队伍素质，搞好基础业务，增加服务效益，加快现代化建设，加快建成与清远市国民经济发展相适应的气象台站"的奋斗目标。在机构设置及运行机制上，通过抓结构调整，摸索适应清远市气象业务和气象服务需要的机制。1991 年起，市气象局和下属各县气象局先后开展业务技术体制改革与产业结构调整，同时管理上实行"定机构、定岗位、定职责"，优化队伍结构。1992 年初，邓小平视察南方发表重要讲话，气象部门进一步解放思想，逐步实现观念上的"两个转变"。气象工作逐步与市场经济有机结合起来，并建起业务服务和综合经营两支队伍，分流出 35% 的人员开展专业有偿服务、气球广告业务和防雷设施检测工作。市局属下成立科达技术服务公司，公司经营的项目有建材、营运、代购代销、开办石场等。

这一阶段业务建设方面主要抓气象现代化，提高气象信息采集和传输能力。1990 年开通市—县内部辅助通信网。1992 年 4 月，建成与广州气象区域联网和 RMW 远程气象工作站，开始应用电脑（型号Ⅱ386/25）采集气象资料。1994 年 10 月实现市、县计算机联网。

气象服务工作重点是紧密围绕当地政府做好灾害性天气决策服务，为科技兴农，发展"三高"农业做好公益服务。服务的形式有天气预报、农业气象情报、农业气候规划（气候资源开发利用）、农业气象观测试验研究成果推广应用等。1990 年，清远市气象台开展各县天气预报技术的研究及论证工作。1991 年 1 月起，市气象台对下属台站开展分县指导预报。

第二阶段（1995 年以后）：

1995 年 1 月，清远市气象局完成从旧城（松岗路 5 号）迁至新市区（半环北路）的迁址任务，气象业务及其他工作于是年 1 月 1 日起在新址进行。

1996 年 1 月，清远高空探测站建成，站址在清远市气象局大院内，为国家一级站，采用701C 型探空雷达，每天进行三次固定探测，探空项目为高空气压、温度、湿度、风等，资料全球交换。1997 年，建成气象卫星综合应用业务系统（"9210"工程）和清远市气象防灾减灾系统。气象台站可在气象卫星综合应用业务系统中获得更快捷、更丰富的气象信息，提高对天气的分析预报能力。同时通过气象防灾减灾系统计算机终端发布气象信息，使服务功能大大加强。1998 年 6 月，全市各级气象台站先后建成多媒体电视天气预报制作系统，自行制作天气预报节目影像送当地电视台播放。同年 8 月，各气象台站与电信部门先后开通"121"（后改为"12121"）天气预报自动答询电话。天气预报答询电话的开通，使用户根据需要及时了解气象信息。同年 11 月，建成 X.25 分组数据交换网，气象资料改由网络传输。

2001 年起,根据清远市人民政府《清远市自动气象站网建设实施方案》的要求,各级气象台站分期分批在当地建设自动气象站,至 2008 年,全市共建自动气象站 79 个。2001 年 12 月,成立清远市气象预警发布中心,该发布中心按照《广东省突发气象灾害预警信号的发布规定》向社会发布气象预警信息。2002 年 2 月,通过移动公司向公众提供天气预报手机短信服务,并建成省—市 10M 速 VPN 宽带网。宽带网开通后,可直接访问国家和省气象局业务网和其他气象网站,使气象信息量倍增。同年 7 月,在清远市人民政府行政服务中心设立气象服务窗口,依法履行社会管理职责。服务窗口主要承担防雷装置设计核准,竣工验收,施放气球活动等行政审批工作。2003 年 11 月,经清远市编制委员会批准成立清远市防灾减灾管理办公室,开展防雷工作监督管理及防雷行政执法等防雷减灾工作。2003 年起,根据天气和农业生产以及人民生活所需在全市范围开展人工影响天气作业。2003—2008 年,在全市进行人工影响天气作业 5 次。人工影响天气的内容主要是人工增雨或消雨。人工增雨通过发射 WR-98 型增雨防雹火箭来实现。2005 年建成市—县 2M 速 SDM 数字电路及省—市视频天气会商系统。同年 7 月开通清远市气象防灾减灾信息网,该信息网设有天气预报、气象信息、气象服务、防雷减灾、公共服务、科研交流、科普知识、法律法规、台站建设、局务公开等板块。2006 年与移动公司合作,开通气象信息平台,以手机短信方式向各级领导和有需要的用户不定时发布气象信息。2007 年 9 月,市—县视频天气会商系统全面建成,实现省—市—县视频天气会商,提高对各种天气的监测预测水平和对灾害性天气的防御能力。

第六章　党团社群组织和精神文明建设

第一节　党团社群组织

一、中国共产党组织

1959—1973 年,清远气象站有中共党员 1 人,1976 年增至 2 人,参加清远县水电局支部组织生活。1976 年 3 月 10 日成立清远县气象站党支部,杨际通任支部书记,党支部有 3 名中共党员。1984 年 9 月 18 日党支部改选,陈文章任支部书记。

1989 年 6 月,由原清远县气象局党支部改为清远市气象局党支部,并改选支部委员会,梁华兴任支部书记。成立市局支部时,有中共党员 9 人,支部归口中共清远市委直属工作委员会党委领导。1994 年 6 月,因党组书记梁华兴不兼任党支部书记,改选支部委员会,姚科勇任支部书记。

2006 年 9 月,成立清远市气象局总支部委员会,总支部委员会由姚科勇等 5 人组成,并设立清远市气象局机关党支部和老干部党支部。

1996 年 8 月至 2000 年,局机关党支部归中共清远市农业委员会党委领导,2001 年 1 月起归中共清远市直属机关党委领导。清远市气象局机关党支部成立以来,党支部委员会经历三次换届,换届的时间分别为:1997 年 5 月、2001 年 1 月、2006 年 9 月。

1994 年 1 月,中共广东省气象局党组发文,决定成立中共清远市气象局党组,党组成员 3 人,梁华兴任党组书记。1996 年 9 月,梁华兴退休,刘日光任党组书记。1996 年 9 月至 1999 年 3 月,党组成员减至 2 人;1999 年 4 月至 2005 年 8 月,党组成员增至 3 人;2005 年 9 月,党组成员增至 5 人;2008 年 7 月后党组成员减至 4 人。

1997 年 10 月,成立清远市气象局党组纪检组,由党组成员姚科勇分管党组纪检组,何镜林、石天辉、廖初亮先后任纪检组副组长,2004 年 4 月起,姚科勇任纪检组组长。

表 6-1-1　中共清远市气象局总支部委员会委员名录

姓名	性别	籍贯	职务	任职时间
姚科勇	男	广东英德	总支书记	2006.9—
蒋国华	男	湖南岳阳	总支委员	2006.9—
廖初亮	男	广东新丰	总支委员	2006.9—
石天辉	男	湖北大悟	总支委员	2006.9—
杨伟民	男	广东信宜	总支委员	2006.9—

表 6-1-2　中共清远市气象局机关党支部委员名录

姓名	性别	职务	籍贯	任职时间
梁华兴	男	支部书记	广东开平	1989.6—1994.6
姚科勇	男	支部书记	广东英德	1994.6—2006.9
杨际通	男	支委	广东信宜	1989.6—1992.12
邹世忠	男	支委	广东连州	1994.6—1997.5
陈水秀	男	支委	广东清远	1992.12—1994.3
梁玉婵	女	支委	广东南海	1994.6—2000.12
杨伟民	男	支委	广东信宜	1997.5—2006.9
何镜林	男	支部副书记	广东清远	2001.1—2004.6
涂宏兰	男	支委	广东平远	2001.1—2006.9
陈德花	女	支委	福建南平	2001.1—2001.8
廖初亮	男	支部副书记	广东新丰	2004.6—2006.9
		支部书记		2006.9—
秦传耀	男	支委	广东普宁	2004.6—2006.9
刘瑜	女	支委	山西静乐	2004.6—
张广存	男	支委	广东阳春	2006.9—

表 6-1-3　清远市气象局党组成员任职时间表

姓名	性别	职务	籍贯	任职时间
梁华兴	男	党组书记	广东开平	1994.1—1996.8
吴武威	男	党组成员	广东潮州	1994.1—1995.12
姚科勇	男	党组成员	广东英德	1994.1—
刘日光	男	党组书记	广东揭西	1996.8—
杨宁	男	党组成员	广东廉江	1999.4—2008.7
李国毅	男	党组成员	广东英德	2005.9—
蒋国华	男	党组成员	湖南岳阳	2005.9—

表 6-1-4　中共清远市气象局老干部党支部委员名录

姓名	性别	职务	籍贯	任职时间
石天辉	男	支部书记	湖北大悟	2006.9—
秦传耀	男	支委	广东普宁	2006.9—
梁玉婵	女	支委	广东清远	2006.9—

表 6-1-5　1959—2008 年清远市气象局中共党员人数表　　　　　（单位：人）

年份	党员数	年份	党员数	年份	党员数
1959	1	1976	3	1993	10
1960	1	1977	3	1994	10
1961	1	1978	3	1995	15
1962	1	1979	3	1996	17

年份	党员数	年份	党员数	年份	党员数
1963	1	1980	3	1997	18
1964	1	1981	3	1998	15
1965	1	1982	3	1999	18
1966	1	1983	4	2000	16
1967	1	1984	5	2001	13
1968	1	1985	7	2002	19
1969	1	1986	7	2003	21
1970	1	1987	7	2004	21
1971	1	1988	9	2005	21
1972	3	1989	10	2006	25
1973	2	1990	10	2007	25
1974	2	1991	10	2008	26
1975	3	1992	11		

注:本表为在职党员人数。

二、中国共产主义青年团组织

清远市气象局成立前,团员活动以农口(农业、林业、水电)系统联合支部组织的活动为主;清远市气象局成立后,加强了对共青团组织的领导,于1996年成立清远市气象局团支部,李国毅、张广存、张琪先后任团支部书记。

表 6-1-6　1996—2008 年共青团清远市气象局支部委员会名录

姓名	性别	籍贯	职务	任职时间	备注
李国毅	男	广东英德	书记	1996.4—1998.11	第一届
许兵甲	男	广西德保	委员	1996.4—1998.11	第一届
张运林	男	广东连平	委员	1996.4—1998.11	第一届
张广存	男	广东阳春	书记	1998.11—2006.11	第二届
罗律	男	广东清远	委员	1998.11—2006.11	第二届
张丽珍	女	山西五寨	委员	1998.11—2006.11	第二届
张琪	女	江西景德	书记	2006.11—	第三届
罗律	男	广东清远	委员	2006.11—	第三届
杨彀	男	云南梁河	委员	2006.11—	第三届

表 6-1-7　1972—2008 年清远市气象局团员人数表　　　　　　（单位:人）

年份	团员数	年份	团员数	年份	团员数
1972	6	1985	4	1998	11
1973	5	1986	3	1999	10
1974	4	1987	2	2000	10
1975	2	1988	1	2001	17

年份	团员数	年份	团员数	年份	团员数
1976	3	1989	3	2002	15
1977	3	1990	5	2003	14
1978	3	1991	5	2004	15
1979	3	1992	5	2005	15
1980	4	1993	5	2006	14
1981	2	1994	4	2007	14
1982	3	1995	3	2008	14
1983	4	1996	7		
1984	4	1997	9		

三、工会

1998 年 8 月,成立清远市气象局工会,姚科勇任工会主席,何镜林任工会副主席。2007 年 6 月,清远市气象局工会委员会换届,姚科勇续任工会主席,廖初亮任工会副主席。清远市气象局工会会员主要为事业单位编制(含国家编制和地方编制)人员。

表 6-1-8 清远市气象局工会第一届委员会委员名录

姓名	性别	职务	任职时间
姚科勇	男	工会主席	1998.8—2007.6
何镜林	男	工会副主席	1998.8—2007.6
梁玉婵	女	工会委员	1998.8—2007.6
吴珍梅	女	工会委员	1998.8—2007.6
张运林	男	工会委员	1998.8—2007.6

表 6-1-9 清远市气象局工会第二届委员会委员名录

姓名	性别	职务	任职时间
姚科勇	男	工会主席	2007.6—
廖初亮	男	工会副主席	2007.6—
秦传耀	男	工会委员	2007.6—
侯瑛	女	工会委员	2007.6—
张琪	女	工会委员	2007.6—

表 6-1-10 1998—2008 年清远市气象局工会会员人数表 (单位:人)

年份	1998	1999	2000	2001	2002	2003	2004	2005	2006	2007	2008
会员数	37	37	37	37	42	42	42	42	43	54	54

四、气象学会

清远市气象局成立之前,因县气象局(站)从事气象工作的人员比较少,县气象局(站)

没有单独成立气象学会,而是作为一个会员单位,参加地区气象学会。1980 年 10 月 17 日,韶关地区气象学会成立时,清远县气象站谢州能任韶关地区气象学会第一届理事,连县气象站林远良、阳山县气象站陈明柱、英德县气象站王宝琪、佛冈县气象站欧阳洛、连山县气象站莫秀清及英德硫铁矿气象站肖道江是学会会员(兼学会联络员)。

清远市气象局成立后,随着全市气象行业人员的增加和社会对气象工作的重视,市气象局决定成立清远市气象学会。1992 年 2 月,成立清远市气象学会。2 月 28 日,清远市气象学会成立大会在市气象局举行,各县气象局局长及市局全体工作人员参加会议,市科协朱学儒及市农委主任冼沛仁到会祝贺,吴武威任清远市气象学会理事长,各县气象局局长为学会理事。

表 6-1-11　清远市气象局气象学会理事长名录

姓名	性别	籍贯	职务	任职时间
吴武威	男	广东潮州	理事长	1992.2—1995.10
刘日光	男	广东揭西	理事长	1995.10—1999.4
涂宏兰	男	广东平远	理事长	1999.4—

清远市气象学会成立以来,按照学会章程,坚持为经济建设服务、促进气象业务和气象现代化建设的宗旨,以气象工作的实际出发,开展气象科普宣传、开展科学研究、参与学术交流等活动,比较好地发挥“桥梁”、“纽带”作用。

每年“3·23”世界气象日,市气象学会按市气象局的部署,通过清远电视台、《清远日报》等新闻媒体开展气象科普宣传,组织会员走上街头,在市区摆摊设点,进行气象知识、气象法律法规和防灾减灾措施的宣传。市气象台设立公众开放日对社会开放,由气象工程技术人员现场讲解大气探测、天气预报制作、气象信息及气象灾害防御等知识。同时,采取不定期的方式派员深入农村和学校,举办“清远市灾害性天气特点及其防御”、“如何防御雷电灾害”等专题讲座。此外,有针对性地开展技术培训也是学会工作的一项重要内容。2004年起,市气象学会举办全市施放气球从业人员资格培训班三期,共有 136 人(主要是清远市各广告公司人员)参加培训。

清远市气象学会一直鼓励和支持气象科技工作者开展科研工作及参加学术交流活动。学会成立以来,共承担省级以上科研项目 8 项,获省农业技术推广奖 5 次,市科研进步奖 4 次,共有 61 篇论文在《广东气象》、《气象与环境学报》等刊物上发表。有 33 篇论文被省气象学会年会文集收录,有 9 篇论文在省气象学会年会上交流,有 2 篇论文被中国气象学会年会文集收录,并在中国气象学会年会上交流。

第二节　精神文明建设

一、精神文明建设历程

清远市气象部门的社会主义精神文明建设大体上经历三个阶段。

第一阶段(1978 年以前):

气象部门的精神文明建设,以全面贯彻毛主席的革命路线,坚定正确的政治方向,"抓革命,促生产",开展农业学大寨运动,争先创优为主要内容。这一阶段,有佛冈、连县气象站获得全国气象部门"双学"(工业学大庆,农业学大寨)先进集体称号,受到中央气象局的表彰奖励。佛冈县气象站站长易昌启出席先代会在北京领奖时,还受到国家主席华国锋等国家领导人的接见。

第二阶段(1978—1988年):

这阶段主要是围绕社会主义"四化"建设的目标,在气象部门内开展"四有"(有理想、有道德、有文化、有纪律)教育,开展"五讲四美三热爱"活动,开展社会主义劳动竞赛,组织学习《关于建国以来党的若干历史问题的决议》,通过总结经验,进行指导思想上的拨乱反正,使社会主义精神文明服务于党的新时期的总任务。1981年起,各级气象部门遵照上级部署开展"五讲四美三热爱"活动,教育广大职工树立社会主义道德,改变不良风气,治理"脏、乱、差"现象。1985年以后,开展以理想、纪律为中心的"四有"教育,开展"三爱"(爱气象、爱站台、爱岗位)活动,开展社会主义劳动竞赛。在这一阶段,获得省部级表彰奖励的先进集体有清远县气象局和连南瑶族自治县气象局,获得省部级以上表彰奖励的有5人次。其中,连南瑶族自治县气象局刘国望于1979年被国家气象局评为全国气象系统"三八"红旗手。

第三阶段(1989年后):

清远市气象局成立初期,社会主义精神文明建设主要是围绕党把工作重心转移到社会主义现代化建设上来的中心工作,结合自身实际开展思想政治工作。通过学习教育,使广大干部职工深刻领会治理整顿、深化改革的重大意义,明确气象部门治理整顿、深化改革的重点和任务,坚定贯彻党的"一个中心,两个基本点"的基本路线。1991年4月,清远市气象局制定《精神文明建设工作目标及考核标准》,首次将精神文明创建工作纳入到年度目标管理工作之中。目标管理的内容包括加强领导班子建设和廉政建设,加强思想政治工作,开展社会主义理论教育,开展世界观、人生观、价值观和集体主义、爱国主义教育,树立良好职业道德等方面;目标管理采取以100分制定量评分方式进行考核。1992年,在具有重大历史意义的邓小平视察南方重要谈话发表,以及在党的十四大进一步确立以邓小平建设有中国特色社会主义理论武装全党的指导思想以后,社会主义精神文明建设围绕学习贯彻邓小平视察南方重要谈话与十四大精神展开。清远市气象部门精神文明建设的重点和任务转移到解放思想、更新观念、加大改革力度、紧抓气象现代化建设、提高科学管理和气象服务质量,以及提高气象工作的总体效益上来。

为切实加强党对精神文明建设工作的领导,1996年成立清远市气象局精神文明建设领导小组,组长由局长刘日光担任,副组长由分管党务和行政工作的副局长姚科勇担任,成员为各职能科室的主要领导。具体工作由人事劳动科负责。2001年机构改革后,因科室和科室领导变动,领导小组人员相应调整。精神文明建设具体工作改由局办公室负责。

1996—1999年,清远市气象部门的精神文明建设以贯彻《中共中央关于加强社会主义精神文明建设若干主要问题的决议》及广东省委《关于加强思想道德文化建设的决定》为重点,广泛开展创建文明单位、文明行业和争当文明气象员活动,对干部职工进行职业责任、职业道德、职业纪律教育,加强岗位培训,规范行业行为,树立行业新风。1998 年 12 月,印发《关于创建文明气象行业的实施意见》,制定出文明单位和文明气象员的考核标准和奖励办法。1999 年 1 月,评选出阳山县气象局等 6 个单位为 1998 年度"文明单位"(占县局总数的 100％);评选出刘日光等 90 人为"文明气象员"(占总人数 86％);评选出梁华兴等 58 个家庭为"文明户"(占总户数 93％)。为加快清远市气象部门创建文明行业的进程,1999 年 3 月印发《清远市气象部门开展规范化服务活动实施细则》,在电视天气预报、"121"气象信息等内容方面开展规范化气象服务。规范化服务的标准,向社会公布监管电话,征求意见,优化服务。至 1999 年底,清远市气象局先后获市级"文明行业"和省级"文明单位"称号。

2000 年起,精神文明建设工作不断深化,文明单位、文明行业的创建得到新的进展。2001 年 4 月,清远市气象局党组做出《2001—2003 年社会主义精神文明建设规划》;2002 年,制定出《"文明示范窗口"活动方案》;2005 年制定《思想政治工作责任制实施细则》;2006 年发出《精神文明建设和气象文化建设工作要点》。这一阶段的精神文明建设活动主要围绕以下的内容开展:

(1)以邓小平理论和"三个代表"重要思想为指导,认真贯彻落实科学发展观,以"内强素质、外塑形象、敬业爱岗、奉献社会"为主题,弘扬气象行业新风,构建和谐气象部门。

(2)以贯彻落实《公民道德建设实施纲要》为重点,把公民道德建设和职业道德建设有机结合起来,加强职业道德教育,树立"准确及时,优质服务"的职业准则。

(3)贯彻国务院总理温家宝提出的气象部门要建设成"四个一流"(一流的技术,一流的设备,一流的工作,一流的气象台站)新型台站的指示,在气象部门内掀起争创"四个一流"新型台站热潮。

(4)坚持对干部职工进行科学文化知识和业务技能培训,围绕实施人本战略,抓好在职学历教育,引进高学历专业人才,提高队伍素质。

(5)加强行风建设,建立气象服务投诉电话和局务公开制度,塑造气象行业良好形象,弘扬气象人精神。结合气象行业特点,健全和完善规范化服务标准,做好气象服务窗口建设,开展规范化服务达标竞赛。

(6)营造人文环境,广泛开展"创优质服务,创优良作风,创优美环境,做人民满意的气象员"活动。围绕职工教育开展群众性文体活动,组织篮球、乒乓球、象棋、演讲比赛,举办文艺和联欢晚会,使广大干部职工工作之余在轻松欢愉团结和谐的气氛中启迪思想、陶冶性情、增强气象队伍的凝聚力和战斗力。

精神文明建设工作做到领导重视、机构健全、制度完善、阵地巩固、教育深入、活动扎实,取得明显效果。2002 年和 2005 年,清远市气象局先后被中央精神文明建设指导委员会授予"全国创建文明行业先进单位"和"全国精神文明建设工作先进单位"称号。至 2007 年,全市气象部门各单位(市、县气象局)均获得地级以上"文明单位"(含"文明窗口")称号。这一阶段获得省部级以上表彰奖励的共 14 人次。

二、精神文明建设制度与措施

清远市气象局成立后,将精神文明建设纳入目标管理体系,先后建立多项制度措施,使精神文明建设工作逐步制度化、规范化。

表 6-2-1　清远市气象局精神文明建设主要制度、措施一览表

文件标题	发文单位	发文日期	文件号
印发《清远市气象部门关于加强精神文明建设的意见》的通知	清远市气象局	1996.12	清气人字〔1996〕29 号
印发《关于创建文明气象行业实施意见》的通知	清远市气象局	1998.12	清气人字〔1998〕19 号
关于下发《清远市气象部门开展规范化服务活动实施细则》的通知	清远市气象局	1999.3	清气人字〔1999〕3 号
关于下发《清远市气象系统 2001—2003 年社会主义精神文明建设规划》和《清远市气象系统 2001 年巩固和发展文明单位、文明行业创建成果工作安排》的通知	清远市气象局党组	2001.4	清气党组〔2001〕15 号
关于印发《清远市气象系统 2002 年精神文明建设工作意见》和《清远市气象部门 2002 年思想政治工作要点》的通知	清远市气象局	2002.4	清气〔2002〕1 号
关于印发《清远市气象部门开展创建"文明示范窗口"活动方案》的通知	清远市气象局	2002.6	清气〔2002〕14 号
关于印发《清远市气象系统精神文明建设工作意见》和《清远市气象部门 2003 年思想政治工作要点》的通知	清远市气象局	2003.4	清气〔2003〕14 号
关于印发《清远市气象局党组中心组 2004 年理论学习专题计划》的通知	清远市气象局党组	2004.2	清气党组〔2004〕3 号
关于在清远市气象系统开展创建"青年文明号"、争当"青年岗位能手"活动的通知	清远市气象局、共青团清远市委	2004.12	清气联〔2004〕108 号
关于在全市气象部门开展两个"八字"教育演讲比赛的通知	清远市气象局	2005.2	清气〔2005〕10 号
关于下发《清远市气象部门思想政治工作责任制实施细则》的通知	清远市气象局党组	2005.3	清气党组〔2005〕4 号
关于印发《清远市气象局整治机关作风工作实施方案》的通知	清远市气象局	2005.10	清气〔2005〕93 号
关于印发《清远市气象局开展排头兵实践活动工作方案》的通知	清远市气象局	2006.2	清气〔2006〕25 号
关于下发全市气象部门 2006 年精神文明和气象文化建设工作要点的通知	清远市气象局	2006.4	清气〔2006〕40 号
关于清远市气象部门 2007 年开展党风廉政宣传教育月活动的通知	清远市气象局	2007.4	清气纪〔2007〕3 号
关于印发《清远市气象局工作规则》的通知	清远市气象局	2008.6	清气〔2008〕76 号
关于印发《清远市气象局开展深入学习实践科学发展观活动实施方案》的通知	清远市气象局党组	2008.10	清气党组〔2008〕15 号

三、文化体育设施

　　1994 年以前,由于受场地所限,清远市气象局文化体育设施很少,只有乒乓球桌一张。

1995年,清远市气象局从清远旧城迁到小市新城区。随着单位占地面积的增大和基础设施的完善,局大院内先后建起篮球场、羽毛球场、乒乓球室、健身房、职工之家、文化阅览室等文化体育设施,收藏图书2097册。按照气象文化建设的要求,各县(市)气象局也先后建有文化阅览室、职工之家,部分县局还修建篮球场、羽毛球场、乒乓球室等文体设施。

表6-2-2　文化体育设施一览表

单位	文化设施	体育设施
清远市气象局	阅览室、电教室、职工之家、学习园地、宣传栏	篮球场、健身房、羽毛球场、乒乓球室
连州市气象局	阅览室、电教室、学习园地、宣传栏	羽毛球场
英德市气象局	阅览室、电教室、职工之家、学习园地、宣传栏	篮球场、羽毛球场
佛冈县气象局	阅览室、电教室、学习园地、宣传栏	健身房、乒乓球室
阳山县气象局	阅览室、电教室、职工之家、学习园地	
连南瑶族自治县气象局	阅览室、电教室、职工之家、宣传栏	
连山壮族瑶族自治县气象局	阅览室、电教室、学习园地、宣传栏	羽毛球场、单双杠

四、文明建设成果

表6-2-3　1987—2008年清远市气象局文明行业、文明单位一览表

单位	授予名称	授予时间	授予单位
清远市气象局	全国创建文明行业工作先进单位	2003年	中央文明委
	全国精神文明建设工作先进单位	2005年	中央文明委
	广东省文明单位	1999、2001、2003年	广东省委、省政府
	清远市文明行业	1999、2001、2003年	清远市委、市政府
清远市防雷设施检测所	清远市五十佳"文明示范窗口"	2003、2007年	清远市委、市政府
英德市气象局	清远市文明单位	1999年	清远市委、市政府
阳山县气象局	清远市文明单位	2006年	清远市委、市政府
连州市气象局	清远市"五十佳"文明示范窗口	2004年	清远市委、市政府
	清远市文明单位	2007年	清远市委、市政府
连南瑶族自治县气象局	全省气象系统(1995—1996年度)文明单位	1997年	广东省气象局
	清远市"五十佳"文明示范窗口	2004年	清远市委、市政府
连山壮族瑶族自治县气象局	社会主义文明建设先进单位	1987年	韶关市政府
	清远市文明单位	2003年	清远市委、市政府
佛冈县气象局	清远市"五十佳"文明示范窗口	2005年	清远市委、市政府

注:本表为1987—2008年被地级以上党政机关命名的文明单位(含文明示范窗口)。

五、台站建设

1956年,清远气候站只有4间砖木结构的平房,建筑面积60多平方米。1958年12月,清远气候站由龙塘搬至县城后,建有业务平房1间,职工宿舍平房4间,占地面积2289 m²。为适应业务发展需要,1974年至1975年间,建造1幢2层面积219 m²的业务楼,1979年建成1幢2层面积320 m²的职工宿舍楼。1982年5月,因受特大洪涝袭击,部

分房屋受浸损坏,省气象局拨出专款,于 1983 年建成 1 幢 3 层面积 864 m² 职工宿舍楼。1989 年 3 月,清远市气象局成立,随着编制及人员增加,于 1990 年兴建 1 幢 4 层面积 800 m² 的宿舍楼,解决职工住宿问题。1995 年 1 月清远市气象局搬迁到清远市新城区半环北路,占地面积为 13498 m²,主体建筑有 5 层面积 1100 m² 办公楼,3 幢(分别为 4、5、6 层)面积共 3445 m² 及 1 幢面积 1138 m² 的综合楼。为适应气象现代化建设和气象事业的发展,2008 年在清城区东城街大塱村开始新建清远市气象局(气象综合探测基地),新址占地面积为 120 亩,着手建设气象观测站、值班公寓、业务大楼和生活设施楼。

清远市气象局成立后,所辖各县(市)气象局的基础设施建设加快。1989—1998 年,阳山、连山、连州、连南气象局先后建成新的办公楼和职工宿舍楼。2001 年后,佛冈、英德气象局新建起办公楼和职工宿舍楼。2007 年,连山气象局为适应业务开展,将 1991 年建起的办公楼拆除,建起一幢 2 层总面积 719 m² 的业务楼。

第七章 气象业务

第一节 大气探测

一、地面气象观测

地面气象观测是气象工作的基础。它是对一定范围内的气象状况及其变化进行系统的、连续的观察和测定,为天气预报、气象情报、气候分析、科学研究提供重要依据,从而使气象更好地为国民经济建设和气象防灾减灾服务。它是大气探测的重要组成部分,也是气象台(站)的基本任务之一。

清远市的地面气象观测事业,新中国成立前是空白的。新中国成立后,最早开展地面气象观测的是连州,于 1952 年 7 月 1 日建立粤北军区司令部连县气象站。随后,阳山(1956 年 8 月建立阳山县气候站)、佛冈(1956 年 9 月建立广东省佛冈气象站)、清远(1956 年 11 月 10 日建立清远气候站)、连山(1956 年 12 月建立连山县虎叉塘气候站)、英德(1958 年 8 月建立英德县气候站)和连南(1962 年 1 月建立广东省连南瑶族自治县气象服务站)先后开展地面气象观测。

清远市气象事业机构为确保观测资料具有代表性、准确性和比较性,执行全国统一制定的观测规范、通讯电码和广东省政府颁布的观测环境保护规定。

(一)地面气象观测任务

气象台(站)地面气象观测工作任务是观测、发报和编制报表等。清远市有 7 个地面气象观测站,其中佛冈、连州地面气象观测站原属国家基本站,实行昼夜值班,每天进行 02 时、08 时、14 时、20 时 4 次定时观测和 05 时、11 时、17 时、23 时 4 次补充观测,是国家广泛采集气候资料和向国内、国外提供气象情报的骨干站;清远、英德、阳山、连南和连山原属国家一般站,实行白天值班,夜间不值班,每天进行 08 时、14 时、20 时 3 次定时观测,为省、地(市)提供气象情报。

按照中国气象局的有关规定,2007 年 1 月 1 日起,连州地面气象观测站由国家基本站升级为国家气候观象台,国家气候观象台由中国气象局定点,24 小时值班,每小时进行一次天气观测,编发气象情报信息;清远、英德由国家一般站升级为国家气象观测站一级站,佛冈由国家一般站调整为国家气象观测站一级站,国家气象观测站一级站业务任务与原国家基本站基本一致;阳山、连山、连南由国家一般站调整为国家气象观测站二级站,国家气象观测站二级站业务任务与原国家一般站一致。

(二)地面气象观测项目

地面气象观测项目有:气压、气温、湿度、雨量、风向、风速、日照、蒸发、地温、浅层地温(5 cm、10 cm、15 cm、20 cm)以及云状、云量、云高、能见度、各种天气现象。2003年后,各站先后增加深层地温(40 cm、80 cm、160 cm、320 cm)和草面温度两个观测项目。另外,清远2007年3月开始闪电定位观测,佛冈2008年6月开始GPS/MET观测,阳山2008年6月开始电线积冰、GPS/MET观测,连州2007年3月开始闪电定位观测、2008年开始电线积冰观测。

2005年(佛冈、连州2004年)前,所有的气象观测资料都是通过人工观测取得。2005年(佛冈、连州2004年),各气象观测站陆续完成DZZ-Ⅱ遥测自动气象站的安装并投入业务运行,经过2006年(佛冈、连州2005年)一年与人工观测的平行业务运行后,从2007年1月1日起(佛冈、连州2006年1月1日),除云状、云量、能见度、天气现象还需人工观测外,其余观测项目均可通过自动气象站自动观测实现。自动气象站每6分钟自动向广东省气象局发送一次观测资料,每10分钟自动向中国气象局发送一次观测资料。

(三)地面气象观测技术规范沿革

地面气象观测业务,在各个时期因技术规范、技术装备和技术要求的变化而有较多的变化。

1. 时制沿革

1952—1953年,采用中原时(东经120°)。1954年至1960年6月,采用地方平均太阳时。1960年7月起采用北京时。日照时数均用真太阳时。

2. 技术规范更替

1952—1953年,采用《气象测报简报》。1954—1960年,采用《气象观测暂行规范——地面部分》。1961—1979年采用经第三次修订的《地面气象观测规范》。1980—2003年,采用经第四次修订的《地面气象观测规范》。2004年起,采用经第五次修订的《地面气象观测规范》。

(四)地面天气报告的沿革与现状

地面气象观测结果的编码报告共有5种:

1. 地面天气报

2007年前,连州和佛冈编发陆地测站地面天气报告,指由中国气象局组织的、由国家基本站编发的定时(每天02时、05时、08时、11时、14时、17时、20时、23时8次观测,每天02时、05时、08时、11时、14时、17时、20时7次编发天气实况报)地面天气实况报告,供全球气象台(站)等有关部门实时交换使用;清远、英德、阳山、连南、连山编发地面加密气象观测报[简称天气加密报,又称小天气图报,指由各省组织的、由国家一般站编发的定时(08时、14时、20时)地面天气实况报],供省、市气象台天气预报使用,由它组成定时的省内地面天气实况图。

2007年1月1日起,连州改为每天24次编发天气报,佛冈维持编发陆地测站地面天气报告,清远、英德取消编发地面加密气象观测报,改发陆地测站地面天气报告,阳山、连南、连山维持编发地面加密气象观测报。

2. 气象旬(月)报

指由中国气象局和广东省气象局组织、每旬(月)编发一次的地面气象实况统计资料和农情资料报告,供气候分析、评价、农业气象研究及社会服务使用。清远市担负这项任务的气象观测站有清远、佛冈、英德、连州,旬(月)报供全国使用。

气象旬(月)报从 1977 年 6 月 1 日至 1982 年 12 月 31 日统一使用 HD01 电码,1983 年起使用 HD02 电码。

3. 重要天气报

指为天气预报和社会服务提供的突发性灾害性天气实况报告,采用不定时编发。电报只供国内气象台使用,不参加世界气象情报交换。清远市全部气象观测站均担负此项编发报任务。重要天气报从 1983 年 11 月 1 日开始正名,采用 GDⅡ 电码。在此之前,称为“灾害性天气实况报”和“雨情报”等,电码型式也不同。

1983 年 11 月,根据《重要天气报告组织办法(试行)》,重要天气主要有:大风、龙卷、积雪、雨淞、冰雹、雨情 6 种。2008 年 6 月,根据《关于修订重要天气报有关事宜的通知》,增加重要天气有:雷暴和视程障碍(霾、雾、浮尘、沙尘暴)。

4. 航空天气报告和危险天气通报(简称航危报)

指为航空、航天气象保障提供的天气实况报告,由担负航危报的气象观测站编发固定每小时 1 次的航空报和不定时的危险报。实况电报只供航空航天部门使用,不向其他系统(包括中国气象局系统)传递。清远市担负这项任务的气象观测站有清远、佛冈、英德、阳山、连州。危险天气报使用 GD22Ⅱ 电码。

5. 热带气旋加密观测报

指在热带气旋影响期间,由中央气象台或广东省气象台组织的每小时编发一次补充地面气象天气报告,供各气象台的热带气旋短时、短期预报服务及热带气旋研究使用。台风报经历 5 次修改,1982 年起使用与 GD01Ⅱ 相似的报文格式。2006 年 5 月取消热带气旋加密观测报,改为由地面气象测报业务软件“OSSMO 2004”每隔 10 分钟上传数据代替。

(五)气象观测仪器

地面气象观测仪器均由上级业务主管部门配备,根据需要而增减,根据超检或损坏而撤换。1962 年前,地面气象观测所用仪器大部分以苏联和德国产品为主,1962 年后逐渐使用国产仪器。

主要气象观测仪器包括:温度表、蒸发器、雨量器、日照计、气压计、湿度计、地面温度表、曲管地温表、风向风速仪等。

(六)清远地面气象观测站

清远地面气象观测站始建于 1956 年 11 月 10 日,始建名称为清远气候站,属气候站类别;1958 年 12 月调整为气象站;1963 年调整为国家一般气象站;2007 年升级为国家气象观测站一级站。其区站号为 59280。

清远地面气象观测站始建站的站址位于清远县龙塘区新庄乡大沙塘村,北纬 23°36′,东经 113°04′,观测场海拔高度为 11.9 m。因业务发展需要,1958 年 12 月 26 日迁站至清城北郊第一中学西面,北纬23°43′,东经113°01′,海拔高度11.9 m,观测场面积为16 m×20 m。1995年1月1日迁站至清远市小市20号区半环北路,北纬23°40′,东经113°03′,海拔高度19.4 m,观测场面积为16 m×20 m。2010年1月1日迁站至清远市清城区东城街办大塱村企迎岭,北纬23°43′,东经113°05′,海拔高度79.2 m,测站附近环境是郊外山顶,观测场大小为20 m×20 m。

建站初期使用地方平均太阳时,观测时间为01时、07时、13时、19时。从1960年8月开始改为使用北京时,观测时间为02时、08时、14时、20时。

始建站时夜间不守班,每天进行01时、07时、13时、19时4次定时观测。1960年8月开始改为每天进行08时、14时、20时3次定时观测。1972年6月开始夜间守班,每天进行02时、08时、14时、20时4次定时观测。1989年起又改为夜间不守班,每天进行08时、14时、20时3次定时观测。2007年后改为夜间守班,每天进行02时、08时、14时、20时4次定时观测。

始建站时开始观测项目有:气温、湿度、降水量、风向、风速、日照、蒸发、地面温度、浅层地温(5 cm、10 cm、15 cm、20 cm),以及云状、云量、云高、能见度、各种天气现象。1962年开始增加气压观测。1967年撤销浅层地温观测,到1980年恢复浅层地温观测。2007年开始增加深层地温(40 cm、80 cm、160 cm、320 cm)和草面温度的观测。

2005年11月3日,安装DZZ1-Ⅱ遥测自动站,2006年1月1日开始进行并轨对比观测,2007年开始以自动站为主、人工观测同时进行的双轨观测,2008年1月1日单轨运行观测。自动观测项目有气压、气温、湿度、风向、风速、降水、地温等。

1959年9月15日起担负航危报任务,先后向OBSMH广州、OBSMH深圳、OBSAV韶关和OBSAV广州发过固定航危报。

清远地面气象观测站观测项目所使用的气象观测仪器分别为:

1. 气压

1962年使用的仪器是定槽式水银气压表。1963年10月开始使用动槽式水银气压表。1964年8月开始增加空盒气压计,以自记纸记录全天气压变化。2007年1月使用膜盒式电容气压传感器,芬兰进口,实现全天气压自动化观测。

2. 气温

使用的仪器是干球温度表,从建站开始一直使用至今,刻度为0.2℃,感应部离地高度为1.5 m。最高气温使用仪器是最高温度表,刻度为0.5℃,1963年前为德国产,1963年开始使用国产。最低气温使用仪器是最低温度表,刻度为0.5℃,1963年前为东德产,1963年开始使用国产。1962年6月开始增加双金属温度计。2007年1月使用铂电阻温度传感器,实现全天气温自动化观测。

3. 湿度

使用的仪器是湿球温度表,从建站开始使用至今,与干球温度表配对使用,刻度为0.2℃,感应部离地高度为1.5 m,自然通风。1964年1月开始增加毛发湿度计。2007年1月使用湿敏电容湿度传感器,芬兰进口,实现全天湿度自动化观测。

4. 降水量

使用的仪器是雨量器,口径为20 cm,无防风圈。1961年前使用两种,一种高为2 m,

另一种高为 0.7 m。1961 年开始只使用高为 0.7 m 的那种,并沿用至今。1957 年起设有虹吸式雨量计。2007 年 1 月使用双翻斗遥测雨量计传感器,国产,实现全天雨量自动化观测。

5. 风向风速

从建站开始至 1979 年使用的仪器是维尔德测风器,有轻型和重型两种。1970 年开始同时使用电接风向风速指示器。1995 年 6 月 1 日开始使用测风数据处理仪,EN1 型,沿用至今。2007 年 1 月开始使用风杯式遥测风向风速传感器。

6. 日照

1961 年 1 月起使用的仪器是乔唐式(暗筒式)日照计。

7. 蒸发

从建站开始至今使用的仪器是 20 cm 口径的小型蒸发皿。

8. 地面温度

使用的仪器是地面温度表,刻度为 0.5℃,同时配备地面最高温度表和地面最低温度表。1963 年前为德国产,1963 年开始使用国产。2007 年 1 月使用铂电阻温度传感器,实现全天地面温度自动化观测。

9. 浅层地温

使用的仪器是曲管地温表,有 5 cm、10 cm、15 cm、20 cm,刻度均为 0.5℃。2007 年 1 月使用铂电阻温度传感器,实现全天浅层地温自动化观测。

10. 深层地温

2007 年前无深层地温项目,2007 年 1 月开始使用铂电阻温度传感器,实现全天深层地温自动化观测。

11. 草面温度

2007 年前无草面温度项目,2007 年 1 月开始使用铂电阻温度传感器,实现全天草面温度自动化观测。

12. 云状、云量、能见度、天气现象

从建站开始至今依靠人工观测。

另外,还使用百叶箱对温度、湿度观测仪器进行保护。2005 年 9 月前使用木质百叶箱,大小各 1 个,大百叶箱离地 2 m,小百叶箱离地 1.5 m。2005 年 9 月开始撤销木质百叶箱,使用玻璃钢材质百叶箱,离地 1.5 m,共 3 个。

清远市其他气象观测站的详细情况请参阅当地《气象志》。

二、高空气象探测

高空气象探测主要是利用氢气球携带无线电探空仪升空、探空雷达跟踪、地面接收设备接收无线电探空仪发回的探空信号,来测定自由大气各高度上的温度、湿度、气压、风速、风向等气象要素。高空气象探测资料是制作天气预报、保证航空飞行安全和进行气象科学研究不可缺少的重要资料。

清远市在 1996 年前没有开展过高空气象探测业务,1996 年 1 月 1 日广州天河观象台高空气象探测业务搬迁到清远,站址设在清远市气象局大院内,为国家一级站,资料为全球交换。

高空气象探测采用 701C 型探空雷达,1996 年至 2007 年 4 月采用 59 型探空仪,2007 年 5 月 1 日起,改用 400 M 电子探空仪器。每天进行三次固定探测,最高探测高度为 35600 m。

高空气象探测的结果,需及时编报传输,进行情报交换,计有两种:

一是高空压、温、湿、风报告(简称探空报)。指探空观测各层次的压、温、湿、风实况报告,供各气象台(站)使用。每天 08 时、20 时进行探空报任务。在有台风业务试验期间,增加 02 时和 14 时的探空任务。探空报使用 GD04Ⅲ电码。

二是测风报告。指为单独测风编发的高空各层次的实况报告。每天 02 时编发单独测风报任务。测风报使用 GD03Ⅲ电码。

三、农业气象观测

农业是气象工作服务的重点,农业气象是气象工作为农业服务的重要手段。它通过农业气象预报、农业气象情报、农业气候区划和农业气温观测试验研究成果的推广等手段,开展服务活动。农业气象观测则是农业气象的基础。

清远市最早开展农业气象观测是连州,于 1952 年 7 月 1 日建站,属国家一级农业气象观测站;1955 年 3 月 1 日,开始农作物物候观测,承担报送农业气象年报表任务;1964 年 6 月 3 日被确定为国家农业气象基本观测站;1982 年 1 月,因农业气象基础业务工作的需要,农业气象观测基础业务从连县气象局(站)转移到连南瑶族自治县气象局(站),称连南一级农气站;1984 年 5 月开始,增加拍发农业气象旬(月)报任务;1990 年 1 月 1 日,农业气象观测业务又转回连县气象局(站)开展工作,称连县一级农气观测站,并把连南瑶族自治县气象局(站)8 年的自然物候观测记录和农作物生育状况观测记录资料归档连县气象局(站)。此后,农业气象观测业务除保留原选定的自然物候项目栋树的观测记录外,把原选定的油桐改为垂柳的过程记录。候鸟、昆虫、两栖动物物候观测记录仍保留家燕的始见、绝见时间记录和青蛙的始鸣、终鸣时间记录。农作物生育状况观测记录仍为水稻。2008 年安装土壤湿度监测仪并进行业务试运行。

另外,清远气候站 1957 年 3 月 29 日开始农作物物候观测;1958 年 6 月 21 日起制作农业气象旬(月)报;1965 年 1 月 1 日取消农气观测点,停止农气观测工作。

连州农业气象业务工作在确保自然物候和农作物生育状况观测记录的同时,还先后进行柑橘、反季节蔬菜(荷兰豆和萝卜)的观测试验,还有双季稻"吨粮田"气候条件分析、连县气象条件与反季节蔬菜栽培的研究、孔塘再生烟优质高产气候条件试验研究、早春北运辣椒冬季保温育苗种植的试验研究、双季稻人工热量补偿创高产试验、春季育秧热量人工补偿试验、水稻品种马香糯的试验和优质水稻推广示范等项目的试验研究。1990 年和 1991 年,农业气象观测被广东省气象局评为质量优秀一等奖,1992 年农业气象观测获质量优秀二等奖。

四、中尺度天气监测网

清远市总面积 19152.90 km²,南北相距 190 km,东西相隔约 230 km,地形地貌复杂,导致市境内气候有差异,局部性气候影响较大,特别是中尺度天气系统所造成的天气,其差别就更大。

为全面掌握市境各地的天气气候情况,特别是中尺度灾害性天气的活动规律,在清远市各级政府的支持和广东省气象局的技术指导下,从 1997 年开始,清远市开始实施中尺度灾害性天气监测网建设计划,截至 2008 年底,清远市共建有 79 个区域自动气象站,初步形成一个覆盖全市各镇区的中尺度灾害性天气监测网。

1997 年 11 月,建成首批清新县太和、飞来峡 2 个区域自动气象站,1998 年 1 月 1 日投入使用。此后,各地陆续建成一批区域自动气象站,2002 年建成清城区石角、清城区源潭、清新县龙须带水库、连州市瑶安乡、阳山县黎埠、阳山县秤架 6 个区域自动气象站。2003 年建成清新县三坑、石坎、鱼坝、新洲、南冲,连山小三江、禾洞、太保,连南板洞水库、大坪、南岗,连州市星子、西岸、西江、丰阳、九陂,阳山县杨梅、七拱、小江、大崀、岭背、江英,英德市大湾、浛洸、西牛、下呔、九龙、沙口、桥头、横石塘,佛冈县迳头、龙山、汤塘等 33 个区域自动气象站。2006 年建成英德市东华区域自动气象站。2008 年建成高新区,清城区横荷,清新县山塘、太平、大秦水库、石潭,连山上帅、永和、福堂,连南涡水、寨岗石径、大龙山采育场,连州市三水乡、大路边、龙坪、保安,阳山县太平、青莲、黄坌、杜步,英德市连江口、望埠、英红、白石窑、白沙、黎溪、大站、石牯塘,佛冈县高岗、水头、石角等 31 个区域自动气象站和阳山县广东第一峰 6 个不同梯级的立体气候区域自动气象站。

区域自动气象站采用的是广东省气象计算机应用开发研究所开发的 WP3103 型自动气象站,其中广东第一峰 6 个立体气候区域自动气象站为六要素自动气象站,观测项目有气温、气压、降水量、风向、风速、湿度,其余区域自动气象为四要素,观测项目为气温、降水量、风向、风速。

中心采集站与自动气象站之间的通信联络开始是采用电话拨号的方法,即中心采集站通过程控电话拨号,接通某个自动气象站,每小时一次调取该站的探测资料。这种传统的数据传输方式,需要逐一拨号,逐个调取自动气象站的数据,比较费时。2006 年 4 月 28 日起,改用移动电话的通用分组无线业务(GPRS)进行实时资料传输,自动气象站直接将报文发送到广东省气象局,再通过网络下发到当地气象局,每 6 分钟采集一次观测数据。这种数据传输方式,要求每个自动气象站拥有数据采集器、不间断电源和气象观测传感器。而中心采集站及各自动气象站均采用数据传递终端(DTU)设备通讯模块,通过中国移动提供的 SIM 卡,来完成中心采集站和各自动气象站点之间实时气象资料的数据通信,具有实时在线、快捷登陆、高速传输、监控方便、安全可靠和收费合理等优点,大大促进中尺度灾害性天气监测网的建设和发展。

五、农村气象哨监测网

农村气象哨属于民办公助的气象基层组织,隶属于当地政府,由当地政府领导,为当地农业生产服务。县气象站向农村气象哨提供气象仪器和负责选址安装,并担负气象观测业务技术的培训、指导和适当的经济扶持。农村气象哨除进行气象观测和天气预报外,还负责协助县气象站开展气候调查、访问有看天经验的老农等工作。农村气象哨的建立,初步形成覆盖全市的气象监测网。

清远自1958年8月开始建设农村气象哨监测网,20世纪60年代和70年代农村气象哨蓬勃发展,每个公社都设有气象哨。农村气象哨气象员都是兼职的,经过简单的培训或到县气象站短期跟班学习后便开展工作,每天08时、14时、20时开展气象观测和记录,夜间不守班,观测项目主要有气温、降水量、风向、风速和天气现象,每月向县气象站报送月报表。除观测外,气象哨还制作天气预报,采用的办法是收听省气象台和县气象站的天气预报广播,再根据当地天气气候特点和群众看天经验,对省气象台和县气象站的天气预报加以补充订正,制作成当地的天气预报,报送给公社领导,并通过广播站广播,供社员群众参考使用。

1980年后,由于气象员都是兼职,没有编制,地方政府不再负担相关人员工资,上级业务部门也无经费,气象哨因此逐步撤销,至2000年,全市气象哨停止运作。

第二节　气象通信

气象通信是一种专业通信,它担负着气象业务信息传输任务。气象情报的传输是由高度分散到高度集中,要求有一个高效率的通信网,能迅速、准确、可靠地收集、交换、分发各类天气探测实况资料、经过加工的气象情报和天气分析报告,以供各地气象台有效地开展气象业务和服务工作。因此,气象通讯同样是气象事业的重要组成部分。

一、地面气象观测资料传输

1985年前(佛冈为1982年前),地面气象观测编报依靠手工操作完成,通过专线电话传给邮电局报房,再由报房值班员向有关单位发报上传,气象报表用人工抄录统计好通过邮寄上报上级业务部门。佛冈县气象局在1983年开始启用PC-1500夏普袖珍计算机进行观测数据处理,由计算机编报取代人工编报,其余各县气象局在1986年1月1日启用,但报文经过人工校对后仍通过专线电话进行传送。1993年,地面气象观测报文传输改为通过直接电话拨号传输。1994年12月和1995年11月,清远市各级气象局先后分两批启用IBM386微型电子计算机代替PC-1500夏普袖珍计算机进行编报。1997年,开通以电话拨号方式的市—县网络。1998年,各级气象局先后开始使用586微型电子计算机和打印机。1998年底,全市气象局X.25分组数据交换网开通,地面观测资料改由网络传输,取消报房专线电话。2002年,建成清远市气象局与广东省气象局的省—市10 M速率VPN宽带网,取代X.25分组数据交换网负责的气象探测数据上传下行功能。2005年建成清远市气象局与下属气象局的市—县2 M速率SDH数字电路,气象探测资料传输转由宽带网传送,X.25分组数据交换网全部停止使用。2008年佛冈县气象局建成新观测站,气象探测资料传输通过光纤实现。

二、天气情报接收

天气情报的接收最初是以无线莫尔斯手抄接收方式,接收广播电台播发的天气情报。使用的是莫尔斯无线短波通信,其通报速率极低,每分钟只能抄收100多个或传递20组左右的电码,是20世纪50年代末至70年代初气象站唯一气象收发报通信手段。

20世纪70年代初,无线电传(移频)广播在气象部门兴起,这种传输方式比莫尔斯通信有较大的发展,从手工操作过渡到机械操作,大大减轻报务员的劳动强度,在传输速率方面相当于莫尔斯手抄报的三倍以上。在 20 世纪 70 年代中后期先后配备移频接收设备,工作速率为 50 波特,以接收汉口和北京的移频广播为主,兼收太原莫尔斯广播为辅。

1980 年 10 月,连州气象台开始使用 ZSQ-1(123)型滚筒式天气图传真机,是全市最早开展传真通信业务的台(站),每天通过传真机接收到北京、长沙、广州、日本播发的各种天气形势分析图和数值预报产品图。随后,其他气象台(站)先后开始使用气象传真机,至 1985 年底,全部气象台(站)都开展传真通讯业务。

1984 年 9 月清远县气象局开始使用甚高频对讲电话,与邻近气象台(站)进行天气预报会商及灾害性天气联防。至 1988 年,清远市全部气象局都配备甚高频无线对讲机或单边带无线对讲机,建立甚高频电话辅助通信网。

20 世纪 90 年代起,清远市气象部门开始逐步建设起计算机网络、卫星通信系统,由此拉开气象通信现代化建设的序幕。1992 年 4 月 7 日,广州区域气象中心至清远气象微机(型号Ⅱ386/25、Ⅱ386S×20)联网开通并投入业务运行。至 1994 年,清远市各级气象局均配置 386 微型计算机,实现市、县气象局计算机联网,并代替天气图传真机接收各类预报资料。1995 年 3 月 18 日,全市气象部门数传计算机网络完成。

1997 年 3 月,清远市气象局建成气象防灾减灾系统,省—市计算机联网速率提高到 64 K,可以从广东省气象局直接调取传真图、卫星云图、雷达回波图等资料。至 1998 年,下属各气象局先后建成气象防灾减灾系统。

1996 年下半年,按照广东省气象局的统一部署,清远市气象局开始进行“9210”工程(即气象卫星综合应用业务系统)清远 VSAT 小站建设。1997 年 5 月 20 日,清远市气象局“9210”工程的话音系统建成。1998 年,清远市气象局后续安装卫星资料接收系统和 sybase 数据库服务器,标志着“9210”工程已全面建成并投入业务使用,该系统采用卫星通信、计算机网络、数据库、程控交换和人机交互处理等先进技术,建成卫星通信和地面通信相结合、以卫星通信为主的现代化气象信息网络系统,实现气象信息的高速传输、计算机网络和气象信息的共享,从整体上提高气象业务服务水平。1999 年 5 月 31 日,清远市气象局完成气象卫星单向接收系统(PCVSAT,简称单收站)的安装并投入业务使用。同年 9 月 17—23 日,下属各气象局也完成气象卫星单向接收系统的安装、调试工作。气象卫星单向接收系统是“9210”工程的后继工程,采用 PC 机插卡式卫星数据接收机作为其远端站设备,将 PC 机变成 VSAT 终端,从而实现 VSAT 通信系统面向网络和多媒体应用的无缝连接。该系统通过卫星广播,可以实时接收中国气象局下发的国内外气象中心发布的实况资料和数值预报产品等资料,获取气象资料时效更快、种类更丰富。

1998 年 12 月 6 日,X.25 分组数据交换网进入预报业务使用,原需用程控拨号获取的资料直接从省局电信台下传过来。

2002 年,建成清远市气象局与广东省气象局的省—市 10 M 速率 VPN 宽带网,可直接访问广东省气象局业务网和其他气象网站,获取更多的气象资料。

2005 年,建成清远市气象局与下属各气象局的市—县 2 M 速率 SDH 数字电路,实现县级气象局与广东省气象局的宽带连接,县级气象局可以直接访问广东省气象局业务网等网站,参考各类数值预报产品、天气实况图、卫星云图、雷达回波图、上级指导预报等气象资料。

第三节　天气预报

天气分析预报是气象服务的一个重要手段。天气预报主要有:0～12小时内的短时天气预报(包括0～3小时的临近天气预报)、12小时至3天的短期天气预报、4～10天的中期天气预报、11天至1年的长期天气预报。天气预报的范围着重于本行政区域内的天气,随着公众对天气预报的需求增加,清远市气象局从1989年起增制和播发省内主要城市的天气预报。

1958年以前,各县气象(候)站主要任务是负责当地的大气探测工作,其中连县从1956年7月开始,利用收音机收听广东省气象台的预报和警报,做订正预报后用有线广播的形式向公众发布,同年12月起开展霜冻预测工作。

1958年6月29日至7月9日,中央气象局在广西桂林召开全国气象工作会议,肯定云南省楚雄县气象站开展单站补充天气预报的经验,决定全国气象站都要开展单站补充天气预报。各县气象站响应号召,在1958—1959年相继开展为当地服务的单站补充天气预报业务。单站补充天气预报的方法可以概括为"八字措施",即"听、看、地、谚、资、商、用、管"。其主要做法是:收听广州中心气象台等大台的天气形势和天气预报广播,点绘成简易天气图,结合当地地形、天象物象特征、民间谚语及应用当地气象站气象资料进行集体会商,对大台的天气预报进行补充、订正,做出当地1～2天的短期天气预报,并通过当地有线广播站广播,为当地工农业生产和人民群众生活服务。单站补充天气预报改变县气象站只搞观测不做天气预报的传统做法,但由于县气象站天气预报能力不足,天气预报内容有限、水平较低。

20世纪60年代初至70年代初,根据中央气象局制定的"三个三结合"和"三个为主"的预报方针,即天气预报要大、中、小结合,以小(县站)为主;长、中、短结合,以中(中期天气)为主;图、资、群结合,以群(群众经验)为主,把天气图与政治挂钩,把使用"天气图"作为罪状进行批判,导致在实际天气预报业务中实行以群众看天经验为主要预报依据的预报方法。各县气象站经常组织技术人员深入农村进行广泛的气候调查,收集群众的看天经验和有关的天气谚语;另外,还在气象站内养起乌龟、泥鳅等动物,以观察其对天气变化的反应,同时关注椿芽树何时发嫩芽、蛇何时出洞、是否有蚂蚁搬家等物候现象。县气象站对收集到的大量天气谚语、老农看天经验和气候水文资料进行统计验证,以相关形式建立成点聚图等简易预报工具,把效果好的作为天气预报的辅助依据,还编印农谚和老农看天经验的小册子,普及天气预报知识。

20世纪70年代初起,气象站对以"群众看天经验"为主的预报方法进行改进,在经过10多年的基本气候资料、基本气候图表和气候基本档案的积累基础上,引进省气象台制作天气预报的新成果和组织预报技术骨干到广西壮族自治区部分市、县气象站参观学习预报改革,县气象站建立起一批以单站面化图、三线图、点聚图和气象要素相关分析等预报工具和预报方法。同时,为建立县气象站的分类分型模式预报工具,由韶关市气象局组织,每个县气象局抽出一定的人力,集中一定的时间,分片组织开展各类天气预报业务攻关大会战,积极探讨单站预报方法。经过多年的努力,各县气象站都基本建立起以当地气象站资料为主的各种各样的天气预报图表和天气预报模式,如春播期低温阴雨年景展望、低温阴雨时段预报、明显回暖时段预报、倒春寒预报模式、寒露风预报工具、前汛期暴雨预报工具等一大批预报工具投入到天气预报业务中使用。这些预报工具和预报方法的投入使用,使县气象站的天气预报能力和技术水平得到一定的提高,天气预报的种类也由1～2天的短期天气预报发展到中期、长期天气预报,预报产品增加旬、月、季天气预报以及春播期低温阴雨、汛期、寒露风、寒潮等专题天气预报。

1976年,根据中央气象局《气象站预报业务基本建设》规定的内容,各县气象站开始"四个基本"的预报业务建设。主要内容有:基本资料,气象统计资料68项;基本档案,有暴雨、低温阴雨、寒露风等预报技术档案;基本图表,有四要素综合时间剖面图、曲线图、频率图等;基本方法,主要是天气预报的模式指标法、相关相似法以及数理统计预报方法。1980—1982年,各县气象站先后完成"四个基本"预报业务建设,由韶关市气象局进行验收。至此,各县气象站实现以"四个基本"为主要手段,在运用大台的天气形势预报的基础上,运用以当地气象站气象资料为基础的天气预报工具来预报未来的天气情况。天气学分析和数理统计分析相互配合的预报方法,是这一时期开展短、中、长期预报的主要方法。

1980年10月,连县气象站配备ZSQ-1(123)型滚筒式天气图传真机,开始接收北京、武汉、广州等气象中心的天气广播,接收的资料包括天气形势分析图、台风路径图、气象预报要素图和数值天气预报产品图(包括欧洲气象中心和日本东京气象中心的数值天气预报产品图)等气象传真图,连县气象站开始利用气象传真图作为短期和中期天气预报的参考依据,结合单站气象要素变化来制作天气预报。预报技术人员通过气象传真图能较为客观地分析天气系统的演变和预报未来的天气变化,预报思路、分析方法得到扩展,结束以单站资料制作天气预报的单一途径,天气预报技术开始迈入多层次天气图、大范围综合分析的天气预报路子,初步建立起现代天气预报体系。随后,清远县气象局在1982年配备天气图传真机,英德县气象局和连南气象局在1984年配备天气图传真机,佛冈县气象局、阳山县气象局和连山气象局在1985年配备天气图传真机。

1984—1988年,各县气象局陆续配备XDD-801A型15W单边带无线对讲机或JZD5/301Ⅲ型甚高频无线对讲机,用于与上级气象台和邻近气象台(站)间的天气预报会商及灾害性天气联防,改进以往各气象台(站)间只能用有线电话会商天气的状况,初步建立区域内邻近气象台(站)的天气会商机制,还可以及时了解气象雷达信息和邻近气象台(站)关于强对流天气的实况情报,尝试开展强对流天气的临近预报。

1994年,清远市各级气象局配置"AST386"微型计算机用于代替天气图传真机,除接收原有的各类预报资料外,还增加卫星云图、雷达回波图等资料,并可以在计算机终端随时调用,建立起采用微型计算机进行天气预报的业务系统。

1996年初,清远市气象台开展以电码形式的分县指导预报工作,填补建市台以来一直未能开展分县指导预报工作的空白。同年,清远市气象台配置打印机,打印天气形势图和数值预报传真图,结束手工填绘天气图的历史。

1997年3月,气象防灾减灾系统在清远市气象局投入使用,市三防办、市保险公司等单位安装终端。至1998年,清远市各级气象局先后建成气象防灾减灾系统,省、市、县部门计算机联网速率得到提升,可以从广东省气象局直接调取传真图、卫星云图、雷达回波图等资料,各县(市)气象台逐步取消人工填绘天气分析图,以打印的网络传输天气分析图代替。

1998年,清远市气象局"9210"工程(即气象卫星综合应用业务系统)全面建成并投入业务使用。该系统通过卫星通信能够方便、快速获取大量的气象资料,在气象资料的获取、处理上实现完全自动化,并通过气象信息综合分析处理系统(MICAPS1.0)将各类气象信息和数值预报产品更方便、直观地在计算机上显示,从而为预报人员提供一个数值预报平台,可以更方便、快捷地处理和显示各种气象信息,并生成各种形式的预报产品,为清远市的天气预报迈向数值预报和综合分析奠定良好基础。"9210"工程业务化,标志着清远市的天气预报由传统的天气图方法转变为以人机交互系统为主的数值预报方法。

1999年,气象卫星单向广播接收系统(PCVSAT,简称单收站)和气象信息综合分析处理系统(MICAPS1.0)在清远市各级气象局相继投入业务运行,全市各级气象局实现以卫星通信为气象资料的主要通信手段、以气象信息综合分析处理系统为天气预报平台的现代天气预报。

2002年,清远市气象局建成与广东省气象局连接的省—市10 M速率VPN宽带网,可直接访问广东省气象局业务网和其他气象网站,获取更多的气象资料,特别是广东省气象局业务网每半小时更新一次的卫星云图和每6分钟更新一次的多普勒雷达资料,使短时、临近预报预警业务得以实现。加上清远市区域自动气象站的大规模铺设,建立起中尺度天气监测网。丰富的数值预报产品,实时的卫星云图、雷达回波以及中尺度自动气象站加密监测网数据的应用,气象预报业务逐步向无缝隙、精细化方向发展。

2003年,各级气象局完成MICAPS2.0业务平台升级。

2005年8月,清远市气象局与广东省气象局的省—市视频天气会商系统建成并投入业务运行,清远市气象台除每天在固定时间(9:30—10:15)参与广东省气象台组织的省—市天气会商外,还可以随时参与省气象台在临时、紧急、突发的任务下组织的天气会商或视频会议。同年,建成清远市气象局与下属县(市)气象局的市—县2 M速率SDH数字电路,实现县(市)气象局与广东省气象局的宽带连接,县(市)气象局可以直接访问广东省气象局业务网等网站,参考各类数值预报产品、天气实况图、卫星云图、雷达回波图、上级指导预报等气象资料。

2007年9月23日,市—县天气预报视频会商系统安装完毕并投入业务运行,县(市)气象台可以观看省—市天气会商,还可以参与市气象台组织的市—县天气会商。

第八章 气象服务

气象事业是经济建设、国防建设、社会发展和人民生活的基础性公益事业,气象工作应当把公益性气象服务放在首位。公益性气象服务,是指为各级人民政府指挥生产、组织防灾抗灾和为军事、国防科学实验及其他特殊任务提供的气象服务,以及通过广播、电视、报刊网络、手机短信等方式向社会提供的天气预报。

气象服务属信息服务,一般不能直接创造物质财富、生产有形产品,它是通过使用者参与决策过程、生产与经营活动,产生显著的社会效益和经济效益。气象服务是气象工作的出发点和归宿。随着气象现代化建设和气象科技的不断进步,气象服务手段和范围更加广泛。

第一节 决策气象服务

决策气象服务是专门为党政领导和有关部门合理开发利用气候资源、科学安排生产和防灾减灾提供的气象信息和天气预报服务。决策气象服务的内容主要有实时天气资料、历史气候资料、天气预报、各类气象信息产品等。

早期的决策气象服务主要是为当地的农业生产服务,向当地政府主动、及时提供保障当地农业生产所需的气象服务信息。当时所提供的决策气象服务的预报时效在 20 世纪 70 年代前以 1~2 天的短期天气预报为主,20 世纪 70 年代后增加中、长期天气预报和春播期、汛期和寒露风等专题天气预报。预报内容主要有:关键性、灾害性天气的实况,未来天气趋势的分析和预报,以及防灾减灾措施或生产建议。

决策气象服务手段也比较简单,主要靠书面和电话提供,遇有重大灾害性天气时,由站领导带领技术人员当面向县领导汇报。重大灾害性天气预报(如暴雨等),经县领导同意后通过广播电台(广播站)反复广播,通知人民群众,及早采取措施,做好准备。对某些预计可能遭受严重影响的单位,县气象站尽可能个别通知,有针对性地提供气象服务。

专题书面天气预报,是当时决策气象服务的另一个重要手段。县气象站根据农业生产不同时期的需要,发布各种专题书面天气预报,如全年天气趋势展望、春播期天气预报、前后汛期天气预报、寒露风天气预报和低温霜冻天气预报等,并逐渐形成一整套周年气象服务方案。

随着气象业务现代化建设的发展,清远市气象局的决策气象服务增添新的手段。1988年,清远市气象局和连州市气象局开始利用气象警报发射机,定时向政府和有关单位发布天气预报、天气警报和灾害性天气专题预报,气象警报发射机在 2007 年停止使用。1996年,开始使用电话传真机。1997 年 3 月,清远市气象局建成与清远市三防办、清新县三防办、飞来峡区农业委员会和保险公司相连接的防灾减灾气象服务计算机终端。1999 年,连州市气象局建成与连州市政府、三防办相连接的防灾减灾气象服务计算机终端,气象局可以通过气象服务终端发布决策气象服务信息,2005 年取消。2005 年,连州市气象局首先尝试通过移动通信网络开通气象决策服务短信平台,以手机短信方式向连州市各级领导发送决策气象信息。2006 年 2 月 8 日,清远市各级气象局都开通"企信通"短信平台业务,以手机短信方式不定时将重要的天气信息及预警信号,第一时间通过短信平台发送给市四套班子领导、市"三防"指挥部成员、各有关职能部门和镇区领导及一些特殊作业人员,决策气象服务产品的发布更灵活方便、更有时效性。

随着社会经济的发展,决策气象服务由主要为农业生产服务转变为主要为社会经济建设服务,关注的重点包括重大灾害性、关键性、转折性天气和重大社会政治经济活动保障服务。2004 年 4 月,为规范决策气象服务工作,清远市气象局制定重大气象信息报告制度,以《重大气象信息快报》、《重大气象信息专报》、《天气报告》及专题材料等四种产品样式向各级党政部门和领导提供决策气象服务信息。

根据决策气象服务的需求,清远市气象局逐步形成短、中、长期预警预报预测预估相结合、定期(日、周、月、季度、汛期、年度)和不定期(预警信号、气象信息)相结合的决策气象服务体系。

第二节　公众气象服务

公众气象服务是为满足人民群众对气象信息和天气预报的需求而提供的一种通用的气象服务,有别于决策气象服务和专项气象服务。公众气象服务的内容包括:天气实况、天气预报和灾害性天气预警信号等。其服务形式主要有:广播电视天气预报、气象信息网、"12121"自动答询电话和手机短信等。

一、广播电视天气预报

有线广播站广播是最早的公众气象服务发布手段。每天下午,各县气象站将未来 1～2 天的天气预报通过电话传送到县广播站,县广播站用播音形式在晚上向全县播出,天气预报内容有晴雨、气温、湿度、风向、风速。20 世纪 70 年代后,对外广播的天气预报增加到 2～3 天的天气预报,不定时广播旬、月天气预报和春播期、汛期、寒露风等天气预报。

1984 年 3 月,清远人民广播电台开播,天气预报改由广播电台播发。

1988 年 8 月,清远电视台开播,公众天气预报新增一个新的传播手段:电视天气预报。1989 年,天气预报开始在清远电视台播出,清远市气象局将天气预报信息提供给清远电视台,再由清远电视台制作并播出。1990 年 4 月,清远有线电视开播,电视天气预报节目在有线电视台播出。

1998 年 5 月,清远市气象局与清远电视台签订合作开办电视《天气预报》节目协议,购进设备建成多媒体电视天气预报制作系统,7 月 1 日开始由清远市气象局自行制作《天气预报》节目影视产品送电视台播出;12 月 12 日,又与有线电视台签订新的协议,《天气预报》节目同样由清远市气象局制作后送有线电视台播出。

二、"12121"气象服务电话

1998年9月,清远市气象局与电信局签订合作协议,开办"121"电话天气答询系统业务,由清远市气象局购入设备。经过两个月的试运行,于11月21日起向公众服务。该系统有30路中继线路,可以用普通话和粤语播报,实现气象信息与天气预报自动答询,设有天气实况、清远市各地三天天气预报、广东省各市和全国主要旅游城市天气预报、一周天气展望、生活与气象、旅游景点天气预报以及天气警报等信箱。各县(市)气象局在1999年先后开通使用"121"天气预报自动咨询电话。

2000年4月4日,清远市气象局与清远电信及清远移动公司协商,达成共识,签订开通全球通移动电话"121"气象信息服务的合约,在全省率先开通移动电话"121"气象信息服务。

2003年10月,完成"121"系统的扩容改造工作,中继线路扩充到120路。2005年1月1日起,"121"电话统一升位为"12121"。"12121"天气预报自动咨询电话具有内容丰富、资料更新及时以及索取方便等特点,成为清远市气象局开展公众气象服务的一个重要平台。

三、气象信息网

2005年7月,清远气象防灾减灾信息网(http://www.qyqx.cn)投入业务运行,由清远市气象台负责日常天气预报内容更新和维护。清远气象防灾减灾信息网是一个为公众提供全面天气信息的载体,为公众提供实用的气象信息,气象资料自动处理和更新,做到实时、滚动、大信息量。清远气象防灾减灾信息网设有天气预报、气象新闻、气象服务、气象科普、防雷减灾、法律法规等版块,提供的主要预报服务产品包括实况气象资料(包括卫星云图、雷达回波图、台风路径图、区域自动站资料等)、常规天气预报(包括全市24小时天气预报,一周天气预测,省内、国内和国外主要城市天气预报)、灾害性天气预警信号(提供相关的发布标准和防御指引,帮助公众了解灾害性天气预警信号的含义和应采取的防御措施)、专业预报产品(包括环境气象预报、森林火险预报、地质气象灾害预报和交通气象预报等)、决策服务产品和气候与农业气象预测产品等。

四、报纸

2008年8月前,清远市气象局没有固定在报纸上开辟气象专栏或专版。当重大天气、转折性天气来临时,由清远市气象台向报纸通讯员提供重大天气预测及防灾提示等信息。2008年8月,清远市气象局和《南方日报·清远观察》开始开展合作,开辟气象专栏,气象局每星期一、星期四向《南方日报·清远观察》提供天气信息,向公众提供未来三天的天气预报以及与气象相关的提示或提醒。

五、手机短信

2002年2月,清远市气象局先后与移动、联通及小灵通等单位合作,推出天气预报手机短信服务,及时将气象信息传递到公众手中。天气预报手机短信每天早晨和下午各发送1次。

六、气象警报

(一)天气预报自动接收警报系统

1987年,清远县气象局建成天气预报自动接收警报系统,气象警报发射塔安装在县气象局办公楼顶层,全县共安装警报接收机10台。每天定时播送两次一般天气预报,并随时播送突发灾害天气警报,而且视实际需要,加密广播次数。天气预报自动接收警报系统使用简单,气象信息和警报接收及时。1997年后,天气警报自动接收机停止使用。

(二)气象灾害预警信号

2000年8月26日,广东省政府颁布《广东省台风、暴雨、寒冷预警信号发布规定》,自2000年11月1日起施行,清远市气象局按全省统一的预警信号发布规定执行,开始对公众发布气象预警信号。

《广东省台风、暴雨、寒冷预警信号发布规定》对台风、暴雨和寒冷天气等3种灾害性天气的预警信号做了详细规定。其中,台风预警信号分白色、绿色、黄色、红色和黑色五级。暴雨预警信号分黄色、红色和黑色三级。寒冷预警信号分黄色、红色和黑色三级。各种预警信号的发布标准有具体规定,并有相应防御措施指引。

2006年3月27日,广东省政府第十届八十九次常务会议通过《广东省突发气象灾害预警信号发布规定》(简称新规定),自2006年6月1日起施行,《广东省台风、暴雨、寒冷预警信号发布规定》同时废止。新规定与原规定相比,增加高温、大雾、灰霾、雷雨大风、道路结冰、冰雹及森林火险等7种气象灾害预警信号,并对原规定的台风、暴雨和寒冷天气预警信号图标颜色做修改。

表 8-2-1　新、旧气象预警信号比较表

气象灾害名称	新规定(2006年6月1日起施行)	旧规定(2000年11月1日起施行)
台风	分五级,分别以白色、蓝色、黄色、橙色和红色表示	分五级,分别以白色、绿色、黄色、红色和黑色表示
暴雨	分三级,分别以黄色、橙色、红色表示	分三级,分别以黄色、红色、黑色表示
高温	分三级,分别以黄色、橙色、红色表示	无
寒冷	分三级,分别以黄色、橙色、红色表示	分三级,分别以黄色、红色、黑色表示
大雾	分三级,分别以黄色、橙色、红色表示	无
灰霾	一级,以黄色表示	无
雷雨大风	分四级,分别以蓝色、黄色、橙色、红色表示	无
道路结冰	分三级,分别以黄色、橙色、红色表示	无
冰雹	分二级,分别以橙色、红色表示	无
森林火险	分三级,分别以黄色、橙色、红色表示	无

第三节　专项气象服务

专项气象服务是为特定用户提供的专门气象服务,它的最大特点是针对性强,是根据特定用户的要求而提供相应的气象服务。

一、农业气象服务

为农业服务是专项气象服务的重要内容。通过研究当地农业气候规律,提供农业气象预报、农业气象情报、农业气候区划和农业气候开发等服务。

气象局结合重要农事季节开展春播期天气预报、寒露风天气预报、节气天气预报、龙舟水预报、病虫害防治天气预报、夏收夏种、秋收冬种等天气预报。连州市气象局还开展农业气象观测,进行自然物候观测、农作物生育状况观测和农业试验研究,定时发布农业气象旬报、月报和不定时的农业气象情况报告。阳山县气象局在1987年开展反季节蔬菜生产气象科技服务,深入山区收集整理气象水文资料,分析山地气候资源的时空分布,提出反季节蔬菜生产的时空布局意见。

二、林业气象服务

气象为林业服务的种类很多,除发布春季造林植树天气预报和秋冬季节森林火险天气预报外,气象局还为飞机播种育林和飞机喷药杀虫提供气象保障。2006年,新的气象灾害预警信号规定出台后,气象局开始对外发布森林火险预警信号。

1967—1974年、1988—1989年,阳山县先后多次开展飞机飞播造林。在历次飞机飞播造林中,阳山县气象局都派出专业技术人员随阳山县林业局技术员和机场报文技术员一起深入造林区观云测天,做好飞机飞播的气象保障工作,确保飞机飞行范围气象条件安全和飞播任务的完成。

三、气象专业有偿服务

1985年5月,国务院办公厅(85)第25号文件批准气象部门在搞好公益气象服务的基础上,对有关企、事业单位和个人,根据服务内容的难度及经济效益状况、双方协商的原则,进行适当收费,开展有偿服务。清远气象局根据该文件精神和当地的实际情况,开始推行气象有偿专业服务。服务范围包括为工业、农业、林业、商业、种养业、保险业、城建、交通运输、水利电力、港口码头、外贸储运、旅游及文化体育等行业单位和个人提供各种专业专项服务。服务内容主要有现场气象服务、中长期(旬、季天气预报及专题预报)天气预报服务(主要以邮寄的方式)、灾害性天气过程鉴定和气象资料服务等。

四、气候资料服务

气候资料是日积月累的大量原始观测资料,经过统计、加工处理而成。气候资料服务针对用户的具体需求而制作。气候分析是根据统计学和气候学原理,对气候资料进行统计、分析,结合气候调查,从中寻找出气候特征和规律,为预防自然灾害和开发利用气候资源服务。

清远市气象局一直都有开展气候分析服务工作,特别是向党政机关和生产部门提供有关的气象情报,为各级领导和有关部门评价、指导生产、建设及防灾、减灾提供气候依据。另外,还向重大社会经济活动和工程施工提供气候背景分析和中、长期的天气趋势分析和预测,并提供短期滚动天气预报、实况气象信息、现场气象服务等气象保障服务。

第四节　人工影响天气

人工影响天气,是指为避免或者减轻气象灾害,合理利用气候资源,在适当条件下通过科技手段对局部大气的物理、化学过程进行人工影响,实现增雨雪、防雹、消雨、消雾、防霜等目的的活动。

20世纪70年代末前,开展的人工影响天气仅为简单的烟雾防霜,以减轻低温霜冻对农作物的危害。

20世纪70年代后期起,人工影响天气增加人工增雨作业,主要是采用37高炮或57高炮发射含碘化银的炮弹,通过炮弹高空爆炸播撒碘化银,从而达到增雨效果。采用高炮进行人工增雨作业的次数不多,其中连南在1979年8月1—4日、1980年7月6日和12日,连县在1984年8月2—31日、1987年3月12—25日开展过高炮人工增雨作业。

2002年3月19日,中华人民共和国国务院令第348号《人工影响天气管理条例》公布,从5月1日起实施。2003年8月,清远市气象局完成开展火箭人工影响天气作业的筹备工作,正式开展火箭人工影响天气作业,主要开展的是火箭人工增雨、消雨作业。2004年12月23日,成立清远市人工增雨减灾工作领导小组,领导小组日常工作由清远市气象局承担。

清远市气象局火箭人工影响天气作业采用的是WR-98型增雨防雹火箭作业系统,全市共购置6套。WR-98型增雨防雹火箭作业系统是通过车载作业装置发射载有高效催化剂的火箭弹,在火箭弹进入云层后,点燃催化剂,沿火箭飞行弹道连续播撒人工晶核,从而达到增雨效果。火箭弹不含雷管、炸药,相比高炮炮弹,安全性得到提高。清远市全市设立37个火箭人工影响天气作业点。2003—2008年,清远市先后开展5次火箭人工增雨、消雨作业。

清远市气象局负责对全市火箭人工增雨作业人员进行培训,并组织人员参加由广东省气象局举办的火箭人工增雨作业资格考试,通过资格考试获得由广东省气象局颁发的人工增雨火箭发射资格证后才能参加火箭人工增雨作业。截至2008年底,全市共有37人获得人工增雨火箭发射资格证。

表8-4-1　清远市火箭人工增雨作业点表

序号	地名	纬度	经度	海拔高度(m)	射向射高度(m)	作业半径	机场区域
清城区	龙塘镇	23°36′12″	113°4′28″	39.0	全方位8000	10 km	佛山
	源潭镇	23°40′20″	113°11′45″	52.0			
	石角镇	23°33′31″	112°57′43″	39.0			
清新县	太平镇	23°42′12″	112°52′38″	48.3			
	鱼坝镇	23°53′26″	112°59′16″	228.0			
	禾云镇	23°55′49″	112°54′58″	126.5			
	浸潭镇	24°3′50″	112°48′33″	95.7			

续表

序号	地名	纬度	经度	海拔高度 (m)	射向射高 度(m)	作业 半径	机场 区域
佛冈县	民安镇	23°47′30″	113°20′10″	188.7			
	三八镇	23°52′15″	113°34′20″	121.0			
	烟岭镇	24°1′22″	113°40′40″	231.0			
英德市	桥头镇	24°14′55″	113°46′8″	158.0			
	鱼湾镇	24°9′45″	113°39′54″	123.0			
	大站镇	24°9′48″	113°25′35″	59.0			
	横石塘镇	24°20′26″	113°20′10″	219.4			
	水边镇	24°5′34″	113°10′13″	128.9			
	黎溪镇	23°56′41″	113°14′51″	121.4			
	大湾镇	24°20′19″	112°56′48″	79.5			
	石牯塘镇	24°21′12″	113°9′30″	216.0			
	浛洸镇	24°15′40″	113°7′24″	107.4			
阳山县	七拱镇	24°18′40″	112°34′9″	190.0	全方位 8000	10 km	佛山
	大崀镇	24°27′32″	112°29′38″	537.0			
	青莲镇	24°27′38″	112°45′10″	306.0			
	岭背镇	24°36′47″	112°42′12″	374.0			
	称架镇	24°46′50″	112°48′14″	106.0			
连州市	星子镇	25°0′0″	112°33′19″	171.0			
	龙坪镇	24°49′22″	112°28′55″	356.0			
	西江镇	24°45′30″	112°35′43″	792.0			
	连州镇	24°47′25″	112°22′48″	547.8			
	九陂镇	24°40′24″	112°22′8″	275.0			
	西岸镇	24°55′23″	112°17′32″	176.0			
	丰阳镇	25°3′10″	112°16′31″	360.0			
连南	三排镇	24°39′45″	112°17′32″	696.0			
	涡水镇	24°34′5″	112°14′30″	419.0			
	寨南镇	24°29′01″	112°21′15″	654.5			
连山	永和镇	24°37′28″	112°1′54″	487.0			
	吉田镇	24°34′18″	112°24′30″	254.7			
	小三江镇	24°16′54″	112°17′57″	341.8			

第五节　重大气象服务

一、1982 年 5 月暴雨洪涝预报服务

1982 年 5 月 9—14 日清远县出现特大暴雨过程,其中 12 日 24 h 降水量达 640.6 mm,引发山洪暴发,北江水位最高 15.90 m,气象局受淹 7 天 7 夜,13 日观测站水深 3.86 m,洪水浸过办公楼二楼 29 cm,观测仪器设备转移到办公楼二楼。灾害天气期间,全站人员日

夜坚守岗位,坚持观测发报,做好预报和实况服务工作,及时通过电话向政府部门提供准确的气象信息。是年,清远县气象局被广东省委、省政府评为"抗洪救灾先进单位"。

二、1994年6月暴雨洪涝预报服务

1994年6月9—17日,清远市出现连续性的暴雨到大暴雨降水过程,部分地区还夹杂龙卷风,造成百年不遇的洪涝大灾。6月16日20时,连州连江水位达95.22 m,超警戒水位4.20 m。6月17日07时30分,阳山县城连江水位达64.61 m,超过警戒水位2.85 m。6月18日24时,英德北江水位达34.51 m。6月19日22时,各地江河洪水汇集至北江清城段,出现16.34 m历史最高洪峰,超警戒水位4.34 m,为有史记载最高。全市共有245.99万人受灾,死亡110人,失踪45人,194288人无家可归,直接经济损失44.90亿元。

这次历史罕见的洪涝灾害发生后,各级气象台站围绕当地抗洪抢险工作,准确及时地为党政机关提供决策服务。6月17日,清远市气象局根据北江流域平均降水量达90 mm和近时天气、气象要素的变化情况,提前两天预报出北江清城水位峰值将超过16 m,预报结果与实况相符,为市五套领导班子组织抗洪抢险赢得时间和主动权。英德市气象局在白石窑电站告急、准备在下围堰决堤泄洪,以及连山气象局在当地准备炸堤保天鹅水库的关键时刻,报准24小时内雨势将减弱、暴雨结束的天气,使决策机构放弃决堤和炸堤,既保证水库的安全,又使水库下游地区不致因决堤泄洪而受损,挽回重大的经济损失。阳山气象局报准多次的暴雨天气和三次袭击当地的特大洪水过程,使该县大量物资得以转移,该县无一人因洪水袭击而丧生。

1994年,清远市气象局被清远市委、市政府授予"抗洪抢险,生产救灾先进集体"称号,英德市气象局被广东省气象局授予"汛期气象服务先进集体"称号,梁华兴被国家气象局授予"汛期气象服务先进个人"称号。此外,清远市气象局预报科、连南气象局等单位及吴武威等人获广东省气象部门重大灾害性天气预报服务先进集体或先进个人等称号。

三、1997年7月暴雨洪涝预报服务

1997年7月2—7日,受高空槽及低层暖湿气流影响,清远市及上游各地普降大雨到暴雨,局部特大暴雨,致使江河水位急剧上涨,6日21时清城水位为15.84 m,4—13日,清城水位维持在14 m以上,期间遭受两次洪峰袭击,洪涝时间之长为历史罕见。据有关部门统计,全市102.40万人受灾,死亡10人,11.40万人被洪水围困,直接经济损失达2.23亿元。

在这次持续性特大暴雨洪涝服务中,全市气象台站业务技术人员齐心协力,忠于职守,无一人请假外出,无一人缺席参加天气会商,清远市局预报科有三位年过半百的老预报工程师,身体均有不适,但他们克服困难,坚持轮班守夜。全市气象局及时向各级政府领导指挥抗击特大暴雨洪涝提供准确的天气预报和水情信息服务,为抗洪救灾赢得时间,使防御工作做得及时,使"错峰调洪"起到显著作用,北江大堤万亩以上耕地的堤围得到安全度汛,有效地保护人民生命财产,最大限度地减少持续性特大洪涝造成的损失。清远市政府副市长黄伙荣说:"在今年的抗洪抢险过程中,市气象部门提供的气象保障服务,是历次抗洪抢险中最好的一次。"

四、2002 年 8 月致洪暴雨预报服务

2002 年 8 月 7—10 日,受第 12 号强热带风暴"北冕"影响,全市普降暴雨、局部大暴雨。北江清城 10 日最高水位达 14.06 m,超警戒水位 2.06 m。全市受灾 477899 人,被困 13102 人,直接经济损失 6603 万元。

8 月 6 日,清远市气象局对外发布"7 日夜间到 9 日全市各地将有一次暴雨降水过程"的预报意见,并将天气预报信息报送给市委、市政府及三防等 10 多个政府部门,提请有关部门及时做好防汛工作,局领导还亲自向市委有关领导汇报未来天气情况,建议"三防"指挥部下发《关于做好防御暴雨洪涝工作的紧急通知》。同时,通过市—县网下发到各县(市)气象局,要求他们及时主动地做好气象服务工作,各县局也将预报信息报告当地政府办、三防办等有关单位。清远市气象局还通过电视台、电台、121、手机短信等方式向公众发布。在强降水天气过程中,全市各级台站严密监视天气变化,连续几天 24 小时守班,及时发布暴雨预警信号,并多次向有关领导报告未来天气情况和降水实况。

五、2003 年夏季干旱和人工增雨作业

2003 年 1—6 月,清远市各地降水量偏少 1~4 成。7 月出现持续高温少雨天气,降水量创历史同期最少,其中英德降水量仅 8.9 mm;平均气温和最高气温以及连续高温日数均接近或突破历史极值,7 月 23 日有 4 个县(市)超过 40℃,连州更高达 41.6℃。持续的高温少雨天气,加剧水分的蒸发和作物的蒸腾,致使清远市出现较为严重的旱情,各地大小水库、山塘等蓄水量偏少,甚至干涸。全市 8 个县(市、区)均不同程度发生旱灾,1231789 人受灾,农作物受灾面积 45230 hm²,绝收面积 6274 hm²,因旱饮水困难人口 4.99 万人,直接经济损失 10168 万元,其中农业直接经济损失 9704 万元。

为缓解清远市的旱情,8 月 1 日,清远市气象局向市委、市政府提出在全市范围内实施人工增雨作业的建议,并做好人工增雨作业的各项准备工作。市委、市政府决定在全市开展人工增雨工作,成立人工影响天气指挥部,并拨出 30 万元作为人工增雨作业的启动经费,各县(市)政府也分别拨出人工增雨作业经费。人工增雨作业由清远市气象局负责具体组织实施,有关部门配合。

清远市气象局按照市委、市政府的部署,制定人工增雨作业布点方案和有关的操作规程。8 月 8 日下午,广东省气象局率领清远市气象局代表参加由广州空军司令部组织的协调会,商定清远市人工增雨时间为 8 月 10 日至 9 月 15 日,作业发射点 37 个。经过筹备,人工增雨作业各项准备工作就绪,于 8 月 11 日分六个作业小组开赴全市各地,开展人工增雨作业。

从 8 月 11 日开始,人工影响天气指挥部和清远市气象台 24 小时值班,利用气象现代化探测系统如气象卫星、多普勒雷达、中尺度自动气象站网严密监视天气变化,加密探测和气象资料采集处理密度,分析天气形势,捕捉有利实施作业机会,各项工作有序展开。12 日 14 时发现清远市南面有较明显的降水云团向作业点移动,并有加强的趋势,指挥部根据人工增雨作业方案,指挥各作业组实施人工增雨作业,当天 17—20 时,发射 16 枚人工增雨火箭,人工增雨首发成功,效果明显,清远市大部分地区普降中到大雨。13—17 日,各作业

组按照指挥部的命令,连续作战,实施多次人工增雨作业,各地降水量明显增加。经统计,12—17日下午共作业17次,发射人工增雨火箭100枚,各地累计增加降水量50～165 mm。人工增雨工作收到预期效果,有效地缓解旱情。18日早上,清远市气象局向清远市有关领导汇报增雨作业情况,市领导指出:"你们的增雨建议及时,准备工作又快又充分,增雨效果十分显著,为清远市抗旱救灾工作立下新功"。清远电视台、电台、《清远日报》对人工增雨工作进行跟踪报道,人民群众给予赞扬。

六、2004年中央电视台"心连心"慰问演出气象服务

2004年3月31日下午,中央电视台"心连心"艺术团到清远市清新县三坑镇慰问演出。做好气象保障服务,确保演出的顺利进行,意义重大。

3月13日,清远市气象台经过综合分析各类资料和会商后,向市委、市政府报送"3月下旬中后期有一次小到中雨降水过程,31日雨势减小,阴天到多云有小雨"的预测意见。在演出地点搭建临时舞台和观众席期间,清远市气象台多次提供预报服务。29日下午,经过天气分析和会商,结合统计的30日、31日雷电发生概率,预计:受弱冷空气影响,清远市区30日阴天有小到中雨,31日阴天有小雨,局部有中雨,天气不稳定,极有可能出现雷暴等恶劣天气。随后马上将天气预报意见报送给市委、市政府及宣传部等部门领导。为确保演员和观众的安全,清远市气象局还安排清远市防雷中心人员连夜对临时演出场地做好应急防雷施工处理。30日清远市气象台进行滚动服务。31日上午,清远市气象台认为天气变化与上次预报意见一致,随即进行服务,并要求值班员严密监视雷达回波,发现情况马上汇报;16时左右,值班员发现有较强雷达回波将自西向东移向演出地点,马上向演出负责人员做汇报和提醒。

清远市委在这次慰问演出工作总结中提到:"'心连心'艺术团在清远市清新县进行的慰问演出取得圆满成功,使清远人民享受一次高质量的文化大餐,清远市气象局为演出提供准确及时的气象保障服务。"

七、2005年6月致洪暴雨预报服务

2005年6月20—24日,清远市出现大范围的连续性高强度降水,致使北江水位迅速上涨,出现自1997年以来最严重的洪涝灾害。24日03时北江英德最高水位达31.01 m,超警戒水位5.02 m,09时北江清城水位最高达14.18 m,超警戒水位2.18 m。全市20.41万人受灾,9人死亡,2人失踪,直接经济损失达1.2437亿元。

6月19日下午,清远市气象局以《重大气象信息快报》向市委、市政府及有关部门报送"未来三天清远市将有大雨到暴雨降水过程"的预测意见。

6月20日,清远市大部分地方出现大雨到暴雨。20日下午,清远市气象台经过天气综合分析后,预计未来几天清远市将有连续性的大雨到暴雨、局部大暴雨降水过程,立即向市委、市政府和有关部门报送"今晚到23日我市有连续性大雨到暴雨、局部大暴雨降水过程,局部地方伴有雷雨大风等强对流天气"的预报意见,建议有关部门做好防御工作。同时,清远市气象局向各县(市)气象局下发《关于做好当前连续性强降水气象服务工作的紧急通知》,要求各级气象台站进一步加强值班。清远市气象台通过电话向韶关、郴州、肇庆气象

局了解上游地区雨情、水位、水库泄洪情况,并向市三防办汇报。

6月21日,清远市各地出现大雨到暴雨、局部大暴雨;14时,清城水位涨至12.07 m,超过警戒水位,防汛工作进入紧急状态;16时,清远市气象局再次向市委、市政府及有关部门报告"我市将出现连续性强降水,请迅速做好防汛工作",特别指出这次降水过程持续时间长、范围大、雨量多,局部地方出现强降水和雷雨大风等强对流性天气的可能性大,提出有关防御建议。市委、市政府高度重视天气预报意见,副市长曾贤林在清远市气象局报送的重大气象信息快报上批示:"清远当前防汛形势十分严峻,我们要高度紧张,高度戒备,突出抓好小型水库、'四无'(无立项、无设计、无监管、无验收)电站、山洪灾害防汛工作三大重点,确保人民生命财产安全。并请市气象部门认真做好雨情预报、预测工作,为清远防汛当好参谋,为战胜洪魔做出应有贡献。"

6月22日,清远市继续出现大雨到暴雨、局部大暴雨降水,北江水位继续上升,15时清城水位12.57 m,英德水位26.68 m。清远市气象局向市委、市政府及有关部门报送滚动天气预报和清远市及上游地区的实况雨情等气象信息。

6月23日上午,清远市气象局向市委、市政府汇报清远市几天来的降水特点和分布情况,对未来天气变化进行分析,发布"今天白天到夜间,我市强降水持续,明天白天起雨势有所减弱"的预报意见;16时,根据各影响系统趋于减弱,发出"今晚到明天仍有大雨到暴雨,明晚起雨势有所减弱"的预报意见。

在做好决策服务的同时,清远市气象局利用电视天气预报、电台、"12121"电话、手机短信、固话语音短信、报刊等渠道广泛传播这次连续性强降水监测预报信息,此次强降水过程正值中考期间,为确保学生的人身安全和正常参加考试,各级气象台站严密监视天气变化,及时发布暴雨预警信号,共计发布暴雨预警信号17次,其中红色暴雨预警信号4次,黄色暴雨预警信号13次。

6月24日,市委书记陈用志对气象部门的主动、优质服务表示赞赏,指出天气预报、预测信息十分重要,并要求有关部门支持气象防灾减灾服务网站的建设,进一步发挥气象在防灾减灾中的重要作用。

八、2005年春播人工增雨作业

2004年秋冬以来,清远市降水量严重偏少,形成秋冬春连旱天气过程,北江水位出现历史新低值,部分水库干涸。另外,由于水分的长期蒸发,使土壤表层干结,湿度较低,墒情较差。根据旱涝监测结果,清远市各地出现严重的春头旱。为缓解当前的旱情和解决春耕生产用水的需要,根据市政府决定,清远市气象局组织实施春播人工增雨作业。

2004年秋季以来,针对清远市持续出现旱情,清远市气象局做好干旱动态监测,密切监视干旱发展趋势。11月,根据气候预测以及清远市的气候特点和人民生活用水的需要,清远市气象局报送《清远市2005年人工增雨作业年度计划》,同时要求气象部门做好人工增雨准备工作。

2005年2月25日,清远市2005年人工增雨工作启动,各作业组开赴增雨作业第一线待命。自即日开始,作业指挥部24小时值班,严密监视天气变化,分析卫星云图和雷达回波,使指挥员掌握主动权。27日07时10分,值班员发现有较强的雷达回波正由广西梧州向广东省方向移动。指挥员经过综合分析后,立即命令各作业组做好作业准备,驱车赶往预先选定的作业点待命。在获得空中管制部门同意后,09 时 39 分在阳山七拱镇首发增雨火箭。随后其他作业组也分别成功地发射增雨火箭,各地普降中到大雨,获得良好增雨效果。据气象监测站网资料,27 日 08 时至 28 日 08 时,清远市有 9 个自动观测站降水量超过 30 mm,其中佛冈民安镇降水量达 46.6 mm。3 月 1—3 日,作业人员抓住冷空气南下的时机,继续进行作业,取得明显的增雨效果。这次人工增雨作业共在 14 个作业点进行火箭增雨作业,共发射人工增雨火箭 26 枚,减轻清远市当前的旱情。

九、2005 年第十三届全国龙舟赛气象服务

2005 年 5 月 12—13 日,中国"漂流之乡"授牌暨四大国家生态体育赛事重点项目"清远杯"2005 年第十三届龙舟锦标赛在清远市区北江水域举行。为做好赛间气象保障服务,清远市气象局成立"龙舟赛"气象保障服务工作小组。5 月 10 日下午,经天气预报会商后,向赛事组委会发出中国"漂流之乡"授牌暨四大国家生态体育赛事期间天气预测的专题预报:预计 12—13 日清远市有阵雨或雷阵雨,但对赛事影响不大。比赛期间清远市气象局除派两名预报员做现场天气预报服务外,还由预报值班员用电话适时向组委会报告最新天气变化。13 日 17 时,龙舟赛闭幕。

十、2006 年热带气旋"碧利斯"、"格美"、"派比安"预报服务

2006 年,第四号强热带风暴"碧利斯"、第五号强台风"格美"和第六号台风"派比安"于 7 月 14 日、25 日和 8 月 3 日先后在福建省霞浦、晋江和广东省阳西到电白之间沿海登陆,接踵而来的台风给清远市带来三次连续性强降水过程。

7 月 11 日,强热带风暴"碧利斯"在菲律宾以东洋面上形成。13 日,清远市气象局向市委、市政府及有关部门报送题为"受'碧利斯'影响,15—17 日我市将有明显降水"的《重大气象信息快报》,建议有关部门做好防御工作,防范"碧利斯"可能带来的连续性强降水而引发的山洪、山体滑坡、泥石流等地质灾害和城乡积涝等灾害。14 日,全市各县(市)气象局进一步加强守值班,监视"碧利斯"的动向。15—16 日,全市普遍降暴雨到大暴雨,市气象局向市委、市政府汇报预测意见和水情资料。16 日北江流域水位上涨,夜间小北江的连州、阳山等出现严重的洪涝灾害,22 时出现最高水位,连州超警戒水位 4.03 m,阳山超警戒水位 2.51 m。北江支流全线告急,防汛工作进入紧急状态。清远市局预报业务人员监视天气、分析天气,收集雨情,随时向政府提供天气预报和雨情水情资料。18 日 20 时北江洪峰抵达清远清城段,19 日凌晨 02 时许,由于内河压力加大,造成离清远市区仅几公里的清东围大燕河堤突发重大管涌。市局各部门按照应急响应要求,每隔一小时向三防办和灾情现场报告雨情,利用雷达和卫星云图监控流域内的天气变化,并报告天气预测意见,局领导和气象台长亲临大堤,奔波于天气预报室与灾情现场,实时为现场提供详细的雨情和气象决策信息,为堤围的抢修提供准确及时的气象保障服务。受"碧利斯"影响,清远市出现严重的灾情,全市 96.62 万人受灾,2 人失踪,直接经济损失达 12.43 亿元。

正当人们紧张地进行着"碧利斯"灾后恢复生产工作时,第 5 号强台风"格美"又随之而来。7 月 24 日,"格美"西北行至台湾东南部海面上,清远市各级气象局立即行动起来,加

强值班,下午向市委、市政府及有关部门报送"'格美'将先后登陆台湾和福建,26—28 日我市有强降水过程"的预报意见,并针对目前全市各地江河库坝处在高水位运行、山区地质结构松软的情况,特别提醒有关部门:"格美"带来的强降水极易引发山体滑坡、山洪、泥石流、危房倒塌、城乡积涝等灾害的出现,江河水位将可能再次高涨,各部门要做好各项防御工作。25 日 10 时,清远市气象局召开紧急工作会议,传达广东省气象局和省委、省政府以及市委、市政府关于迎战台风"格美"的重要指示,紧急部署防御台风"格美"气象服务的各项工作。虽然"格美"带来的暴雨对粤北灾区是雪上加霜,但由于清远市各级气象部门对这次强降水过程做到提早服务、预报准确,为防灾减灾提供决策参考,避免山洪、泥石流、山体滑坡、城乡积涝等灾害造成更大的损失。

8 月 1 日,第 6 号台风"派比安"进入南海。为抓住雨神"派比安"的行踪,清远市各级气象局利用卫星、雷达和自动站网实时数据,全方位全天候监测"派比安"的动向。2 日 11 时,向市委、市政府及有关部门发出"4 到 6 日我市有明显降水过程"的《重大气象信息快报》,同时全市各级气象台站加强值班。"派比安"登陆后,清远市 3 日夜间起普降大雨到暴雨,局部还出现大暴雨。4 日下午,清新石角、太平等地同时还遭受龙卷风的袭击,市局马上派出业务骨干赶赴受灾地点,在调查灾情的同时与当地群众并肩作战,抢险救伤。19 时清新三坑镇威井堤围又出现险情,在部署好工作后,市局业务人员立即转赴清新参加抢险救灾。堤围在 23 时出现部分决堤,形势非常严峻,市局业务人员与抢险队员们始终奋战在抢险第一线,及时把第一手气象信息和实况资料报告给现场作业指挥组;留守气象局的业务人员则严密分析天气、收集雨情,并向邻近的肇庆地区收集上游降水资料,每隔 6 分钟、30 分钟向现场作业指挥组、政府防汛指挥部报告雷达、卫星监控情况,供领导决策指挥。经过连夜奋战,保卫堤坝的战斗取得胜利。

在迎战"碧利斯"、"格美"到"派比安"期间,清远市各级气象部门加强对气象灾害的监测预警和预报服务,为党政领导和政府决策部门提供及时、准确、详细的气象信息,向地方党政部门发出重大气象信息快报 50 余份、重大气象信息专报 1 份,天气报告近 30 份。利用电视天气预报、电台、"12121"电话、手机短信、固话语音短信等渠道发布气象信息和连续性强降水监测信息,完成各项气象保障和天气预报服务工作。清远市委、市政府对清远市气象局的气象服务工作给予高度肯定,市委领导在总结会议上说:"气象、水文部门加强对天气和洪水科学预报,及时发布预警信息","没有出现人员伤亡、没有发生重大险情、没有大的财产损失、没有中断重要交通干线"。该年,清远市气象局被评为"广东省气象局重大气象服务先进单位"、"广东省抗洪救灾模范集体"。

十一、2007 年 6 月暴雨洪涝预报服务

2007 年 6 月 6—10 日,清远市出现一次范围大、持续时间长的暴雨降水过程,造成全市 7.688 万人受灾,直接经济损失 1.198 亿元。6 月 5 日,清远市气象局以《重大气象信息快报》的形式向市委、市政府及有关部门发送题为"高考期间我市天气极不稳定,请注意防御强降水、雷电大风以及山洪灾害"天气预报信息,预计高考期间,清远市将有一次暴雨局部大暴雨的降水过程,部分地方有短时雷雨大风等强对流天气,提出要提前做好防御措施的建议。在强降水天气出现后,预报业务人员加强值守班,严密监测天气变化,加强天气分析

和与周边地区的天气会商与雨情资料收集,向市领导和决策部门提供天气预报和雨情信息,赢得抗洪救灾的时机和主动权。另外,在利用气象现代化设备提前做出准确气象预报的同时,要注重信息的传播,同时还要提出有效的防御指引,如清远市各级气象部门在这次强降水过程中,共发布各类预警信号 28 次,并通过"12121"电话、手机短信、电视、电台、网站、报纸等渠道,把气象预报预警信息传送到村村镇镇、家家户户。这次强降水过程正值高考,在做好防汛气象服务工作的同时,气象部门针对高考开展各种贴身服务,使教育部门及广大考生、家长及时了解气象信息,提前做好防御措施,确保高考顺利进行。6 月 14 日,省长黄华华在听取清远市副市长曾贤林的抗洪救灾工作汇报,并观看连州市、阳山县抗洪救灾电视专题片后,充分肯定气象部门在这次抗洪救灾过程中的重要作用。他说:"这次清远各地采取很多得力措施抗洪救灾,成效显著。各级气象部门的作用不可低估,气象预测预报准确,气象服务主动及时,为市领导和决策部门赢得抗洪救灾的时机和主动权,是夺取抗洪救灾最后胜利的有力保障。"

十二、2007 年 8 月人工增雨作业

2007 年 7 月上旬至 8 月中旬,清远市出现持续大范围高温炎热天气,是自有观测记录以来罕见的,其中阳山高温天数 36 d,连州高温天数 34 d,连南 31 d,其余各地为 15~29 d,最高气温出现在连州为 40.5℃,清远市区最高为 37.6℃。由于前汛期降水偏少,长时间的高温炎热天气,蒸发量大大增大,使清远市出现大范围严重干旱。

7 月 30 日,清远市旱情加剧,清远市气象局在向市委、市政府及有关部门报送的《重大气象信息快报》中,对清远市前期的天气情况进行概述,并对后期的天气趋势进行预测,指出清远市降水量偏少、影响清远市的台风偏少、将有较严重的夏秋旱发生。建议有关部门做好山塘水库的蓄水工作,同时要注意节约用水和电力调度工作。市局已做好人工增雨的各项准备工作,将抓住有利时机开展人工增雨作业。

8 月 6—22 日,由于不断受到辐合带、季风槽和台风减弱的低压槽影响,清远市出现降水云系,清远市气象局抓住有利时机在全市范围内组织开展人工增雨作业 7 次,过程累计降水量除连南偏少 3 成多、阳山正常略偏少外,其余各地比历年同期偏多 3 成到 1 倍。据清远市三防办资料,截至 8 月 20 日,水利工程蓄水总量为 3.8298×10^8 m³,比 10 日增加5%,北江清城水位 22 日 02 时达 9.5 m,比 10 日水位回升 5 m 多。至此,全市的旱情已得到基本缓解。市委、市政府对气象局组织人工增雨迅速、增雨效果显著给予肯定。副市长曾贤林在气象局报送的第 40 期《重大气象信息快报》上批示:"七月以来高温少雨天气使清远市出现严重的旱情,清远市气象局抓住有利天气时机,千方百计、克服困难,积极在全市范围内实施人工增雨作业,有效地缓解旱情,为人民群众生活用水、工业用水、水力发电、农业增产增收做出积极贡献。"

十三、2007 年第三届中国华南(清远·清城)农业博览会预报服务

2007 年 12 月 28 日至 2008 年 1 月 2 日,第三届中国华南(清远·清城)农业博览会在清远市召开。这次农业博览会由清远市人民政府、广东省农业厅联合主办,清城区人民政府和广东省农业展览馆承办,并得到湖南、江西、广西三省农业厅的支持,共有来自全国各

地包括台湾地区的50多个代表团,3000多位客商、嘉宾和领导参加,在开幕式上还进行16个农业项目、合同金额达35亿的签约仪式,其中世界农业文化产业园建设项目首期投资15亿元。此届农博会是对外展示清远农业高速发展取得的丰硕成果,也是清远市种养业加工、产供销及文化产业、生态旅游观光等项目招商引资的良机,政府重视、领导关注、行业期盼、群众期待。准确的天气预报,是科学合理安排农博会各项活动的重要气象保障。

清远市气象台从2007年12月25日开始每天对农博会期间的天气进行滚动订正预报服务,明确指出农博会期间清远市受较强冷空气影响,气温下降、风力加大,前期以多云天气为主,后期转晴好天气,阳光灿烂,并提醒广大市民注意防寒保暖,室外搭建的帐篷展区要做加固处理。29日起冷空气开始影响市区,风力增加到4~5级、阵风6~7级,过程日平均气温下降7℃、最低气温下降10℃。农博会组委会根据市台的预报意见,提前做好各项应对措施,加固室外展区,并在风力较大时暂时关闭搭建于高处的展区,预防意外事故的发生。准确的天气预报确保农博会顺利闭幕。

十四、2008年低温雨雪冰冻天气预报服务

2008年1月11日至2月14日,清远市出现80年一遇的低温雨雪冰冻极端天气过程。全市共有104万人受灾,直接经济损失166714.4万元,给农业、交通、供电和人民群众生活等造成严重的影响。面对灾情,清远市气象局为各级党委、政府和有关部门以及公众开展气象服务,提供准确、及时的决策气象信息,为夺取抗灾救灾的胜利发挥作用。

为做好抗雨雪冰冻灾害气象服务工作,清远市气象局严密监测天气变化,及时发布预报、预警信息。1月11日对低温雨雪天气过程进行预报,向市委、市政府和有关部门报送《重大气象信息快报》,预计强冷空气将于12日下午到13日自北向南影响清远市,气温下降明显。1月16日预计“我市阴冷天气维持”。1月24日和25日预计“阴雨寒冷天气长时间持续,北部山区公路容易出现结冰”。1月27日启动重大气象灾害Ⅲ级应急预案,报送“强冷空气影响我市寒冷阴雨天气持续,需继续做好防寒防冻和春运交通疏导”的《重大气象信息快报》;1月28日指出:“全市寒冷阴雨天气持续,需继续做好防寒防冻和春运交通疏导。”在重大气象灾害Ⅲ级应急预案启动期间,清远市气象局每日09时、16时向市委、市政府及相关部门发送前一日天气实况和未来几天的天气预报信息。2月6日重大气象灾害Ⅲ级应急预案取消后,市台仍然每日向市委、市政府及相关部门发送天气实况及预报信息。

这次雨雪冰冻灾害天气时间长、范围广,灾情牵动着各级党政领导的心。为使各级党政领导在指挥抗灾救灾工作中能做出科学决策,清远市气象局创新工作思路,积极、主动地提供各类气象信息,每天及时向市领导汇报天气形势和最新预报结果,并针对灾情提出应对措施的建议。从1月11日至2月14日,市气象台共报送《重大气象信息快报》19期、《天气报告》1期;发布寒冷预警信号4次;启用手机气象决策平台发送短信24次,发送短信近10万条。在做好决策服务的同时,清远市气象局十分重视公众气象服务工作,利用电视天气预报、电视台、电台、“12121”电话、手机短信等渠道传播这次持续低温雨雪冰冻天气的监测预报信息,引导公众做好防寒保暖和交通安全工作。同时,主动与媒体联系,加大天气信息传播面。1月11日至2月4日,清远市气象台接受(或邀请)清远电视台“百姓关注”、“清远新闻”栏目采访12次,多次在《清远日报》报道未来天气预测信息;在清远电视台以走字

幕形式滚动播出春运天气预报信息;与市移动公司合作向市民发送近240万条免费春运天气短信,在"12121"上开设"春运天气预报"信箱,更新天气预报内容及北上道路结冰、车辆堵塞等信息,倡导外来人员留粤过年。1月11日至2月11日,"12121"电话总拨打数近10万人次,相当于平时的2倍。

十五、2008年6月连续性致洪暴雨预报服务

2008年6月9—19日,清远市出现入汛以来范围最广、强度最强的暴雨、局部大暴雨降水过程。这次连续性降水致使江河水库水位上涨,北江清远站15日20时洪峰最高水位达14.01 m,超警戒水位2.01 m,局地强降水还引发局部地方山洪暴发、山体滑坡等灾害,全市共有48.588万人受灾,1人死亡,直接经济总损失3.504亿元。

6月6日下午,清远市气象局就发布强降水预报,向市政府、三防办等部门及各级领导进行报告,提出防雨、防雷的建议,并通过决策服务信息平台以手机短信发到各级领导、负责人和相关人员手中,确保服务信息能被快速及时接收。6月9日,清远市出现强降水,清远市气象局开始每天向市委、市政府及有关部门提供实况雨情、滚动天气预报和防御建议的决策服务信息,同时,通过电话向韶关、郴州气象局了解上游地区雨情、水位、水库泄洪情况,先后提出"我市及周边省市持续出现大范围强降水,江河水位上涨迅猛,请相关部门密切关注北江水位变化"、"请有关部门注意对山塘水库、堤坝危险地段加强巡视和采取必要的防御措施"等具有针对性与科学性的建议。13日,清远市气象局启动重大灾害性天气Ⅲ级紧急预案,每天两次向市委、市政府及有关部门发送前日天气实况和未来几天的天气预报信息。在连续性暴雨预报服务期间,清远市气象台发布《重大气象信息快报》18期,《重大气象信息专报》1期;发布暴雨预警信号4次,雷雨大风预警信号4次;通过决策气象信息发送平台发送气象决策信息和雨情信息8万多条,接受新闻媒体采访12次,召开新闻发布会1次。另外,还通过电视台、电台、手机短信、"12121"电话、互联网等渠道将天气预报信息、预警信号及防汛信息传播到群众手中,最大限度地减少人员伤亡和财产损失。在6月16日下午清远市政府召开的防汛工作会议上,市长徐萍华肯定前阶段的防汛抗洪工作,对市气象局提供的准确预报和及时的雨水情给予赞扬,认为此次强降水过程没有出现群死群伤现象,最大限度地减少人员伤亡和财产损失,气象部门发挥防汛抗洪前哨的作用。副市长曾贤林在"龙舟水"气象服务汇报材料上写道:"今年5月下旬到6月中旬,清远市各地出现罕见的范围广、强度强、降水集中的持续性强降水过程,给清远市带来严重洪涝灾害和经济损失。清远市气象局严密监视天气变化,及时、准确、积极、主动的预报服务工作,为清远市防御"龙舟水"洪涝灾害做出积极的贡献。"

第九章　气象社会管理

20世纪80年代初期以前,清远气象站是具体的气象业务机构,没有社会管理职能。1981年7月,清远县气象站升格为县局级单位,是清远县政府的一个工作部门,负有监督检查气象法规和气象业务规范执行情况的职责。1994年8月18日,国务院发布《中华人民共和国气象条例》。1999年10月31日,全国人大常委会通过《中华人民共和国气象法》。清远市气象机构担负着《中华人民共和国气象法》所赋予的各项管理职能。

第一节　探测环境保护

为确保气象观测记录的原始性和真实性,中央气象局对气象观测场地环境及其保护均有详细规定,1961年以前执行《气象观测暂行规范——地面部分》的规定,1961年1月1日起执行《地面气象观测规范》(第三次修订)的规定。

20世纪70年代以前,清远县气象站观测场周边为农田,四周环境都基本能满足观测规范的要求。80年代以来,随着社会经济的发展,气象探测环境保护问题越来越突出。1981年至1986年间,清远县气象站观测场东侧建起多幢5~6层高的楼房。随着时间的推移,建筑楼房越建越多,并且向观测场越靠越近,将对观测环境造成影响。针对这一情况,清远县气象局先后三次向上级机关汇报,要求政府出面保护观测环境。1987年1月19日,清远县人民政府向有关部门和单位发出《关于保护气象观测环境的通知》,确定观测环境保护区,并规定从发文即日起,不准在观测环境保护区内兴建楼房,观测场四周10 m以内不准种植高秆植物,并要求清远县规划局按照文件规定把关。经过政府协调和努力,阻止探测环境的恶化。

1999年10月下旬至11月初,清远市电力局在清远气象观测站附近架设10 kV高压线路,对高空气象探测环境产生影响,经多次交涉电力局仍坚持施工。清远市气象局依照有关法律法规向市领导及市人大、市政府反映情况,要求保护气象探测环境。后经市长办公会议协调,高压线路改道架设。

第二节　气象预报发布管理

20世纪70年代,清远县各公社(场)普遍建立气象哨,一些厂矿建有专业气象站,这些气象哨和专业气象站也发布天气预报,他们作为县气象站的辅助力量,在当时的时代背景和技术条件下,对发展当地工农业生产起到一定的作用。

随着气象科学的发展,人类的文明和社会的繁荣,天气预报的发布需要规范化。

1982年8月,国家气象局《关于发布天气预报的有关规定》规范天气预报发布问题。

1987年7月,国家气象局规定除国家气象机构可以发布当地气象预报外,任何非气象台站和个人不得发布天气预报。作为国家气象机构的清远县气象局(站)是发布清远县境内天气预报的唯一法定机构。1997年6月,清远市人民政府发出《清远市气象信息管理暂行规定》,该文件的颁布和实施,规范清远市范围内气象信息的传播和使用行为。

2001年12月,成立清远市气象预警信号发布中心,该发布中心按照《广东省台风、暴雨、寒冷预警信号发布规定》及《广东省突发气象灾害预警信号》的有关规定对外发布气象预警信息,使气象信息的发布更加规范化。

2003年12月,根据《中华人民共和国气象法》,中国气象局发布《气象预报发布与刊播管理办法》,规范气象预报发布与刊播活动,明确规定"地方各级气象主管机构在上级气象主管机构和本级人民政府领导下,负责本行政区域内的气象预报发布与刊播的管理工作"。清远市气象局是清远市气象主管机构,负责管理清远市气象预报的发布与刊播。

2008年1月17日,清远市人民政府办公室《印发清远市防御气象灾害规定的通知》,规范发布清远市气象灾害预警信号(共十类)。同时,建立和健全防御气象灾害预警机制,制定出气象灾害应急预案。

第三节　施放气球行政管理

清远建市时间不长,百业待兴,利用施放气球从事庆典和广告宣传的活动较多,而气球的充灌一般采用氢气,施放过程氢气燃爆引发安全事故屡屡发生。为确保人民生命财产安全,必须依法对施放气球活动进行管理。

2003年1月10日,国务院和中央军委发布第371号令,公布《通用航空飞行管制条例》,明确规定"进行升放无人驾驶自由气球或者系留气球活动,必须经设区的市级以上气象主管机构会同有关部门批准。"同年6月,中国气象局发布《施放气球管理办法》,规定"县级以上气象主管机构及飞行管制等部门应当按照职责分工,负责对施放气球的管理"。2003年7月1日起,清远市气象局在市人民政府行政服务中心窗口开展施放气球活动的行政审批工作,并对清远市行政区域内施放气球市场实施全面管理,包括对施放气球单位资质认定,对施放气球人员进行技术培训,对施放气球活动进行检查监督等。

2007年11月17日,清远市人民政府发出《关于加强施放气球管理工作的通告》,明确清远市(县)气象局是清远市(县)施放气球活动的管理部门,依法对行政区域内的施放气球活动实施监督管理。规定除气象高空探测业务外,清远市范围内禁止施放以氢气为充灌气体的气球,对确需利用气球从事庆典、广告宣传及科研等活动的,一律改用灌充不燃烧和爆炸的惰性气体(如氦气)的安全气球。清远市气象局贯彻执行市政府关于加强施放气球管理工作的各项规定,依法对施放气球活动实施监督管理,使施放气球市场进一步规范。

第四节　防雷减灾行政管理

雷电现象是自然界一部分带电的云层内部,云层与云层之间或云层与大地之间的放电现象。雷电灾害现象有两种:一是航空、航天物体飞越放电云层时受到雷击;二是云层与大地之间的放电,地面上人、畜、物受到雷击。

　　清远是一个多雷暴地区,每年平均雷暴日为99 d,最多的年份为126 d,最少也有75 d。雷电灾害已成为阻碍经济发展的主要因素。

　　1989年10月,清远市气象局设清远市防雷设施检测所,开始对清远市防雷施工资质、资格管理及防雷设施安全检测工作。

　　1995年12月和1997年6月,清远市人民政府先后下发《关于进一步严格防雷设施安全管理的通知》和《颁布〈清远市建筑物防雷设施管理若干规定〉的通知》,逐步规范清远市防雷设施安装检测和防雷减灾行政管理工作。

　　1999年3月,广东省人民政府颁布《广东省防御雷电灾害管理规定》,清远市人民政府转发上述规定并提出贯彻意见。清远市气象局依照管理规定履行职责,对清远市行政区域内各类防雷设施的建设进行监督和指导,做好防雷设计审核,防雷设施检测、验收,雷电灾害调查和雷击事故鉴定等工作,依法处理违反防御雷电灾害的行为。

　　2003年12月,成立清远市防雷减灾管理办公室,作为市政府管理全市防雷减灾工作的行政职能部门,配三名地方事业编制,归口清远市气象局领导。其主要任务是:负责全市防雷减灾行政监督管理,办理防雷设计审核,竣工验收行政许可工作及组织雷电灾害调查、鉴定,开展防雷行政执法等。防雷减灾管理办公室的设立,使防雷减灾监督管理真正做到机构、人员、职能三落实。

第五节　人工影响天气行政管理

　　2002年3月19日,国务院发布第348号令,公布《人工影响天气管理条例》,明确规定"人工影响天气工作在作业地县级以上地方人民政府的领导和协调下,由气象主管机构组织实施和指导管理。从事人工影响天气作业的人员,经省、自治区、直辖市气象主管机构培训、考核合格后,方可实施人工影响天气作业"。2003年2月,中国气象局发布《人工影响天气安全管理规定》,规定"省、自治区、直辖市气象主管机构应当建立人工影响天气作业人员培训、考核、持证上岗制度"。2004年12月,市人民政府办公室发函成立清远市人工增雨减灾工作领导小组,加强对人工影响天气的行政管理。2008年底,全市气象部门持有广东省气象局颁发人工增雨上岗证的人员共37人。

第六节　气象行政执法

　　根据法律法规赋予气象机构的社会管理职能,清远市气象局于2001年底设立气象行政执法机构(行政执法办公室),建立气象行政执法队伍,开展行政执法检查。全市气象部门持有广东省人民政府颁发行政执法证的人员共45人(其中市气象局18人,县气象局27人)。

　　清远市气象局成立以来,气象行政执法检查规格较高的有两次。1997年10月12—16日,由清远市人大农村委、市政府办公室牵头组成气象行政执法检查组,对清远市所辖的连州、英德、佛冈、阳山、连南、连山等市县贯彻落实广东省人大颁布的《广东省气象管理规定》和清远市人民政府颁布的《清远市建筑物防雷设施管理若干规定》、《清远市气象信息管理暂行规定》的情况进行执法检查。2000年12月11—15日,由清远市人大牵头,市政府办公室、市农委、市法制局、市财政局、市气象局及清远日报社等部门和单位组成气象行政执法检查组，对清远市所辖七县一区（英德市、连州市、佛冈县、阳山县、连南瑶族自治县、连山壮族瑶族自治县、清新县、清城区）贯彻和实施《中华人民共和国气象法》、《关于加强广东气象事业建设，进一步提高防灾减灾能力议案的决议》的情况进行执法检查。

气象行政执法以及气象行政执法检查，使气象行政管理得到加强，加快气象行政执法体系和地方气象法规建设。

第十章　防雷减灾

雷电是自然界壮观的和重要的天气现象之一,伴随着雷电有声、光、电等多种物理现象。雷电引起的灾害是世界十大自然灾害之一。

第一节　雷电灾害特点及雷电活动规律

清远市是雷电灾害多发地区,各地年平均雷暴日数为 59(连南)~90 d(清远),最多的年份有 126 d(英德市 1975 年)。雷雨季节时间长,雷电活动频繁,雷暴强度大,雷击造成人员伤亡、建筑物损毁、电子电气设备损坏、信息系统瘫痪、引发火灾事故等情况时有发生。清远市每年雷暴的发生呈现持续增高、迅速减弱的尖峰特性,主要发生在 4—9 月,平均雷暴日数为 67.3 d,占年平均雷暴日数 88%;其中 6—8 月为雷暴高发期,以 8 月为最多,平均有 14.3 d,其次是 7 月,平均有 13.5 d(见图 10-1-1 和图 10-1-2)。

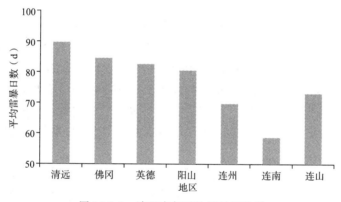

图 10-1-1　清远市年平均雷暴日数图

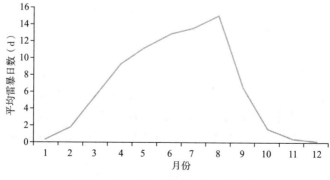

图 10-1-2　清远市月平均雷暴日数图

第二节　防雷减灾机构及防雷综合管理

清远市委、市政府高度重视雷电灾害防御工作,于 1989 年 10 月 19 日印发《关于成立清远市防雷设施检测所的批复》,在清远市气象局下设清远市防雷设施检测所。1996 年,清远市防雷设施检测所并挂清远市防雷中心牌子,为清远市气象局下属正科级事业单位。其主要职责是:负责清远市行政区域内防雷装置的管理和定期检测;负责清远市防雷工作的业务技术指导和咨询服务;承担清远市雷电灾害事故的调查、鉴定,并向有关部门提供雷电灾害实况报告等工作。1997 年 1 月 18 日,广东省第八届人大常委会第 129 号公告《广东省气象管理规定》,明确防雷安全设施由当地气象主管机构进行管理。这是广东省首次把防雷减灾工作纳入法规进行管理。2000 年 1 月 1 日起全国施行的《中华人民共和国气象法》,明确指出"安装的雷电灾害防护装置应当符合国务院气象主管机构规定的使用要求",把防雷减灾工作写入国家法律。

2001 年底,进行清远市国家气象系统机构改革。机构改革后,清远市防雷中心(清远市防雷设施检测所)为直属正科级事业单位。另外,设清远市防雷设施检测所清新分所,为副科级直属事业单位。

2006 年 7 月,清远市气象局在 2001 年机构改革的基础上,实施业务技术体制改革。这次改革,清远市防雷中心(清远市防雷设施检测所)、清远市防雷设施检测所清新分所机构设置和职责未做调整。

清远市防雷设施检测所清新分所前身是清新县防雷检测所。清新县防雷检测所于 1989 年由清新县质量技术监督局成立,并负责管理和开展防雷检测业务。该所 1999—2003 年由清远市气象局与清新县质量技术监督局共同管理,2003 年,撤销清新县防雷检测所,更名为清远市防雷设施检测所清新分所,由清远市气象局负责管理,属清远市气象局直属副科级事业单位。其工作职责是:负责清新县行政区域内防雷设施的管理,承担该县防雷设施的定期检测、防雷施工图纸的审核和防雷工程竣工验收,承担该县区域内雷电灾害事故的调查、鉴定。

1989 年 10 月成立清远市防雷设施检测所时,相关法律法规的建设还不完善,人员技术装备水平落后,人们防雷减灾意识薄弱。防雷减灾业务主要是与市消防局、劳动局合作开展静电接地的检测、电源避雷器的安装检测。工程设计和施工方面,业务量少,覆盖面窄。1994 年 3 月始,对新建建(构)筑物防雷设施进行设计审核、施工监督和竣工验收。同时,对正在使用的防雷设施实行定期检测制度。防雷设施通过检测合格的,发给全省统一的合格证书,不合格的提出定期整改直至达到合格。1999 年 3 月,广东省人民政府发出《颁布〈广东省防御雷电灾害管理规定〉的通知》,清远市政府转发此规定并提出贯彻意见。清远市气象局根据上级文件精神,进一步加强对清远市防雷设施检测所的领导,充实检测人员技术队伍,购置先进的检测仪器设备,制定完善的检测业务流程,逐步开展新建建(构)筑物防雷设施设计施工图的技术审查、工程竣工验收、隐蔽工程跟踪检测、定期检测等服务。

根据 1999 年 3 月广东省人民政府颁布的《广东省防御雷电灾害管理规定》,清远市防雷设施检测所开始履行新的职责:

（1）对清远市行政区域内各类防雷设施的建设进行监督和指导。

（2）对第一、二、三类防雷建筑物，以及易燃易爆等高雷击概率的场所的防雷设计实行审核制度。

（3）依法对第一、二、三类防雷建筑物的防雷设施进行验收。

（4）对防雷设施实行定期检测制度。

（5）负责清远市辖区内的雷电灾害调查和雷击事故鉴定工作及对雷电灾害情况进行汇总逐级上报。

（6）贯彻执行《广东省防御雷电灾害管理规定》和《中华人民共和国气象法》，依法对违反防御雷电灾害的行为实施行政执法。

为加强防雷减灾社会管理职能，依法贯彻落实行政许可法，2003年12月成立清远市防雷减灾管理办公室，为清远市气象局下属正科级事业单位。清远市防雷减灾管理办公室主要工作职责是：负责全市防雷减灾行政监督管理，贯彻、宣传、执行国家和省、市有关防雷减灾工作法律法规，组织或承办市政府安全生产防雷专业的督查工作；负责市区、清新县防雷行政执法工作，组织雷电灾害调查、鉴定及灾情上报工作。在市气象局的授权下具体办理防雷设计审核、竣工验收行政许可工作和防雷工程专业施工资质、个人施工资格的初审及管理等工作。

清远市防雷减灾管理办公室成立后，按照"政事分开"的原则，清远市防雷设施检测所主要负责全市防雷设施设计施工图技术审查、防雷设施检测、雷击风险评估等技术服务业务的指导、管理、培训等工作；承担市区、高新区、清城区新建、扩建、改建建（构）筑物防雷设施设计施工图技术审查、防雷设施工程质量监督检测、雷击风险评估和已建防雷设施定期安全检测等技术服务工作；负责组织全市防雷技术研究、科普宣传等工作。

1994年2月，清远市防雷设施检测所通过广东省质量技术监督局首次计量认证（证书编号：(94)量认(粤)字 L0406号），1999年1月又通过广东省质量技术监督局的计量认证复查，2003年开始着手准备计量认证转版工作，2006年5月通过转版，2008年按照《实验室资质认定评审准则》要求通过改版。

清远市防雷设施检测所自1998年6月派员参加广东省防雷中心组织的防雷设施检测员资格考试以来，有30余人通过考试并取得检测员资格证。2004年，广东省物价局发出新的《关于核定防雷设施检测等服务收费项目和收费标准的复函》，按照广东省物价局文件要求，清远市防雷设施检测所有5人通过全省防雷检测收费员资格证上岗考试。

第三节　雷电灾害统计与实例

清远市防雷设施检测所1989年成立初期，检测的机关单位和企业有25家。至2008年发展对工厂、学校、易燃易爆场所、机关单位、通信电力系统、计算机信息机房等346个单位进行防雷装置安全定期检测，对609个单位实施新建建（构）筑物防雷装置隐蔽工程跟踪检测和施工图技术审查。2001—2008年清远市防雷设施检测所、清远市防雷减灾管理办公室对横荷镇佛祖小学、清远市技工学校、清城区田龙砖厂、清远市保鸿涂料、清远市清新太平移民新村、清远市七星岗自来水厂等148宗雷电灾害事故进行调查鉴定。

据统计，2003—2008年全市共发生雷电灾害事故284宗，死亡4人，伤2人。其中有两宗雷击事故造成的损失和社会影响较大；2003年8月5日清远市七星岗自来水厂双回路备用电线遭受雷击，市区大范围供水陷入瘫痪状态，停水给人民群众的生活带来不便，给医院、宾馆酒店、餐饮业等行业造成巨大损失；2006年9月7日17时左右，清新县新洲一村民住宅遭受雷击，造成两人死亡，两人受伤，事发时天空乌云密布，电闪雷鸣，并伴有强降水，几名村民到事主家阳台避雨，不幸被雷击中，两名村民因伤势过重抢救无效死亡，两名伤者身上多处烧伤。

附一：建筑物防雷设计规范 GB 50057—1994（节录建筑物的防雷分类部分）

建筑物根据其重要性、使用性质、发生雷电事故的可能性和后果，按防雷要求分为三类。

遇下列情况之一时，应划为第一类防雷建筑物：

一、凡制造、使用或贮存炸药、火药、起爆药、火工品等大量爆炸物质的建筑物，因电火花而引起爆炸，会造成巨大破坏和人身伤亡者。

二、具有0区或10区爆炸危险环境的建筑物。

三、具有1区爆炸危险环境的建筑物，因电火花而引起爆炸会造成巨大破坏和人身伤亡者。

遇下列情况之一时，应划为第二类防雷建筑物：

一、国家级重点文物保护的建筑物。

二、国家级的会堂、办公建筑物、大型展览和博览建筑物、大型火车站、国宾馆、国家档案馆、大型城市的重要给水水泵房等特别重要的建筑物。

三、国家级计算中心、国际通讯枢纽等对国民经济有重要意义且装有大量电子设备的建筑物。

四、制造、使用或贮存爆炸物质的建筑物，且电火花不易引起爆炸或不致造成巨大破坏和人身伤亡者。

五、具有1区爆炸危险环境的建筑物，且电火花不易引起爆炸或不致造成巨大破坏和人身伤亡者。

六、具有2区或11区爆炸危险环境的建筑物。

七、工业企业内有爆炸危险的露天钢质封闭气罐。

八、预计雷击次数大于0.06次/年的部、省级办公建筑物及其他重要或人员密集的公共建筑物。

九、预计雷击次数大于0.3次/年的住宅、办公楼等到一般民用建筑物。

遇下列情况之一时，应划为第三类防雷建筑物：

一、省级重点文物保护的建筑物及省级档案馆。

二、预计雷击次数大于或等于0.012次/年，且小于或等于0.06次/年的部、省级办公建筑物及其他重要或人员密集的公共建筑物。

三、预计雷击次数大于或等于0.06次/年，且小于或等于0.3次/年的住宅、办公楼等一般性民用建筑物。

四、预计雷击次数大于或等于 0.06 次/年的一般性工业建筑物。

五、根据雷击后对工业生产的影响及产生的后果,并结合当地气象、地形、地质及周围环境等因素,确定需要防雷的 21 区、22 区、23 区火灾危险环境。

六、平均雷暴日大于 15 天/年的地区,高度在 15 m 及以上的烟囱、水塔等孤立的高耸建筑物;在平均雷暴日小于或等于 15 天/年的地区,高度在 20 m 及以上的烟囱、水塔等孤立的高耸建筑物。

附二:雷电灾害防御法律法规

一、《广东省气象管理规定》由广东省第八届人民代表大会常务委员会第二十六次会议于 1997 年 1 月 18 日通过,自 1997 年 3 月 23 日起施行。

二、《广东省防御雷电灾害管理规定》(粤府〔1999〕21 号)

三、《中华人民共和国气象法》由全国人民代表大会常务委员会第十二次会议于 1999 年 10 月 31 日通过,自 2000 年 1 月 1 日起施行。

四、《国务院对确需保留的行政审批项目设定行政许可的决定》(国务院令第 412 号)

五、《防雷减灾管理办法》(中国气象局令第 8 号)

六、《防雷工程施工资质管理办法》(中国气象局令第 10 号)

七、《防雷装置设计审核和竣工验收规定》(中国气象局令第 11 号)

八、《气象灾害防御条例》(国务院令第 570 号)

第十一章 人才队伍与科研

第一节 队伍结构

一、队伍变化

据 1989—2008 年资料统计,全市气象部门国家编制在职平均数为 93 人,其中市局 39 人,县局 54 人,市局职工人数占全市气象部门总人数的 42%,县局职工人数占全市气象部门总人数的 58%。职工人数在不同年份有增有减,但总的是增长趋势,增长幅度市局大于县局。1989 年市局成立时只有 25 人,至 2008 年市局增加到 47 人,增幅为 47%。

2001 年,全市气象部门进行机构改革,机构改革方案实施前,部分人员分流或提前退休,使 2000 年底在职人数锐减 18 人,比平均人数少 15 人,是成立市局以来人员最少之年。2001 年起职工总人数又开始逐年增长。

为适应地方气象事业的发展,从 2000 年 12 月起,陆续从外单位调入或接收高等院校毕业生,或从社会吸收一些职工,并纳入地方气象事业编制。至 2008 年,全局地方气象事业编制人数为 12 人。

随着气象事业的发展和人事制度的改革,气象部门对编制以外人员的使用越来越普遍,1998—2008 年,全市气象部门招聘编制外人员(含人事代理人员)共 45 人。

二、队伍结构

性别结构:据 1989—2008 年资料统计,全市气象部门男性职工平均占职工总人数的 74%,女性职工占职工总数的 26%。男职工占职工总数最高的年份是 1994 年的 77%,最低(女职工占职工总数最高)年份为 2008 年的 70%。

年龄结构:以 1989、1995、2002、2008 年四年抽样调查说明,全市气象部门在 2001 年机构改革以前,35 岁以下、36～45 岁以及 46 岁以上的人数各占职工总人数的 1/3 左右。2001 年机构改革后,部分职工提前退休,职工队伍的年龄结构发生变化,职工队伍更趋年轻化。2002 年底,35 岁以下的人员占全局总人数的 57%,2008 年上升至 60%,2002 年和 2008 年,46 岁以上的人数分别占职工总人数的 19% 和 21%。

文化结构:1995 年前,大专以上学历的人数均在 9 人以下(约小于职工总数的 10%),中专以下学历人数占职工总数的 90% 以上;1996 年起,大专以上学历人数普遍以每年 3～4 人递增;至 2003 年,增至 36 人,为职工总数的 38%;2004 年以后,随着在职学历教育的发展和普及,职工队伍的文化结构发生很大的变化,大专以上学历的人数均在 48 人以上;2008 年达到 80 人,为职工总数的 81.6%,相比 1989 年(大专以上学历 6 人)增加 10 多倍。

技术职务结构:1989—2001 年,年际变动为有技术职务的人数占单位总人数的 82%～90%。2002 年以后,有技术职务的人数(不含参照公务员管理的人员)均占单位总人数的92% 以上。最多为 2005 年,达 99%。

除 1997、1998、1999 年三年中级以上专业技术职务人数多于初级专业技术职务人数外,其余各年初级专业技术职务人数均大于中级以上专业技术职务人数。

表 11-1-1　清远市气象局年龄结构表(抽样调查)　　　　　　(单位:人)

年份	总人数	≤35 岁人数	36～45 岁人数	≥46 岁人数
1989	94	37(占 39%)	34(占 36%)	23(占 25%)
1995	93	30(占 32%)	31(占 33%)	32(占 35%)
2002	93	53(占 57%)	22(占 24%)	18(占 19%)
2008	98	58(占 59%)	19(占 20%)	21(占 21%)

注:抽样调查人员为国家编制在职人员。

表 11-1-2　1989—2008 年清远市气象局在职人员结构情况统计表　　　　　(单位:人)

年份	职务						性别		政治面貌			学历				技术职务			
	处级	正科级	副科级	技术人员	职工(含见习生)	合计	男	女	中共党员	共青团员	群众	大学以上	大专	中专	高中以下	高级职称	中级职称	初级职称	合计
1989	2	2	3	14	4	25	19	6	9	3	13	3	1	15	6	0	6	15	21
1990	2	4	2	16	8	32	21	11	10	5	17	3	3	17	9	0	7	17	24
1991	2	5	1	20	6	34	22	12	10	5	19	2	4	19	9	0	8	20	28
1992	2	7	0	21	5	35	23	12	11	5	19	3	4	19	9	0	10	20	30
1993	2	6	0	22	4	34	23	11	10	5	19	3	4	18	9	1	8	21	30
1994	2	4	6	18	3	33	22	11	10	4	19	2	4	18	9	1	9	20	30
1995	3	5	6	17	5	36	24	12	15	3	18	1	4	25	6	0	12	19	31
1996	3	6	9	16	7	41	28	13	17	7	17	3	5	26	8	0	15	19	34
1997	3	8	10	16	6	43	29	14	18	9	16	4	5	26	8	0	15	22	37
1998	2	8	9	16	5	40	26	14	15	11	14	4	5	22	9	0	12	23	35
1999	2	9	11	14	5	41	27	14	18	10	13	4	6	22	9	1	14	21	36
2000	3	8	7	12	5	35	22	13	16	10	9	5	5	20	5	0	10	20	30
2001	3	8	6	13	8	38	27	11	13	17	8	4	5	21	8	0	10	20	30
2002	3	11	7	20	1	42	30	12	19	15	8	8	9	21	4	0	11	30	41
2003	3	11	8	19	1	42	29	13	21	14	7	9	11	19	3	0	11	30	41
2004	3	8	7	22	2	42	27	15	21	15	6	12	13	15	2	0	12	28	40
2005	4	9	7	22	0	42	28	14	21	15	6	15	11	15	1	0	14	28	42
2006	4	10	8	22	1	45	29	16	25	14	6	18	16	10	1	0	14	30	44
2007	4	10	8	23	0	45	29	16	25	14	6	21	16	7	1	0	15	30	45
2008	4	9	9	22	3	47	30	17	26	14	7	23	17	6	1	1	16	27	44

表 11-1-3　1989—2008 年清远市气象部门在职人员结构情况统计表　　（单位：人）

年份	职务						性别		政治面貌			学历				技术职务			
	处级	正科级	副科级	技术人员	职工（含见习生）	合计	男	女	中共党员	共青团员	群众	大学以上	大专	中专	高中以下	高级职称	中级职称	初级职称	合计
1989	2	6	8	62	16	94	69	25	35	16	43	3	3	62	26	0	17	61	78
1990	2	6	9	62	15	94	69	25	34	15	45	3	8	62	21	0	17	62	79
1991	2	7	8	63	13	93	67	26	31	13	49	2	9	62	20	0	16	64	80
1992	2	13	3	65	14	97	72	25	37	12	48	3	9	66	19	0	28	55	83
1993	2	12	4	65	10	93	71	22	35	14	44	3	8	64	18	1	32	51	84
1994	2	10	10	63	7	92	71	21	35	14	43	2	8	64	18	1	32	52	85
1995	3	9	12	59	10	93	71	22	40	14	39	2	7	70	14	0	40	43	83
1996	3	10	16	50	15	94	72	22	42	20	32	4	8	62	20	0	43	36	79
1997	3	14	16	50	10	93	71	22	44	15	34	6	7	66	14	0	42	41	83
1998	2	16	13	48	11	90	69	21	19	40	31	6	9	62	13	0	40	39	79
1999	2	17	14	47	12	92	69	23	42	21	29	8	10	62	12	1	40	39	80
2000	3	15	11	42	7	78	57	21	33	22	23	8	10	51	9	0	28	43	71
2001	3	16	10	40	15	84	61	23	29	35	20	11	13	53	7	0	24	45	69
2002	3	20	11	52	7	93	69	24	36	36	21	13	15	58	7	0	25	61	86
2003	3	17	14	58	2	94	68	26	44	31	19	14	22	52	6	0	25	67	92
2004	3	14	12	61	6	96	68	28	44	35	17	19	29	42	6	0	27	63	90
2005	4	15	12	63	1	95	67	28	44	35	16	23	29	38	5	0	28	66	94
2006	4	16	14	59	2	95	67	28	46	32	17	26	39	25	5	0	27	66	93
2007	4	16	14	60	3	97	69	28	52	31	14	37	37	18	5	0	28	66	94
2008	4	15	15	59	5	98	69	29	52	32	14	42	38	13	5	1	31	61	93

表 11-1-4　1956—1988 年清远市气象局职工人数表　　（单位：人）

年份	机构名称	总人数	领导人数
1956	清远气候站	2	—
1957	清远气候站	3	—
1958	清远县气象站	3	1
1959	清远县气象站	4	1
1960	清远县气象站	5	1
1961	清远县气象站	5	1
1962	广东省清远县气象服务站	5	1
1963	广东省清远县气象服务站	5	1
1964	广东省清远县气象服务站	5	1
1965	广东省清远县气象服务站	8	1
1966	广东省清远县气象服务站	7	1

续表

年份	机构名称	总人数	领导人数
1967	广东省清远县气象服务站	6	1
1968	广东省清远县气象服务站	6	1
1969	清远县气象水文服务站	7	1
1970	清远县气象水文服务站	9	1
1971	广东省清远县气象站	9	2
1972	广东省清远县气象站	12	2
1973	广东省清远县气象站	11	1
1974	广东省清远县气象站	11	1
1975	广东省清远县气象站	14	1
1976	广东省清远县气象站	14	1
1977	广东省清远县气象站	14	1
1978	广东省清远县气象站	14	1
1979	广东省清远县气象站	14	1
1980	广东省清远县气象站	15	1
1981	广东省清远县气象局(站)	16	1
1982	广东省清远县气象局(站)	17	2
1983	广东省清远县气象局(站)	19	2
1984	广东省清远县气象局(站)	20	2
1985	广东省清远县气象局(站)	19	2
1986	广东省清远县气象局(站)	19	2
1987	广东省清远县气象局(站)	18	2
1988	广东省清远县气象局(站)	20	4

第二节 在职教育

一、在职人员培训

建站至成立清远市气象局前,职工培训的重点是专业培训,以选派人员参加地方和省气象局举办的各类短训班为主。培训的项目有气象观测、天气预报、农业气象、仪器检修、气象传真、业务规范等。培训时间短的有 10 天左右,长的为一年以上。当时的专业培训主要是针对人员素质一时跟不上业务需求而开展的,因而培训具有很强的针对性和实用性,所以参加培训的职工能较快适应相应工作的要求,并能在长期的工作岗位上起到骨干作用。

市局成立初期,因业务发展和管理任务增加的需要,除不断派人参加上级业务部门举办的现代气象科技、现代化新技术和现代化管理,以及人事、财务、文秘、纪检等专业培训外,还自己办班进行针对性的学习与提高。随着气象事业的发展和在职教育管理工作的规范化,2003 年以来,市局坚持每年举办 3~5 期的培训班,时间一般为 2~4 天,最长的一次为 13 天。培训的内容有测报技术、自动站维护、人工增雨作业、气象防雷技术、施放气球规范、财务知识、气象法律法规等。随着中国气象局培训中心远程教育网的开通,全市气象系

235

统职工联系工作实际参加远程培训。2005—2008年,接受远程培训546人次。从2004年起,根据工作需要,采取不定期的方式,选派骨干人员到省气象局访问进修学习。访问进修时间一般为3个月。至2008年,派选3人到省气象台进行进修学习。同时,根据中国气象局的要求,2005年起,非气象专业大学生分期分批到湖南、成都等地参加中国气象局组织的为期3个月的气象专业知识培训。

二、在职学历教育管理

清远市气象局在职学历教育管理工作,按照"构筑终身教育体系,创建学习型部门"的发展方向开展,并以高层次人才培养为重点,以提高人员队伍的整体素质和能力为目的。

成立清远市气象局前,各县站在职人员学历教育由所属上级主管单位管理。这一时期的在职学历教育学员以脱产学习为主,学习层次一般为中专,就读的学校主要有湛江气象学校、广东省气象学校、广西壮族自治区气象学校等。

清远市气象局成立后,把气象在职教育列入重要工作之一,成立主管机构,配备兼职气象在职教育管理干部,实行继续教育证书制度。2002年9月,制定《清远市气象局在职人员参加学历教育暂行规定》,对参加学历教育的条件、审批程序、学费开支、学员差旅费和伙食补助等做出规定,使在职学历教育工作逐步走上规范化、制度化轨道。2005年6月,清远市气象局发出《清远市气象部门在职教育管理办法》,规定在职学历教育申报审批程序及教育培养方式,明确凡获得省气象局批准参加学历教育者,毕业后省局报销学费1/3,所在单位报销学费1/3,个人支付学费1/3;获市气象局批准参加学历教育者,毕业后由所在单位和个人各支付1/2的学费。全市气象部门职工普遍参加由中专上大专、由大专上大学、由大学上研究生的在职学历教育。1989—2008年,全市气象部门编制内人员参加在职学历国民教育共80人,其中中专毕业6人,大专毕业54人,大学毕业20人。

表 11-2-1 2003—2008年清远市气象系统举办培训班情况表

年份	办班期数	办班时间	培训天数（天）	培训内容	培训人数（人）	备注
2003	5	1月	1	会计基础知识	10	
		8月	2	防雷工程管理和资质评审	13	
		8月10日	1	人工增雨作业岗位培训	24	
		12月4—9日	6	《地面气象观测规范》(新规范)	32	共2期
2004	4	1月	1	财务管理	10	
		7月12—13日	2	防雷技术规范、《建筑物防雷设计规范》	27	
		8月4—6日	3	人工增雨作业岗位培训	40	
		10月29日—11月4日	7	施放气球人员上岗资格培训	36	
2005	4	1月	1	《会计法》	10	
		5月14—15日	2	防雷检测、防雷工程技术	43	
		7月29—30日	2	计量认证及质量体系文件编号	30	
		10月29日—11月1日	4	施放气球操作规程及其相关法律法规	55	气象系统人员

续表

年份	办班期数	办班时间	培训天数（天）	培训内容	培训人数（人）	备注
2006	5	2月28日—3月2日	3	有线遥测自动站维护	11	
		3月16—17日	2	地面测报业务系统	13	
		3月20日	1	防雷物价标准	17	
		9月12—14日	3	地面观测站业务调整	9	
		11月4日至次年1月27日	13	气象法律法规、防雷业务知识	32	每周六培训
2007	5	6月8—9日	2	《建筑物防雷设计规范》GB 50057—1994(2000年版)	40	
		7月	2	国库集中支付及会计知识	16	
		8月1日	1	人工增雨作业知识	24	
		10月22—23日	2	区域自动站维护	12	
		12月12—15日	4	施放气球岗位培训	45	
2008	3	6月19—20日	2	防雷工程施工管理	27	
		6月28—29日	2	防雷检测技术	18	
		9月26—27日	2	气象新闻宣传、公文写作和公文处理	25	

表 11-2-2　2003—2008 年清远市气象部门职工非学历教育情况统计表　（单位：人次）

年份	非学历教育总人次	参加各类组织机构举办的培训人次									中国气象局统一组织岗位培训人次			远程培训人次
		合计	中国气象局培训中心	各单位自行组织	地、市、县局自行组织	中央或地方党校	中央或地方行政学院	国（境）外	研究生课程班	其他	应训人数	实际培训人数	获证人数	
2003	111	111	0	30	79	0	0	0	2	0	0	0	0	0
2004	114	0	1	0	113	0	0	0	0	0	0	0	0	0
2005	212	151	0	0	138	12	0	1	0	0	0	0	0	61
2006	177	82	0	0	82	0	0	0	0	0	0	0	0	95
2007	398	181	1	39	137	4	0	0	0	0	7	7	0	210
2008	309	129	0	35	70	5	0	0	3	16	0	0	0	180

表 11-2-3　1976—2008 年清远市气象部门职工在职学历教育情况统计表　（单位：人）

年份	中专毕业	大专毕业	大学毕业	年份	中专毕业	大专毕业	大学毕业
1976	2	1	0	1993	0	0	0
1977	1	0	0	1994	0	0	0
1978	0	0	0	1995	1	2	0
1979	0	0	0	1996	0	1	0
1980	0	0	1	1997	0	0	0

续表

年份	中专毕业	大专毕业	大学毕业	年份	中专毕业	大专毕业	大学毕业
1981	0	0	0	1998	0	0	1
1982	1	0	0	1999	0	2	0
1983	1	0	0	2000	0	3	0
1984	0	0	0	2001	0	1	0
1985	2	0	0	2002	0	2	0
1986	1	0	0	2003	0	8	0
1987	1	2	0	2004	0	5	1
1988	1	0	0	2005	0	7	2
1989	3	1	0	2006	0	11	3
1990	1	1	0	2007	0	4	8
1991	1	0	0	2008	0	4	5
1992	0	2	0	合计	16	57	21

注:此表只统计编制(国家、地方编制)内参加国民教育人数。

第三节　科研成果

建站至 20 世纪 60 年代末,县气象站在收听省气象台天气形势预报的基础上,结合当地气象资料做补充订正天气预报,并采用三线图、点聚图以及数值统计制作出一批预报方法和工具,供天气预报业务使用。

1975—1976 年,研制出"回归方程"、"方差分析"为主的数理统计单站预报方法,并采用时间剖面图制作出大(雨)到暴雨、低温阴雨、台风等预报工具。

1978—1980 年,清远县气象站参加热带天气科研重点课题《华南前汛期暴雨成因及预报方法》科研实验,作为华南三省重点实验区内的清远站承担 4—6 月暴雨天气加密观测、发报和编制报表任务,为分析总结华南前汛期暴雨成因和预报技术提供实验数据。

1979 年 9 月,清远县气象站被省气象局确定为农业气象基本站(全省设 35 个农业气象基本站)。农业气象观测点在清远县农科所及清城公社黄坑大队第十四生产队。其主要任务是:按照中央气象局颁发的《农业气象观测方法》进行农业气象观测、开展农业气象的大田调查、开展农业气象分析工作、开展水稻产量预报等。至 1985 年,有"早稻花期天气与产量分析"、"试论渔业生产与气候条件的关系"、"春季植树气候条件"等多项科研成果得到应用。

1981 年上半年,由清远县农业区划委员会成员、气象站副站长杨际通领头,组成调查小组,对全县不同地区的气温、日照、降水量等气候资源及各种灾害性天气(包括旱、涝、风、雹、霜冻等)发生的情况进行调查,编写出《清远县农业气候资源分析》和《清远县农业气候区划》手册,为全县农业发展提供科学依据。

1982 年 7 月至 1984 年,开展清远地区暴雨预报技术改革试验工作。试验小组由省、市、县三级人员组成,省气象局杨仕德任组长。实验阶段研制出"850 hPa 形势分型预报模式"、"南风指数综合指标"、"单站 P、T、e 曲线模式"、"500 hPa 指标站讯号"等 20 个预报工具进行预报暴雨试验,并总结出预报经验。

1984年,开展清远气象资料的整编工作,并按照要求对基本资料、基本图表、基本档案进行分类统计及整理,列出1957—1983年历年各月平均气温、日照时数、降水量、平均水汽压等气候资料。统计出气压、气温、湿度、降水等气象要素累年各月平均值。气象资料的编研成果为提高业务质量奠定坚实基础。

1984—1985年,在建造清远北江大桥过程中,派专人到工程指挥部或施工现场了解工程进度及施工情况,并围绕桥墩浇灌、大桥合龙等关键施工提供现场气象服务,使工程施工趋利避害,取得成效。1986年3月,《前汛期北江大桥关键施工气象预报》获清远县科技项目一等奖。

清远市气象局成立后,气象科研工作得到很大发展,并取得多项科研成果奖。1991年起,共获得广东省农业技术推广奖5次,有4个科研项目在市获奖。同时,承担省级科研课题共7项,承担市级科研课题1项,自主开展科研课题3项。

表11-3-1　清远市气象局科研成果表

获奖项目	获奖单位	授予单位	奖励名称	等级	授予时间
前汛期北江大桥关键施工气象预报	清远县气象局	清远县科学技术委员会	清远县科技项目奖	一等	1986.3
1987年前汛期降水量集中时段预报	清远县气象局	清远县科学技术委员会	清远县科技项目奖	三等	1988.4
利用山区光温水气候资源发展反季节蔬菜生产	市山区气候研究所	广东省农业技术推广奖评审委员会	广东省农业技术推广奖	二等	1991.12
优化蔗田气候生态环境在提高甘蔗产量上的应用	市山区气候研究所	清远市农业委员会	清远市农业技术推广奖	二等	1992.6
热量资源的人工补偿在提高水稻产量上的应用	市气象局	清远市农业委员会	清远市农业技术推广奖	三等	1992.6
热量资源的人工补偿在提高水稻产量上的应用	市气象局	广东省农业技术推广奖评审委员会	广东省农业技术推广奖	二等	1992年
农业气候区划成果在发展山区蚕桑水果上的应用推广	市气象局、市农业委员会	清远市农业委员会	清远市农业技术推广奖	二等	1993.6
农业气候区划成果在发展山区蚕桑水果上的应用推广	市气象局、市农业委员会	广东省农业技术推广奖评审委员会	广东省农业技术推广奖	二等	1993年
粤北山区主体农业气候资源与反季节蔬菜农业气象适用技术	市山区气候研究所	清远市科学技术委员会	清远市科技进步奖	三等	1994.6
水稻生产农业气象运用技术的应用推广	市气象局	广东省农业技术推广奖评审委员会	广东省农业技术推广奖	三等	2000.3
广东山区气候资源高效利用研究	市气象局	广东省农业技术推广奖评审委员会	广东省农业技术推广奖	二等	2004.8

表 11-3-2 清远市气象局科研课题表

课题名称	项目编号	项目负责人	项目完成人	下达项目单位	项目起止时间
混凝土表面温度对比观测及其预报方法	0217	杨宁	王天龙、彭惠英(女)、梁艳芳(女)、王南燕(女)、王燕玲(女)	广东省气象局	2002.7—2005.8
北江流域降水量与洪水预报系统	0218	杨宁	杨宁、蒋国华、王天龙、杨永生	广东省气象局	2002.7—2005.8
清远市干旱监测预警服务系统	0433	杨永生	杨永生、杨宁、蒋国华、宋艳华(女)、彭惠英	广东省气象局	2004.8—2005.8
西南低涡与清远汛期暴雨的关系	200528	蒋国华	蒋国华、罗律、王天龙、杨永生	广东省气象局	2005.8—2007.5
清远市低温霜冻监测预报服务系统	2006B29	罗晓丹(女)	罗晓丹、洪冠中、蒋国华、杨宁、秦传耀	广东省气象局	2006.7—2009.6
清远市强降水数值预报产品精细化方法研究(子课题)	2007A01	蒋国华	蒋国华、李翠华(女)	广东省气象局	2007.10—2010.12
广东粤北腹露蝗发生的气象预测系统研究	2007E04	杨永生	杨永生、杨宁、蒋国华、涂宏兰、彭惠英	广东省气象局	2007.12—2010.2
清远市立体农业气候资源开发利用研究	200606	蒋国华	蒋国华、王天龙、罗律、杨永生、罗晓丹、宋艳华	清远市科技信息局	2006.7—2009.6
清远市强对流天气预警方法研究	200601	王天龙	王天龙	清远市气象局	2006.11—2009.7
短时和临近预报质量评价系统	200602	罗律	罗律、蒋国华	清远市气象局	2006.9—2008.10
近50年清远市气温变化之研究	200604	宋艳华	宋艳华、张润仙(女)、罗律、杨永生	清远市气象局	2007.11—2009.7

注:本表为2008年前立项目以后通过验收的科研课题。

第四节 气象科普

20世纪60—70年代初,县气象站通过各公社气象哨在开展气象服务的同时普及气象知识。每年召集公社气象哨人员及有看天经验的老农会商天气,收集在群众中广为流传的气象谚语汇编油印成小册子,同时向群众普及气象知识。

1975年,举办公社气象哨气象员学习班,由陈天送、何镜林在县气象站向各公社气象哨气象员讲授农业气象、气象学、天气学等气象知识。

20世纪70年代,中小学地理课有气象方面的内容,到气象站参观是学校的一项课外活动,每年都有数百名学生到气象站参观,一些学校还邀请气象站的技术人员到校授课,讲解气象知识。1976年,在气象站技术人员陈天送的指导下,清远县第一中学结合教学活动在校设立气象观测场地,开展气象知识的科教活动。

进入20世纪80年代,随着农业生产责任制的推行,农林牧渔各行业的发展,农业生产与气象的关系更加密切,气象站根据领导决策科学化的需要,经常利用参与会议的机会开展气象知识宣传和气象科普工作。

清远市气象局成立后,更加重视气象科普工作,科普活动更加广泛深入。1998年,市气象局团支部在清城先锋街摆摊设点,向群众宣传气象知识,开展为民便民利民服务。2000年3月23日,借世界气象日及宣传《中华人民共和国气象法》之际,市气象局再次在清城先锋街举办气象科普教育活动。活动内容包括气象常识、气象法律法规咨询、问卷调查等。

每年"3·23"世界气象日,市气象局都组织一系列的科普活动,科普活动围绕世界气象日的主题来开展。活动的形式主要有:邀请分管气象工作的市领导进行电视讲话,宣传气象工作和普及气象知识;设立气象科普知识开放日,面向社会开放,由工程技术人员向参观的群众讲解和答询气象科学知识;在清城区南门街、先锋街、赢之城、中山公园等地设点,开展气象咨询与宣传;撰写科普文章在《清远日报》《南方日报·清远观察》上发表,2003年以来发表《我市气象事业在防灾减灾中发展》《去年冬天为什么这么冷?》《又到雷雨多发季节,防雷专家为您支招》《购房如何判断雷电防护功能》《清远市气候特点》《清远市防御气象灾害预警信号选登》与《"12121"电话信息服务》等数十篇文章。

第五节　对外交往

清远市气象局成立后,曾派出领导干部和业务技术骨干参加省气象局或市政府组织的考察团,赴国外或港、澳、台地区参观考察,学习国外和境外先进气象科学技术和管理经验。1992年1月,梁华兴参加广东省气象考察团,赴香港天文台考察。2002年4月,姚科勇参加广东省气象考察团,赴美国参加防雷减灾技术培训班,培训期间,对美国防雷减灾技术及防雷减灾体系进行考察。

1996年以来,市气象局曾先后接待过国外气象同行。1996年11月,美方代表VCAR项目办公室副主任Emmanuel在国家气候中心副主任王守荣、计算机室主任李骥和省气象局科教处处长黄增明、研究所副所长彭涛涌的陪同下,到市气象局考察。2002—2004年,在国家气候中心和省气象局的指导下,市气象局承担中美合作的"农田温室气体通量观测及对比分析"科研项目。在该项目进行的过程中,美方派出代表数月食宿在市气象局内,与中方代表(市气象局科技人员)一起开展科研工作。

第十二章　人物

第一节　清远市气象局历届领导班子成员

梁华兴，男，汉族，1936年5月出生，籍贯广东开平，成都气象学校中专毕业，1957年8月参加工作；1973年10月加入中国共产党；1957年8月至1964年5月，先后在吉林省四平市、长白山天池等气象站工作；1964年5月调回广东三水县气象站；1964年10月至1989年3月在广东英德县气象站（局）工作；1981年1月起历任英德县气象局秘书、副局长、局长职务；1989年3月任清远市气象局（台）副局（台）长；1992年9月至1996年8月任清远市气象局局长；1994年1月至1996年8月任清远市气象局党组书记；1996年8月退休。

吴武威，男，汉族，1946年8月出生，籍贯广东潮州，中山大学大学本科毕业，1970年8月参加工作；1991年12月加入中国共产党；1993年9月被聘为高级工程师；1989年3月至1995年10月任广东省清远市气象局副局长；1994年1月至1995年10月任广东省清远市气象局党组成员；1995年10月调广东省汕尾市气象局任局长。

刘日光，男，汉族，1959年1月出生，籍贯广东揭西，华南师范大学函授本科毕业。1975年7月参加工作（揭西县河婆镇下乡知青），1979年10—12月在广东省英德县人民政府招待所工作；1980年1月调入广东省英德县气象站；1983年9月加入中国共产党；1987年1月至1995年8月任英德县气象局股长、副局长、局长职务；1995年8月上调到广东省清远市气象局任副局长；1996年9月任清远市气象局党组副书记；1998年5月起任广东省清远市气象局党组书记、局长职务。

姚科勇，男，汉族，1954年1月出生，籍贯广东英德，中共中央党校函授本科毕业。1972年3月参加工作；1973年12月加入中国共产党；1988年5月至1989年4月任广东省英德县气象局副局长；1989年5月调任广东省清远市气象局办公室副主任；1990年5月任清远市气象局办公室主任；1994年11月起任清远市气象局党组成员；1996年9月至2004年4月任清远市气象局副局长；1998年8月兼任清远市气象局工会主席；2004年4月转任清远市气象局党组纪检组组长。

许永锞，男，汉族，1967年11月出生，籍贯广东潮州，北京大学本科毕业，1991年7月参加工作；1994年12月被聘为工程师技术职务；1996年9月从广东省气象局调任清远市气象局副局长；1996年9月加入中国共产党；1998年11月调回广东省气象局工作。

杨宁，男，汉族，1963年7月出生，籍贯广东廉江，北京气象学院函授大专毕业，1982年8月在英德县气象局参加工作；1995年6月加入中国共产党；1989年8月至1993年1月任广东省英德县气象局防雷设施检测所所长；1993年2月调任广东省清远市气象局预报科副科长；1995年5月起先后任清远市防雷设施检测所所长、清远市气象局预报科科长职务;1999 年 4 月至 2000 年 7 月,任广东省清远市气象局党组成员、局长助理;2000 年 8 月至 2008 年 7 月任清远市气象局党组成员、副局长;2008 年 8 月调到清远市代建项目管理局任副局长。

李国毅,男,汉族,1971 年 8 月出生,籍贯广东英德,湖北工业大学函授本科毕业。1992 年 5 月加入中国共产党;1992 年 7 月至 1995 年 10 月在广东省佛冈县气象局工作;1995 年 10 月上调广东省清远气象局;1999 年 2 月任清远市防雷设施检测所副所长兼防雷中心副主任;2001 年 1 月至 2005 年 9 月,先后任广东省清远市防雷设施检测所所长、防雷中心主任等职务;2005 年 9 月起,任广东省清远市气象局党组成员、副局长。

蒋国华,男,汉族,1975 年 5 月出生,籍贯湖南岳阳,南京气象学院本科毕业。1999 年 12 月于广东省清远市气象局参加工作;2001 年 8 月加入中国共产党;2002 年 9 月至 2004 年 6 月在中山大学研究生课程班学习(结业);2001 年 12 月至 2003 年 12 月任广东省清远市气象局气象台副台长;2003 年 12 月至 2008 年 10 月任台长;2005 年 9 月,任广东省清远市气象局党组成员、局长助理;2008 年 11 月起任广东省清远市气象局党组成员、副局长。

第二节　获省部级以上综合表彰奖励的先进个人

刘日光,男,汉族,1975 年 7 月参加工作,1983 年 9 月加入中国共产党,1995 年 8 月任广东省清远市气象局副局长,1998 年 5 月任广东省清远市气象局党组书记、局长职务。自 1996 年主持清远市气象局工作以来,刘日光一心扑在事业和工作上,带领全市气象工作者,锐意改革,开拓进取,使气象事业迅速发展,取得很好的成绩,气象工作为政府指挥生产、防灾减灾发挥重要作用。刘日光多次被市委、市政府和省气象局评为先进个人,2000 年 12 月被中国气象局授予"全国气象部门双文明建设先进个人"称号,2003 年和 2005 年被广东省人民政府授予"'三五'普法先进个人"、"抗洪抢险先进个人"称号。

刘国望,女,汉族,1936 年出生,1952 年 5 月参加工作,1981 年加入中国共产党,1984 年 10 月起任连南瑶族自治县气象局(站)长,1989 年 12 月退休。1978 年在连南寨岗镇气象哨担任气象员期间,在工作中依靠群众办好气象哨,使气象更好地为农业生产服务,当好地方政府气象参谋,工作成绩显著,1979 年 9 月被评为全省气象系统"三八"红旗手和标兵。同年,被授予"全国三八红旗手"称号。

钱桂华,女,汉族,1936 年 11 月生于江苏镇江,1957 年 7 月到佛冈县气象站工作,1985 年 6 月加入中国共产党。1985 年 1 月至 1991 年 12 月任测报股股长。她热爱气象,认真搞好地面气象观测工作。1984 年 1 月、1990 年 11 月和 1993 年 12 月分别被国家气象局授予"质量优秀测报号"称号;1988 年 5 月被广州市政府授予"劳动模范"称号;1989 年 4 月被国家气象局授予"双文明建设先进个人"称号。

秦传耀,男,汉族,1959 年 10 月出生,广东普宁人,广播电视大学专科学历,1975 年 7 月至 1978 年 3 月在广东阳山黄坌知青场工作,1978 年 4 月到阳山县气象站,1985 年 3 月起历任阳山站测报股副股长、股长、业务股股长等职,2001 年 10 月调到清远市气象局工作,2003 年 7 月加入中国共产党,2006 年 9 月任清远市气象局办公室副主任科员。1987 年至 1990 年先后三次被国家气象局授予全国"质量优秀测报员"称号,1987 年被韶关市委、市政府授予"社会主义文明建设先进个人"称号,并被广东省气象局评为"全省气象系统先进工作者",1989年2月被国家气象局评为全国气象部门"双文明建设先进个人"。

第三节　名录

表 12-3-1　1993—2008 年清远市气象部门历届当选县、市人大代表或政协委员名录

姓名	性别	职务	届次	任职时间
吴武威	男	清远市政协委员	第二届	1993.10—1998.10
秦传耀	男	阳山县政协委员	第五届	1998.2—2002.3
吴珍梅	女	清远市人大代表	第二、第三届	1993.10—2003.9
罗雪花	女	清远市政协委员	第三、第四届	1998.11—2006.12
罗晓丹	女	清远市政协委员	第五届	2007.1—
杨国雄	男	阳山县政协委员	第六届	2005.2—
		阳山县政协常务委员	第七届	2007.1—
莫秀清	男	连山壮族瑶族自治县政协委员	第六届	1998.3—2003.3
张新龙	男	英德市政协委员	第十届	2007.1—
黄达治	女	连县政协委员	第五～七届	1987.2—1993.2
		连州市政协委员	第八～九届	1998.2—2004.6
		连州市人大代表	第十二届	2003.3—2004.6
招锡尧	男	佛冈县政协委员	第七届	2003.3—2006.3

表 12-3-2　个人获奖名录(1989—2008 年获厅局级以上奖励者)

姓名	性别	工作单位	获奖名称	授予单位	授予时间
秦传耀	男	清远市气象局	全国气象部门双文明建设先进个人	国家气象局	1989 年
钱桂华	女	佛冈县气象局	双文明建设先进个人	国家气象局	1989 年 4 月
			全省气象部门先进工作者	广东省气象局	1991 年 3 月
刘日光	男	清远市气象局	"七五"期间先进工作者	广东省气象局	1990 年
			优秀气象站长	广东省气象局	1994 年
			重大气象服务先进个人	广东省气象局	1997 年
			精神文明建设先进个人	清远市委、市政府	1999 年
			全国气象部门双文明建设先进个人	中国气象局	2000 年
			"三五"普法先进个人	广东省人民政府	2003 年
			抗洪抢险先进个人	广东省人民政府	2005 年
梁华兴	男	清远市气象局	新市建设创业模范	清远市委、市政府	1991 年
			建市五周年创业模范	清远市委、市政府	1993 年
黄达治	女	连州市气象局	广东省气象部门先进工作者	广东省气象局	1991 年 1 月
			广东省气象系统先进工作者	广东省气象局	1994 年 4 月
李大毅	男	连南瑶族自治县气象局	1991 年抗灾、防灾全省气象系统先进个人	广东省气象局	1991 年

续表

姓名	性别	工作单位	获奖名称	授予单位	授予时间
邱仕天	男	阳山县气象局	广东省气象部门科技先进工作者	广东省气象局	1992 年 6 月
			全省气象系统先进工作者	广东省气象局、广东省人事厅	1997 年 3 月
杨宁	男	清远市气象局	抗洪救灾先进个人	广东省气象局	1994 年
			重大气象服务先进个人	广东省气象局	2003 年
梁正科	男	连南瑶族自治县气象局	抗洪救灾先进个人	广东省气象局	1994 年 8 月
			全省气象系统先进工作者	广东省气象局、广东省人事厅	2001 年 3 月
			抗御低温雨雪冰冻灾害气象服务先进个人	广东省气象局	2008 年 8 月
莫秀清	男	连山壮族瑶族自治县气象局	防汛抗洪先进个人	广东省气象局	1994 年 8 月
张新龙	男	英德市气象局	"94.6"抗洪救灾先进个人	广东省气象局	1994 年 8 月
			"1995 年热带气旋气象服务"先进个人	广东省气象局	1995 年 11 月
			1997 年重大气象服务先进个人	广东省气象局	1998 年 2 月
			"档案管理工作突出贡献"奖	国家档案局	2004 年
			广东省气象部门廉政文化建设先进个人	广东省气象局	2006 年
李显光	男	连州市气象局	广东省气象系统先进工作者	广东省气象局	1996 年
许兵甲	男	清远市气象局	国家"九五"项目观测试验工作先进个人	中国气象局	1998 年
涂宏兰	男	清远市气象局	计算机网络优秀系统管理员	中国气象局	1998 年
李国毅	男	清远市气象局	全省防雷减灾工作先进个人	广东省气象局	2000、2001、2003、2004 年
			全国防雷减灾工作先进个人	中国气象局	2005 年
蒋国华	男	清远市气象局	全国九运会气象服务先进工作者	广东省气象局	2001 年
			全省职工技术创新成果优秀奖	广东省总工会	2004 年
			清远市抗灾救灾、重建复产先进个人	清远市委、市政府	2008 年
胡海平	男	清远市气象局	全省气象系统先进个人	广东省人事厅、广东省气象局	2001 年
杨国雄	男	阳山县气象局	全省气象系统先进个人	广东省气象局、广东省人事厅	2001 年 2 月
			重大气象服务先进个人	广东省气象局	2006 年 8 月
			全省气象科技先进个人	广东省气象局	2007 年 9 月
温金泉	男	佛冈县气象局	全省防雷减灾工作先进个人	广东省气象局	2002 年 2 月
段吟红	男	清远市气象局	全省防雷减灾工作先进个人	广东省气象局	2003 年
黄智	男	英德市气象局	2002 年重大气象服务先进工作者	广东省气象局	2003 年 1 月
杨伟民	男	清远市气象局	全省防雷减灾工作先进个人	广东省气象局	2004 年

续表

姓名	性别	工作单位	获奖名称	授予单位	授予时间
张润仙	女	英德市气象局	"档案管理工作突出贡献"奖	国家档案局	2004 年
			"05.6"抗洪抢险救灾气象服务先进个人	广东省气象局	2005 年 7 月
赖凤珍	女	英德市气象局	"档案管理工作突出贡献"奖	国家档案局	2004 年
王天龙	男	清远市气象局	清远市抗洪救灾先进个人	清远市委市政府	2005 年
			抗洪抢险气象服务先进个人	广东省气象局	2005 年
张燕燕	女	连州市气象局	广东省气象系统地面测报业务技术比武一等奖	广东省气象局	2005 年
许沛林	男	佛冈县气象局	"05.6"抗洪抢险救灾气象服务先进个人	广东省气象局	2005 年 7 月
王建庄	男	佛冈县气象局	地面气象观测业务比武优秀奖	广东省气象局	2006 年 9 月
周国明	男	佛冈县气象局	地面气象观测业务比武优秀奖	广东省气象局	2006 年 9 月
罗律	男	清远市气象局	2007 年六月重大气象服务先进个人	广东省气象局	2007 年
			2008 年"龙舟水"重大气象服务先进个人	广东省气象局	2008 年
莫荣耀	男	连南瑶族自治县气象局	抗御低温雨雪冰冻灾害气象服务先进个人	广东省气象局	2008 年 3 月
邹记成	男	阳山县气象局	抗御低温雨雪冰冻灾害气象服务先进个人	广东省气象局	2008 年 3 月
杨少英	女	连山壮族瑶族自治县气象局	重大气象服务先进个人	广东省气象局	2008 年 6 月
莫汉锋	男	佛冈县气象局	2008 年度优秀共产党员	清远市委	2008 年 7 月
李书桂	女	连州市气象局	"龙舟水"气象服务先进个人	广东省气象局	2008 年 8 月

注:按首次获奖时间先后排列。

表 12-3-3 1994—2008 年清远市气象局年度考核优秀名录

年份	年度考核优秀人员
1994	梁华兴 姚科勇 刘日光 杨康基 黄木松 欧阳杰 邹记成 朱伟宜 廖华枢 张隆生 张新龙 陈记国 李灶莲(女) 罗雪花(女) 钟灿文
1995	梁华兴 杨康基 杨衍杜 姚科勇 梁玉婵(女) 邓森荣 梁贵谦 杨伟民 朱伟宜 欧阳杰 邹记成 陈记国 杨少英(女) 莫汉锋
1996	李显光 梁正科 吴职强 郑绍开 罗雪花 卢妹(女) 梁贵谦 陈海燕(女) 黄木松 邱仕天 杨少英 莫汉锋 招锡尧 何志开
1997	刘日光 杨宁 吴职强 郑绍开 杨国雄 李显光 卢妹 彭金生 邱仕天 招锡尧 廖华枢 周小贞(女) 陈伟 李国毅
1998	刘日光 杨国雄 何镜林 邹世忠 梁正科 叶爱芬(女) 李国毅 罗灶新 廖华枢 周小贞 段火胜 陈秀松
1999	刘日光 梁正科 何镜林 涂宏兰 杨宁 吴珍梅(女) 段火胜 罗灶新 陈秀松 邹世忠 李达旋 黄小务 秦传耀 莫逞能

续表

年份	年度考核优秀人员
2000	涂宏兰　吴珍梅　彭金生　胡方平　秦传耀　何先耀　许沛林　黄红梅（女）　王燕玲（女）　成细妹（女）　莫逞能
2001	刘日光　李显光　莫汉锋　涂宏兰　蒋国华　唐建华　谭光洪　周小贞　何先耀　黄木松　王燕玲　张广存　董福镇
2002	刘日光　梁正科　李显光　李国毅　罗雪花　温金泉　郭文田　杨粤红（女）　黄智　段吟红　张文　王天龙　秦传耀　黄红梅
2003	胡海平　石天辉　张新龙　温建荣　江润强　罗律　张丽珍　陈记国　李书桂（女）　付春阳　杨少英　招锡尧　刘少军
2004	廖初亮　李国毅　梁正科　莫汉锋　秦传耀　段吟红　王燕玲　张琪（女）　侯瑛（女）　陈秀松　黄智　王建庄　谢玉宏（女）　胡东平
2005	张新龙　梁正科　蒋国华　涂宏兰　许兵甲　董福镇　张丽珍（女）　段吟红　杨粤红（女）　张燕燕（女）　莫荣耀　陈若君（女）　何先耀　莫晖
2006	蒋国华　杨伟民　张新龙　胡方平　刘瑜（女）　叶永松　罗律　韦小琼（女）　杨弢　黄木松　谢玉宏（女）　林扬海　周国明　罗桂森
2007	胡海平　王天龙　张广存　莫汉锋　温建荣　刘瑜　罗律　潘志平　何迪　江润强　张琪　莫晖　赖凤珍（女）　温金泉　杨旭　陈奕挺　莫荣耀　覃信贤
2008	刘日光　姚科勇　杨国雄　许沛林　杨伟民　廖初亮　林扬海　温金泉　杨旭　鲁燕鹏　刘少军　龚仙玉（女）　何先耀　彭惠英（女）　秦传耀　谢太初　张丽珍　罗晓丹（女）　李阳斌

表 12-3-4　清远市气象部门中、高级专业技术人员名录
（按市、县任职初始时间排列）

姓名	性别	籍贯	出生年月	学历	技术职务	任职初始年月
梁华兴	男	广东开平	1936.5	中专	工程师	1988.4
陈天送	男	广东惠阳	1933.8	中专	工程师	1988.4
谢州能	男	广东大埔	1938.8	中专	工程师	1988.4
李达旋	男	广东清远	1943.11	中专	工程师	1988.4
钟灿文	男	广东清远	1941.9	中专	工程师	1988.4
梁贵谦	男	广东从化	1938.1	中专	工程师	1988.4
刘日光	男	广东揭西	1959.1	大学	工程师	1992.9
陈水秀	男	广东清远	1951.9	大学普通班	工程师	1992.9
吴武威	男	广东潮州	1946.8	大学	高级工程师	1993.9
吴珍梅	女	广东英德	1958.2	中专	工程师	1993.12
杨宁	男	广东廉江	1963.7	大专	工程师	1994.4
许永锞	男	广东潮州	1967.11	大学	工程师	1994.12
彭惠英	女	广东兴宁	1957.11	大专	工程师	1994.12
秦传耀	男	广东普宁	1959.10	大专	工程师	1995.12
石天辉	男	湖北大悟	1965.2	大学	工程师	1996.10
姚科勇	男	广东英德	1954.1	大学	工程师	1997.5
吴职强	男	广东乐昌	1951.4	中专	工程师	1997.6
郑绍开	男	广东翁源	1947.7	中专	工程师	1997.7

续表

姓名	性别	籍贯	出生年月	学历	技术职务	任职初始年月
莫汉锋	男	广东英德	1963.12	大专	工程师	1998.1
邹世忠	男	广东连州	1940.2	中专	高级工程师	1999.9
杨伟民	男	广东信宜	1964.6	大学	工程师	1999.12
叶爱芬	女	浙江丽水	1973.8	大学	工程师	1999.12
李国毅	男	广东英德	1971.8	大学	工程师	2001.9
洪冠中	男	广东潮州	1974.11	大学	工程师	2004.2
蒋国华	男	湖南岳阳	1975.5	大学	工程师	2004.10
王天龙	男	甘肃武威	1976.3	大学	工程师	2005.11
罗晓丹	女	广东英德	1978.4	大学	工程师	2005.11
杨永生	男	吉林蛟河	1981.11	大学	工程师	2007.12
涂宏兰	男	广东平远	1963.4	大学	高级工程师	2008.10
宋艳华	女	辽宁海城	1977.10	大学	工程师	2008.12
罗律	男	广东清远	1979.9	大学	工程师	2008.12
汤小贞	女	广东清远	1981.8	大学	经济师	2008.12
段火胜	男	广东连州	1948.10	大专	工程师	1987.12
罗契发	男	广东曲江	1939.10	中专	工程师	1988.4
钱桂华	女	江苏镇江	1936.11	中专	工程师	1988.4
林章昭	男	福建福州	1936.11	中专	工程师	1988.4
林清莲	女	广东清远	1938.12	中专	工程师	1988.4
胡文良	男	广东连州	1935.5	中专	工程师	1988.4
林远良	男	广东南海	1946.5	中专	工程师	1988.4
许新台	男	广东花都区	1937.2	中专	工程师	1988.4
纪雅琴	女	北京	1947.7	中专	工程师	1988.6
杨衍杜	男	广东英德	1945.4	大专	工程师	1988.6
包党培	男	广东英德	1943.2	中专	工程师	1992.9
莫秀清	男	广东连山	1951.12	高中	工程师	1992.9
张隆生	男	江苏江阴	1936.5	中专	工程师	1992.9
杨康基	男	广东阳山	1953.12	高中	工程师	1992.9
张新龙	男	黑龙江木兰	1959.7	中专	工程师	1992.9
邱士天	男	广东阳山	1945.11	中专	工程师	1992.9
梁正科	男	广东连南	1956.10	大学普通班	工程师	1992.9
李大毅	男	四川重庆	1936.7	中专	工程师	1992.9
李显光	男	广东连州	1948.11	中专	工程师	1992.9
冯玉明	女	广东连州	1948.11	中专	工程师	1993.12
欧阳洛	男	广东佛冈	1944.9	中专	工程师	1993.12
黄达治	女	福建晋江	1949.6	中专	工程师	1993.12
唐涛	男	四川	1943.1	中专	工程师	1993.12
邹记成	男	广东阳山	1952.12	中专	工程师	1994.12
郑从校	男	广东佛冈	1949.10	中专	工程师	1994.12
黄木松	男	广东连州	1951.4	中专	工程师	1994.12
陈荣振	男	广东连州	1944.8	中专	工程师	1994.12

姓名	性别	籍贯	出生年月	学历	技术职务	任职初始年月
廖华枢	男	广东佛冈	1947.9	中专	工程师	1995.12
曾毓晓	女	广东佛冈	1949.5	中专	工程师	1995.12
王君土	男	广东连州	1948.10	中专	工程师	1995.12
陈秀松	男	广东连州	1946.6	中专	工程师	1995.12
罗灶新	男	广东阳山	1951.12	高中	工程师	1997.6
朱伟宜	男	广东佛冈	1948.12	中专	工程师	1997.6
曾宪取	男	广东佛冈	1944.9	中专	工程师	1997.6
陈记国	男	广东连南	1953.10	中专	工程师	1997.6
胡方平	男	广东连州	1964.5	大学	工程师	1998.10
彭金生	男	广东英德	1962.7	大专	工程师	1998.10
杨国雄	男	广东阳山	1960.9	大专	工程师	1998.10
黄小务	男	广东连州	1961.8	中专	工程师	2000.10
周小贞	女	广东南海	1959.2	高中	工程师	2003.12
李书桂	女	广东连州	1975.12	大学	工程师	2004.10
招锡尧	男	广东佛冈	1953.2	高中	工程师	2008.12
赖凤珍	女	广东连州	1973.2	大专	工程师	2008.12
张文	男	广东连州	1955.11	中专	工程师	2008.12

注:名录含曾在清远市气象系统工作过以后调离的人员。

表 12-3-5　清远市气象部门获中国气象局授予"质量优秀测报员"称号名录

单位	姓名	性别	授予时间
清远市气象局	秦传耀	男	1987、1988、1990 年
	王燕玲	女	2005、2008 年
	王南燕	女	2008 年
佛冈县气象局	钱桂华	女	1984、1990、1993 年
	林清莲	女	1990 年
	谭光洪	男	2003 年
英德市气象局	周小贞	女	2002、2004、2008 年
	赖凤珍	女	2008 年
阳山县气象局	杨康基	男	1982 年
	梁小兰	女	1987 年
连州市气象局	黄达治	女	1990、1993 年
	王君土	男	1990 年
	陈秀松	男	2001、2003 年
	张燕燕	女	2004 年
	林海燕	女	2004 年
	张文	男	2004 年
	欧阳杰	男	2004 年
	张光亮	男	2006 年

附　录

一、清远市气象系统集体获奖名录(1989—2008年厅局级以上奖励)

单位名称	获奖名称	授予单位	授予时间
清远市气象局	气象台重大气象服务先进集体	中国气象局	1997年12月
	1996—2000年全省法制宣传教育先进集体	广东省委、省政府	2001年7月
	科技事业单位档案管理国家二级	国家档案局	2003年12月
	广东省抗洪救灾模范集体	广东省委、省政府	2006年9月
	一九九二年防灾抗灾气象服务先进集体	广东省气象局	1993年5月
	一九九三年防灾抗灾气象服务先进集体	广东省气象局	1994年3月
	清远市抗洪抢险、救灾先进单位	清远市委、市政府	1994年8月
	一九九四年目标管理优秀达标单位	广东省气象局	1995年5月
	一九九八年全省目标管理优秀达标单位	广东省气象局	1999年4月
	省一级档案综合管理单位	广东省档案局	1999年5月
	广东省气象系统先进集体	广东省人事厅、广东省气象局	2001年3月
	2001年广东省防雷减灾工作先进集体	广东省气象局	2002年2月
	2001年全省目标管理优秀达标单位	广东省气象局	2002年6月
	创建"四个一流"新型台站先进单位	广东省气象局	2003年5月
	2005年重大气象服务先进单位	广东省气象局	2006年1月
	2005年度实施农业农村经济发展"八个五"工程先进单位	清远市委、市政府	2006年2月
	2001—2005年全市法制宣传教育先进集体	清远市委、市政府	2006年7月
	2006年广东省重大气象服务先进集体	广东省气象局	2007年1月
	全省气象科技服务先进集体	广东省气象局	2007年9月
	2007年度气象宣传先进集体	广东省气象局	2008年4月
	清远市抗洪救灾和重建复产先进集体	广东省气象局	2008年5月
	2007年度实施农业农村经济发展"八个五"工程先进单位	清远市委、市政府	2008年5月
英德县气象局	气象警报系统在农业中推广应用一等奖	广东省人民政府	1990年
	森林火险天气预报服务三等奖	广东省人民政府	1990年
	1989年年度先进集体	广东省气象局	1990年
	1992年年度先进集体	广东省气象局	1993年
	1993年度防灾抗灾气象服务先进单位	广东省气象局	1993年
	汛期气象服务光荣集体	中国气象局	1994年
	"国家二级"档案管理达标单位	国家档案局	2003年

续表

单位名称	获奖名称	授予单位	授予时间
英德市气象局	全国气象部门局务公开先进单位	中国气象局	2005 年
	抗洪救灾先进集体	广东省气象局	1994 年
	重大气象服务先进单位	广东省气象局	1998 年
	广东省气象系统创建"四个一流"新型台站	广东省气象局	2003 年
	广东省气象系统"四个一流"新型台站	广东省气象局	2004 年
	"05.6"抗洪抢险救灾气象服务先进集体	广东省气象局	2005 年
	60 年一遇"龙舟水"重大气象服务先进集体	广东省气象局	2008 年
连州市气象局	广东省气象系统创建"四个一流"新型台站先进单位	广东省气象局	2003 年
	重大气象服务先进单位	广东省气象局	2007 年
	全国罕见低温雨雪冰冻灾害气象服务先进集体	广东省气象局	2008 年 3 月
阳山县气象局	1990—1991 年全国科技扶贫先进集体三等奖	中国气象局 中国气象学会	1993 年
	1995 年热带气旋气象服务先进单位	广东省气象局	1995 年
	全省气象系统先进单位	广东省气象局	2000 年
	科技事业单位档案管理省级先进	广东省档案局	2002 年
	省一级档案综合管理单位	广东省档案局	2002 年
	2002 年重大气象服务先进单位	广东省气象局	2003 年
佛冈县气象局	2005 年度重大气象服务先进单位	广东省气象局	2005 年 6 月
	广东省青年文明号	共青团广东省委	2005 年 8 月
连南瑶族自治县气象局	省森林防火天气服务三等奖	广东省人民政府	1990 年
	抗灾救灾先进单位	广东省气象局	1994 年 8 月
	全省气象系统先进集体	广东省人事厅 广东省气象局	1997 年 3 月
	全市先进基层党组织	中共清远市委	2008 年 7 月
连山壮族瑶族自治县气象局	科技事业单位档案管理先进单位	广东省气象局	2003 年

二、1992—2008 年清远市气象局科技论文目录

论文名称	作者	发表刊物
登陆广东的热带气旋对清远市降水影响的统计分析和预报	陈水秀	《广东气象》1992 年第 3 期
连县秋旱对农业生产的影响及其防御对策	黄木松、李显光	《广东气象》1992 年第 3 期
连县冰雹的统计预报	陈荣振、林远良	《广东气象》1993 年第 1 期
早稻育秧热量补偿试验	黄木松	《广东气象》1994 年第 1 期
地面观测中自记纸订正的几个问题的技术处理	彭惠英(女)、陈海燕(女)	《广东气象》1994 年第 3 期
生姜生产的气象条件分析	黄木松	《广东气象》1995 年第 1 期
连州市前汛期最后一场暴雨的统计分析与预报	陈荣振	《广东气象》1995 年第 2 期

续表

论文名称	作者	发表刊物
用相邻时次记录的差值审查地温	陈秀松	《广东气象》1996年第2期
"2·17"寒潮天气过程特征及预报分析	黄木松	《广东气象》1997年第1期
XJ4241型二踪示波器示波管偏扫无显示故障的排除	段火胜	《广东气象》1997年第4期
怎样减少气温和地面温度的误读错情	彭惠英、王燕玲(女)、王南燕(女)	《广东气象》1997年第4期
建立气象防灾减灾网络系统更好地开展气象服务工作	许永锞、涂宏兰、陈伟	《广东气象》1998年第1期
探空测风发报系统	许兵甲、陈奕挺、梁雪莲(女)	《广东气象》1998年第1期
一种暖区降水形势特征和预报着眼点	许永锞、陈伟、李达旋	《广东气象》1998年第2期
97.7连续暴雨的天气背景分析	钟灿文、李达旋、杨宁、陈伟	《广东气象》1998年第3期
粤北山区板栗栽培的气象条件分析	黄木松、张文	《广东气象》1998年第3期
无花果种植的不利气候条件及其防御措施	梁正科、陈记国	《广东气象》1998年第4期
探空测风月报系统	张运林、黄红梅(女)、张广存	《广东气象》1998年第4期
清远暴雨的气候特点及预报着眼点	李达旋、陈伟、叶爱芬(女)	《广东气象》1999年第2期
奈李的气候条件与种植规划	邹世忠、刘日光	《广东气象》1999年第2期
粤北山区水晶梨气候生态适应性分析	黄木松、胡方平	《广东气象》1999年第3期
X.25分组数据交换网在清远气象台的安装	曾钦发、洪冠中、叶爱芬	《广东气象》1999年第3期
关于规定等压面高度计算与国际接轨问题的探讨	陈楷荣、刘俊旭、许兵甲、黄辉军	《广东气象》1999年第3期
历史资料检索系统的编程及使用	叶爱芬、曾钦发、陈伟	《广东气象》1999年第4期
探空测风通信技术系统	叶永松、许兵甲、邱智伟	《广东气象》1999年第4期
华风影视系统软件的使用及实践	胡海平、叶爱芬	《广东气象》2000年第1期
清远地区一次大到暴雨天气过程分析	叶爱芬	《广东气象》2000年第2期
连州市99.12低温霜冻分析	李书桂(女)、成细妹(女)	《广东气象》2000年第4期
防雷减灾社会管理的实践和思考	黄小务	《广东气象》2000年增刊
逐步回归预报方程作冬季最低气温及≤5℃低温的二级判别预报	莫荣耀	《广东气象》2001年第4期
直接用电脑发送报文的方法	谭光洪	《广东气象》2002年第1期
气象图像产品的屏幕截取和检索系统的编程及使用	蒋国华	《广东气象》2002年第2期
清远市森林火险天气预报方法	杨宁	《广东气象》2002年第4期
清远地区24小时低温灾害预报	罗晓丹(女)、洪冠中	《广东气象》2003年第4期
2004年入冬后清远市首次低温霜冻分析	罗晓丹	《广东气象》2005年第1期
北江流域清城洪水水位短期预报方法	杨宁、蒋国华、王天龙、杨永生	《广东气象》2005年第2期
清远市一次强对流天气过程分析	罗晓丹	《广东气象》2005年第3期
清远稻田甲烷排放实验及技术问题	王天龙、杨宁、杨永生、宋艳华(女)	《广东气象》2005年第3期

续表

论文名称	作者	发表刊物
清远市混凝土表面温度变化特征及预报	杨宁、王天龙、彭惠英、梁艳芳(女)、王南燕、王燕玲	《广东气象》2005 年第 4 期
"2005 年我最喜欢的气象短信"简评	宋艳华	《广东气象》2006 年增刊
盆景培育用温室内光照与温度的水平分布特征	杨永生	《安徽农业科学》2007 年第 2 期
粤北地区干旱监测及预警方法研究	杨永生	《干旱环境监测》2007 年第 2 期
不同激素处理对水培常春藤繁殖的影响	杨永生	《广东农业科学》2007 年第 5 期
秋季日光温室内小气候特征研究	宋艳华、齐尚红	《安徽农业科学》2007 年第 23 期
清远市西南低涡型暴雨预报方法	蒋国华、罗律	《气象水文海洋仪器》2007 年第 4 期
森林火点定位报警系统设计与开发	蒋国华、何迪	《林业勘察设计》2007 年第 3 期
清远地区晚稻甲烷排放的实验	王天龙、杨宁、任万辉	《广东气象》2007 年第 3 期
一次冬季低温预报失误的反思	王天龙	《广东气象》2008 年第 3 期
清远地区汛期西南低涡型暴雨统计特征	蒋国华、许兵甲、董福镇	《广东气象》2008 年第 4 期
探空雷达干扰造成风速异常的现象和排除方法	彭惠英、林少冰、姚斯里、蒲利荣(女)、王南燕、许兵甲	《广东气象》2008 年第 4 期
广东省清远市低温霜冻监测预报系统	罗晓丹、洪冠中	《广东气象》2008 年第 5 期
时差法雷电定位系统的原理及在防雷减灾中的应用	段吟红、李国毅、刘子刚	《广东气象》2008 年增刊
电力线载波的雷电检测监控系统的设计	刘子刚、段吟红、杨伟民	《广东气象》2008 年增刊
汽车(机动车)防雷原理的介绍	韦小琼(女)、张广存、齐宏(女)	《广东气象》2008 年增刊
清远一次强雷暴过程分析	王超、韦小琼(女)、李国毅	《广东气象》2008 年增刊
清远市地质灾害气象条件的预报方法探讨	宋艳华、蒋国华、彭惠英、谭子宽	《广东水利水电》2008 年第 2 期
气候变暖背景下清远气温变化特征	宋艳华、张润仙(女)、罗律、谢太初、孙晓文(女)	《气象与环境学报》2008 年第 3 期
粤北地区一次初冬冰雹天气特征分析	罗律	《农村经济与科技》2008 年第 2 期
广东清远 2007 年 6 月连续性暴雨过程螺旋度分析	罗律、李翠华(女)	《农村经济与科技》2008 年第 4 期
投影寻踪回归与 BP 神经网络方法在前汛期降水预测中的比较研究	杨永生、何平	《气象与环境学报》2008 年第 1 期
20080112—20080213 清远市低温雨雪冰冻天气过程分析	罗晓丹、洪冠中	《理论探讨》2008 年 6 月

三、清远市重大自然灾害

东晋

太元八年(383 年)三月,始兴郡大水,平地五丈*。

---

* 1 丈≈3.33 m,下同。

唐

显庆四年(659年)七月,连州、连山山水暴涨,淹没七百余家。

北宋

端拱元年(988年),英州自春至夏,雨数月,水坏农田房舍,溺死者甚众。

南宋

绍兴十六年(1146年),清远县久旱,鼠千万为群食稼,自夏至秋,为害数月方息,是岁大饥,死人不胜数;英州是年旱,四月不雨,至五月始雨,复田鼠食稼,民大饥。

嘉定二年(1209年)五月,连州大水,败城郭百余丈,没官舍、郡库、民庐,坏田亩聚落甚多。

淳祐五年(1245年),清远县冬十二月,朔风,大雪盈,尺*。

元

至元二十七年(1290年),清远县大水,免其租。

明

成化十四年(1478年)四月,清远县地震,部分地方出现地陷。

十五年四月,地震有声,顷刻复震。

二十年二月,清远县雨雹大如拳。

弘治六年(1493年)四月至五月,英德县淫雨数旬,洪水淹没田园50余日。

正德十年(1515年)五月,阳山县大水,城楼俱湮。

嘉靖五年(1526年),英德县三月无雨,至秋七月始雨,饥民食野草,茹蕨根树皮木实,大批饥民死亡。

十四年五月,清远县大水,山崩、河溢,潮水涨至飞来峡;英德县城几乎淹尽,民居宅舍遭破坏。

三十年五月初一,清远县暴雨,飞来峡崩山,飞来寺被洪水损毁。

四十五年,连州大风拔木。

隆庆五年(1571年),英德县夏大水,县署水深五尺,城垣倒塌,城外居民淹没不可胜计。

万历三十七年(1609年),连山县治地震,持续多日,有声如雷。

四十四年五月,英德县大水,城隅崩坏,民居倒塌,淹死数十人,湮没田禾,米价腾贵。

清

顺治十年(1653年),暴风毁阳山县城九层石塔。

康熙十七年(1678年)三月,连山县雨雹大如拳头,击死牛畜,暴风扬沙拔木,连日大雨,山洪暴涨,许多田地被冲毁。是年,大竹生米众人采食。

二十九年冬,连山县大雪,结冰厚一尺。

五十一年八月,清远县飓风害稼,是年大饥。

雍正九年(1731年)二月,连州、连山"大风拔木,屋瓦皆飞"。

六月,英德县洪水暴涨,平地水深2丈许。

---

* 1尺≈0.33 m,下同。

乾隆五年(1740年)正月,连山县大雪,结冰2尺多厚。

二十三年,阳山县夏四月大雨雹,城内外雹大如碗,损坏民居无数,城署库厩悉被损坏。

二十九年五月,英德县大雨数日,河水骤涨,房屋倒塌甚多,压死千余人,农作物无收。

四十四年正月,英德县地震,房舍抖动。

五十一年秋,连州、连山和英德等县秋大旱,斗米钱六百多文,大饥,饿殍相望。

道光三年(1823年)七月二日至四日,阳山县山洪暴发,县城南门水深6尺余,全县浸塌民居700余间,淹死16人,知县捐款恤赈。

十四年五月,清远县大水,石角围崩决,饥荒,知县开仓赈济,捐俸施粥。

同治元年(1862年)七月初一,清远县飓风大作,摧毁民房、覆舟无数,死伤数千人。

十年,英德县"狂风暴雨,大树多折"。

光绪三年(1877年)四月下旬,英德、阳山水灾,当年灾荒,谷米腾贵,民多乏食。

四年三月初九,清远县大风雨。十三日,石角堤上年缺口修复处又崩塌更宽,灾情严重。

二十七年,清远县滨江大水,基围决、农田毁、房屋塌,淹死数十人。龙颈麻竹坑村山崩屋塌,压死17人。

二十九年闰五月十四日,佛冈厅上下岳一带出现虫灾,红头青身,布满秧田,虫过处,秧苗全被咬食毁坏。

"中华民国"

1913年

2月11日晨,清远县附城雨雹大如拳,更有如碗者。翌日,山塘各乡又雹,滨江横石(今桃源)乡大雹击死数牛。

4月,潖江大水,崩堤围数处,塌屋近百间,佛冈厅内乡绅购米平卖赈济。

1914年

6月,英德县洪水泛滥,大部分地区被淹没,灾民数十万人。

9月17日,连县"大雨雹约一时许,房屋多被击毁"。

1915年

春夏间,连县全县大雨,河水暴涨,连州城多处受淹;东陂河堤被冲溃;陈巷、唐冲等处溺死十余人;石角洞一带房屋倒塌,人畜淹毙甚多,许多良田被沙渍,损失巨大。

4—6月,连山山洪暴发,大雾,巾子诸山崩裂,沿溪不少田地桥路被毁;县城西郭门冲崩;沙坊、禾洞受灾严重,田禾失收。广东巡抚李国筠、岭南道尹梁迈各拨款赈恤。

5月下旬,佛冈县山洪暴发,日夜均闻塌屋声,上下岳村及潖江一带共倒塌房屋11138间,田禾失收6750多亩,有灾民4万多人。

7月2日起,清远县连日大雨,北江洪水泛滥,东、西、北江同时水涨。10日,清城水位14.88 m,石角基围崩决,洪水直趋下游,广州市南堤先施公司平胸水,花县、南海、三水及番禺县大部分田园变汪洋。清远县受浸耕地77.25万亩(其中农作物失收46.12万亩),倒塌房屋4.93万间,灾民21.53万人,米价暴涨3倍。是年为乙卯年,群众称为"乙卯大水灾"。

7月11日,英德县洪水暴涨,英城水位37.03 m,是北江英德河段有水文记载以来最高洪水位。灾民 20 万人以上。

1917 年

农历八月,英德县东部地区地震 10 余次,其中一次历时约 15 分钟,自黄塘、文光、五石、潭坑、青塘等乡村至龙门县 200 余千米,许多房屋倾倒,部分田园陷没。

1918 年

8—9 月,阳山县大旱,八成农作物失收。

9—10 月,清远县大旱,水稻杂粮多数枯死,是年大饥荒。

1921 年

6 月,阳山县大水,黄垒、岭背两区塌房屋 100 余间,溺死乡民 20 多人,财物禾稼损失惨重。

秋,阳山县大旱。冬,米贵,民乏食。

1922 年

正月,阳山县雨雹,大如拳,毁屋瓦无数。

1926 年

夏,连山县特大洪灾,山崩石裂,灾情严重,得到广州各善堂捐资赈灾。

1928 年

连南从秋天开始连旱 252 天,山地作物失收。

1931 年

6 月 25 日至 7 月 10 日,清远县暴雨成灾,石角、黄冈等 38 条堤围崩决,缺口 43 处。从 6 月 27 日起,广韶段火车停开,电报中断,塌屋近千间,清城附近河面沉船 12 艘,全县溺毙、饿死约 2000 人,灾民 2.6 万人。6 月 30 日,英德县洪水暴涨,英城水位 35.12 m(连江高道水位 34.6 m),是有水文记载以来第二次最高洪水位。

1933 年

3—4 月,阳山县持续两个月阴雨寒冷天气,"秧苗冻坏,耽误农事"。

春,英德县大旱,全年降水量仅 193 mm。

1935 年

4 月 9—11 日,英德县城一片汪洋。10 日,县城水位 31.34 m,水淹至二楼,浪高 9 尺。

7 月 30 日,清远县山洪暴发,以滨江的井塘、禾云、长洞等乡最严重,大吉寺至长洞各处水喷山崩,基围崩塌,田地被沙覆盖,公路冲毁数段,井塘坑尾村一住宅被崩山压塌,有 18 人被压死。

8 月 1 日,英德县秋水暴涨,县城水位 31.1 m,河边街一带房屋多被冲塌,溺毙居民 10 人。

1936 年

4 月 8 日 16 时,清远县大风、雨雹,附城大如酒杯,太平大至百余斤者,塌屋沉船甚多,溺死六人。

1943 年

清远县春大旱,歉收,米价飞涨,民大饥,死人无数,九区单、麦两村合族卖村。

1945 年

夏,阳山县大水,阳城水位高达 65.997 m。

1946 年

5 月 11 日,连南县三江和阳山县寨岗暴雨。三江沿河 10 多处河堤决口,五拱桥被冲毁,稻田受淹。寨岗被洪水冲垮店铺 40 余间,淹死 4 人。大麦山崩,埋没一家 6 人。阳山县大水,县城水位 64.72 m。

1947 年

6 月 18 日,北江河水泛滥成灾,清远县城最高水位 14.02 m,大塱、黄冈、飞水、清东、清西等基围崩决 30 多处,受浸耕地 37 万多亩,受灾乡镇 39 个,受灾人口 9.2 万人、冲塌房屋 1700 多间、死亡 260 人。灾后,省有关部门及省港同乡会均数次拨出粮款和药物赈济灾民,并委托城西方便医院施粥 10 天。

1948 年

6 月 12 日,清远县竟日暴风雨,大风吹沉货船 3 艘,吹塌房屋 5 间,伤 2 人。

中华人民共和国

1951 年

9 月,英德秋旱,受灾农作物 8 万亩。

1952 年

9 月 5 日入夜,飓风突袭清远,刮沉清城北江河面船艇 22 艘,损坏 63 艘。

1953 年

8—9 月,英德夏秋旱,受灾农作物 15 万亩。

1954 年

英德秋旱,受灾农作物 12 万亩。

10 月至 1955 年 4 月底,佛冈春旱,历时 210 d,是 60 年来罕见的旱灾,全县受旱水田 7.3 万亩,占水田面积 46.3%,成灾面积 5.11 万亩。

12 月至 1955 年 1 月,寒潮入侵连县,气温急剧下降,最低气温达 −6.9℃,冻害延续十多天,小麦、蚕豆有 1/3 严重减产或失收。

1955 年

4—5 月,英德春旱,受旱面积 30 万亩。

1956 年

3—4 月,英德严重干旱,受旱农作物 50 万亩。

7 月 9 日至 9 月初,连南重旱,农作物受灾 8295 亩。

8 月下旬至 10 月下旬,佛冈秋旱,受旱面积 3.12 万亩,成灾面积 0.88 万亩,失收 0.13 万亩。

秋,阳山大旱,受旱面积 11.65 万亩,其中失收 1.25 万亩,减产 10.4 万亩。

1960 年

7 月 11 日 15 时 30 分,清远县洲心圩刮龙卷风,数人环抱的大树被连根拔起,全圩有 138 间房屋严重损坏(占该圩镇房屋总数的 65.7%),其中倒塌 12 间。死亡 1 人,伤 15 人。

1962 年

7 月 3—31 日,阳山县阳城降水量仅 9.9 mm,发生夏旱,作物受旱 16 万亩。

12 月至翌年 5 月,佛冈 181 d 无透雨,发生春旱,受灾面积 10.67 万亩,其中水田无水插秧 1.19 万亩,插后旱死 1.4 万亩。后又发生秋旱,晚造受旱面积 5.9 万亩,成灾面积 2.55 万亩,无水插秧 0.88 万亩,插下旱死 0.24 万亩。抗旱高峰期,平均每日出动 3.2 万人。

1963 年

1—8 月,英德降水量仅 777 mm,为百年罕见奇旱,受旱农作物 27.19 万亩,6.4 万亩水稻完全失收。

4 月 20 日 10 时 30 分至 11 时,佛冈县石角、三八、龙南镇受冰雹袭击,倒塌房屋 8 间,伤 8 人,重伤 2 人,伤耕牛 2 头,死伤"三鸟"617 只,226 亩小麦和 559 亩花生受损,67 亩秧苗遭灾。

5 月 7 日,阳山受雹害,死 2 人,伤 42 人,塌房 133 间,农作物受袭 2.23 万亩。

8 月上旬至 11 月上旬,连南重旱,农作物受灾 2.87 万亩。

是年,阳山县降水偏少,全年干旱,全县受旱作物 17.95 万亩,占耕地总面积 47.2%,其中完全失收 13.6 万亩,粮食失收 396.61 万千克。

1964 年

4 月 4—6 日,英德县 22 个公社(全县 24 个)、阳山县南部 11 个公社和清远县石潭、桃源 2 个公社相继遭受狂风、暴雨、冰雹袭击,冰雹一般大如杯,个别大如碗。英德县伤亡 44 人,其中死亡 7 人,重伤 12 人,倒塌房屋 1783 间;阳山县死亡 7 人(其中雷击死 2 人),伤 79 人,毁瓦房 1.1 万多间,塌屋 80 间,秧田失谷种 55 万斤,毁玉米、花生等作物 3 万多亩,淹死耕牛 8 头;清远县被打成危房 918 间,毁桥 52 座,塌屋 412 间,毁水利设施 410 宗,崩山 2000 多处。

6 月 13—23 日,英德县遭洪水灾害,16 日 13 时,英城水位 33.15 m,是新中国成立后最高水位,全县受淹农田 20 万亩,倒塌房屋 1780 间,受灾 98911 户,受伤 32 人,死亡 13 人。

1965 年

4 月 23 日,阳山县遭受冰雹和暴雨袭击,伤 13 人,损坏房屋 1000 多间,其中倒塌 70 多间。

6 月中旬至 10 月初,阳山秋旱,受旱水稻 5 万亩,玉米、高粱 8 万亩,番薯 11 万亩。

7—9 月,英德夏秋旱,受灾农作物 18 万亩。

1966 年

3 月 22—23 日,阳山县秤架、杨梅公社遭冰雹袭击,损坏房屋 270 多间,冻死秧苗 200 多亩。

4 月 23 日下午,阳山县瞬起大风,风力 10 级以上,折损玉米无数,多人受伤,直径 1 米的大树被连根拔起。

7—10 月,英德夏秋旱,受灾农作物 37.8 万亩。

8 月 21 日至 10 月 10 日,阳山县阳城降水量仅 20.4 mm,发生秋旱,全县作物受旱 20 多万亩,失收严重。

9 月 3 日至 10 月 13 日,佛冈历时 41 d 无透雨,发生秋旱,农作物受灾面积 4.35 万亩,成灾 1.82 万亩。

1967 年

4 月 4—5 日,阳山县出现冰雹和大风,雹大如鸡蛋或小如拇指,毁瓦房 2404 间,塌屋

14 间,损坏玉米作物 2.5 万亩。

5 月 24 日 14 时许,佛冈县龙山的关前、黄朗、车步,白沙塘、鹤田及民安的部分地方降冰雹 10～15 分钟,大的如青梅,小的如黄豆,房屋塌 20 间,损坏 326 间。

9 月 7 日至 10 月 31 日,佛冈历时 55 d 无透雨,发生秋旱,全县农作物受旱面积 4.84 万亩、成灾 1.25 万亩。

1969 年

1—2 月,强冷空气入侵连县、连南及阳山县,气温急剧下降,连县积雪达 0.33 m,并出现历史上少见的雪淞,山地为冰雪覆盖,树枝多被折断。

8 月 14 日至 10 月 13 日,阳山县阳城降水量仅 30.2 mm,发生秋旱,水口出现"九级戽水场面",全县作物受旱 20 多万亩,下造全面减产。

9 月 7 日至 10 月 14 日,佛冈秋旱历时 38 d,晚稻受旱面积 2.38 万亩,成灾 0.78 万亩。

1971 年

1 月 28 日至 4 月 2 日,佛冈历时 64 d 无透雨,发生春旱,全县农作物受旱面积 5.93 万亩、成灾 1.51 万亩。

12 月 27 日至 1972 年 4 月 4 日,佛冈历时 98 d 无透雨,发生春旱,全县农作物受旱面积 4.28 万亩、成灾 1.23 万亩。

1972 年

4 月 2—20 日,阳山县内先后出现 6 次冰雹灾害,岭背、大崀、秤架、江英等公社为甚,共损坏房屋 3399 间、秧田 1600 多亩,打伤 150 多人,重伤 2 人。

是月,英德县有 9 个公社出现大风、冰雹、雷电灾害,灾情较严重的有鱼湾、横石水、白沙、大站、附城等公社。灾害造成倒塌民房 79 间,压伤 7 人,重伤 4 人,损坏瓦面房屋 2036 间,压死耕牛 6 头、猪 3 头,山洪冲走塘鱼 10 万多尾,冲坏水稻 9326 亩、秧苗 275 亩,大风吹倒电线杆 24 根,15 个公社电话线路不通,损失化肥 84500 kg,稻种 900000 kg。雷击死亡 3 人、耕牛 1 头、烧伤 4 人。

6—7 月,阳山发生夏旱,作物受旱 20 万亩,夏作失收严重,晚稻无水插秧。

11 月,受第 20 号强台风影响,8 日夜间清远县出现 6～7 级阵风、8～9 级的大风,平原地区普降大雨,滨江山区普降大暴雨,造成房屋倒塌压死 1 人、伤 2 人,另 1 人被山洪冲走下落不明,倒塌房屋 369 间,冲坏水利工程 160 宗、大小桥梁 34 座,吹倒电杆、高压杆 39 根,以及低压杆 1307 根、电话线 174 条,冲走木材 2000 m³。

1973 年

3 月 29 日晚,清远珠坑、鱼坝等地下大暴雨,禾云至龙颈之间下冰雹,大的如碗口,打坏很多房屋的瓦面,洪水冲毁房屋 7 间,冲坏木薯 378 亩、花生 242 亩、黄烟 192 亩、甘蔗 32 亩、已插水田 240 亩、秧苗 44 亩、鱼苗 15 万尾,打烂瓦面 100 多间、水轮泵 12 座。

6 月 27—28 日,连县各地先后普降 100 mm 至 200 mm 的大暴雨或特大暴雨。28 日 21 时,连州城内小北江最高洪峰 94.23 m,超警戒水位 3.23 m,仅次于 1968 年 6 月 22 日的洪峰水位(94.38 m)。导致全县水稻受浸面积 5.9 万亩,损失稻谷 189.31 万千克,损失谷种 8.31 万千克;旱粮、经济作物受浸面积 0.57 万亩。冲毁山塘 8 座、水圳 344 条、渡槽 2 宗、河堤 174 处、陂头 174 座、水轮泵 3 台、桥梁 72 座、民房 128 间、仓库 2 间、牛栏 87 间;冲走木材 1133 m³、耕牛 3 头、木炭 936 担;鱼塘过水或冲毁 81 亩,淹毁水泥 10 t,冲毁火砖砖坯 2.2 万块;另外,连阳化肥厂损失约 1 万元。全县因洪水造成人员死亡 26 人。

1974 年

3 月 17 日,龙卷风袭击英德县沙口洲西乡和高桥乡数个村庄,强风伴着暴雨,大树被刮倒,多间房屋瓦面被损坏。

1975 年

5 月 18 日,佛冈县高岗等镇发生特大洪水。全县受浸村庄 82 条 2800 户、13200 人,倒塌房屋 1384 间,受浸水稻 3.56 万亩、成灾面积 1.75 万亩,死亡 5 人,受伤 70 多人,直接经济损失 3500 万元。

1976 年

3 月 19 日至 4 月 5 日,英德县持续出现 18 d 倒春寒,平均温度 12.3℃,极端最低气温 7.0℃,18 d 无日照,全县共损失水稻谷种 2407500 kg。

4 月 18 日,阳山县黎埠、小江、岭背、犁头等地先后降雹,雹大如鸡蛋,共伤 22 人,毁瓦房 17464 间,侵害秧田 2336 亩,打死生猪 1 头。

10 月 31 日至翌年 5 月 15 日,佛冈春旱历时 190 d,全县受旱耕地 6.94 万亩,占插植面积 4 成,成灾 1.51 万亩。

11 月初至翌年 3 月底,阳山降水量比常年同期少 7 成,河道枯竭,连江露底,春耕无水,耕地受旱 21.2 万亩,无水耕田 11.4 万亩。

1977 年

2—3 月,连南重旱,农作物受灾 1.49 万亩。

7 月 25 日,阳山县新圩乡桂花、龙脊、杨梅坑、横岗村等地降水雹、刮大风,普遍雹大如指头,少数如鸡蛋,击 2 人致重伤,毁民居 13 间,损坏房瓦无数。

1978 年

3 月 9 日,英德县降冰雹,普遍如鸡蛋大小,最大的直径达 70 mm,并伴有龙卷风。全县有 9 个公社、44 个大队、435 个生产队受灾,受影响人口 6735 户 36689 人、受伤 6 人,猪、牛各死 1 头,倒塌房屋 16 间。

5 月 28 日,连山日降水量 175.4 mm,浸田 500 多亩,永丰水电站水圳塌方 2000 m²,小三江三联河堤冲垮 100 多米,加田电站塌方 20 多处,吉田河堤塌方 70 m,冲田 10 多亩,三水电站被洪水冲走备石 800 m³、木材 4 m³、铁斗车 5 台、水泥 15 包、拌积机 4 台、柴油机 1 台。

1979 年

6 月 6 日,连山福堂公社天鹅水库降暴雨,过程降水量 158.7 mm,冲走铁轨 13 条、马达 8 台、木头 36 m³、石头 300 m³,冲垮围水墙 32 m,挡土墙 98 m,损失物资折款 3.7 万元,被洪水冲走 2 人。

7 月 8—29 日,阳山县城降水量仅 0.2 mm,发生夏旱,农作物受旱面积 20.8 万亩,作物凋萎,晚稻 30 万亩无水插植。

1980 年

3 月 5 日 11 时 37 分至 39 分,佛冈县降冰雹,塌房 2 间,死 1 人,伤 3 人,翻瓦损房 401

间,倒大树 30 多棵,其中 10 棵连根拔起;小麦倒伏 460 亩,电话线杆断 10 根。

6 月 9 日至 7 月 12 日,连县连旱 34 d,加上晴热天气多、日照时数多、蒸发量大,造成旱粮作物茎叶干枯、稻田龟裂,尤以县内北部和东北部山区为重。

9 月 4 日至 12 月 31 日,连县连旱 119 d,严重的秋连冬旱使耕地受旱面积达 8.36 万亩,成灾 1.5 万亩,粮食减产 325 t。

9 月 17 日至 10 月 22 日,佛冈历时 35 d 无雨,发生秋旱,耕地受旱面积 3.60 万亩,失收 0.32 万亩。

1981 年

3 月 18 日 20 时至 20 时 13 分,佛冈县高岗、烟岭、龙南等地出现冰雹伴雷雨大风,冰雹大如小瓷盘,小如乒乓球。造成塌房 24 间,砸烂房屋 4134 间,死 1 人,伤 2 人,耕牛死 1 头;倒电杆 24 根,603 亩秧苗遭受灾害。

中旬,英德县青塘、白沙、桥头、连江口公社等地下冰雹,致 10 人死亡,多人受伤,倒塌房屋一大批,各种农作物受到不同程度的损失。

月底至 4 月初,连县连州、九陂等地出现冰雹大风。其中 4 月 5 日晚及 6 日上午,九陂公社遭受冰雹袭击,为百年少见,直接经济损失达 13 万元。

7 月 24 日,清远县龙塘至洲心局部地区出现龙卷风,死亡 3 人。

1982 年

5 月 10—13 日,阳山县普遍连降特大暴雨,4 d 总降水量 453.2 mm,致山洪暴发,山崩塌方严重。阳城 12 日最高水位达 64.32 m,超警戒水位 2.32 m。全县统计被洪水包围 378 个村庄 5.27 万人,冲毁村庄 9 个,倒塌房屋 5171 间,死 14 人,伤 14 人,失踪 3 人,冲走耕牛 23 头、生猪 273 头,22 万亩农作物受灾、8.76 万亩失收;冲毁小水电站 32 座、大小桥梁 275 座、公路 542 处、电线杆 816 根,经济损失 3.4 亿元。

11—13 日,英德县内普降大到暴雨,部分地区大暴雨或特大暴雨。12 日,河水暴涨,英城水位 32.3 m,县城旧城区全部被淹。全县 24 个公社受灾,受灾人口 36 万多人(无家可归的 3 万多人),死亡 195 人;受灾农田 41 万亩;倒塌房屋 35331 间。全县损失折款 1 亿多元。5 月 13 日,清远洪峰水位 15.88 m,北江上游各江 4 d 平均降水量 283.5 mm,横石洪峰水位 23.56 m,珠江水利委员会推算流量为 18000 m³/s。全县受灾面积 52.89 万亩,失收 29.87 万亩,冲毁耕地 10.28 万亩,山崩面积 12 万亩;决堤 36 条,倒塌房屋 6.8 万间,冲毁和损坏一批水利水电设施;受灾人数 4.79 万人,死亡 206 人。全县经济损失达 2.92 亿元。

1983 年

5 月 14 日,佛冈县降冰雹,县城石角出现的冰雹直径为 15 mm 至 30 mm;水头、西田、潭洞出现的冰雹最大直径 50 mm;水头镇丰二大队办公楼降下的一冰块重达 10 kg;新田大队大挞田生产队黄常彬住房降下一冰块重 8 kg。冰雹灾害造成房屋倒塌 471 间,瓦房损坏 6739 间。英德夏旱,受旱水稻 15 万亩。

6 月 23 日至 7 月 25 日,连县发生夏旱,连旱 33 d,农作物受旱面积 5 万亩。

7 月 31 日,英德县明迳公社有 5 个大队受到大风袭击,造成房屋倒塌 75 间,损坏瓦面 255 间,受伤 1 人。

1984 年

4月1日,佛冈县民安、高岗、烟岭、迳头等地出现如指头大的冰雹,其中烟岭楼下乡受损失较大,300多间房屋遭破坏。同日,英德大部分区、乡下冰雹,同时伴有雷雨大风,最大风力9级以上。全县倒塌房屋60间,吹坏瓦面数百间,重伤1人。受灾较严重的鱼湾区树头山村,倒塌房屋40间,吹断电线杆95根。

5日,英德县大部分地区出现雷雨大风、冰雹天气,持续时间约20分钟。全县有23个区下冰雹,英东部分区最大风力9级以上。全县倒塌房屋30间,重伤2人,吹断电线杆50根,损坏瓦面3000间,击坏变压器1台。

4月18—21日,阳山全县普降大雨和暴雨,房屋倒塌23间,受浸作物2.8万亩。

5月13日,佛冈县龙山的黄朗、车步出现冰雹,大的如鸡蛋,小的如黄豆,并伴有雷雨大风。灾害造成房屋倒塌386间,损坏瓦房2632间,死2人,重伤3人,轻伤51人;2124户10970人受灾,42户224人无家可归;水稻受灾1.76万亩,花生等经济作物受灾0.4万亩;24根高压电杆和56根电话线杆被刮倒。

7月上、中旬,阳山出现大旱,7月12日起连续高温近1个月。农作物受旱面积20.8万亩(水稻4万亩、番薯5万亩、玉米3万亩、黄豆3万亩、中造稻2万亩、秧苗0.8万亩、花生3万亩),还有3万亩无水插秧。

30日20时前后,英德县遭受冰雹、雷雨大风袭击,瞬间最大风速29 m/s,最大冰雹直径约30 mm。全县有英城、大站、桥头等10个区受灾。共吹坏瓦面1730间,倒塌5间,折断电线杆53根,打坏秧苗5000亩,死2人,伤1人。

9月26日至10月31日,佛冈历时35 d无雨,发生秋旱,受旱面积3.69万亩,成灾0.31万亩。

英德秋旱,受旱作物24万亩。

1985 年

3月27日19时30分前后,英德县青塘、鱼湾等5个区遭受冰雹、雷雨大风袭击。倒塌房屋20间,损坏2110间,受灾人口7500人,击坏变压器2台,损坏作物1984亩、粮食400000 kg。

7月25日,英德县出现雷雨大风天气,有10个区受灾,共倒塌房屋27间,损坏房屋瓦面3330间,折断高低压电线杆30多根,损坏电压器1台,重伤1人,轻伤3人。

8月,英德发生夏旱,受旱作物33万亩。

佛冈秋旱,受旱面积3.67万亩,成灾0.70万亩。

1986 年

4月27日,英德西南方向的九龙乡出现大风、冰雹及雷阵雨,造成563户受灾,人口达3923人,受伤9人,损坏瓦房1792间、学校4所、校舍77间、乡政府35间,受灾玉米765亩、秧苗146亩。

5月31日05时50分至09时40分,连山出现大暴雨,直接损失7万多元。

7月12—13日,佛冈普降暴雨,直接损失15万元。

14日至10月31日,连县发生秋旱110 d,延续至12月31日发生冬旱171 d,前后未下过透雨,降水量持续偏少且气温偏高。秋连冬旱使山塘、水库蓄水不足,田地龟裂,农作物受旱枯黄至死。全县水稻受旱约 10 万亩,占下造水稻总面积 44%,其中失收约 2 万亩;水果因干旱损失约 2 万担,其他农作物也遭受不同程度的损失。这是连县自 1964 年以来少见的大旱。

8 月 19 日至 10 月 26 日,阳山县阳城镇 69 d 仅降水 70 mm,全县大部分地区也是连续一个多月无降水。全县受旱农作物 27 万亩,占种植面积 85%,完全无收 6.9 万亩,占种植面积 23.9%,计失收粮食 48 万担。

9—10 月,英德重旱,受灾作物 25 万亩。

1987 年

3 月 18 日 22 时 30 分左右,连县清江乡恩头村一带出现有史以来罕见的飑线袭击,风力为 8~9 级,阵风 10 级以上,直接经济损失 53.66 万元。

23 日 20 时,阳山县出现罕见大雨雹。雨雹大多数像鸡蛋般大,有少数像碗大,个别大于碗。计受灾 46 个村、400 个自然村、14122 户、73953 人,毁瓦房 52044 间,被迫住进山洞或露宿者不计其数;损失粮食 2965000 kg,死 1 人,伤 44 人,死耕牛 3 头,作物受灾 31500 亩。共计损失 2548 万元。

24 日,英德县出现冰雹、雷雨大风对流性天气。灾情遍及 15 个乡镇,其中较严重的有岩背、石灰铺、浛洸等乡镇;春种作物受灾面积 3.6 万,损失谷种 360000 kg,受灾人口 16.6 万人,其中受伤 108 人,死亡耕牛 1 头,倒塌房屋 57 间,打坏瓦面 54395 间,吹倒电线杆 23 根,电话线杆 36 根,损坏水利设施 402 宗。

5 月 21 日 19 时前后,连县部分乡遭受雷雨大风、冰雹的袭击。直接经济损失约 5 万元。

8 月 8 日 05 时 30 分至 11 时,连山大富乡、永和镇遭受暴雨袭击,有 110 多间民房受淹,受浸农田 400 多亩。

1988 年

2 月 24 日至 4 月 1 日,佛冈县除 3 月 10—15 日平均气温>12℃外,其余 32 d 均是≤12℃低温阴雨过程。春播关键期 3 月 17 日以后连续 8 d 低温阴雨天气,29 日又持续 6 d 日平均气温低于 15℃的不利天气,春耕生产推迟一个月,且严重烂秧,损失谷种 202500 kg,并冻死耕牛 2260 头。连山遭此低温阴雨,烂秧率在 30% 以上,严重的达 60%,全县有 8000 亩至 1 万亩水田早造无法插植;同时冻死耕牛 1100 多头。

5 月 2 日 16 时,阳山县白莲乡出现龙卷风,风力 10 级以上,损坏房屋 1908 间,倒塌房屋 12 间。

10 日,英德县出现雷雨大风,大洞乡 10 个村受到不同程度的损失,共有 675 间住房被毁坏,150 亩水稻受淹。

24—25 日,英德县大部分地区普降大雨到暴雨、局部大暴雨,26 日县城水位达 27.68 m,超警戒水位 1.68 m。佛冈县潖江河流域 25 日降水量 243~303 mm,大庙峡水文站水位 51.48 m,洪流量 1730 m³/s。凤洲水位站水位 22.44 m(为新中国成立以来最高洪水位)。英德县 31 个乡镇不同程度遭受灾害,全县经济损失折款 1441.38 万元。佛冈县潖江流域内损坏(毁)水电工程 569 宗;淹没农田 5.98 万亩;受灾人口 3.29 万人,被洪水围困 3240 人;倒塌房屋 2150 间,死 5 人,伤 375 人,冲走、淹死牲畜 5100 多头;损坏公路 6881 处

20.6 km、供电低压线路 15 km、陂头和水圳 550 多宗,直接经济损失 1810 万元。

7 月 26 日 20—22 时,英德县青塘区出现 6~7 级、阵风 8 级的大风,1200 间房屋瓦面不同程度被吹翻,吹倒 200 棵树和 1000 亩早稻。

1989 年

5 月 12 日,连县潭岭乡遭受历史上罕见的特大冰雹和雷雨大风的袭击,风力 9~10 级,降水量 50.3 mm,冰雹直径最大达 100 mm,平均直径约 30 mm。耕牛死亡 1 头,受伤 3 人。灾害造成损失 61.40 万元。

6 月 23 日至 12 月 31 日,连县降水稀少,出现历史罕见的夏、秋、冬连旱,部分灌溉条件差的地区稻田龟裂、源头断水、山溪枯竭,部分山区群众发生饮用水困难;冬种作物有的种子不能出苗,有的生长停滞、苗弱枯黄干死。晚稻受旱面积达 9.70 万亩,其中失收或基本失收 4.20 万;旱粮作物和经济作物受旱面积达 14.70 万亩,其中失收或基本失收 5.40 万亩。

7—8 月阳山大旱,全县 274 宗水利工程流量合共只有 10.17 m³/s,小水电几乎全部停止发电,受灾农作物 31.22 万亩,其中旱死 5.61 万亩。

1990 年

1 月 31 日,阳山普降大雪,县城平地积雪数寸。

3 月 22 日 22 时 30 分至 23 日凌晨,阳山县水口、高峰、青莲、杜步、东山、七拱等 7 个乡镇先后遭到不同程度的强风、冰雹、局部大雨暴雨袭击,并夹着 10 级以上的龙卷风。冰雹密度之大为百年罕见,每平方米秧田在 285~306 个,直径一般为 3~5 mm,有的大至 35~40 mm,个别近 50 mm。冰雹所过之处,瓦房无一幸免,共砸烂瓦面 9489 间、倒塌房屋 35 间;受灾农户 3156 户 15780 人,6 人被压伤,其中 2 人重伤,砸伤生猪 17 头、耕牛 5 头;部分树干、电话线杆、低压照明线杆被吹断,高压线杆被吹歪。作物受灾 1.53 万亩,其中,秧田受灾 1540 亩,损失种子 23100 kg;玉米受灾 8494 亩,损失种子 42750 kg;花生受灾 2050 亩,损失种子 40000 kg;蚕桑、芝麻、蔬菜经济作物及绿肥受灾 3150 亩,直接经济损失 388.23 万元。

1991 年

6 月 21 日起至年底,连县持续雨水稀少,夏、秋、冬连旱达 194 d,全县农业生产歉收,部分山区群众生活用水困难;早、中晚稻受旱面积 9.60 万亩,经济作物和旱粮作物受旱面积 3.20 万亩,总计失收面积 1.31 万亩。

7 月 19 日,受台风环流影响,连南、连山、佛冈县出现飑线和大风。连南瞬时风速 25 m/s,受灾 3340 户 14717 人,直接经济损失达 558.93 万元。连山瞬时风速 32 m/s,直接经济损失 150 多万元。佛冈县瞬时最大风速 25 m/s,直接经济损失 558.93 万元。

12 月 27—29 日,佛冈县受寒潮影响,最低气温 -1℃,冻死耕牛 12 头。

28—29 日,阳山县 20 个乡镇降雪,县城积雪 2 cm,黄坌、秤架、江英、杨梅、白莲镇积雪 15~20 cm,交通、通讯、电力中断一天,冻死耕牛 144 头,冻坏蔬菜 4.60 万亩,甘蔗 4700 亩。

是年,阳山县出现三次不同程度的旱灾。早造水稻有 3.55 万亩无水办田,播下去的亦有 1.65 万亩受旱,经济作物 4.20 万亩不同程度受干旱威胁。6 月初全县受旱面积达

13.56 万亩,其中水稻 5.12 万亩、旱粮和经济作物 8.44 万亩。8月下旬河流干枯断流,蓄水大减,10月中旬全县大小蓄水工程蓄水量仅为正常蓄水量的 34%。全县受旱面积达 24.69 万亩,占实种面积 60.5%。其中,晚稻受旱 5.82 万亩,占实种面积 41.3%,成灾 5.25 万亩,旱死 5700 亩;番薯受旱 8.70 万亩,占实种面积 74.4%,成灾 7.47 万亩,旱死 1.23 万亩;玉米受旱 2 万亩,占实种面积 100%,成灾 1.15 万亩,旱死 0.85 万亩;经济作物受旱 8.17 万亩,成灾 6.86 万亩,旱死 1.31 万亩。

1992 年

3月 3—30 日,连山出现倒春寒,60% 秧苗被冻死。

25 日,英德县日降水量 110.90 mm,28 日又出现 65.50 mm 降水。受韶关市连续普降大雨、暴雨的影响下,27 日英城水位达 29.33 m,超警戒水位 3.33 m;29 日上涨至 29.74 m,创 1982 年以来最高水位;且 3 月出现如此大洪水,为历史罕见。

4月 6 日,连山禾洞乡出现冰雹,450 亩早稻秧田的尼龙纸被打破,损失约 7700 元;果树断枝落蕾 2600 多株,损失约 3.60 万元;损坏树苗 25 亩,损失约 3700 元;1420 户 2500 多间房屋瓦面被损坏,损失约 10 万多元。

21 日,连山南部乡镇下冰雹并伴有雷雨大风,1 户房屋倒塌,受损秧苗 1420 亩,烟 800 亩,1500 多株沙田柚 20% 的花朵被吹落,蔬菜 400 亩、林木 300 亩受破坏,吹倒电线杆 13 根。

5月 1 日和 2 日中午时分,连县清江乡 10 个村遭 8 级以上雷雨大风袭击,直径 1 m 多的大树被吹断。共被风吹倒房屋 14 间(总面积 305 m²),毁坏瓦面 82 万块;毁坏雪梨树 11 亩、苹果树 8 亩、杂果树 23 亩;受伤 5 人,其中重伤 2 人。直接经济损失 10.1 万元。

6 日晚,连县山塘乡 5 h 降水量为 103 mm;13 日,山塘乡、清江乡同降大暴雨(山塘乡气象哨记录 70 分钟内降水量 102 mm),清江乡还局部伴有雷雨大风和冰雹。前后两次降水均造成洪水泛滥成灾,共倒塌房屋 51 间、围墙 60 多米,瓦面损失 93 万块,受损农户 335 户 1870 人;冲毁稻田 1170 亩,淹没作物 1086 亩,受浸作物 5500 亩,击毁作物 1674 亩;冲崩水圳 5 条长约 1.88 km,公路塌方 1.35×10⁴ m²,冲垮路面 500 m;化肥受浸 37 t;山塘乡信用社、农具厂、农技站、供销社仓库、银行受浸深达 1 m;受伤 7 人,其中重伤 3 人;死亡耕牛 1 头、生猪 5 头。直接经济损失达 111 万元。

6—7 日,阳山县东山乡遭受龙卷风袭击,受灾农户 732 户,有 32 户房屋被全部吹倒。

9月下旬至 11 月底,阳山县秋旱,连旱 71 d,是 1957 年以来同期连旱最长的一年,全县受旱达 21.26 万亩,占实种面积 58.1%。其中,水稻受旱 6.87 万亩,占实插 50.1%,其他作物受旱 15.90 万亩,占实种面积 69.4%。

1993 年

1月 14 日下午至 15 日晚,连山、连南、连县和阳山县部分地区遭受罕见雪灾,最厚积雪达 30 cm,共有 56 个乡镇、465 个管理区、1450 个村庄、54 万人受灾;倒塌房屋 180 间、损坏房屋 750 间、倒塌茅舍 550 间;农作物受灾 72 万亩、成灾 14 万亩,经济作物受灾 65 万亩、成灾 12 万亩;冻死生猪 1700 头、耕牛 2000 头;压断电线杆 430 根线路 7.5 km。直接经济损失 1400 万元。

14—31 日,佛冈县受寒潮影响,48 小时平均气温下降 11.2℃,过程最低气温零下

0.6℃。低温阴雨天气持续 10 d,24 日天气由湿冷转干冷,29—31 日出现霜冻,石硖龙眼苗木冻死 8 万株、冻伤 30 万株,直接经济损失 100 万元以上。

4 月 14 日,英德县沙口镇出现龙卷风夹暴雨灾害;19 日,连南、连县发生雷暴、龙卷风夹冰雹灾害;20 日清晨,清城区龙塘镇、清新县石坎镇同时发生龙卷风、暴雨灾害;21 日傍晚,英德县大洞乡遭受龙卷风暴雨袭击。至此,全市共有 5 县(区)、11 个乡镇、53 个管理区、415 个村庄、7.90 万人受灾,死亡 2 人、受伤 34 人;倒塌房屋 502 间、损坏房屋 7349 间、倒塌茅舍 280 间,造成 197 人无家可归。粮食作物受灾 2.51 万亩,成灾 1.82 万亩,经济作物受灾 1.97 万亩,成灾 1.42 万亩;死亡耕牛 10 头、鱼塘漫顶 5 亩;毁坏水利设施 23 宗、桥梁 12 座、电线杆及线路 828 根、公路 5 处。直接经济损失 1454.70 万元,其中农业损失 467 万元、群众损失 800 万元。

5 月 1—5 日,全市各地持续普降大雨和暴雨,个别地方还发生冰雹和龙卷风,8 县(区)122 个乡镇、846 个管理区、5222 个村庄、95.81 万人受灾,死亡 7 人、失踪 1 人、受伤 21 人;倒塌房屋 2221 间、损坏房屋 39235 间,倒塌茅舍 1046 间;农作物受灾 58.36 万亩,成灾 35.28 万亩,经济作物受灾 24.12 万亩,成灾 10.93 万亩;死亡耕牛 122 头、生猪 227 头;鱼塘漫顶 18233 亩;毁坏水利设施 3110 宗、桥梁 31 座、电线杆 1470 根、公路 289 处。直接经济损失 10889.85 万元。

21 日 17 时 30 分至 18 时,清新县桃源镇部分地区遭受暴风雨袭击,共倒塌房屋 16 间,农作物受损 1250 多亩,直接经济损失约 10 万元。

25 日,连县朱岗乡发生暴雨夹龙卷风,5 个管理区、52 个村、9500 人受灾,伤 1 人,倒塌房屋 28 间,损失粮食 1800 kg,毁坏水稻 375 亩,冲毁河堤 17 处 2.75 km、水利设施 36 宗,直接经济损失 150 万元。

6 月 11 日零时,英德县遭暴风雨袭击,有 28 个乡镇、256 个管理区、2637 个村、54272 户、237722 人受灾;农作物受浸 22.42 万亩;死亡耕牛 7 头、生猪 30 头;毁坏水利设施一批;磷肥厂、造船厂、鞋厂近 300 间乡镇企业受浸而停产或半停产状态。间接经济损失 580 万元,直接经济损失 1268.14 万元。

7 月 20 日 22 时,连山下大暴雨,有 5 个乡镇、10 个管理区、50 个村庄受灾,造成死亡 1 人、重伤 5 人、轻伤 58 人;倒塌住房 12 间;农田受损 2240 亩;冲毁公路 6000 m、桥梁 10 座、水利设施 15 宗。直接经济损失 140 万元。

20 日 23 时至 21 日 05 时左右,连山南壮区 5 个乡镇、10 个管理区、50 个村,受到 30 年未见的特大暴风雨袭击,山洪暴发,造成死亡 1 人、重伤 5 人、轻伤 58 人;倒塌房屋 12 间、毁坏房屋 12 间,损失 60 万元;毁坏公路 6000 m,损失 36 万元;毁坏农田 2240 亩,损失 29 万元;冲毁桥梁 10 座,损失约 10 万元;毁坏水利设施 15 宗,损失 18 万元;毁坏电力线路 1000 m,损失约 6 万元。直接经济损失约 159 万元。

1994 年

4 月 21 日上午,清城区、清新县、佛冈县、阳山县遭暴雨、龙卷风夹杂冰雹袭击,共有 14 个乡镇、35 个管理区、107 条自然村、4.2 万人受灾,倒塌房屋 4 间,损坏房屋 1263 间,倒塌茅舍 27 间;农作物受灾 1.73 万亩;冲坏水利设施 1 宗,电线杆 28 根 0.31 km,公路 3 处 0.5 km。直接经济损失 104 万元。

25—26 日,清城区、英德市、清新县遭受雷雨大风袭击,共有 14 个乡镇、59 个管理区、212 个村庄、3.80 万人受灾,损坏房屋 454 间,倒塌茅舍 91 间,受灾农作物 6.34 万亩,鱼塘漫顶 356 亩,毁坏水利设施 64 宗,损坏电线杆 5 根线路 100 m,直接经济损失 420 万元。

28—29 日,英德市大洞镇和水边镇、清新县新洲镇受到暴风雨夹杂冰雹袭击,最大风力 9 级,冰雹直径约 50 mm、最大 100 mm,有 3 个镇、16 个管理区、170 多个村庄、2.30 万人受灾,倒塌房屋 63 间,农作物受灾 5000 亩,死亡耕牛 6 头,毁坏水利设施 32 宗,毁坏电线杆 120 根、线路 10 km,冲毁公路 5 处 1.5 km,直接经济损失 92.40 万元。

5 月 2 日 02 时,连县九陂镇遭受特大暴雨袭击,8 个管理区、48 个村庄、9000 人受灾;倒塌住房 5 间,损坏房屋 15 间;农作物受浸 8240 亩;冲塌河堤 3 处共 65 m。直接经济损失 25 万元。

3 日,佛冈县遭受暴风雨袭击,5 个乡镇、10 个管理区、25 个村庄、1.20 万人受灾,死亡 3 人,倒塌房屋 15 间,雷击烧毁 5 间,农作物受灾 5020 亩,直接经济损失 81 万元。

6 月 11 日开始,受强热带风暴影响,全市普降暴雨到特大暴雨,部分地区还夹杂龙卷风,酿成百年不遇的洪涝大灾。6 月 16 日 20 时,连州连江水位达 95.22 m,超警戒水位 4.20 m,比民国 4 年(1915 年)连州城历史最高水位还高出 8 cm。6 月 17 日 07 时 30 分,阳山县城连江水位达 64.61 m,超过警戒水位 2.85 m,比百年一遇的 1982 年特大洪水 64.32 m 高出 0.29 m。6 月 18 日 24 时,英德北江水位达 34.51 m,比新中国成立以来最大洪水 1964 年的 33.15 m 高出 1.36 m。6 月 19 日 22 时,各地江河洪水汇集至北江清城段,出现 16.34 m 历史最高洪峰,超警戒水位 4.34 m,比历史上两次特大洪水的民国 4 年 14.88 m 和 1982 年 15.88 m 分别高出 1.46 m 和 0.46 m,为有史记载最高。全市 8 县(市、区)有 142 个乡(镇)、1272 个管理区、13344 个村庄、245.99 万人受灾;死亡 110 人,失踪 45 人,受伤 2694 人,倒塌房屋 64975 间,损坏房屋 225234 间,倒塌茅舍 62277 间,造成无家可归 194288 人;受灾农作物 174.83 万亩;死亡耕牛 1959 头、生猪 21447 头;池塘漫顶 91263 亩;毁坏船只 245 艘、水利设施 15434 宗、桥梁 1053 座、电线杆 8684 根、公路 3044 km。直接经济损失 44.90 亿元,其中农业损失 19.34 亿元、群众损失 22.18 亿元。

7 月 23—25 日,各地连降暴雨到特大暴雨,全市 8 县(市、区)有 116 个乡镇、783 个管理区、5516 个村庄、110.86 万人受灾,被洪水围困 20 多万人,死亡 21 人,失踪 1 人,受伤 13 人;倒塌房屋 7704 间,损坏房屋 17899 间,倒塌茅舍 2668 间;农作物受灾 72.81 万亩;死亡耕牛 42 头、生猪 311 头;鱼塘浸顶 12328 亩;毁坏船只 17 艘、水利设施 2499 km、公路 355 处 219.50 km。直接经济损失 59115.42 万元,其中农业损失 30916.44 万元。

8 月 4—6 日,英德市、清新县遭大暴雨和龙卷风袭击,共有 11 个乡镇、68 个管理区、728 个村庄、7.85 万人受灾,死亡 10 人、受伤 18 人、倒塌房屋 623 间;农作物受灾 3.56 万亩,成灾 2.45 万亩;死亡耕牛 15 头、生猪 34 头;鱼塘漫顶 552 亩;冲毁水利设施 973 宗、桥梁 18 座、电线杆 25 根线路 13 km、公路 35 处 15.60 km。直接经济损失 8348 万元,其中农业损失 3291 万元、群众损失 3174 万元。

15—18 日,佛冈县、连山、连南、连州市遭暴风雨袭击,山洪暴发,河水泛滥,共有 11 个乡镇、42 个管理区、111 个村庄、2.65 万人受灾;死亡 1 人、受伤 2 人、无家可归 9 人;农作物受灾 0.81 万亩,成灾 0.78 万亩;死亡耕牛 2 头、生猪 9 头;冲毁河堤 1.28 km、水利设施 5

宗、木桥梁 7 座、电线杆 5 根。直接经济损失 760.30 万元,其中农业损失 549 万元。

1995 年

4 月 23 日,连州市山塘镇遭受雷雨大风和冰雹袭击,4 个管理区、35 个村庄、7500 人受灾,损坏房屋 305 间;农作物受灾 713 亩,成灾 465 亩;毁坏电线杆 10 根、线路 0.5 km。直接经济损失 108 万元,另外群众损失 753 万元。

5 月 2 日 17—18 时,英德市横石塘镇遭受龙卷风、暴雨夹杂冰雹袭击,冰雹直径约 5 mm,共有 4 个管理区、22 个村庄、567 人受灾,有 369 间住房瓦面被卷走,部分群众的衣被家具受损,学校被迫停课,直接经济损失 11 万元。

26 日下午,清新县、佛冈县、连山等地遭受龙卷风、暴雨袭击,共有 10 个乡镇、57 个管理区、137 个村庄、11750 人受灾,倒塌房屋 10 间;受灾粮食作物 15.41 万亩,成灾 8.37 万亩;损坏电线杆 10 根、线路 3 km。直接经济损失共 105 万元。

6 月 7—8 日,清远市普降大雨到暴雨局部大暴雨,英德市、连山、清新县共有 17 个乡镇、128 个管理区、774 个村庄、7.22 万多人受灾;倒塌房屋 208 间,损坏房屋 901 间,倒塌茅舍 1055 间;农作物受灾 6.57 万亩,成灾 4.50 万亩;死亡耕牛 11 头、生猪 134 头、"三鸟" 7000 多只;鱼塘漫顶 116 亩;损毁水利设施 271 宗、桥梁 13 座、电线杆 240 根线路 65 km、公路 456 处 89 km。直接经济损失 3926 万元,其中农业损失 1332.65 万元、群众损失 2116 万元。

15 日起,清远市连降暴雨、局部特大暴雨,连山南部、连州市北部、阳山县西南部、英德市西南部山洪暴发,连江、北江、西江及滃江水同时暴涨。连江连州 17 日 15 时水位达 93.32 m,超警戒水位 1.32 m;阳山 17 日 23 时水位达 62.65 m,超警戒水位 0.65 m。北江英德 19 日零时水位达 29.11 m,超警戒水位 3.11 m;北江清城 19 日 12 时水位达 13.92 m,超警戒水位 1.92 m。全市 8 县(市、区)共有 87 个乡镇、705 个管理区、2491 个村庄、44.93 万人受灾;被洪水围困村庄 233 个 3.63 万人,死亡 5 人,受伤 175 人;倒塌房屋 1054 间,倒塌茅舍 2208 间,造成无家可归 230 人;农作物受灾 37.63 万亩,成灾 20.92 万亩;鱼塘漫顶 5237.6 万亩;毁坏大小水利设施 3320 宗、桥梁 120 座、电线杆 727 根、公路 225.85 km。直接经济损失 27113 万元,其中农业损失 13020 万元、群众损失 13232 万元。

9 月 1 日,受台风影响,清远市局部地区遭受大风、暴雨袭击,共有 6 县(市、区)42 个乡镇、376 个管理区、1306 个村庄、11.60 万人受灾;损坏房屋 2235 间,损坏茅舍、工棚等建筑物 4310 间;农作物受灾 2.57 万亩,成灾 1.80 万亩,鱼塘漫顶 1760 亩;毁坏水利设施 120 宗,吹倒电线杆 224 根。直接经济损失共 2000 多万元,其中农业损失 1500 万元。

10 月 3—5 日,受强热带风暴影响和北方冷空气侵袭,清远市普降大雨到暴雨局部大暴雨,连山、连南、阳山县、连州市、英德市、清城区共有 63 个乡镇、376 个管理区、1923 个村庄、48.68 万人受灾,109 个村 2.33 万人被洪水围困,失踪 1 人,受伤 39 人,倒塌房屋 1270 间,损坏房屋 9209 间,倒塌茅舍 800 间,造成无家可归 868 人;农作物受灾 40.50 万亩,成灾 25.97 万亩;死亡耕牛 121 头、生猪 8667 头;鱼塘漫顶 7139 亩;毁坏水利设施 575 宗、桥梁 42 座、电线杆 134 根线路 49.3 km、公路 200 处 25.85 km。直接经济损失 13413.50 万元,其中农业损失 734 万元、群众损失 8633 万元。

4—14 日,受台风和北方冷空气影响,阳山发生自有水文记录以来罕见的深秋期间洪涝灾害,有 21 个乡镇、155 个管理区、969 个村庄、15 万人受灾;被洪水围困 18 个村庄 3650 人,倒塌房屋 422 间,死亡 1 人;农作物受灾面积 19.5 万亩,成灾面积 5.20 万亩。直接经济损失 7997.6 多万元。

1996 年

2 月 17—25 日,全市出现雨雪冰冻天气,其中英德以北地区出现降雪,最大的积雪深度 40 cm,有 8 个县(市、区)115 个乡镇 161.80 万人受灾,受伤 123 人;倒塌房屋 534 间,损坏房屋 4271 间;经济作物受灾 38.07 万亩,绝收 4.12 万亩;死亡耕牛 2291 头,生猪 4815 头,1550 亩鱼塘的鱼被冻死;毁坏电线杆 3134 根,线路 231.90 km;公路 70 处 53 km。直接经济损失 18768.90 万元。

4 月 3 日,英德市石牯塘镇受大风、冰雹袭击,有 10 个管理区、129 个自然村、9120 人受灾,损坏住房 5347 间,倒塌房屋 34 间;受灾农作物有水稻 4070 亩、甘蔗 2034 亩、花生 1203 亩、蚕桑 457 亩、经济作物 320 亩;供电设施损失 8.9 万元,水利设施损失 32 万元,通信设施损失 8500 元。直接经济损失 338.6 万元,其中农业损失 122.8 万元。

18—19 日,清远市普降暴雨到大暴雨,山洪暴发,河水急涨。19 日 20 时小北江阳山县城水位 64.11 m,超警戒水位 2.11 m。19 日北江英德城区水位 27.30 m,超警戒水位 1.30 m;21 日 08 时北江清城水位 13.25 m,超警戒水位 1.25 m。全市 9 个县(市、区,含飞来峡管理区)共有 111 个乡镇、783 个管理区、5.38 个村庄、93.66 万人受灾,被洪水围困村庄 235 个 2.45 万人,受伤 2 人,倒塌房屋 885 间,损坏房屋 5981 间,倒塌茅舍 1462 间,造成无家可归 101 人;农作物受灾 31.48 万亩,成灾 19.77 万亩,死亡耕牛 558 头、生猪 705 头;鱼塘漫顶 14939 亩;毁坏水利设施 3021 宗、桥梁 106 座、电线杆 422 根、线路 71 km、公路 389 处 169.5 km。直接经济损失 18613 万元。

5 月 25 日,受强热带风暴影响,全市大部分地区降大雨到暴雨,其中 2 个县 18 个乡镇、245 个管理区、876 个村庄、25 万人受灾,被洪水围困村庄 206 个 2.4 万人,死亡 2 人;倒塌房屋 300 间,损坏房屋 1780 间,倒塌茅舍 76 间;农作物受灾 7.65 万亩,成灾 3.90 万亩;死亡耕牛 49 头、生猪 103 头;鱼塘漫顶 945 亩;毁坏水利设施 1060 宗、桥梁 80 座、电线杆 66 根、线路 11.4 km、公路 385 处 137 km。直接经济损失 3308 万元。

1997 年

4 月 3 日,连南遭冰雹袭击,倒塌房屋 45 间,损坏房屋 567 间,农作物受灾 163.50 亩,直接经济损失 50 万元。

5 月 8 日零时起,英德以南地区普降大暴雨到特大暴雨,阳山以北地区大到暴雨局部大暴雨,有 7 个县(市、区)51 个乡镇(场)43.93 万人受灾,成灾 28.22 万人,死亡 27 人,伤病 232 人;洪水围困村庄 147 个 5.103 万人;死亡大牲畜 644 头;倒塌房屋 2281 间,损坏房屋 10011 间,无家可归 1415 人;农作物受灾 33.75 万亩,成灾 23.85 万亩,其中粮食作物受灾 19.5 万亩,成灾 10.5 万亩,绝收 4.65 万亩,毁坏耕地 3.3 万亩。直接经济损失 3.19 亿元,其中农业损失 1.38 亿元。有 1400 多年历史的飞来寺古建筑被泥石流冲毁。

7 月 2—7 日,清远市普降大雨到暴雨、局部大暴雨,全市 116 个乡镇、3622 个自然村、102.40 万人受灾,死亡 10 人,11.40 万人被洪水围困,10.20 万人紧急转移;损坏房屋 3.52 万间,倒塌房屋 0.83 万间;农作物受灾 64.95 万亩;损坏小型水库 11 座,堤防 127 km,堤防

决口 340 处 21.50 km。直接经济损失 2.23 亿元。

1998 年

3 月 8 日 22 时至 9 日 09 时,连山、阳山县、连州市和英德市遭受大雨、局部暴雨及冰雹、龙卷风袭击,最大风力 9 级,冰雹最大直径 80 mm,共有 29 个乡镇 14.82 万人受灾,伤 1 人,被困 1000 人;死亡大牲畜 132 头;倒塌房屋 308 间,损坏房屋 3564 间,无家可归 108 人;农作物受灾 2.98 万亩,成灾 1.34 万亩,毁坏耕地 0.05 万亩。直接经济损失 1878 万元,其中农业损失 790 万元。

4 月 12 日 02 时,清远市大部分地区遭受雷雨大风袭击,佛冈县、连山、连南降水量在 50～110 mm,清城区、清新县部分乡镇最大风力 11 级,直径 20 cm 的树木被连根拔起或折断,共有 37 个乡镇 24.27 万人受灾,成灾 18.67 万人,伤 6 人;倒塌房屋 840 间,损坏房屋 15960 间;农作物受灾 16.36 万亩,成灾 2.08 万亩,损失粮食(存粮)24 t;大批树木被毁,大批建筑工棚被掀,大批通讯、供电、公路等设施被毁坏。直接经济损失共 3861 万元,其中农业损失 2555 万元。

6 月 18—26 日,清远市普降大到暴雨、局部大暴雨。北江水位和山塘水库急剧上涨,加上受西江洪水顶托,6 月 25 日,英德市英城水位达 29.33 m,超警戒水位 3.33 m;6 月 26 日 11 时,北江清城水位达 14.72 m,超警戒水位 2.72 m。8 个县(市、区)80 个乡镇 38.16 万人受灾,成灾 26.96 万人,死亡 3 人,伤病 17 人;倒塌房屋 907 间,损坏房屋 3278 间;被困村庄 200 个,被困人口 2.23 万人,转移安置 2.23 万人;农作物受灾 26.85 万亩,成灾 19.8 万亩。直接经济损失 8228 万元,其中农业经济损失 3877 万元。

1999 年

5 月 24 日,连山上草、大富、永和、三水等镇普降大雨到暴雨,洪涝成灾,4 个乡镇共 20 个村 8000 多人受灾;农作物受灾 0.29 万亩,成灾 0.28 万亩;倒塌房屋 16 间,损坏房屋 34 间;冲毁坡头 32 个,水圳缺口 621 处,河堤缺口 3 处,冲毁桥梁 1 座。直接经济损失 90 多万元。

26 日,连山、连南、连州市、清城区遭受暴雨、大风袭击,其中连山、连南最大降水量达 130 mm。雷雨大风、山洪暴发共造成 31 个乡镇 187021 人受灾,成灾人口 99440 人,死亡 1 人,受伤 4 人;倒塌房屋 205 间;农作物受灾 4.60 万亩,成灾 2.95 万亩,绝收 4350 亩,毁坏耕地 1260 亩;大批通讯、供电、公路等设施被毁坏。直接经济损失 823 万元,其中农业损失 739 万元。

7 月 14 日 19 时,清城区横荷镇遭受龙卷风、雷雨袭击,受灾 110 多人,死亡 2 人,受伤 2 人,损坏房屋 20 间,农作物受灾 150 亩,成灾 120 亩,直接经济损失 25 万元,其中农业损失 13 万元。

8 月 22 日,受台风影响,清新县、清城区、英德市等地灾情较为严重,共倒塌房屋 128 间,损坏房屋 567 间,折断电线杆 10 多根,农作物受灾 5700 亩,成灾 2250 亩,直接经济损失 356 万元。

12 月 21—24 日,全市范围遭受冷空气侵袭,大部分地区连续 3～4 d 最低气温在 -4～5℃,受灾 98 万人,成灾 46 万人;农作物受灾 120 万亩,成灾 36.15 万亩,绝收 29.7 万亩。直接经济损失 17370 万元。

2000 年

1 月,连南受寒潮侵袭,果园受灾 5.25 万亩,直接经济损失 793 万元。

4 月 1—3 日,清远市遭受雷雨、大风及冰雹袭击,最大风力 7 级,全市共有 14.50 万人受灾,成灾 5.10 万人,死亡 2 人;农作物受灾 2.04 万亩,成灾 1.52 万亩,绝收 1920 亩,毁坏耕地 1200 亩;倒塌房屋 14 间,损坏房屋 27 间;死亡大牲畜 1 头。直接经济损失共 354万元,其中农业损失 244 万元。

9 月 1—2 日,英德市部分地区受台风影响,降大到暴雨,3 个镇 17 个村委会 12000 人受灾,成灾 4500 人,被洪水围困村庄 3 个 658 人;倒塌房屋 109 间,其中全倒 5 户,无家可归 24 人;受灾农作物 1.09 万亩,成灾 4845 亩,绝收 750 亩;受浸粮食 22850 kg,损失粮食9000 kg;冲毁桥梁 3 座、陂头 3 个、堤防 25 m;鱼塘漫顶 477 亩。直接经济损失 400 多万元,其中农业损失 70 多万元。

5 日傍晚,连南大部分地区遭受 8～9 级雷雨大风袭击,县城最大风速 17 m/s,全过程大约持续 35 分钟,总降水量 26.30 mm。全县共有 3.4 万人受灾,成灾 13700 人;倒塌房屋8 间,损坏房屋 345 间,受伤 2 人;农作物受灾 1750 亩,成灾 2775 亩,绝收 450 亩;一批变压器等供电设施受到不同程度损坏。直接经济损失 45 万元,其中农业损失 32 万元。

2001 年

4 月 20—22 日,全市普降大雨到暴雨,局部特大暴雨,山洪暴发,河水上涨,阳山县、英德市、清城区水位超过警戒水位,其中北江清城 22 日 09 时水位达 13.78 m,超警戒水位1.78 m。有 8 个县(市、区)共 103 个乡镇 34.40 万人受灾,成灾 15.90 万人,死亡 3 人,被洪水围困村庄 5 个 388 人,紧急转移安置 388 人;农作物受灾 16.13 万亩,成灾 9.92 万亩,绝收 8235 亩,毁坏耕地 4155 亩;倒塌房屋 303 间;死亡大牲畜 443 头。直接经济损失 4964万元,其中农业损失 2346 万元。

6 月 3—13 日,连南、连山、清新县、清城区普降暴雨,共有 36 个乡镇、1028220 人受灾,成灾 36888 人,伤病 3 人,被洪水围困村庄 3 个 448 人,无家可归 368 人;农作物受灾 3.18万亩,成灾 1.38 万亩,绝收 690 亩,毁坏耕地 135 亩;倒塌房屋 108 间,损坏房屋 343 间;死亡大牲畜 7 头;部分水利设施、公路桥梁被冲坏。直接经济损失 746 万元,其中农业损失241 万元。

24 日 21 时至 25 日 01 时,阳山县东山乡遭受大暴雨袭击,3 h 降水量 135 mm,并刮8～9 级大风,造成山洪暴发,4 个村委会 537 户 2958 人受灾;损坏房屋 409 间,倒塌房屋 31间,其中全倒 6 户,死亡 1 人,无家可归 46 人;农作物受灾 720 亩;冲坏公路 16.50 km、大小引水渠 3.20 km。直接经济损失 260 多万元,其中农业损失 110 多万元。

7 月 6—7 日,全市大部分地区受台风影响刮 6～8 级大风,降水量 50～62 mm、局部地区 100 多毫米。7 月 8 日 20 时,北江水位达 13.92 m,超警戒水位 1.92 m。英德市、清新县、阳山县、佛冈县、连南和清城区共有 367360 人受灾,229050 人成灾,伤病 3 人;被洪水围困村庄 5 个 910 人,无家可归 16 人;农作物受灾 21.59 万亩,成灾 15.06 万亩,绝收 2.54 万亩,毁坏耕地 45 亩;倒塌房屋 120 间,损坏房屋 1200 间。直接经济损失 2493 万元,其中农业损失 1654 万元。

17—18 日,清新县局部地区降暴雨到大暴雨,滨江河珠坑水文站洪峰水位 25.55 m,超警戒水位 1.55 m。有 9 个镇(珠坑、龙颈、禾云、南冲、浸潭、三坑、回澜、太平、山塘)5.7 万人受灾,3.2 万人成灾;受浸房屋 68 间,损坏房屋 25 间,倒塌房屋 5 间;农作物受灾 2.57 万亩,成灾 1.54 万亩;毁坏耕地 15 亩;鱼塘漫顶 540 亩。直接经济损失 825 万元,其中农业损失 658 万元。

8 月 31 日 20 时至 9 月 1 日 08 时,受热带风暴环流影响,清城区和清新县遭受暴雨、大风袭击,降水量 168 mm,清城北江水位 12.50 m,超警戒水位 0.50 m。共有 21 个乡镇 57202 人受灾,成灾 33190 人,被洪水围困村庄 35 个 8112 人,失踪 1 人,受伤 2 人,倒塌房屋 13 间,损坏房屋 196 间;农作物受灾 5.94 万亩,成灾 5.07 万亩,绝收 690 亩;毁坏耕地 645 亩。

2002 年

4 月 4 日晚,清新县白湾镇突然遭受暴风雨、冰雹袭击,共毁坏房屋 135 间,受灾 90 户 430 人、成灾 63 户 283 人,直接经济损失 11 万元。

6 日,英德市出现冰雹、强风等强对流天气,共损坏房屋 1172 间,倒塌房屋 12 间,受损经济作物 1482 亩,直接经济损失 146.15 万元。

5 月 21 日晚,英德市普降大雨到暴雨,连江口、水边、黎溪 3 镇洪水泛滥、山洪暴发,死亡 4 人、失踪 2 人,倒塌房屋 86 间,全倒 1 户;受灾 7.50 万人、成灾 4.50 万人、轻伤 2 人,无家可归 10 人;被困村庄 11 个,受淹村庄 11 个;农作物受灾 2.48 万亩、成灾 525 亩;死亡大牲畜 25 头。直接经济损失 4082 万元。

21—22 日,清新县普降大到暴雨,8 个镇受到暴雨袭击,受灾 5 万人,失踪 2 人;受淹房屋 760 间,损毁房屋 260 间,倒塌房屋 90 间;农作物受灾 11060 亩;公路受淹 1 条长 50 m、塌方 11 处;河堤决口 1 处长 30 m,冲毁坡头 43 座,水圳 12 处 1325 m,损坏电站 7 宗。直接经济损失 2200 万元。其中 22 日 00—04 时,鱼坝镇降水量达 251 mm,中心点达 350 mm,洪水泛滥,镇政府受淹 2 m 多深,多条堤围被毁,许多农田被冲浸,2 座电站被毁坏,农业损失约 500 万元,直接经济损失 1000 万元左右。

7 月 1—2 日,连山、连南、阳山县、连州市普降暴雨、局部特大暴雨,24 h 降水量连山 243 mm、连州 260 mm,均为有气象记录以来最大的一次;连南 200 多毫米,阳山 144 mm。共有 62 个乡镇 333113 人受灾、185113 人成灾、12 人死亡、351 人无家可归;受淹县城 1 个;毁坏耕地 5250 亩;倒塌房屋 433 间,损坏房屋 2252 间;死亡大牲畜 117 头;毁坏公路、桥梁、通讯、水利设施等一批。直接经济损失 21904 万元,其中农业损失 4989 万元。

15—21 日,清远市普降大雨到暴雨、局部特大暴雨,全市共有 143767 人受灾,成灾 99535 人,伤病 16 人,被洪水围困村庄 1 个,紧急转移安置 1100 人;农作物受灾 5.87 万亩、成灾 4.66 万亩、绝收 9870 亩;毁坏耕地面积 1275 亩;倒塌房屋 181 间;死亡大牲畜 22 头。直接经济损失 3231 万元,其中农业损失 1437 万元。

25—27 日,英德市、清新县、连山等地普降暴雨,导致山洪暴发,受灾 44210 人、成灾 34970 人;农作物受灾 2.35 万亩、成灾 1.90 万亩、绝收 4620 万亩;倒塌房屋 143 间,损坏房屋 167 间;毁坏堤围 1120 m,水圳 3742 m;鱼塘漫顶 1140 亩;损坏电站 5 座、其他供电设施一批、公路 11.40 km。直接经济损失 1283 万元,其中农业损失 594 万元。

8 月 7—11 日,受台风槽和切变线影响,全市普降暴雨到大暴雨,24 h 降水量 100 mm

以上。清城北江 10 日最高水位达 14.06 m,超警戒水位 2.06 m。全市受灾 477899 人、成灾 315449 人,伤病 105 人;被困村庄 59 个、13102 人,无家可归 37 人,紧急转移安置 13902 人;农作物受灾 26.92 万亩、成灾 18.63 万亩、绝收 3.78 万亩;毁坏耕地 5520 亩,倒塌房屋 498 间,损坏房屋 1036 间;死亡大牲畜 112 头;受损公路、水利、供电等设施一大批。直接经济损失 6603 万元,其中农业损失 4854 万元。

12 月 26 日下午,北方强冷空气自北向南影响市境,北部地区气温下降到零下 4℃,出现下雪结冰;南部地区气温下降到 0℃,局部地区有霜冻。英德市、连州市、阳山县、连山、连南、佛冈县等地不同程度受灾,受灾人口 333939 人、成灾人口 204383 人;农作物(主要是蔬菜、马铃薯、果树等)受灾面积 14.37 万亩、成灾 10.83 万亩、绝收 4.6 万亩;损坏、毁坏供电、电讯线路一大批。直接经济损失 2162 万元,其中农业损失 1775 万元。

12 月下旬,连南受寒潮侵袭,果园受灾 3 万亩,农作物受灾 10.5 万亩,直接经济损失共 118 万元。

2003 年

5 月 14—15 日,连州市普降暴雨,局部地区山洪暴发,有 19 个乡镇 77300 人受灾,受灾农作物 1.97 万亩,其中绝收 5475 亩;毁坏耕地 3000 亩;倒塌房屋 24 间,损坏房屋 92 间;鱼塘漫顶 105 亩;毁坏水利设施 18 处 1910 m、水电站 3 座、公路 30 多公里。造成直接经济损失 5693 元,其中农业损失 432 万元。

6—7 月,阳山县出现严重夏秋旱。至 7 月止,全县大小 182 座山塘水库总蓄水量比多年同期平均蓄水量减少 57.9%,有 90 座山塘水库干涸。全县受旱农作物 13.48 万亩,成灾 2.51 万亩,绝收 770 亩。其中,粮食作物受旱 7.36 万亩,成灾 1.86 万亩,水稻无法插秧 1.15 万亩。另有 2.45 万人饮水困难。

7 月,英德市降水量仅有 80 mm,月平均气温 31.2℃,其中有 25 d 的最高气温在 35℃以上,月最高气温达 40.1℃,三项指标均超过历史同期极值,是自有气象资料记载(1960年)以来首次出现。全市 30 个镇出现不同程度的旱情,共有 22.01 万亩农作物受旱,其中轻旱 16.80 万亩、重旱 5.21 万亩、缺水缺墒面积 12.75 万亩;水库工程蓄水总量比历年同期平均减少 25%。

7—8 月,连州市出现历史罕见的盛夏酷暑、高温晴旱天气。7 月平均气温高达 30.8℃,比历年同期平均气温的 28.5℃高出 2.3℃,是连州气象历史资料记载的最高月平均气温;7 月 23 日最高气温 41.6℃,是连州气象历史资料记载的最高气温;8 月平均气温 28.9℃,比历年同期平均气温 28.1℃仍偏高 0.8℃。全市农作物旱受面积达 22.80 万亩,其中重旱 9.90 万亩、轻旱 7.05 万亩、干枯 5.85 万亩,减产粮食约 16500 t。全市直接经济损失 3580 万元。

8 月 3 日 18 时左右,佛冈县 1 农妇在农田施肥被雷击身亡。

4 日 20 时左右,佛冈县民安镇出现雷雨大风天气,最大风速 23.6 m/s,倒塌房屋 10 间,倒塌猪舍 100 多间,损坏果树 800 多棵,经济损失 250 多万元。

21 日,连州市出现大到暴雨、局部特大暴雨。朝天镇部分地区 20 日 22 时至 21 日 08 时降水量达 202.4 mm,造成山洪暴发,有 72 个自然村 10024 人受灾,其中被洪水围困 1392 人;损坏房屋 12 间(倒塌 6 间);农作物受灾 1096 亩,毁坏耕地 41.7 亩,减产粮食 234.5 t;

鱼塘漫顶 68 亩;河堤决口 18 处 87.5 m,渠道决口 31 处 436 m,渠道塌方 4 处 38 m,损坏渡槽 2 座 29 m;冲毁 15 kW 电灌站 1 座,湖塘电站高压杆受损;被迫停产工矿企业 3 个。直接经济损失 130.56 万元,其中农林牧渔损失 63.24 万元、水利设施损失 36.53 万元、工矿企业损失 2.52 万元、其他方面损失 12.43 万元。

2004 年

4 月 14 日,受弱冷空气和西南暖湿气流共同影响,佛冈县四九、汤塘两镇遭受特大暴雨袭击。14 日 17 时至 5 日 02 时,四九镇降水量为 219 mm,汤塘镇降水量为 102 mm。强降水过程造成四九河水急剧上涨,水位超过历史最高洪水位,沿河两岸部分村庄受浸,农田被淹,部分水利设施受损。据统计,佛冈县 2 个镇 2.5 万人受灾,损坏房屋 1100 间,倒塌 8 间,农田受浸面积 366 hm²,沙盖、冲毁农田面积 60 hm²,冲毁水陂 26 座,冲毁水圳 150 m,损坏河堤 424 m,直接经济损失 196.7 万元。

6 月 22—23 日,清新县部分地区遭受特大暴雨袭击,22 日 23 时至 23 日 03 时,太和、笔架林场、龙颈等镇的时段降水量分别达到 223 mm、189 mm 和 85 mm。暴雨造成山洪暴发,河水猛涨,冲毁部分房屋、公路和桥梁,大批水利、旅游设施受损。据统计,这次洪水造成 2 人死亡,受灾人口约 0.2 万人,倒塌房屋 15 间(为仓库、小卖部、鸡舍等),损坏住房 15 间,受浸农作物 360 hm²,其中粮食作物 240 hm²、经济作物 120 hm²;鱼塘过水 7 hm²;公路被冲坏、塌方共 15.1 km;清新县城防工程截洪渠被冲毁、塌方 200 多米,4 座灌溉陂头被冲毁,直接经济损失 941 万元。

是年,清远市出现较严重的春旱和秋冬连旱,8 个县(市、区)都出现不同程度的旱灾。其中英德市、佛冈县、连州市、阳山县旱情较为严重。主要受旱时段为 3 月中旬,9 月下旬至 10 月底。据统计,全市因旱少种面积 18860 hm²,作物受旱面积 80160 hm²,其中成灾 38050 hm²,绝收 8470 hm²。是年粮食总产量 975900 t,旱灾损失粮食 120600 t,经济作物 2.27 亿元。10 月底,全市水利工程蓄水总量 2.9×10⁸ m³,较多年同期平均值减少 2 成多,水库干涸 91 座。

2005 年

3 月 1 日,阳山县西郊出现冰雹。

27—29 日,连州市、英德市、阳山县、清新县遭受冰雹、龙卷风袭击,共有 23 个乡镇受灾。其中 28 日 22 时,连州市星子镇清江中学附近出现冰雹,累积深度 30～40 cm,最大直径比鸡蛋大,冰雹、龙卷风造成树木连根拔起,房屋损坏,围墙倒塌,作物受损,没有人员伤亡。全市因灾倒塌房屋 51 间,损坏房屋 7449 间,损坏秧苗 3135 亩,农作物受损 70995 亩,鱼塘过水 1030 亩,农用物资 15000 kg(尼龙薄膜),损坏通信线路 2700 m,直接经济损失 600 万元。

5 月 4 日,连州市丰阳镇丰阳村一村民遭雷击身亡。

4—5 日,阳山县普降大雨,局部大暴雨和冰雹。4 日,青莲高峰和阳城镇的范村、煌池一带在 1 h 内降水量达 50 mm,阳城镇、青莲镇局部出现冰雹,江英镇大桥村一村民在种田回家路上遭雷击身亡,另该镇 6 农户被大水冲擦和水浸,有 4 间房屋倒塌,6 间成危房,全镇受洪水浸或冲毁的农作物 5000 多亩。5 日阳山县城降水量 74 mm,杨梅降水量 122 mm,由于局部地区出现大暴雨伴随雷雨大风,阳城镇的范村、青莲镇高峰、江佐、深塘等村出现百年大树和很多竹苑连根拔起,房屋受浸、倒塌,稻田一片汪洋。

5日,连州城出现冰雹,冰雹最大直径5 mm。同日,英德大站镇大蓝村当地两位村民中午在田间劳作时遭强雷暴袭击身亡。

18—20日,连南吊尾河上游连降大到暴雨,造成山洪暴发,吊尾河堤有50 m出现险情。

20日07时起,阳山县普降大雨到暴雨、局部大暴雨。阳城镇、青莲镇的高峰部分地区出现大暴雨降水过程,降水量分别为211.1 mm和206 mm,倾盆大雨引致山洪暴发,洪水淹浸和冲击给农业生产和水利、公路、市政等设施带来严重损失。据统计,阳山县有13个乡镇受灾,受灾人口4.5万人,受浸房屋1720间,受浸作物2.1万亩,部分电站设施被山洪毁坏,山体滑坡毁坏公路,县城地下电缆、路灯等设施受损,全县经济损失620万元。

23—24日,局部强降水造成连州市大路边镇大塘村委会的公公磊发生山体滑坡,山下硅灰石加工厂两名工人死亡。

6月20—24日,全市出现大范围的连续性大雨到暴雨、局部特大暴雨降水过程。瀚江、北江、西江都发生流域性洪水,出现自1997年以来最严重的洪涝灾害。这次洪水前期主要来源于连江及北江干流,后期主要来源于滃水、武水、湟江及北江干流。24日03时北江英德最高水位达31.01 m,超警戒水位5.02 m,09时北江清城水位最高水位达14.18 m,超警戒水位2.18 m。由于连日暴雨,致使英德市、佛冈县、连南山洪暴发,山体滑坡,一些水利工程出现险情,部分公路、供电线路、通信线路设施受损,并一度中断。南部清城区、清新县受北江洪水影响,一些防御标准偏低的小堤围漫顶,农田受淹,少数村庄被浸。据统计,全市共8县74镇47.02万人受灾,因灾死亡11人,其中因山体滑坡造成10人死亡,因洪水死亡1人,倒塌房屋3224间,直接经济损失达3.1298亿元。其中工矿企业停产59个,公路中断69条次,毁坏公路路基(面)223.75 m,损坏输电线路46.74 km(连南盘石35000 V输电线路,涡水马头冲至明珠站35000 V线路被大风吹倒),损坏通信线路96.81 m,直接经济损失为0.5401亿元;水利设施方面:损坏小型水库6座,损坏堤防172处(长度为16.8 km),损坏缺口13处(长度为1.84 km),损坏护岸170处,损坏水闸201座,冲毁塘坝338座,损坏灌溉设施1134座,损坏机电井16眼,损坏水文观测站6个,损坏机电泵站42座,损坏水电站49座,直接经济损失1.1237亿元;农林渔牧方面:农作物受灾面积14418.3 hm²,其中粮食作物10160.5 hm²,农作物成灾面积10759 hm²,其中粮食作物7352 hm²,农作物绝收面积5871 hm²,其中粮食作物3842 hm²,减收粮食35501 t,死亡大牲畜0.1314万头,水产养殖受灾面积933.1 hm²,损失12613 t,农林渔牧直接经济损失为1.2153亿元;其他方面损失0.2507亿元。

10月初至11月中旬,清远市出现较为严重的旱灾。全市因旱少种面积600 hm²,作物受旱面积13360 hm²,其中成灾9340 hm²,绝收395 hm²,旱灾损失粮食9700 t,经济损失970万元。

2006年

4月23日,英德市浛洸镇、横石塘镇、石牯塘镇和黄花镇、阳山县大莨镇遭遇雷雨大风和冰雹的袭击,其中石牯塘镇14时起,持续降雹20多分钟。据市三防办统计,英德市共有4个镇、23条村委会、2.6万人受灾,毁坏房屋12514间,倒塌12间,农作物受灾面积

887 hm²,造成直接经济损失 825 万元;阳山县大莨镇因雷雨大风引起山体滑坡,滑下的石头击中下雷村一农户房屋,造成一婴儿受伤死亡。

23—24 日,英德市、清城区出现强降水,共有 5 个乡镇受灾,受灾人口 3.22 万人,倒塌房屋 17 间,受灾农作物 1123 hm²,其中粮食作物 513 hm²,直接经济损失 897 万元。

5 月 26—28 日,佛冈县出现暴雨到大暴雨,受浸农田 1200 hm²,水冲沙盖农田 500 hm²;国道、省道、县道塌方 7 处 1.95 km,水库防汛公路塌方 3 条 5 处 1.5 km,通信线路毁坏 0.5 km,冲毁损坏水利工程水陂 7 宗,其中永久陂 5 宗,草木陂 5 宗,水涵闸 1 座,小水电发电站 12 座,水圳塌方 36 处 4.5 km。经济损失 500 万元,其中水利水电损失 300 万元。

6 月 7—9 日,全市出现大到暴雨、局部大暴雨降水,清远市区 7 日傍晚至 8 日 08 时降水量达 135.9 mm;6 月 9 日 04 时,北江清城水位首次超警戒水位,18 时最高洪峰水位 12.39 m。

14 日 06—09 时,阳山县七拱突降大暴雨,中心暴雨区降水量 3 h 达 158 mm。太平、阳城、杜步镇也降大暴雨。倾盆大雨引致山洪暴发,江水的淹浸和冲击,七拱、太平、阳城、杜步等乡镇不同程度受灾。造成 2 人死亡,1 人受伤,10.15 万人受灾,水利、交通、通信、供电的设施受损,全县直接经济损失 395 万元。

18 日 02—05 时,英德市石牯塘镇及白水寨电站上游范围普降大暴雨,3 h 降水量为 105 mm。白水寨电站大坝溃坝,造成下游严重的损失。锦潭二级电站厂房机组受浸,尾水渠长 250 m 被毁坏,锦潭三级电站拦水坝冲毁决口 48 m,下游受浸农田耕地面积约 452 hm²,死亡耕牛 3 头,倒塌房屋 4 间,水利设施一批,毁坏公路桥梁 4 座,高压输电线路 0.5 km,直接经济损失 1902 万元。03—08 时,连州市三水乡、瑶安乡(保安水上游,集雨面积 83 km²)发生局部特大暴雨,引起特大山洪暴发,洪水位超过 1994 年(百年一遇)洪水位,造成沿途交通、通讯、供电中断,三水、瑶安、保安、连州沿河两岸大面积农田被浸被毁,水利水电设施、农业生产灌溉设施、通信设施、供电设施、交通公路设施等严重损毁,造成三水乡、瑶安乡、保安镇、连州镇四镇(乡)严重受浸,16 个村委会、3700 多户、1.8 万多人受灾,因灾死亡 4 人、16 人受伤。其他水利、交通、通信、供电设施也严重受损。直接经济损失 1.7 亿元。

7 月 14—17 日,受第 4 号强热带风暴"碧利斯"影响,全市出现大范围的连续性大雨到暴雨、局部大暴雨到特大暴雨的降水过程。这次降水具有强度强、总量大、范围广、时间长、灾害重的特点,致使大小江河水位迅速上涨,16 日 22 时连州最高水位 95.03 m,超过警戒水位 4.03 m;17 日零时阳山最高水位 64.51 m,超过警戒水位 2.51 m;16 日 07 时起,北江清城水位超过警戒水位;18 日 08 时,飞来峡水利枢纽大流量泄洪,下泄流量最大达到 17200 m³/s,接近 50 年一遇的洪峰流量 17700 m³/s;清城水位 14.95 m,超警戒水位 2.95 m;18 日 20 时,北江清城出现洪峰水位 15.03 m,超警戒水位 3.03 m;英德水位达到 34.19 m,超过警戒水位 8.19 m。全市 8 个县(市、区)80 个镇 96.62 万人受灾,2 人失踪,受淹城市 2 个,倒塌房屋 3653 间,直接经济损失 12.43 亿元。农作物受灾面积 45040 hm²,其中粮食作物 26830 hm²,减收粮食 183300 t,死亡大牲畜 2.9991 万头(只)。鱼塘过水面积 3720 hm²,水产养殖损失 40000 t,农林牧渔业损失 6.27 亿元。停产工矿企业 541 个,公路中断 202 条次,毁坏公路 327.72 km,损坏输电线路 281.05 km,损坏通信线路 207 km,工业交通运输损失 3.65 亿元。损坏小型水库 8 座,损坏堤防总计 125 处,总计 36.96 km,

损坏灌溉设施 1816 座,损坏水电站 190 座,水利设施损失 2.1 亿元。

7 月 26—27 日,受第 5 号台风"格美"影响,清远市出现大范围的暴雨、局部大暴雨降水过程,加上北江上游韶关也出现大范围降水,境内全线水位迅速上涨,河水流量大,水流急。造成佛冈县 3.5 万人受灾,转移群众 0.6 万人,受浸房屋 240 间,受浸农田 2334.5 hm²,水冲毁农田 100 hm²,7 宗水库溢洪,凤洲联围西排支堤和下岳堤全兴决口临时加固设施因洪水浸顶,再次被冲毁,冲坏水利设施 120 多处。直接经济损失 1200 万元。

8 月 3—4 日,受第 6 号台风"派比安"影响,清远市出现大范围的大雨到暴雨、局部大暴雨降水过程。连山、连南、连州市、阳山县及清新县山洪暴发,多条堤围漫顶失事,洪水淹浸和冲击造成水利、公路、河堤毁坏,房屋倒塌。清城区的石角、太平等地 4 日下午遭受龙卷风袭击,多处房屋被摧毁,数条电线杆折断。据统计,7 个县(区)39 个镇 26.96 万人受灾,倒塌房屋 418 间,直接经济损失 1.48 亿元。农作物受灾面积 19500 hm²,其中粮食作物 14940 hm²,减收粮食 32300 t。鱼塘过水面积 1140 hm²,水产养殖损失 3900 t,农林牧渔业损失 0.78 亿元。停产工矿企业 15 个,公路中断 22 条次,毁坏公路 15.308 km,损失输电线路 4.3 km,损失通信线路 231.25 km,工业交通运输损失 0.29 亿元。损坏堤防总计 33 处,6.84 km,其中 600 hm² 以上 3 处 0.3 km,损坏灌溉设施 254 座,损坏机电泵站 8 座,损坏水电站 49 座,水利设施损失 0.36 亿元。全市共安全转移 71500 人,没有因洪水导致人员伤亡。

9 月中旬至 10 月中旬,清城区出现连续高温干旱天气,无降水。同时,又遭受北江清城水位出现历史同期的新低水位 4.67 m(10 月 2 日)。由于连续高温干旱天气,且江河水位严重偏低,沿北江、大燕河两岸提水站没法提水灌溉,当时正值水稻抽穗扬花和其他农作物大量用水阶段,清城区沿北江、大燕河两岸 3 镇 4 街农作物出现不同程度旱情。据统计,全区农作物受旱面积 29250 亩,其中重旱面积 2850 亩,受旱较严重的有清城区横荷街、洲心街、东城街和石角镇。

10 月 17 日 4—10 时,连山小三江镇出现特大暴雨,6 h 内降水量 255.5 mm,为连山气象记录有史以来观测到最大的一次降水,导致山洪泛滥成灾。据统计,共有 0.7 万人受灾,无人员伤亡,直接经济损失 100 万元,受浸房屋 25 间;毁坏公路路基 0.6 km;农作物受灾面积 30 hm²,其中粮食作物 30 hm²;毁坏水利灌溉设施 25 处,损坏小水电站 8 座。

2007 年

3 月 24 日,连山出现冰雹,冰雹直径 8 mm。

4 月 17 日 15 时 06 分,清城区出现冰雹,冰雹直径 18 mm。

6 月 6—10 日,清远市各地出现大雨到暴雨、局部大暴雨降水过程。受强降水影响,清城区、清新县、英德市、佛冈县、连南、连州市、阳山县出现较严重的洪涝灾害,全市共 7 个县(市、区)、27 个乡镇、6.578 万人受灾,倒塌房屋 179 间;农作物受灾面积 2850 hm²,成灾面积 1891 hm²,绝收面积 542 hm²,减产粮食 5320 t,水产养殖损失 200 t;因灾停产工矿企业 35 个,公路中断 5 条次,毁坏公路路基 41.57 km,损坏输电线路 1.2 km;损坏堤防 70 处,1.43 km,堤防决口 18 处,0.16 km,损坏水电站 13 个。造成直接经济总损失 8370 万元,其中:农林牧渔业直接经济损失 2910 万元;工业交通运输业直接经济损失 2450 万元;水利设施直接经济损失 2230 万元;其他方面损失 780 万元。受灾最严重的是连州市,直接经济损失 6240 万元。连江洪峰于 6 月 7 日 19 时经过连州市,洪峰水位 91.26,超警戒水位 0.26 m,8 日 01 时经过阳山县,洪峰水位 61.61 m(警戒水位 62 m)。10 日 04 时北江英德英城水位 26.05 m,超警戒水位 0.05 m,19 时北江英德英城水位 26.17 m,超警戒水位 0.17 m。飞来峡水利枢纽 10 日 08 时下泄流量达 7500 m³/s,水库开闸敞泄运行。6 月 10 日 19 时北江清城水位 12.30 m,超警戒水位 0.30 m。

7 月 5 日,阳山县江英发生雷击,击伤 2 人。

21 日,清新县浸潭镇黄殿地区发生雷击,3 名初中学生在田边打伞遭雷击,导致 2 人死亡,1 人受伤。

28 日,佛冈县迳头镇青竹村委发生雷击,死亡 1 人。

31 日 18 时,连州市东陂镇受暴风雨和冰雹袭击,时间持续约 30 分钟,由于暴风雨、冰雹来势快,雨量集中,造成东陂镇的部分房屋、输电线路损坏,部分水稻、蔬菜等农作物受灾,造成直接经济总损失 120 万元。

7 月—8 月中旬,出现大范围干旱,全市农作物受旱面积达到 70843 hm²,其中轻旱面积 33814 hm²,重旱 29953 hm²,作物干枯 7076 hm²;水田缺水 29438 hm²,旱地缺墒 25640 hm²,因旱造成饮水困难群众 8.635 万人、大牲畜 4.99 万头。8 月中旬全市大中型水库蓄水量 3.76×10⁸ m³,比多年同期偏少近 3 成,比 7 月初锐减 1.36×10⁸ m³,共有 14 座小型水库、74 座山塘干涸,大燕河、威井河、波罗河等多条中小河流从 7 月 23 日曾一度断流 10 多天。北江清城水位 7 月中下旬起维持在 5 m 左右的低水位。

8 月 25 日,连南香坪镇龙水村发生雷击,1 人死亡。

是年入秋以后,连续数月降水偏少,全市出现严重的秋冬旱,连州市的秋冬旱为 36 年来最严重,截至 12 月中旬,全市农作物受旱面积达到 17455 hm²,其中轻旱 11852 hm²,重旱 5603 hm²;饮水困难群众 11.8 万人。北江清城水位 10 月 19 日跌至 3.92 m,枯水期提前到来,11 月 22 日、11 月 30 日、12 月 5 日不断创百年新低,12 月 5 日水位仅有 3.79 m。北江清远段河床已大片露底,北江飞来峡大坝下塞船 100 多艘。

2008 年

1 月 13 日—2 月 12 日,受冷空气频繁补充影响,清远市出现有史以来最强的阴雨雪冰冻极端天气过程,期间平均温度之低、持续时间之长为历史罕见。高寒山区持续出现冻雨,大地一派银装素裹,罕见的雨淞、雪淞到处可见。这次气象灾害具有范围广、强度大、持续时间长、灾害影响重的特点,据广东省气象局气候中心评估,清远市为 80 年一遇,属历史罕见。低温雨雪冰冻灾害造成 104.4766 万人受灾,因灾伤病人口 1879 人,饮水困难人口 10353 人;倒塌房屋 1364 间,损坏房屋 2579 间;因灾死亡大牲畜 15907 头(只),农业物受灾面积 40737 hm²,绝收面积 11590 hm²。全市直接经济损失 16.67 亿元,农业直接经济损失 6.63 亿元。

6 月 9—18 日,出现连续性强降水,造成清城区、清新县、英德市、佛冈县、连山、连南、连州市、阳山县 8 个县(市、区)、73 个乡镇、48.588 万人受灾,倒塌房屋 1402 间,死亡 1 人;农作物受灾面积 26267 hm²,成灾面积 17866 hm²,绝收面积 7251 hm²,减产粮食 49270 t,水产养殖损失 6980 t;因灾停产工矿企业 47 个,公路中断 132 条次,毁坏公路路基 183.483 km,损坏输电线路 1.28 km;损坏堤防 367 处 32.469 km,堤防决口 2 处 305 m,损坏水电站 42 个。造成直接经济总损失 3.504 亿元,其中:农林牧渔业直接经济损失 2.244 亿元;工业交通运输业直接经济损失 0.523 亿元;水利设施直接经济损失 0.65 亿元;其他方面损失 0.087 亿元。受灾最严重的是连州市,直接经济损失 1.326 亿元。各地江河水库水位迅速上涨,北江流域各水文站先后超过警戒水位。清远站 6 月 15 日 20 时出现第一次洪峰水位 14.01 m,超警戒水位2.01 m。17 日 20 时回落至 11.72 m 后,又持续上涨,19 日 12 时出现第二次洪峰水位 13.55 m,超警戒水位 1.55 m。30 日 16 时出现第三次洪峰水位 11.98 m。连江的连州站 6 月 13 日 23 时出现接近 50 年一遇的洪峰水位 94.50 m,超警戒水位 3.50 m。北江石角水文站 6 月 16 日零时测得北江最大洪峰流量 14600 m^3/s,大于 10 年一遇洪峰流量。

25—29 日,受台风"风神"及随后暖湿气流影响,全市出现暴雨到大暴雨,局部特大暴雨降水过程。造成清城区、清新县、英德市、佛冈县共 4 个县(市、区)、21 个乡镇、8.094 万人受灾,倒塌房屋 477 间;农作物受灾面积 7392 hm^2,成灾面积 4845 hm^2,绝收面积 1794 hm^2,减产粮食 9670 t,水产养殖损失 1620 t;因灾停产工矿企业 1 个,公路中断 20 条次,毁坏公路路基 20.64 km,损坏输电线路 2 km;损坏堤防 138 处 8.85 km,堤防决口 1 处 20 m,损坏水电站 4 个。造成直接经济总损失 1.118 亿元,其中:农林牧渔业直接经济损失 8270 万元;工业交通运输业直接经济损失 1240 万元;水利设施直接经济损失 1550 万元;其他损失 120 万元。

四、重要文件摘要

文件名称	文号	内容摘要	发文机关	发文时间
《关于气象工作下放给地方管理的决定》	〔58〕粤气字第 1241 号	全省气象台站下放给当地政府领导	省人委	1958 年 8 月 22 日
《批转广东省气象局分党组关于全民办气象,实现全省气象化的报告》	—	—	省委	1959 年 8 月
《关于改变全省气象工作管理体制的通知》	省人委六二气字 332 号	全省气象台站改为省气象局直属建制领导	省人委	1962 年 8 月
《批转省气象局革命领导小组"关于气象台站体制下放的报告"》	〔68〕革生办字 353 号	原省属体制的气象台、站从 1969 年 1 月 1 日起转为当地革命委员会体制	省革委会生产组	1968 年 11 月 3 日
《中共清远县水电局总支委通知》	清水电组字第 03 号	成立中共清远县气象站党支部,杨际通任支部书记	清远县水电局总支委	1976 年 3 月 10 日
《批转省气象局关于我省气象部门管理体制恢复以省气象局领导为主的报告》	粤府〔1980〕71 号	全省各级气象局(台、站)恢复由省气象局与当地政府双重领导,以省气象局为主的管理体制,实行局台合一,两块牌子,一套班子	省政府	1980 年 4 月 25 日
《县局干部任免决定》	韶地气人字〔81〕12 号	杨际通任清远县气象局副局长兼气象站副站长	韶关地区气象局	1981 年 7 月 20 日
《关于成立县气象局的通知》	清府〔1981〕117 号	成立清远县气象局,县气象局与气象站实行局站合一,两块牌子,一套班子	县人民政府	1981 年 8 月 19 日

文件名称	文号	内容摘要	发文机关	发文时间
《关于陈文章同志任职的决定》	粤气人字〔1983〕048 号	陈文章任清远县气象局局长兼气象站站长	省气象局党组	1983 年 6 月 14 日
《关于清远等县气象局（站）归属关系变更的通知》	粤气人字〔1983〕171 号	清远、佛冈县气象局（站）由韶关气象处管理划归广州市气象处管理	省气象局	1983 年 12 月 26 日
《批转县气象局关于气象局工作开展有偿专业服务的报告》	清府〔1985〕88 号	气象工作开展有偿专业服务	县人民政府	1985 年 8 月 22 日
《关于保护气象观测环境的通知》	清府〔1987〕10 号	划定观测环境保护区，不准在保护区内建筑楼房	县人民政府	1987 年 1 月 19 日
《关于成立清远、河源、阳江、汕尾市气象局（台）的通知》	粤气人字〔1989〕28 号	成立清远市气象局（台），为正处级机构，实行局、台合一，两个牌子，一套人马	省气象局	1989 年 2 月 13 日
《关于梁华兴等任职的通知》	粤气党组〔1989〕46 号	梁兴华、吴武威任清远市气象局（台）副局（台）长	省气象局	1989 年 3 月 1 日
《关于成立清远市防雷设施检测所的批复》	清市编字〔1989〕143 号	成立清远市防雷设施检测所，为清远市气象局下属正科级事业单位，负责清远市防雷设施检测及管理	市编委	1989 年 10 月 19 日
《关于成立山区气候研究所的批复》	清机编字〔1991〕55 号	成立清远市山区气候研究所，为正科级全民所有事业单位	市编委	1991 年 3 月 20 日
《关于梁华兴等任职的通知》	粤气党组字〔1992〕36 号	任命梁华兴为清远市气象局（台）局（台）长，吴武威续任清远市气象局（台）副局（台）长	省气象局	1992 年 9 月 15 日
《关于刘日光等同志任职的通知》	粤气党组字〔1996〕15 号	任命刘日光为清远市气象局（台）副局（台）长、党组书记，姚科勇为副局（台）长、党组成员，许永锞为副局（台）长	省气象局	1996 年 9 月 6 日
《关于进一步加强气象工作的通知》	清府〔1997〕109 号	对加强气象探测环境，加强气象事业经费投入，加强气象信息管理，加强雷电监测和雷电安全防御及落实气象防灾减灾分系统配套资金做出要求	市人民政府	1997 年 12 月 30 日
《关于刘日光任职的通知》	粤气党组字〔1998〕4 号	任命刘日光为清远市气象局（台）局（台）长	省气象局	1998 年 5 月 4 日
《颁布〈广东省防御雷电灾害管理规定〉的通知》	粤府〔1999〕21 号	县以上气象行政主管部门负责本行政区域内的防雷减灾工作，其所属的防雷减灾机构负责对本行政区域内各类防雷设施的建设进行监督和指导	省政府	1999 年 3 月 2 日

文件名称	文号	内容摘要	发文机关	发文时间
《中华人民共和国气象法》	中华人民共和国主席令第 23 号	包括总纲、气象设施的建设与管理、气象探测、气象预报与灾害性天气警报、气象灾害防御、气候资源开发利用和保护、法律责任和附则等共四十五条，自 2000 年 1 月 1 日起施行	中华人民共和国	1999 年 10 月 31 日
《广东省台风、暴雨、寒冷预警信号发布规定》	广东省人民政府令第 62 号	台风预警信号分五种，暴雨和寒冷预警信号分三种发布规定自 2000 年 11 月 1 日起施行	省政府	2000 年 8 月 26 日
《印发清远市自动气象站网建设实施方案的通知》	清府〔2000〕72 号	清远市自动气象站网的布点规划、建设进度及经费预算	市人民政府	2000 年 12 月 29 日
转发《广东省气象局关于印发〈清远市国家气象系统机构改革方案〉的通知》	清机编字〔2002〕75 号	清远市气象局(台)不再实行局台合一，市气象台为直属正科级事业单位	市编委	2002 年 2 月 6 日
《关于成立清远市防雷减灾管理办公室批复》	清机编〔2003〕99 号	成立清远市防雷减灾管理办公室，为清远市气象局下属正科级事业单位，负责清远市防雷减灾行政监督管理及防雷行政执法等工作	市编委	2003 年 12 月 26 日
《国务院对确需保留的行政审批项目设定行政许可的决定》	中华人民共和国国务院令第 412 号	气象部门行政许可项目的目录有：升放无人驾驶自由气球、系留气球单位资质认定；防雷装置检测、防雷工程专业设计、施工单位资质认定；防雷装置的设计审核和竣工验收	国务院	2004 年 6 月 29 日
《关于成立清远市人工增雨减灾工作领导小组的通知》	清府办函〔2004〕242 号	刘日光任清远市人工增雨减灾工作领导小组副组长，杨宁任领导小组办公室主任，领导小组办公室设在清远市气象局	市府办公室	2004 年 12 月 23 日
《关于李国毅、蒋国华两位同志任职的通知》	粤气党组〔2005〕27 号	李国毅任清远市气象局副局长、党组成员；蒋国华任清远市气象局局长助理、党组成员	省气象局	2005 年 9 月 30 日
《广东省突发气象灾害预警信号发布规定》	广东省人民政府令第 05 号	共规定台风、暴雨、高温、寒冷、大雾、灰霾、雷雨大风、道路结冰、冰雹和森林火险等 10 种气象灾害预警信号，自 2006 年 6 月 1 日起施行	省政府	2006 年 3 月 27 日

文件名称	文号	内容摘要	发文机关	发文时间
《关于加快清远市气象事业发展的实施意见》	清府〔2007〕82号	建设综合气象观测、气象信息共享、气象预报预测、公共气象服务、气象灾害应急、气象资源开发、人工增雨、气象科技创新八项工程	市人民政府	2007年9月14日
《关于加强施放气球管理工作的通告》	清府〔2007〕108号	进一步明确市县气象局是施放气球活动的管理部门,依法对本行政区域内的施放气球活动实施监督管理,规定除气象高空探测业务外,清远市范围内禁止施放以氢气为充灌气体的气球	市人民政府	2007年11月17日
《印发清远市防御气象灾害规定的通知》	清府办〔2008〕4号	对清远市行政区域内发布气象灾害预警信号(共十类)及建立健全防御气象预警机制、制定气象灾害应急预案做出规定	市府办公室	2008年1月17日

五、清远民间气象谚语

立春晴,担谷上禾坪;立春暗,大水不离磡。

春无三日晴,冬无三日雨。

立春晴一日,耕田少用力。

春天孩儿面,一日三时变。

春暖春晴。

春寒雨至,冬暖雨流。

冷惊蛰,暖春分;暖惊蛰,冷春分。

雨打惊蛰前,高山好种田。

未到惊蛰先响雷,四十九天云不开。

三月小,田头揾老表;三月大,担秧过田卖。

清明要明,谷雨要雨。

小满江河满。

龙船鼓响,一日三长(指此时甘蔗生长迅速)。

未食芒芒粽,寒衣不敢送(收藏)。

大暑小暑,有米懒煮(天气酷热)。

大暑凉,秋后热。

立秋处暑,上蒸下煮。

寒露过三朝,过水要寻桥(天气转凉)。

小寒牛拌浆(天气热),冷死早禾秧。

干冬湿年，禾米满田。

夏至打雷三伏旱。

雨打中秋月，水浸元宵灯。

立秋有雨秋秋有，立秋无雨一冬晴。

雷打秋，得半收。

白露无雨，百日无霜。

霜降对重阳，一年就是三年粮。

冬在初，剩无多；冬在中，十个牛栏九个空；冬在尾，卖了黄牛置棉被。

立冬出日头，春头冷死牛。

小寒暖，大寒无地钻。

雷打冬，十个牛栏九个空。

乌云拦东，不是雨就是风。

烟不出屋，天公快哭（下雨）。

乌云接落日，不落今日落明日。

天上鲤鱼斑，晒谷不用翻。

天发黄，大雨打崩塘。

久雨闻雷天将晴。

云无脚，雨无踪。

东虹日头，西虹雨。

日落胭脂红，无雨便是风。

炮台云，雨淋淋。

一日南风三日报，三日南风狗钻灶（天气转冷）。

南风吹到底，北风来还礼。

久晴西风雨，久雨西风晴。

大雾在初冬，朝朝日头红。

回南转北，冷到嘴唇黑。

鱼鳞天，不雨也疯癫。

天上钩钩云，地上雨淋淋。

猪含草，寒潮到。

燕子低飞蛇过道，大雨当日就来到。

蚊子成球，大雨淋头。

蚯蚓地上爬，雨水乱如麻。

苦楝抽芽，木棉开花，有冰不怕。

蜻蜓千百绕天空，不出三日雨蒙蒙。

蚂蚁迁窝，雨水太多。

青蛙下水塘，棉被放上床（天气转冷）。

睡猫脸朝天，连日雨绵绵。

编后记

　　《清远市气象志》是清远市第一部气象专业志，由清远市气象局承担编纂任务，从 2009 年 1 月开始立项，组织人员收集资料、编写，四易其稿，历时 4 年多，经过全体编写人员的共同努力，终于成志。

　　2009 年 5 月，编者们曾先后到东莞市、南海区、中山市等气象局学习编志的基本知识，汲取兄弟台站编志的宝贵经验。

　　2009 年 5—9 月，根据广东省气象局编写《广东省基层气象台站简史》的要求，编志人员将主要精力用于编写台站简史的工作之中，使编纂气象志的工作暂时停顿。但《气象台站简史》收集和积累的宝贵资料，为编志工作打下了很好的基础。

　　2013 年 7—8 月，清远市史志办副主任高常立等 4 人对《清远市气象志》（稿）进行了审查，并于 2013 年 8 月 29 日召开《清远市气象志》审稿会议。会后，根据清远市史志办提出的意见，《清远市气象志》编纂委员会组织力量对志稿有关章节内容进行修改。

　　《清远市气象志》最终定格为 12 章 56 节，并在志首设序言、凡例、概述、大事记，志末置附录、索引、编后记，还配载照片 93 帧（置志首）。《清远市气象志》总篇幅约 49 万字，系统记述清远气象发展的历史和现状，翔实介绍清远市 1957—2008 年的天气特点、气候概况以及常见气象灾害的历史规律，为合理利用清远的气候资源和更好地做好气象防灾减灾工作提供宝贵的科学依据，可供党政部门领导和各行各业人士阅读参考，加强人们的气象和气候意识，提高气候资源的利用和对气象灾害的防御能力。

　　《清远市气象志》第一章、第二章、第三章、第七章、第八章及附录三由罗律主编；概述、大事记、第四章、第五章、第六章、第九章、第十一章、第十二章及附录一、二、四、五由何镜林主编；第十章由刘子刚编写。

　　《清远市气象志》在编纂过程中，得到清远市史志办、清远市民政局、清远市三防办、广东省气象局、东莞市气象局、南海区气象局、中山市气象局等单位的大力支持，对此致以衷心的感谢。

　　编修《清远市气象志》是前所未有的，鉴于编者水平有限，以及资料缺失等原因，本志出现疏漏甚至错误之处在所难免，敬请读者批评指正。

《清远市气象志》编纂委员会

2013 年 12 月